U0158737

图说 中国茶

鉴茶·泡茶·茶疗一本全

翁良 编著

天津出版传媒集团

天津科学技术出版社

图书在版编目（CIP）数据

图说中国茶：鉴茶·泡茶·茶疗一本全/翁良编著.—天津：天
津科学技术出版社，2013.10（2022.6 重印）

ISBN 978-7-5308-8297-9

Ⅰ.①图… Ⅱ.①翁… Ⅲ.①茶叶－文化－中国－图解 ②茶叶－食
物疗法－图解 Ⅳ.① TS971-64 ② R247.1-64

中国版本图书馆 CIP 数据核字（2013）第 206086 号

图说中国茶：鉴茶·泡茶·茶疗一本全

TUSHUO ZHONGGUOCHA JIANCHA PAOCHA CHALIAO YIBENQUAN

责任编辑：孟祥刚

责任印制：兰　毅

出　　版：天津出版传媒集团
　　　　　天津科学技术出版社

地　　址：天津市西康路 35 号

邮　　编：300051

电　　话：（022）23332490

网　　址：www.tjkjcbs.com.cn

发　　行：新华书店经销

印　　刷：北京市松源印刷有限公司

开本 720×1 020　1/16　印张 32　字数 768 000

2022 年 6 月第 1 版第 2 次印刷

定价：98.00 元

前言

"茶者，南方之嘉木也。"——陆羽（唐）

"茶圣"陆羽用简洁、诚恳而又饱含自负的八个字给予了茶最清晰、最深刻的概括与赞赏。几千年来，茶在世人的眼中，因品性而多姿，因蕴香而馥郁，因气润而清雅，因内敛而神秘……不论是远古人在寻觅食物的过程中的发现，还是烹煮食物时随风飘入锅中的巧合，茶叶与人的相识、相知、相伴过程，更像是一场旷世奇缘的爱恋跌宕起伏、历久弥新。

中国，是茶之古国，是茶及茶文化的发源地，是世界上最早种茶、制茶、饮茶的国家。

茶及茶文化是华夏民族代代相传的"万病之药"与图腾崇拜载体，更是人们重要的基础生活元素与精神慰藉。中国的饮茶历史悠久，"茶之为饮，发乎神农氏，闻乎鲁周公"。深受世人喜爱与推崇的茶，有着"健康守护者"的美誉，其所含丰富的营养成分能为人体提供各类所需的营养。

我国对茶的研究有着悠久的历史，不仅为人类孕育了茶业的科学技术，也留下了很多记录着大量茶史、茶事、茶人、茶叶生产技术、茶具等内容的书籍和文献，为后世对于茶的考察、研究与茶业发展做出了卓越的贡献。其中，唐朝陆羽所著的《茶经》是世界上第一部关于茶的科学专著。"茶圣"陆羽根据对中国各大茶区茶业的多年亲身考察与研究，详细评述了中国茶叶的历史、产地、功效、栽培、采制、烹煮、饮用、器具等内容。全书共7000多字，分上、中、下三卷，所论一之源、二之具、三之造、四之器、五之煮、六之饮、七之事、八之出、九之就、十之图，共十大部分。《茶经》被认为是中国乃至世界最早、最完备的茶叶专著，有着"茶叶百科全书"的美誉。

古人常将"茶"字暗示分解为"人在草木中"，既合情理，又寓意境。中国茶道所讲求的清、静、和、美与中国传统文化完美契合，无处不流露出浓郁的东方文化神韵。如今，茶与咖啡、可可并称为当今世界的三大饮料，茶更以其深厚的内涵、健康的功效以及后两者难以企及的受众群体成为世界上最具亲和力、影响力的健康饮品。本书共设十四章，集科学性、知识性、趣味性、实用性于一体，结合精彩多样、灵动悦目的图文详尽描述了茶的起源、历史、典籍、人物、史实、品类、茶艺、茶道、茶俗、茶食、茶文化以及与茶饮生活密切相关的选茶、论水、择器、评赏等诸多内容，涉及茶的科普知识、历史文化、社会人文、品鉴收藏、行业才艺、旅游风情、保健养生等方方面面，力求将茶的内涵与魅力全方位、直观、详尽地展现在读者面前，为广大茶友和茶业工作者提供充实、细致、实用、清晰的茶学指导与参考，在了解、熟习、体验茶学及茶文化的博大精深的同时，更能获得舒畅、愉悦的视觉享受。在编写本书过程中，由于时间仓促，编者水平有限，疏漏之处实属难免，还请广大读者海涵、斧正。

目录

- 中国十大名茶/20
- 健康茶饮图鉴/26
- 茶类图鉴/32

第一章 茶叶的起源和历史

001.为什么说中国是茶树的原产地？/44

002."茶"字有什么由来？/44

003.茶有哪些雅号别称？/45

004.茶的字形演变和流传是怎样的？/45

005.中国茶树的栽培历史是怎样的？/46

006.魏晋时期怎样采摘茶叶制作茶饼？/46

007.唐代怎样蒸青茶饼？/47

008.宋代怎样制作龙凤团茶？/47

009.元代怎样制作蒸青散叶茶？/48

010.明代怎样炒青散叶茶？/48

011.清代制茶工艺有什么特点？/49

012.古代人最初的用茶方式是怎样的？/49

013.汉魏六朝时期如何饮茶？/50

014.唐代的人怎样煎茶？/50

015.宋代人怎样点茶？/51

016.明代人怎样泡茶？/51

017.清代人怎样品茶？/52

018.茶文化的萌芽时期有什么特点？/52

019.为什么说唐代是茶文化的形成时期？/52

020.为什么说宋代是茶文化的兴盛时期？/53

021.为什么说元明清时期是茶文化的持续
发展时期？/54

022.为什么说当代是茶文化的再现辉煌时期？/54

023.什么是贡茶？/55

024.贡茶的起源是什么？/55

025.唐代的贡茶情况是怎样的？/56

026.宋代的贡茶情况是怎样的？/56

027.元代的贡茶情况是怎样的？/57

028.明代的贡茶情况是怎样的？/57

029.清代的贡茶情况是怎样的？/58

030.中国的茶区分布是怎样的？/58

031.茶区划分有什么意义？/59

032.现代中国的茶区是怎样划分的？/59

第二章 茶典与茶人茶事

033.什么是茶典？/62

034.为什么说《茶经》是世界上第一部茶叶
专著？/62

035.为什么说《煎茶水记》是我国第一部鉴
水专著？/63

036.为什么说《十六汤品》是最早的宜茶汤
品专著？/63

037.为什么说《茶录》是宋代茶书的代表
之一？/64

038.为什么说《大观茶论》是宋代茶书的
代表之一？/64

039.《宣和北苑贡茶录》是一部什么样的论茶之作？/64

040.为什么说《茶具图赞》是我国第一部
茶具专著？/65

041.为什么说《茶谱》是我国明代茶书较有
特色的一部？/65

042.为什么说《煮泉小品》是品茶用水专著？/65

043.《茶寮记》是一部怎样的品茶专著？/66

044.为什么说《茶疏》是明代具有代表性的
茶书之一？/66

045.为什么说《阳羡茗壶系》是我国历史上
第一部关于宜兴紫砂壶的专著？/66

046.《茶解》是一部怎样的论茶专著？/67

047.《茶史》是一部什么样的著作？/67

048.茶人指什么？/67

049.为什么称陆羽为茶圣？/68

050.为什么称皎然为诗僧？/68

051.为什么白居易自称为"别茶人"？/69

052.卢仝与茶有什么关系？/69

053.欧阳修做过哪些与茶有关的作品？/70

054.蔡襄对茶业有什么贡献？/70

055.东坡居士为什么嗜茶？/71

056.黄庭坚为什么把茶比作故人？/71

057.为什么宋徽宗擅长茶艺？/72

058.为什么说陆游嗜茶是生活和创作的
需要？/72

059.为什么说朱熹现存于世的茶诗颇有
意味?/73

060.（明）朱权饮茶有什么新主张？/73

061.为什么郑板桥的作品中与茶有关的内容
甚多？/74

062.为什么说曹雪芹的《红楼梦》是我国古代
小说的写茶典范？/74

063.为什么精通品茗鉴水之道的乾隆每次出行
必带玉泉水？/74

第三章　茶叶的种类

064.什么是绿茶？/76

065.什么是炒青绿茶？/76

066.什么是烘青绿茶？/77

067.什么是蒸青绿茶？/77

068.什么是晒青绿茶？/77

069.什么是红茶？/78

070.什么是白茶?/79

071.什么是黄茶？/79

072.什么是乌龙茶？/80

073.什么是黑茶？/80

074.什么是普洱茶？/81

075.什么是六堡茶？/81

076.什么是花茶？/82

077.什么是紧压茶？/82

078.什么是工艺花茶？/83

079.什么是砖茶？/83

080.什么是沱茶？/84

081.什么是萃取茶？/84

082.什么是香料茶？/85

083.什么是果味茶？/85

084.什么是保健茶？/86

085.什么是含茶饮料？/86

086.什么是名茶？/87

087.什么是历史名茶？/87

088.唐代的名茶有哪些？/88

089.宋代的名茶有哪些？/89

090.元代的名茶有哪些？/90

091.明代的名茶有哪些？/90

092.清代的名茶有哪些？/91

093.中国十大名茶是哪些茶？/91

094.西湖龙井有什么特点？/92

095.黄山毛峰有什么特点？/93

096.碧螺春有什么特点？/93

097.蒙顶茶有什么特点？/94

098.顾渚紫笋有什么特点？/94

099.桂平西山茶有什么特点？/95

100.南京雨花茶有什么特点？/95

101.太平猴魁有什么特点？/96

102.庐山云雾有什么特点？/96

103.六安瓜片有什么特点？/97

104.惠明茶有什么特点？/97

105.平水珠茶有什么特点？/98

106.恩施玉露有什么特点？/98

107.英山云雾茶有什么特点？/98

108.竹叶青茶有什么特点？/99

109.径山茶有什么特点？/99

110.休宁松萝有什么特点？/100

111.老竹大方有什么特点？/100

112.敬亭绿雪有什么特点？/101

113.仙人掌茶有什么特点？/101

114.信阳毛尖有什么特点？/102

115.安吉白片有什么特点？/102

116.上饶白眉有什么特点？/103

117.开化龙顶有什么特点？/103

118.南糯白毫茶有什么特点？/104

119.江华毛尖茶有什么特点？/104

120.青城雪芽茶有什么特点？/105

121.井冈翠绿茶有什么特点？/105

122.安化松针有什么特点？/106

123.高桥银峰有什么特点？/106

124.午子仙毫有什么特点？/107

125.日铸雪芽茶有什么特点？/107

126.南安石亭绿有什么特点？/108

127.紫阳毛尖有什么特点？/108

128.遵义毛峰有什么特点？/109

129.南山白毛有什么特点？/109

130.桂林毛尖有什么特点？/110

131.九华毛峰有什么特点？/110

132.舒城兰花茶有什么特点？/111

133.岳麓毛尖茶有什么特点？/111

134.天目青顶有什么特点？/112

135.双井绿茶有什么特点？/112

136.雁荡毛峰有什么特点？/113

137.麻姑茶有什么特点？/113

138.华顶云雾有什么特点？/114

139.峨眉毛峰茶有什么特点？/114

140.窝坑茶有什么特点？/115

141.祁门功夫茶有什么特点？/115

142.滇红功夫茶有什么特点？/116

143.宁红功夫茶有什么特点？/116

144.宜红功夫茶有什么特点？/117

145.闽红功夫茶有什么特点？/117

146.湖红功夫茶有什么特点？/118

147.越红功夫茶有什么特点？/118

148.小种红茶有什么特点？/118

149.武夷岩茶有什么特点？/119

150.大红袍茶有什么特点？/119

151.铁罗汉茶有什么特点？/120

152.白鸡冠茶有什么特点？/120

153.水金龟茶有什么特点？/121

154.武夷肉桂有什么特点？/121

155.闽北水仙有什么特点？/122

156.铁观音有什么特点？/122

157.黄金桂有什么特点？/123

158.凤凰水仙有什么特点？/123

159.台湾乌龙茶有什么特点？/124

160.银针白毫茶有什么特点？/124

161.白牡丹茶有什么特点？/125

162.贡眉茶有什么特点？/125

163.君山银针茶有什么特点？/126

164.蒙顶黄芽茶有什么特点？/126

165.霍山黄芽茶有什么特点？/127

166.北港毛尖茶有什么特点？/127

167.温州黄汤茶有什么特点？/128

168.皖西黄大茶有什么特点？/128

169.广东大叶青茶有什么特点？/129

170.普洱茶有什么特点？/129

171.茉莉花茶有什么特点？/130

172.珠兰花茶有什么特点？/130

173.桂花茶有什么特点？/131

174.决明子茶有什么特点和功效？/131

175.枸杞茶有什么特点和功效？/132

176.柿叶茶有什么特点和功效？/132

177.榴叶茶有什么特点和功效？/133

178.竹叶茶有什么特点和功效？/133

179.桑叶茶有什么特点和功效？/133

180.金银花茶有什么特点和功效？/134

181.玫瑰花茶有什么特点和功效？/134

182.菊花茶有什么特点和功效？/135

183.橄榄茶有什么特点和功效？/135

184.莲子茶有什么特点和功效？/136

185.龙眼茶有什么特点和功效？/136

186.杜仲茶有什么特点和功效？/137

187.丹参茶有什么特点和功效？/137

188.灵芝茶有什么特点和功效？/138

189.人参茶有什么特点和功效？/138

190.胖大海茶有什么特点和功效？/139

191.青豆茶有什么特点和功效？/139

192.玉米须茶有什么特点和功效？/140

193.车前子茶有什么特点和功效？/140

194.姜茶有什么特点和功效？/141

195.虫茶有什么特点和功效？/141

196.糯米茶有什么特点和功效？/142

197.虾米茶有什么特点和功效？/142

198.海带茶有什么特点和功效？/142

第四章 茶的艺术

199.什么是茶艺？/144

200.家庭饮茶的环境如何？/144

201.家庭饮茶的特点是什么？/145

202.家庭泡茶的基本技艺是什么？/145

203.家庭茶艺怎样关注茶叶的质量？/146

204.家庭茶艺怎样选择水？/146

205.家庭茶艺的泡茶器皿怎样配备？/147

206.家庭茶艺怎样控制茶叶浸泡时间？/147

207.家庭茶艺怎样选择投茶量？/148

208.家庭茶艺怎样控制泡茶水温？/148

209.家庭茶艺的投茶法是什么？/149

210.家庭茶艺的冲泡方法是什么？/149

211.家庭茶艺的冲泡时间和次数大概是多少？/150

212.家庭喝茶的冲泡顺序是什么？/150

213.绿茶的冲泡及品饮方法是什么？/151

214.红茶的冲泡及品饮方法是什么？/151

215.白茶的冲泡及品饮方法是什么？/152

216.黄茶的冲泡及品饮方法是什么？/152

217.乌龙茶的冲泡及品饮方法是什么？/153

218.普洱茶的冲泡及品饮方法是什么？/153

219.花茶的冲泡及品饮方法是什么？/154

220.袋装茶的冲泡及品饮方法是什么？/154

221.对茶艺师的基本要求是什么？/155

222.茶艺表演的形象要求是什么？/155

223.茶艺表演的气质要求是什么？/156

224.茶艺表演的环境要求是什么？/156

225.茶艺表演过程中要怎样运用插花？/157

226.茶艺表演过程中的服饰要求是什么？/157

227.茶艺表演过程中怎样选择音乐？/158

228.茶艺表演过程中怎样选择茶叶？/158

229.茶艺表演过程中怎样运用茶具搭配？/159

230.茶艺表演过程中的位置、顺序、动作是怎样的？/159

231.龙井茶的冲泡演示过程是怎样的？/160

232.黄山毛峰的冲泡演示过程是怎样的？/161

233.碧螺春的冲泡演示过程是怎样的？/162

234.都匀毛尖的冲泡演示过程是怎样的？/163
235.祁门红茶的冲泡演示过程是怎样的？/164
236.牛奶红茶的冲泡演示过程是怎样的？/165
237.柠檬红茶的冲泡演示过程是怎样的？/166
238.银针白毫的冲泡演示过程是怎样的？/167
239.君山银针的冲泡演示过程是怎样的？/168
240.铁观音的冲泡演示过程是怎样的？/169
241.潮汕功夫茶的冲泡演示过程是怎样的?/170
242.台湾功夫茶的冲泡演示过程是怎样的?/171
243.普洱茶的冲泡演示过程是怎样的？/172
244.花茶的冲泡演示过程是怎样的？/173
245.什么是茶艺表演欣赏？/174
246.什么是民俗茶艺？/174
247.什么是名茶茶艺？/174
248.什么是皇家茶艺？/175
249.什么是佛道茶艺？/175
250.什么是文士茶艺？/176
251.为什么说茶席是一种新的茶文化艺术
　　形式？/176

第五章　茶道

252.为什么说茶道起源于中国？/178
253.中国茶道的基本含义是什么？/178
254.为什么说中国的茶道起源于远古的茶图腾
　　信仰？/178
255.为什么说中国的茶道成熟于唐代？/179
256.为什么说宋至明代是中国茶道发展的鼎盛
　　时期？/179
257.茶道与道教有什么关系？/180
258.茶道与佛教有什么关系？/181
259.茶道与儒家有什么关系？/181
260.中国茶道的"四谛"是什么？/182
261.中国茶道的四字守则是什么？/182
262.茶人精神是什么？/183
263.怎样对茶道进行分类？/183
264.什么是修行类茶道？/183
265.什么是修身类茶道？/184
266.什么是礼仪类茶道？/184
267.什么是表演类茶道？/184

第六章　饮茶的方法

268.怎样选购茶叶？/186
269.茶叶的鉴别标准是什么？/187
270.怎样辨别新茶与陈茶？/187
271.怎样识别春茶？/188
272.怎样识别夏茶？/188
273.怎样识别秋茶？/188
274.怎样识别花茶？/188
275.怎样识别高山茶与平地茶？/189
276.怎样识别劣变茶？/189
277.怎样甄别真假茶叶？/189
278.影响茶叶品质的因素有哪些？/190
279.茶叶有哪些特异性？/190
280.为什么保管茶叶含水较多？/191
281.为什么保管茶叶忌接触异味？/191
282.为什么保管茶叶忌置于高温环境中？/191
283.为什么保管茶叶忌接受阳光照射？/192
284.为什么保管茶叶忌长时间暴露？/192
285.茶叶的铁罐储存法是什么？/192
286.茶叶的热水瓶储存法是什么？/193
287.茶叶的陶瓷坛储存法是什么？/193
288.茶叶的玻璃瓶储存法是什么？/193
289.茶叶的食品袋储存法是什么？/194
290.茶叶的低温储存法是什么？/194
291.茶叶的木炭密封储存法是什么？/194
292.为什么中国人历来讲究泡茶用水？/195
293.古代人怎样论水？/195
294.古代人择水的标准是什么？/196

295.现代人的水质标准是什么? /196

296.什么是硬水? /197

297.什么是软水? /197

298.现代的饮用水怎样分类? /197

299.什么是纯净水? /198

300.什么是自来水? /198

301.什么是矿泉水? /198

302.什么是活性水? /199

303.什么是净化水? /199

304.什么是天然水? /199

305.西山玉泉在什么地方? /200

306.晋祠泉在什么地方? /200

307.中泠泉在什么地方? /200

308.惠山泉在什么地方? /201

309.天下第五泉指的是哪一泉? /201

310.虎跑泉在什么地方? /201

311.龙井泉在什么地方? /202

312.金沙泉在什么地方? /202

313.黄山温泉在什么地方? /202

314.白乳泉在什么地方? /203

315.谷帘泉在什么地方? /204

316.胭脂井出产的泉水有什么特点? /204

317.陆游泉在什么地方? /204

318.湖北玉泉在什么地方? /205

319.白沙井在什么地方? /206

320.玉液泉在什么地方? /206

321.碧玉泉在什么地方? /206

第七章　煮茶的器具

322.茶具的起源是什么? /208

323.唐代的茶具有什么特点? /208

324.宋代的茶具有什么特点? /209

325.元代的茶具有什么特点? /209

326.明代的茶具有什么特点? /210

327.清代的茶具有什么特点? /210

328.茶具按照用途怎样分类? /211

329.陶质茶具有什么特点? /211

330.瓷质茶具有什么特点? /212

331.青瓷茶具有什么特点? /212

332.白瓷茶具有什么特点? /213

333.黑瓷茶具有什么特点? /213

334.青花瓷茶具有什么特点? /213

335.玻璃茶具有什么特点? /214

336.搪瓷茶具有什么特点? /214

337.不锈钢茶具有什么特点? /214

338.漆器茶具有什么特点? /215

339.金银茶具有什么特点? /215

340.锡茶具有什么特点? /216

341.镶锡茶具有什么特点? /216

342.铜茶具有什么特点? /216

343.景泰蓝茶具有什么特点? /216

344.玉石茶具有什么特点? /217

345.石茶具有什么特点? /217

346.果壳茶具有什么特点? /217

347.塑料茶具有什么特点? /217

348.当代茶具都包括哪些? /218

349.煮水器的用途是什么? /218

350.开水壶的用途是什么? /219

351.茶叶罐的用途是什么? /219

352.茶则的用途是什么? /219

353.茶漏的用途是什么? /219

354.茶匙的用途是什么? /219

355.茶壶的用途是什么? /220

356.茶盏的用途是什么? /220

357.品茗杯的用途是什么? /220

358.闻香杯的用途是什么? /221

359.茶荷的用途是什么? /221

360.茶针的用途是什么? /221

361.公道杯的用途是什么? /221

362.茶盘的用途是什么？/222

363.茶池的用途是什么？/222

364.水盂的用途是什么？/222

365.汤滤的用途是什么？/222

366.盖置的用途是什么？/223

367.茶巾的用途是什么？/223

368.怎样根据茶叶品种来选配茶具？/223

369.怎样根据饮茶风俗来选配茶具？/224

370.怎样根据饮茶场合来选配茶具？/224

371.怎样根据个人爱好来选配茶具？/225

372.怎样选购茶具？/225

373.怎样选用紫砂壶？/226

374.怎样养护紫砂壶？/226

375.怎样鉴赏紫砂壶？/227

376.怎样鉴别紫砂壶？/227

377.如何欣赏紫砂提梁壶？/228

378.如何欣赏三足圆壶？228

379.如何欣赏僧帽壶？/228

380.如何欣赏菊花八瓣壶？/228

381.如何欣赏扁圆壶？/229

382.如何欣赏朱泥圆壶？/229

383.如何欣赏蚕桑壶？/229

384.如何欣赏南瓜壶？/229

385.如何欣赏束柴三友壶？/230

386.如何欣赏紫砂竹节壶？/230

387.如何欣赏梅雪壶？/230

388.如何欣赏百果壶？/230

389.如何欣赏鱼化龙壶？/231

390.如何欣赏八卦束竹壶？/231

391.如何欣赏方斗壶？/231

392.如何欣赏孤菱壶？/232

393.如何欣赏掇球壶？/232

394.如何欣赏提璧壶？/232

395.如何欣赏石瓢壶？/232

第八章　绚丽多彩的茶文化

396.茶与绘画有什么关系？/234

397.《萧翼赚兰亭图》是一幅什么样的作品？/234

398.《煎茶图》是一幅什么样的作品？/235

399.《宫乐图》是一幅什么样的作品？/235

400.《调琴啜茗图》是一幅什么样的作品？/236

401.《文会图》是一幅什么样的作品？/236

402.《斗茶图卷》是一幅什么样的作品？/237

403.《茗园赌市图》是一幅什么样的作品？/237

404.《撵茶图》是一幅什么样的作品？/238

405.《卢仝烹茶图》是一幅什么样的作品？/238

406.《博古图》是一幅什么样的作品？238

407.《安处斋图卷》是一幅什么样的作品？/239

408.《陆羽烹茶图》是一幅什么样的作品？/239

409.《竹炉煮茶图》是一幅什么样的作品？/240

410.《煮茶图咏》是一幅什么样的作品？/240

411.《事茗图》是一幅什么样的作品？/240

412.《惠山茶会图》是一幅什么样的作品？/241

413.《停琴啜茗图》是一幅什么样的作品？/242

414.《闲说听旧图》是一幅什么样的作品？/242

415.《紫砂壶》是一幅什么样的作品？/242

416.《墨梅图》是一幅什么样的作品？/243

417.《玉川先生煮茶图》是一幅什么样的作品？/243

418.《梅兰图》是一幅什么样的作品？/244

419.《茶熟菊开图》是一幅什么样的作品？/244

420.《烹茶洗砚图》是一幅什么样的作品？/244

421.《品茗图》是一幅什么样的作品？/245

422.《煮茗图》是一幅什么样的作品？/245

423.《清茗红烛图》是一幅什么样的作品？/245

424.《煮茶图》是一幅什么样的作品？/245

425.《梅花茶具图》是一幅什么样的作品？/246

426.《人散后》是一幅什么样的作品？/246

427.《茶馆画旧》是一幅什么样的作品？/246

428.茶与书法有什么关系？/247

429.《急就章》是一幅什么样的作品？/247

430.《苦笋帖》是一幅什么样的作品？/248

431.《茶录书卷》是一幅什么样的作品？/248

432.《一夜帖》是一幅什么样的作品？/248

433.《茶宴》是一幅什么作品？/249

434.《笤溪诗卷》是一幅什么样的作品？/249

435.《夜坐》是一幅什么样的作品？/249

436.《煎茶七类卷》是一幅什么样的作品？/250

437.《致方士琯尺牍》是一幅什么样的作品？/250

438.《七绝十五首》是一幅什么样的作品？/250

439.《角茶轩》是一幅什么样的作品？/251

440.茶与篆刻有什么关系？/251

441.《赐衣传茶》是一方什么印章？/252

442.《一瓯香乳听调琴》是一方什么印章？/252

443.《茶梦轩》是一方什么印章？/252

444.《家在江南第二泉》是一方什么印章？/253

445.茶与诗词有什么关系？/253

446.为什么《娇女诗》成为陆羽《茶经》节录的第一首茶诗？/254

447.《答族侄僧中孚赠玉泉仙人掌茶并序》是一首怎样的茶诗？/254

448.《饮茶个歌诮崔石使君》是一首怎样的茶诗？/255

449.《西山兰若试茶歌》是一首怎样的茶诗？/255

450.《喜园中茶生》是一首怎样的茶诗？/256

451.《琴茶》是一首怎样的茶诗？/256

452.《夏昼偶作》是一首怎样的茶诗？/256

453.《一字至七字诗》是一首怎样的茶诗？/257

454.《汲江煎茶》是一首怎样的茶诗？/257

455.《走笔谢孟谏议寄新茶》是一首怎样的茶诗？/257

456.《题茶山》是一首怎样的茶诗？/258

457.《和章岷从事斗茶歌》是一首怎样的茶诗？/258

458.《双井茶》是一首怎样的茶诗？/259

459.《三游洞》是一首怎样的茶诗？/259

460.《夔州竹枝歌》是一首怎样的茶诗？/259

461.《以六一泉煮双井茶》是一首怎样的茶诗？/260

462.《试虎丘茶》是一首怎样的茶诗？/260

463.什么是茶联？/261

464.我国名胜古迹都有哪些茶联？/262

465.著名茶馆有哪些茶联？/262

466.名人住宅有哪些茶联？/263

467.古代名人都有哪些茶联？/263

468.古代茶联有哪些逸闻趣事？/264

469.茶与谜语有什么关系？/264

470.我国有哪些著名的茶字谜？/265

471.我国有哪些著名的茶物谜？/265

472.我国有哪些著名的茶故事谜？/266

473.茶与谚语有什么关系？/267

474.关于茶树种植有哪些谚语？/267

475.关于茶园管理有哪些谚语？/268

476.关于茶叶采摘有哪些谚语？/268

477.关于茶叶制作有哪些谚语？/269

478.关于茶叶储存有哪些谚语？/269

479.关于喝茶有哪些谚语？/269

480.茶与歌有什么关系？/270

481.我国茶歌主要有哪些来源？/270

482.我国有哪些著名茶歌？/270

483.茶与舞蹈有什么关系？/271

484.茶与戏剧有什么关系？/271

485.我国古代有哪些与茶有关的戏剧？/271

486.《孔雀胆》是一部什么样的话剧？/272

487.《茶馆》是一部什么样的话剧？/272

488.《北京人》是一部什么样的话剧？/272

489.什么是茶掌故？/273

490.以茶代酒的起源是什么？/273

491.谁第一个用茶果来待客？/273

492.什么是献茶谋官？/274

493.吃茶去是什么掌故？ /274

494.千里送惠泉是什么掌故？ /274

495.陆羽鉴水是什么掌故？ /275

496.饮茶十德是什么掌故？ /275

497.苦口师是什么掌故？ /275

498.陆卢遗风是什么掌故？ /276

499.驿库茶神是什么掌故？ /276

500.水厄是什么掌故？ /276

501.乞赠密云龙是什么掌故？ /277

502.师中宽茶税是什么掌故？ /277

503.蔡襄辨茶是什么掌故？ /277

504.晋公立茶法是什么掌故？ /278

505.茶墨之辩是什么掌故？ /278

506.东坡梦泉是什么掌故？ /278

507.得茶三味是什么掌故？ /279

508.唐庚失具是什么掌故？ /279

509.饮茶助学是什么掌故？ /279

510.桑苎遗风是什么掌故？ /280

511.且吃茶是什么掌故？ /280

512.佳茗佳人是什么掌故？ /280

513.品茶定交是什么掌故？ /281

514.休宁松萝是什么掌故？ /281

515.仁宗赐茶是什么掌故？ /282

516.乾隆量水是什么掌故？ /282

517.重华宫茶宴是什么掌故？ /283

518.才不如命是什么掌故？ /283

519.板桥壶诗是什么掌故？ /283

520.敬茶得宠是什么掌故？ /284

521.三口白水是什么掌故？ /284

522.茶马交易是什么掌故？ /284

523.六安瓜片有什么掌故？ /285

524.云南普洱有什么掌故？ /285

525.都匀毛尖有什么掌故？ /285

526.顾渚紫笋有什么掌故？ /286

527.仙人掌茶有什么掌故？ /286

528.狗牯脑茶有什么掌故？ /286

529.华顶云雾茶有什么掌故？ /287

530.神农尝百草有什么传说？ /287

531.为什么说孔明是茶祖？ /288

532.蒙顶茶有什么传说？ /289

533.蒙顶玉叶有什么传说？ /289

534.碧螺春有什么传说？ /290

535.黄山毛峰有什么传说？ /291

536.小兰花茶有什么传说？ /291

537.信阳毛尖有什么传说？ /292

538.都匀毛尖有什么传说？ /292

539.君山银针有什么传说？ /293

540.乌龙茶有什么传说？ /293

541.铁观音有什么传说？ /294

542.冻顶乌龙有什么传说？ /294

543.水仙茶有什么传说？ /295

544.大红袍有什么传说？ /295

545.白毫银针有什么传说？ /296

546.白牡丹有什么传说？ /296

547.碣滩茶有什么传说？ /297

548.六安瓜片茶有什么传说？ /297

549.白鸡冠有什么传说？ /298

550.庐山云雾有什么传说？ /298

551.安吉白茶有什么传说？ /299

552.水金龟有什么传说？ /299

553.铁罗汉有什么传说？ /300

554.不知春有什么传说？ /300

555.白瑞香有什么传说？ /301

556.良马换《茶经》是讲什么的传说？ /301

557.袁枚品茶有什么传说？ /302

558.雪芹辨泉有什么传说？ /302

559.邮票上有哪些茶文化？ /303

560.火花上有哪些茶文化？ /304

561.钱币上有哪些茶文化？ /304

562.门票上有哪些茶文化？ /304

563.烟标上有哪些茶文化? /305

564.信封上有哪些茶文化? /305

565.明信片上有哪些茶文化? /305

566.磁卡上有哪些茶文化? /306

567.茶具中有哪些茶文化? /307

568.茶罐上有哪些茶文化? /307

569.藏书票上有哪些茶文化? /307

570.为什么说茶馆是一个古老而又新兴的
行业? /308

571.茶馆具有哪些交际功能? /308

572.茶馆具有哪些信息功能? /308

573.茶馆具有哪些休闲功能? /309

574.茶馆具有哪些审美功能? /309

575.茶馆具有哪些展示功能? /309

576.茶馆具有哪些教化功能? /310

577.茶馆具有哪些餐饮功能? /310

578.当代茶馆有哪些类型? /310

第九章 茶与民俗

579.清宫祭祖时为何要用茶叶? /312

580.民间为什么用"三茶六酒"来做丧葬
祭品? /312

581.湘西苗族怎样祭茶神? /313

582.云南傣族怎样祭茶树? /313

583.台湾茶工怎样拜祭茶郊妈祖? /313

584.道教与茶有什么关系? /314

585.佛教与茶有什么关系? /314

586.基督教与茶有什么关系? /315

587.伊斯兰教与茶有什么关系? /315

588.为什么在我国茶与婚俗有密切的关系? /316

589.什么是"走茶包"婚俗? /316

590.什么是"说茶"婚俗? /317

591.什么是以茶为媒? /317

592.什么是"三茶礼"? /318

593.什么是"吃蛋茶"? /318

594.什么是"喝宝塔茶"? /319

595.什么是"合枕茶"? /319

596.什么是"婚房闹茶"? /320

597.什么是"新媳妇油茶"? /320

598.什么是"喝喜茶"? /321

599.什么是"挂壶认亲"? /321

600.什么是"退茶"? /322

601.茶与丧俗有什么关系? /322

602.中国古代有哪些墓葬茶画? /322

603.宋人举丧时怎样以茶待客? /323

604.古代人用茶叶随葬吗? /323

605.什么是龙籽袋? /323

606.什么是畲族茶枝? /324

607.为什么死者要枕茶叶枕头下葬? /324

608.纳西族怎样"纱撒坑"? /324

609.纳西族怎样"鸡鸣祭"? /325

610.什么是德昂族葬礼茶? /325

611.什么是土族"格茶"? /325

612.古代陕西有哪些丧事茶礼? /326

613.什么是江南清饮品绿茶? /326

614.什么是闽粤功夫茶? /327

615.什么是成都盖碗茶? /327

616.什么是湖南六合茶? /328

617.什么是昆明九道茶? /328

618.什么是兰州三炮台? /329

619.什么是藏族酥油茶? /329

620.什么是蒙古族奶茶? /329

621.什么是维吾尔族香茶? /330

622.什么是哈萨克族奶茶? /330

623.什么是傣族烤茶? /330

624.什么是侗族油茶? /331

625.什么是拉祜族烤茶? /331

626.什么是回族罐罐茶? /331

627.什么是陇中人罐罐茶? /332

628.什么是傈僳族雷响茶？/332

629.什么是土家族擂茶？/332

630.什么是白族三道茶？/333

631.什么是纳西族"龙虎斗"？/333

632.什么是布朗族酸茶？/334

633.什么是布朗族青竹茶？/334

634.什么是撒拉族碗子茶？/334

635.什么是裕固族摆头茶？/335

636.什么是基诺族凉拌茶？/335

637.什么是苗家万花茶？/335

638.什么是布依族姑娘茶？/336

639.什么是哈尼族土锅茶？/336

640.什么是景颇族竹筒茶？/336

641.什么是傣族竹筒茶？/337

642.什么是拉祜族竹筒茶？/337

643.什么是佤族竹筒茶？/338

644.什么是佤族苦茶？/338

645.什么是崩龙族水茶？/338

646.什么是景颇族腌茶？/339

647.什么是彝族腌茶？/339

648.什么是彝族谢客茶？/339

649.什么是商榻"阿婆茶"？/340

650.什么是大年初一元宝茶？/340

651.什么是震泽百果茶？/340

652.什么是湖州熏豆茶？/341

653.什么是菊花豆子茶？/341

654.日本茶道有什么特色？/342

655.韩国茶礼有什么特色？/342

656.新加坡肉骨茶有什么特色？/343

657.马来西亚茶有什么特色？/343

658.印度马萨拉茶有什么特色？/344

659.不丹酥油茶有什么特色？/344

660.阿富汗茶饮有什么特色？/345

661.伊朗红茶有什么特色？/345

662.巴基斯坦牛奶红茶有什么特色？/346

663.伊拉克红茶有什么特色？/346

664.土耳其红茶有什么特色？/347

665.摩洛哥薄荷茶有什么特色？/347

666.毛里塔尼亚甜茶有什么特色？/348

667.荷兰茶饮有什么特色？/348

668.英国午后茶有什么特色？/349

669.法国茶有什么特色？/349

670.德国茶有什么特色？/350

671.波兰茶有什么特色？/350

672.意大利茶有什么特色？/350

673.大洋洲茶有什么特色？/351

674.美国冰茶有什么特色？/351

675.加拿大红茶有什么特色？/352

676.阿根廷马黛茶有什么特色？/352

第十章　茶与旅游

677.天门文学泉有什么旅游特色？/354

678.顾渚山有什么旅游特色？/354

679.狮峰山有什么旅游特色？/355

680.中泠泉有什么旅游特色？/355

681.武夷山茶洞有什么旅游特色？/356

682.琅琊古寺有什么旅游特色？/356

683.玉泉寺有什么旅游特色？/357

684.蒙顶山有什么旅游特色？/357

685.龙井有什么旅游特色？/358

686.洞庭东西二山有什么旅游特色？/358

687.婺源茶乡有什么旅游特色？/358

688.洞庭君山有什么旅游特色？/359

689.西双版纳有什么旅游特色？/359

690.阿里山有什么旅游特色？/359

691.陶都宜兴有什么旅游特色？/360

692.瓷都景德镇有什么旅游特色？/360

693.杭州官窑古迹有什么旅游特色？/360

694.福建泉州有什么旅游特色？/361

695.天池有什么旅游特色？/361

696.鄂西鹤峰山有什么旅游特色？/361

697.布朗村有什么旅游特色？/362

698.扬州有什么旅游特色？362

699.兰州有什么旅游特色？362

第十一章　茶与保健

700.茶叶中有哪些营养成分？/364

701.茶叶中有哪些蛋白质？/364

702.茶叶中有哪些脂肪？/364

703.茶叶中有哪些碳水化合物？/365

704.茶叶中有哪些维生素？/365

705.茶叶中有哪些矿物质？/366

706.茶叶中有哪些药用成分？/366

707.茶叶中的生物碱对人体有什么保健
作用？/366

708.茶叶中的茶多酚对人体有什么保健
作用？/367

709.茶叶中的芳香类物质对人体有什么保健
作用？/367

710.茶叶中的脂多糖类对人体有什么保健
作用？/368

711.茶叶中的皂苷类物质对人体有什么保健
作用？/368

712.为什么茶叶具有保健功能？/368

713.为什么茶叶能生津止渴？/369

714.为什么茶叶能消暑？/369

715.为什么茶叶具有清热功能？/369

716.为什么喝茶能提神？/370

717.为什么喝茶能解毒？/370

718.为什么喝茶能止泻？/370

719.为什么喝茶能通便？/371

720.为什么喝茶能减肥？/371

721.为什么喝茶能利尿？/371

722.为什么喝茶能帮助消化？/372

723.为什么喝茶能预防高血脂？/372

724.为什么喝茶能防治高血压？/372

725.为什么喝茶能防治脂肪肝？/373

726.为什么喝茶能防治糖尿病？/373

727.为什么喝茶能防癌抗癌？/373

728.为什么喝茶能补硒？/374

729.为什么喝茶能杀菌消炎？/374

730.为什么喝茶能改善心血管功能？/374

731.为什么喝茶能消除口臭？/375

732.为什么喝茶能预防龋齿？/375

733.为什么喝茶能抗辐射？/375

734.为什么喝茶能延缓衰老？/376

735.为什么忌空腹喝茶？/376

736.为什么忌喝过烫茶？/376

737.为什么茶叶忌冲泡的次数过多？/377

738.为什么忌过量喝茶？/377

739.为什么忌喝劣质茶？/377

740.为什么忌喝隔夜茶？/378

741.为什么忌用茶水喝药？/378

742.为什么忌酒后喝茶？/378

743.为什么忌睡前喝茶？/379

744.为什么儿童喝茶要清淡？/379

745.为什么不能喝新炒的茶？/379

746.女性喝茶有哪五忌？/380

第十二章　茶与食疗

747.中国古代人怎样用茶来治病？/382

748.怎样从茶叶中选择适合治病的茶叶？/382

749.药茶的制作方法是什么？/382

750.怎样加工药茶？/383

751.怎样服用药茶？/383

752.服用药茶有哪些禁忌？/384

753.肥胖病的茶疗方法有哪些？/385

754.高血脂症的茶疗方法有哪些？/385

755.动脉粥样硬化的茶疗方法有哪些？/386

756.冠心病的茶疗方法有哪些？/386

757.高血压的茶疗方法有哪些？/387

758.有关提神的茶疗方法有哪些？/387

759.有关镇静安神的茶疗方法有哪些？/387

760.有关消食的茶疗方法有哪些？/388

761.有关解酒的茶疗方法有哪些？/388

762.痢疾的茶疗方法有哪些？/388

763.慢性肝炎与肝硬化的茶疗方法有哪些？/389

764.感冒的茶疗方法有哪些？/389

765.咳喘的茶疗方法有哪些？/389

766.肺痈的茶疗方法有哪些？/390

767.咽喉炎的茶疗方法有哪些？/390

768.鼻炎的茶疗方法有哪些？/390

769.茶多酚治肾疾方法有哪些？/391

770.妇产科疾病的茶疗方法有哪些？/391

771.眼科疾病的茶疗方法有哪些？/392

772.龋齿的茶疗方法有哪些？/392

773.糖尿病的茶疗方法有哪些？/392

774.有关解暑止渴的茶疗方法有哪些？/393

775.有关抑菌消炎的茶疗方法有哪些？/393

776.有关解毒的茶疗方法有哪些？/393

777.有关益气疗饥的茶疗方法有哪些？/394

778.有关抗衰老的茶疗方法有哪些？/394

779.有关抗辐射的茶疗方法有哪些？/395

780.有关补血升白的茶疗方法有哪些？/395

781.治疗唇癌的茶方有哪些？/396

782.治疗肝癌的茶方有哪些？/396

783.治疗食道癌的茶方有哪些？/396

784.治疗胃癌的茶方有哪些？/397

785.治疗肠癌的茶方有哪些？/397

786.治疗鼻咽癌的茶方有哪些？/397

787.治疗乳腺癌的茶方有哪些？/398

788.治疗肺癌的茶方有哪些？/398

789.治疗子宫颈癌的茶方有哪些？/398

790.治疗白血病的茶方有哪些？/399

791.双花祛痘茶有什么功效？/399

792.枸杞红枣丽颜茶有什么功效？/400

793.洛神花玉肤茶有什么功效？/400

794.益母草活力亮发茶有什么功效？/401

795.去黑眼圈美目茶有什么功效？/401

796.普洱山楂纤体茶有什么功效？/402

797.柠檬清香美白茶有什么功效？/402

798.参须黄芪抗斑茶有什么功效？/403

799.咖啡乌龙小脸茶有什么功效？/403

800.黑芝麻乌发茶有什么功效？/404

801.丰胸通草汤有什么功效？/404

802.迷迭香瘦腿茶有什么功效？/405

803.益母玫瑰丰胸茶有什么功效？/405

804.丹参泽泻瘦腰茶有什么功效？/406

805.淮山丰胸美肤茶有什么功效？/406

806.去水肿薏仁豆奶茶有什么功效？/407

807.大黄强效瘦身绿茶有什么功效？/407

808.番泻叶急瘦去脂红茶有什么功效？/408

809.汉宫飞燕纤腰茶有什么功效？/408

810.芒果清齿绿茶有什么功效？/409

811.双花清亮茶有什么功效？/409

812.黄柏通鼻龙井茶有什么功效？/410

813.黄柏苍耳消炎茶有什么功效？/410

814.苹香养血绿茶有什么功效？/411

815.花生衣红枣补血茶有什么功效？/411

816.菊槐降压绿茶有什么功效？/412

817.地黄山药明目茶有什么功效？/412

818.杜仲护心绿茶有什么功效？/413

819.玉竹秦艽养心茶有什么功效？/413

820.天花粉冬瓜茶有什么功效？/414

821.绿豆清毒茶有什么功效？/414

822.紫罗兰止咳散瘀茶有什么功效？/415

823.乌梅山楂去脂茶有什么功效？/415

824.甘枣顺心茶有什么功效？/416

825.橄竹乌梅亮嗓茶有什么功效？/416

826.参味苏梗治咳茶有什么功效？/417

827.银杏麻黄平喘茶有什么功效？/417

828.雪梨止咳茶有什么功效？/418

829.夏枯草降脂茶有什么功效？/418

830.香蜂花草消胀茶有什么功效？/419

831.茴香薄荷消胀茶有什么功效？/419

832.莲子冰糖止泻茶有什么功效？/420

833.番茄蜂蜜生津茶有什么功效？/420

834.山楂陈皮理胃茶有什么功效？/421

835.荷叶山楂清香消化茶有什么功效？/421

836.茉莉银花舒胃止吐茶有什么功效？/422

837.焦米党参护胃茶有什么功效？/422

838.苍术厚朴平胃茶有什么功效？/423

839.木瓜养胃茶有什么功效？/423

840.郁金甘草养胃解郁茶有什么功效？/424

841.柠檬食盐抗炎茶有什么功效？/424

842.茵陈车前护肝利胆茶有什么功效？/425

843.龙胆平肝清热茶有什么功效？/425

844.夏枯草丝瓜保肝茶有什么功效？/426

845.柴胡丹参消脂茶有什么功效？/426

846.白菊花利尿龙井茶有什么功效？/427

847.玫香薄荷通便茶有什么功效？/427

848.川芎乌龙活血止痛茶有什么功效？/428

849.二花调经茶有什么功效？/428

850.美蓉莲蓬护血茶有什么功效？/429

851.当归调经茶有什么功效？/429

852.蜂蜜润肠茶有什么功效？/430

853.蜂蜜芦荟畅便茶有什么功效？/430

854.枇杷炙百合平恶茶有什么功效？/431

855.山楂益母缓痛茶有什么功效？/431

856.参夏姜枣去恶茶有什么功效？/432

857.红花通经止痛茶有什么功效？/432

858.益母草红糖调经茶有什么功效？/433

859.莲子益肾茶有什么功效？/433

860.莲花甘草清腺茶有什么功效？/434

861.五子衍宗茶有什么功效？/434

862.金银花栀子清热茶有什么功效？/435

863.多味健脾茶有什么功效？/435

864.米醋止泻茶有什么功效？/436

865.竹叶灯芯定惊茶有什么功效？/436

866.竹叶清火茶有什么功效？/437

867.乌药缩尿茶有什么功效？/437

868.川贝杏仁缓咳茶有什么功效？/437

869.大蒜冰糖止咳茶有什么功效？/438

870.紫罗兰畅气茶有什么功效？/438

871.六味地黄滋肝茶有什么功效？/438

872.莲心苦丁更年清心茶有什么功效？/439

873.莲子冰糖益精茶有什么功效？/439

874.橄榄润咽绿茶有什么功效？/439

875.银花青果润喉茶有什么功效？/440

876.杏仁润喉止咳绿茶有什么功效？/440

877.白芍甘草排毒茶有什么功效？/440

878.泽泻乌龙护肝消脂茶有什么功效？/441

879.玫瑰调经茶有什么功效？/441

880.杷叶回乳茶有什么功效？/442

881.大黄公英护乳消炎茶有什么功效？/442

882.山楂益母缓痛茶有什么功效？/443

883.灵芝沙参缓咳茶有什么功效？/443

884.柿叶清肺茶有什么功效？/444

885.桑葚红花活经茶有什么功效？/444

886.苏梗安胎茶有什么功效？/445

887.肉桂养颜开胃奶茶有什么功效？/445

888.桂花清怡减压茶有什么功效？/446

889.玫瑰参花舒活茶有什么功效？/446

890.茉莉荷叶清凉茶有什么功效？/447

891.洋甘菊舒缓减压茶有什么功效？/447

892.莲子心金盏茶有什么功效？/448

893.葛花解酒茶有什么功效？/448

894.薰衣草舒眠茶有什么功效？/449
895.薄荷清凉解暑茶有什么功效？/449
896.葱白银杏缓痛茶有什么功效？/450
897.茯苓枣仁宁心茶有什么功效？/450
898.银耳太子参宁神茶有什么功效？/451
899.骨碎补活肌茶有什么功效？/451
900.菊花抗晕乌龙茶有什么功效？/452
901.桑菊银花清热茶有什么功效？/452
902.莲心甘草舒眠茶有什么功效？/453
903.莲子百合甜梦茶有什么功效？/453
904.二子延年健骨有什么功效？/454
905.杜仲肉桂舒肩茶有什么功效？/454
906.参须枸杞缓压茶有什么功效？/455
907.葱芷去痛茶有什么功效？/455
908.黄芪三宝护颈茶有什么功效？/456
909.桑瓜大枣祛湿茶有什么功效？/456
910.人参玫瑰益寿茶有什么功效？/457
911.百里香驻藓延年茶有什么功效？/457
912.豆麦增忆茶有什么功效？/458
913.山楂迷迭香茶有什么功效？/458

926.怎样制作香酥核桃仁？/465
927.怎样制作玫瑰瓜子？/465
928.怎样制作椒盐瓜子？/466
929.怎样制作五香瓜子？/466
930.怎样制作奶油五香豆？/467
931.怎样制作芝麻糖？/467
932.怎样制作桂花核桃糖？/468
933.怎样制作糖膏茶？/468
934.怎样制作桂花赤豆糕？/469
935.怎样制作抹茶甜糕？/469
936.怎样制作茶香水饺？/469
937.怎样制作绿茶冷面？/470
938.怎样制作茶奶冻？/470
939.怎样制作抹茶豆沙冻？/470
940.怎样制作红茶甜橙冻？/471
941.怎样制作绿茶银耳羹？/471
942.怎样制作绿茶莲子羹？/471
943.怎样制作百合西米糯米羹？/472
944.怎样制作瓜片莲子汤？/472
945.怎样制作绿茶粥？/473
946.怎样制作红茶糯米粥？/473
947.怎样制作抹茶芝麻糊？/473
948.怎样制作血糯八宝饭？/474
949.怎样制作祁门茶干？/474
950.怎样制作五香豆腐干？/474
951.怎样制作茶香花生米？/475
952.怎样制作红茶鹌鹑蛋？/475
953.怎样制作鲜肉粽？/475
954.怎样制作苏式糖藕？/476
955.怎样制作豆沙麻球？/476
956.怎样制作生煎馒头？/476

第十三章　茶食

914.什么是茶食？/460
915.茶与茶食怎样进行搭配？/460
916.茶食的视觉与味觉有什么要求？/460
917.怎样选择茶食的器皿？/461
918.茶食与节令有什么关系？/461
919.炒货类茶食有哪些？/462
920.鲜果类茶食有哪些？/462
921.蜜饯类茶食有哪些？/462
922.甜食类茶食有哪些？/463
923.点心类茶食有哪些？/463
924.怎样制作挂霜腰果？/464
925.怎样制作五香花生米？/464

第十四章　茶肴与茶膳

957.什么是茶肴？/478

958.为什么把茶应用到食品上？/478

959.以茶入菜有什么讲究？/479

960.茶入肴有几种加工方法？/480

961.所有的茶叶都可以用来做菜吗？/480

962.做菜时茶叶要完全泡开吗？/481

963.茶叶和水的配比为多少做出的菜效果
　　最好？/481

964.做不同的茶肴怎样选取茶叶？/482

965.所有的烹饪原料都可以用来制作
　　茶肴吗？/482

966.烹饪时的香料是否会影响茶叶的香味？/483

967.哪些调料不适合烹饪茶肴？/483

968.所有人都可以食用茶肴吗？/484

969.什么是茶膳？/484

970.茶膳的起源和现状是什么情况？/485

971.茶膳的特点是什么？/485

972.茶膳有哪些种类？/486

973.茶膳有哪些形式？/486

974.如何做好茶膳？/487

975.怎样制作茶月饼？/487

976.怎样制作茶叶面条？/488

977.怎样制作茶粥？/488

978.怎样制作茶叶馒头？/489

979.怎样制作茶叶米饭？/489

980.怎样制作茶叶薄饼？/490

981.怎样制作茶叶水饺？/490

982.怎样制作八宝茶香饭？/490

983.怎样制作红茶香蕉蛋糕？/491

984.怎样制作茶瓜子？/491

985.怎样制作绿茶蜜酥？/492

986.怎样制作绿茶蛋糕？/492

987.怎样制作桂花核桃糖？/493

988.怎样制作茶叶果冻？/493

989.怎样制作茶叶冰激凌？/493

990.怎样制作茶叶酸奶？/493

991.怎样制作茶叶啤酒？/494

992.怎样制作白毫猴头扣肉？/494

993.怎样制作绿茶豆腐？/495

994.怎样制作冻顶焖豆腐？/495

995.怎样制作红烧龙井大排？/496

996.怎样制作茶香牛肉？/496

997.怎样制作红茶牛肉？/497

998.怎样制作太和蘸鸡？/497

999.怎样制作毛峰鸡？/498

1000.怎样制作茶味熏鸡？/498

● 附录　古时茶业纵览/499

中国
"十大名茶"

　　"茶之古国"中国，是世界上茶和茶文化的发源地，辽阔多样的茶产区、丰富多彩的茶品种以及底蕴深厚的历史沉积，让这片充满着独特魅力与人文气息的土地诞生出无数令世界为之惊叹的名茶神话。

　　关于中国"十大名茶"的名分，一直众说纷纭，其中1959年全国"十大名茶"的评选结果为多数人所认同，它们是：西湖龙井、洞庭碧螺春、黄山毛峰、庐山云雾、六安瓜片、君山银针、信阳毛尖、武夷岩茶、安溪铁观音、祁门红茶。此外，云南普洱茶、歙县茉莉花茶、太平猴魁、峨眉竹叶青、蒙顶甘露、都匀毛尖、惠明茶、冻顶乌龙茶等也都饮誉大江南北，成为众多茶人津津乐道的品评对象。

西湖龙井

绿茶皇后

西湖龙井,是指产于中国杭州西湖龙井一带的一种炒青绿茶,以「色绿、香郁、味甘、形美」而闻名于世,是中国最著名的绿茶之一。历史上西湖龙井按产地不同分为狮、龙、云、虎、梅五个种类,其中以狮峰龙井为最佳,有「龙井之巅」的美誉。

🍵 **分类**：绿茶

🏔 **产地**：浙江省杭州西湖

🍵 **评茶论道**

根据茶叶采摘时节不同,西湖龙井又可分为明前茶和雨前茶。随着级别的下降,外形色泽嫩绿、青绿、墨绿依次不同,茶身由小到大,茶条由光滑至粗糙,香味由嫩爽转向浓粗,叶底由嫩芽转向对夹叶,色泽嫩黄、青绿、黄褐各异。

汤色嫩绿(黄)明亮,滋味清爽或浓醇。

叶底芽叶匀整,嫩绿明亮。

外形扁平光滑,苗锋尖削,芽长于叶,色泽嫩绿,体表无茸毛。

💧 **储藏**

保持干燥、密封,避免阳光直射,杜绝挤压,是储藏西湖龙井的最基本要求。

洞庭碧螺春

茶中仙子

洞庭碧螺春始于明代,产于江苏苏州太湖的洞庭山碧螺峰上,原名「吓煞人香」,俗称「佛动心」,后因康熙皇帝南巡时大加赞赏而赐更名「碧螺春」,该茶「形美、色艳、香浓、味醇」,风格独具,驰名中外。

🍵 **分类**：绿茶

🏔 **产地**：江苏省苏州太湖洞庭山

🍵 **评茶论道**

碧螺春茶通常由春分始采,至谷雨结束,清晨采摘一芽一叶的茶叶,中午筛拣,下午至晚上炒制,目前大多仍采用手工方法炒制,杀青、炒揉、搓团焙干,三个工序在同一锅内一气呵成。

汤色碧绿清澈,滋味香郁鲜爽,回味甘厚。

叶底嫩绿柔匀。

条索纤细,卷曲成螺,满被茸毛,色泽碧绿。

💧 **储藏**

保持干燥、密封,宜在10℃以下的环境冷藏。

黄山毛峰

茶中精品

黄山毛峰产于安徽黄山，以茶形「白毫披身，芽尖似峰」而得名，其特点为「香高、味醇、汤清、色润」，堪称我国众多毛峰之中的贵族，独特的品质风味与悠久的历史底蕴让黄山毛峰现已成为我国著名的外交礼品用茶。

● 分类：绿茶
● 产地：安徽省歙县

评茶论道

黄山毛峰于清明至谷雨前采制，以一芽一叶初展为标准，以晴天采制的品质为佳，经采摘、摊放、挑拣、杀青、烘焙而成，条索细扁，形似「雀舌」，白毫显露，色似象牙，带有金黄色鱼叶，俗称"茶笋"或"金片"。

汤色清澈明亮，滋味鲜浓、醇厚，回味甘甜。

叶底嫩黄肥壮，匀亮成朵。

外形细嫩扁曲，多毫有锋，色泽油润光滑。

储藏

保持干燥，密封、避光、低温储藏。

庐山云雾

茶中上品

庐山云雾，俗称「攒林茶」，古称「闻林茶」，始产于汉代，已有一千多年的栽种历史，被「茶圣」陆羽誉为「中华第一茶」。庐山云雾茶汤幽香如兰，饮后回甘香绵，素有「六绝」之名，在国内外茶品市场上倾慕者甚众。

● 分类：绿茶
● 产地：江西省庐山

评茶论道

庐山云雾的产地北临长江，南近都阳湖，气候温和，常年的云雾缭绕为茶树生长提供了良好的自然条件。通常在清明前后，以一芽一叶为采摘标准，经采摘、摊晾、杀青、抖散、揉捻等九道工序制成。

汤色明亮、香味持久、醇厚味甘。

外形条索粗壮、饱满秀丽。

叶嫩匀整。

茶芽隐露，青翠多毫。

储藏

保持干燥，密封、避光、低温储藏。

六安瓜片

神茶

六安瓜片，又称片茶，因其产地古时隶属六安府而得名，其中产于金寨齐云山一带的茶叶，为瓜片中的极品，冲泡后雾气蒸腾，有『齐山云雾』的美称。古人还多用此茶做中药，常饮有清心目、消疲劳、通七窍的作用。

🌿 **分类**：绿茶

🏠 **产地**：安徽省六安、金寨、霍山三县

评茶论道

六安瓜片的产地云雾缭绕，气候温和，由秦汉至明清时期，已有2000多年的贡茶历史。一般用80℃的水冲泡，待茶汤凉至适口时，品尝茶汤滋味，宜小口品啜，缓慢吞咽，可从茶汤中品出嫩茶香气，沁人心脾。

外形平展，茶芽肥壮，叶缘微翘。

汤色清澈晶亮，滋味鲜醇，回味甘美。

叶底嫩绿、明亮、柔匀。

色泽翠绿。

💧 **储藏**

保持干燥，密封、低温储藏。

君山银针

黄茶之冠

君山银针，始于唐代，清朝时被列为『贡茶』，分为『尖茶』『茸茶』两种，『尖茶』如茶剑，白毛茸然，纳为贡茶，素称『贡尖』。冲泡之时根根银针悬空竖立，继而三起三落，簇立杯底，极具观赏性，乃黄茶之中的珍品。

🌿 **分类**：绿茶

🏠 **产地**：湖南省岳阳洞庭湖君山

评茶论道

君山银针，采摘茶叶的时间限于清明前后，采摘标准为春茶的首轮嫩芽，叶片的长短、宽窄、厚薄均是以毫米计算，500克银针茶，约需105 000个茶芽，经繁复的8道工序共78个小时方可制成。

苗壮坚实，白毫显露。

汤色橙黄，滋味甘醇，香气高爽。

叶底嫩黄、匀亮。

茶芽内面呈金黄色，有"金镶玉"之说。

💧 **储藏**

保持干燥，密封、避光、低温储藏。

信阳毛尖

绿茶之王

信阳毛尖，又称『豫毛峰』，因条索紧直锋尖，茸毛显露，故而得名。河南信阳早在唐代即是我国的八大产茶区之一，信阳毛尖采制极为考究，以其『细、圆、光、直、多白毫、香高、味浓、汤绿』的特色为历代文人名家所倾慕。

汤色嫩绿鲜亮，香气鲜嫩高爽。

- ❀ 分类：绿茶
- ⚘ 产地：河南省信阳市

叶底嫩绿明亮、细嫩匀齐。

评茶论道

信阳毛尖的采茶期分为谷雨前后、芒种前后和立秋前后三季。其中，谷雨前后采摘的少量茶叶被称为"跑山尖""雨前毛尖"，是毛尖珍品。特级品展开呈一芽一叶初展、汤色嫩绿、黄绿或明亮，味道清香扑鼻。

细秀匀直，显峰苗。

色泽翠绿，白毫遍布。

武夷岩茶

茶之状元

大红袍，出产于福建武夷山九龙窠的高岩峭壁上，是武夷岩茶中品质最优的一种乌龙茶。传说因高中状元的驸马回武夷山天心寺谢恩，将红袍披于岩壁上的茶树而得名。该茶『活、甘、清、香』，极具武夷岩茶岩韵的品质特征。

- ❀ 分类：乌龙茶
- ⚘ 产地：福建省武夷山区

评茶论道

大红袍产区九龙窠日照短，多反射光，昼夜温差大，岩顶终年有细泉浸润。现仅存大红袍母茶树6株，均为千年古茶树，其叶质较厚，芽头微微泛红。其制作工艺也被列入非物质文化遗产名录，堪称国宝级名茶。

香气馥郁持久，醇厚回甘。

汤色橙黄明亮。

外形条索紧结，色泽绿褐鲜润，叶片红绿相间或者镶有红边。

🫖 储藏

保持干燥，密封、避光、低温冷藏，杜绝外力挤压。

🫖 储藏

保持干燥，密封、低温储藏。

安溪铁观音

七泡余香

铁观音,介于绿茶和红茶之间,属半发酵茶,色泽乌黑油润,砂绿明显,整体形状似「蜻蜓头、螺旋体、青蛙腿」,七泡而仍有余香,俗称有「音韵」,因叶似观音,沉重如铁而被乾隆赐名「铁观音」。

🍵 **分类**:乌龙茶
📍 **产地**:福建省安溪县

汤色金黄似琥珀,有天然兰花香气或椰香,滋味醇厚甘鲜,回甘悠久。

☕ 评茶论道

铁观音分"红心铁观音"和"青心铁观音"两种。纯种铁观音树为灌木型,茶叶呈椭圆形,叶厚肉多,叶片平坦,产量不高。一年分四季采制,品质以秋茶为最好,春茶次之。秋茶香气特高,俗称秋香,但汤味较薄。

叶底肥厚柔润。

茶条卷曲,肥壮圆结,沉重匀整。

☕ 储藏

保持干燥,密封、低温储藏。

祁门红茶

群芳最

祁门红茶,简称祁红,所采茶树为「祁门种」,以「祁门香」「香高、味醇、形美、色艳」四绝闻名于世,是世界三大高香名茶之一。清饮,可品其清香,调饮,亦香气不减,在国际上有「王子香」「群芳最」的美名。

🍵 **分类**:红茶
📍 **产地**:安徽省祁门县

汤色红艳明亮,滋味甘鲜醇厚,内质清芳,带有蜜糖果香或兰花香,香气持久,叶底鲜红明亮。

☕ 评茶论道

祁门红茶在春夏两季采摘,精拣鲜嫩茶芽的一芽二叶,经萎凋、揉捻、发酵、烘焙、精加工等工序制成。茶形条索紧秀,色泽乌润,俗称"宝光",香气似花似果似蜜,俗称"祁门香",是英国女王及其皇室青睐的茶品。

色泽乌润。

条索紧细匀整,锋苗秀丽。

☕ 储藏

保持干燥,密封、低温储藏。

健康茶饮图鉴

双花祛痘茶

枸杞红枣丽颜茶

洛神花玉肤茶

去黑眼圈美目茶

普洱山楂纤体茶

柠檬清香美白茶

参须黄芪抗斑茶

咖啡乌龙小脸茶

黑芝麻乌发茶

丰胸通草汤

迷迭香瘦腿茶

益母玫瑰丰胸茶

丹参泽泻瘦腰茶

淮山丰胸美肤茶

去水肿薏仁豆奶茶

大黄强效瘦身绿茶

芒果清齿绿茶

黄柏苍耳消炎茶

花生衣红枣补血茶

地黄山药明目茶

杜仲护心绿茶

天花粉冬瓜茶

绿豆清毒茶

紫罗兰止咳散瘀茶

乌梅山楂去脂茶

甘枣顺心茶

橄竹乌梅亮嗓茶

参味苏梗止咳茶

银杏麻黄平喘茶

雪梨止咳茶

夏枯草降脂茶

香蜂花草消胀茶

茴香薄荷消胀茶

莲子冰糖止泻茶

荷叶山楂清香消化茶

茉莉银花舒胃止吐茶

焦米党参护胃茶

木瓜养胃茶

柠檬食盐抗炎茶

茵陈车前护肝利胆茶

龙胆平肝清热茶

夏枯草丝瓜保肝茶

柴胡丹参消脂茶

白菊花利尿龙井茶

玫香薄荷通便茶

川芎乌龙活血止痛茶

二花调经茶

蜂蜜润肠茶

蜂蜜芦荟畅便茶

红花通经止痛茶

益母草红糖调经茶

莲子益肾茶

莲花甘草清腺茶

金银花栀子清热茶

米醋止泻茶

竹叶清火茶

六味地黄滋肝茶

莲心苦丁更年清心茶

莲子冰糖益精茶

橄榄润咽绿茶

银花青果润喉茶

杏仁润喉止咳绿茶

白芍甘草排毒茶

玫瑰调经茶

杷叶回乳茶

大黄公英护乳消炎茶

山楂益母缓痛茶

灵芝沙参缓咳茶

桑葚红花活经茶

苏梗安胎茶

肉桂养颜开胃奶茶

桂花清怡减压茶

玫瑰参花舒活茶

茉莉荷叶清凉茶

莲子心金盏茶

薰衣草舒眠茶

薄荷清凉解暑茶

茯苓枣仁宁心茶

银耳太子参宁神茶

骨碎补活肌茶

菊花抗晕乌龙茶

桑菊银花清热茶

莲子百合甜梦茶

二子延年健骨茶

参须枸杞缓压茶

葱芷去痛茶

黄芪三宝护颈茶

桑瓜大枣祛湿茶

人参玫瑰益寿茶

豆麦增忆茶

茶类图鉴

绿茶

GREEN TEA

分类：蒸青、炒青、烘青和晒青

特征：汤清叶绿

绿茶，又称不发酵茶，是历史上最早的茶类，古代人类采集野生茶树芽叶晒干收藏，可以看作是绿茶加工的发始，距今至少有3000多年。由于干茶的色泽和冲泡后的茶汤、叶底均以绿色为主调，因此称为绿茶。

茶之识

绿茶在加工制作时利用高温湿热来破坏鲜叶中酶的活性，迅速阻止了茶叶中多酚类成分的氧化，从而有效保留了茶鲜叶中的天然物质，茶多酚、咖啡碱保留了鲜叶的85%以上，叶绿素保留50%左右。

绿茶汤色清雅，滋味收敛性强。

茶之效

绿茶可抑菌消炎、降血脂、防辐射、抗癌。

茶之产

绿茶以适宜制茶的新梢芽叶为原料，经过杀青、揉捻、干燥等典型工艺制成。绿茶为我国生产最早、产量最大的茶类，产区分布于各产茶区，浙江、安徽、江西三省产量最高，质量最优，是我国绿茶生产的主要基地。

品饮之道

❶ 洗净茶具

茶具可以是瓷杯子，也可以是透明玻璃杯子，透明的杯子更便于欣赏绿茶的外形和质量。

❷ 赏茶

在品茶前，要先观察茶的色泽和形状，感受名茶的优美外形和工艺特色。

❸ 投茶

投茶有上投法、中投法和下投法3种，根据不同的茶选用不同的投法。如龙井、碧螺春适合上投法。

❹ 泡茶

一般用80~90℃的水冲泡茶。茶汤颜色逐渐变化，茶烟缓缓飘散，茶芽会在杯子中渐渐舒展、上下起伏，这称为"茶舞"。

❺ 品茶

在品茶时，适合小口慢慢吞咽，让茶汤在口中和舌头充分接触，要鼻舌并用，品出茶香。

西湖龙井

外形扁平光滑，苗锋尖削，色泽嫩绿。

碧螺春

条索纤细，卷曲成螺，满披茸毛，色泽碧绿。

黄山毛峰

外形细嫩扁曲，多毫有锋，色泽油润光滑。

庐山云雾

外形饱满秀丽，茶芽隐露，色泽碧嫩光滑。

信阳毛尖

外形细秀匀直，白毫遍布，色泽翠绿。

峨眉毛峰

条索紧卷，银芽秀丽，白毫显露，嫩绿油润。

上饶白眉

外形壮实，条索匀直，白毫显露，色泽绿润。

安吉白片

外形扁平挺直，白毫显露，色泽翠绿。

太平猴魁

叶芽挺直肥实，色泽苍绿，全身毫白。

六安瓜片

外形平展，茶芽肥壮，叶缘微翘，色泽翠绿。

蒙顶茶

外形紧卷多毫，嫩绿色润。

休宁松萝

条索紧卷匀壮，色泽绿润。

红茶 BLACK TEA

红茶的发源地在我国的福建省武夷山茶区，当地茶农称其为"正山小种"，属于全发酵茶类。自17世纪起，西方商人用茶船将红茶从我国运往世界各地，世界上红茶品种众多，但多数红茶品种都是由我国红茶发展而来。

特征：汤红叶赤

分类：功夫红茶、小种红茶、红碎茶等。

茶之识

红茶是在绿茶的基础上经过发酵制成，即以适宜的茶树新芽为原料，经过杀青、揉捻、发酵、干燥等工艺而制成，制成的红茶其鲜叶中的茶多酚减少90%以上，新生出茶黄素、茶红素以及香气物质等成分。

红茶的干茶与茶汤都以红色为主色调，香甜味醇。

茶之效

红茶可清热解毒、养胃利尿、提神解疲、抗衰老。

茶之产

红茶是我国第二大出产茶类，出口量占我国茶叶总产量的50%左右。世界四大名红茶分别为色有"宝光"、香气浓郁的祁门红茶，麦香浓烈、清透鲜亮的阿萨姆红茶，汤色橙黄、气味芬芳的大吉岭红茶以及汤色橙红、滋味醇厚的锡兰高地红茶。

品饮之道

❶ 准备茶具

以选用白瓷杯最好，以便观察茶的颜色；将泡茶用的水壶、杯子等茶具用水清洗干净。

❷ 投茶

如用杯子，放入3克左右的红茶即可；如用茶壶，则参照茶和水1:50的比例。

❸ 冲泡

需用沸水，冲水约至八分满，冲泡3分钟左右即可。

❹ 闻香观色

泡好后，先闻一下它的香气，然后观察茶汤的颜色。

❺ 品茶

待茶汤冷热适口时，慢慢小口饮用，用心品味。红茶和绿茶一样，一般在冲泡2~3次后，就要废弃重新投茶叶；如果是红碎茶，则只适合冲泡一次。

❻ 调饮

在红茶汤中加入调料一同饮用，常见调料有糖、牛奶、柠檬片、蜂蜜等。调料品选择与量的把握可根据个人口味自行调配。

祁门功夫茶

条索紧细匀整，锋苗秀丽，
色泽乌润。

汤色红艳明亮，滋味甘鲜
醇厚。

小种红茶

条索肥实，色泽乌润。

汤色红浓，滋味醇厚。

滇红功夫茶

条索紧直肥壮，乌黑油润，
金毫显露。

汤色红浓透明，滋味浓厚
鲜爽。

闽红功夫茶

条索紧结，肥壮多毫，色泽
乌润。

汤色红浓，香高鲜甜。

宜红功夫茶

条索紧结秀丽，色泽乌润，
金毫显露。

汤色红亮，滋味鲜爽醇甜。

功夫茶，起源于我国的宋
代，所指茶品采制精良，是需花
费一定的技术、时间和精力制出
的高品质茶叶。品饮时常讲究品
鉴欣赏，可用瓷壶或紫砂壶冲
泡，然后倒入白瓷杯中饮用，以
便于利用白瓷质地，较好衬托其
红艳的汤色。

乌龙茶

OOLONG TEA

乌龙茶，又名青茶，是中国茶类中具有鲜明特色的品种，由宋代贡茶龙凤饼演变而来，创制于清朝雍正年间，以其创始人苏龙（绰号乌龙）而得名。其色如琥珀，香气清雅，滋味甘鲜，淋漓尽致地展现出中国茶文化的韵味。

特征：味醇香回甘，绿叶红镶边

分类：福建、广东、台湾产区茶

茶之识

乌龙茶属于半发酵茶类，其发酵程度介于绿茶和红茶之间，结合了绿茶和红茶的制法，基本工艺过程是晒青、晾青、摇青、杀青、揉捻、干燥，使其既具有绿茶的清香和花香，又具有红茶醇厚的滋味。

乌龙茶香气清雅、滋味醇厚甘鲜。

茶之效

乌龙茶可去油消脂、健美减肥、防癌、抗衰老。

茶之产

乌龙茶的主要产地在福建的闽北、闽南及广东、台湾三个省。名品有铁观音、黄金桂、武夷大红袍、武夷肉桂、冻顶乌龙、闽北水仙、奇兰、本山、毛蟹、梅占、大叶乌龙、凤凰单枞、凤凰水仙、岭头单枞、台湾乌龙等。

品饮之道

❶ 准备茶具

准备好茶壶、茶杯、茶船等泡茶工具，并清洗干净。以沸水冲刷壶盖，既可以提高茶壶的温度，又可以起到清洗茶壶的作用。

❷ 投茶

投茶量要按照茶和水1:30的比例，投在茶壶中。

❸ 冲泡

将沸水冲入茶壶中，到壶满即可，用壶盖将泡沫刮去。冲水时要用高冲，可以使茶叶迅速流动，茶味出得快；将盖子盖上，用开水浇茶壶。

❹ 斟茶

茶在泡过大约2分钟后，均匀地将茶低斟在各茶杯中。斟茶时注意要低斟，这样可以避免茶香散发影响味道。斟过之后，将壶中剩余的茶水在各杯中点斟。

❺ 品茶

小口慢饮，可以体会出其"香、清、甘、活"的特点。"一杯苦，二杯甜，三杯味无穷"，这是乌龙茶品饮时独有的味道。

大红袍

条索紧结，色泽绿褐鲜润。

绿叶红镶边：将萎凋后的乌龙茶叶片之间碰撞、摩擦，损伤叶缘细胞，促进酶氧化，再静置恢复，如此反复促使叶缘轻度氧化而泛起红色，以此促进茶香、滋味的呈现。

汤色橙黄明亮，香气馥郁。

冻顶乌龙

半球状外形，色泽墨绿油润。

汤色金黄，茶香清雅，口味甘冽。

凤凰单枞

茶条肥大，色泽呈鳝鱼皮色，油润有光。

汤色橙黄清澈，滋味醇爽回甘。

盖碗，是一种配有盖子和底托的茶具，口开阔、杯略浅、底圆窄，利于冲水、察形观色和冲水时茶叶滚动而释放茶味；碗盖可保温聚香，更便于品饮时赶开茶汤表层的浮叶；底托则可避免手持时过于烫手，盖碗是品饮乌龙茶的良伴之一。

铁观音

茶条卷曲圆结，乌黑油润，砂绿明显。

汤色金黄，滋味醇厚甘鲜。

黄茶

YELLOW TEA

黄茶是我国的特产茶类，属发酵茶类，历史上最早的黄茶出自茶芽天然显现出黄色的茶树品种。后来，人们在炒青绿茶的过程中发现，由于杀青、揉捻后干燥不足或不及时，叶色会发生变黄的现象，黄茶的制法也就由此而来。

特征：黄叶黄汤

分类：黄芽茶、黄小茶和黄大茶

🫖 茶之识

制造黄茶的杀青、揉捻、干燥等工序与绿茶制法相似，关键差别就在于闷黄的工序。将杀青和揉捻后的茶叶用纸包好，或堆积后以湿布盖之，促使茶坯在水热作用下进行非酶性的自动氧化，形成黄色。

「黄叶黄汤」是黄茶最显著的特点。

🫖 茶之效

黄茶可杀菌消炎、调节脾胃、防癌抗癌。

🫖 茶之产

按采摘芽叶范围与老嫩程度的差别，黄茶可分为黄芽茶、黄小茶和黄大茶三类。其具体采摘新梢芽叶时也都有着不同的要求：除黄大茶要求有一芽四五叶新梢外，其余的黄茶都有对芽叶要求"细嫩、新鲜、匀齐、纯净"的共同点。

品饮之道

❶ 准备茶具

用瓷杯子和玻璃杯子都可以，玻璃杯子最好，可以欣赏茶叶冲泡时的形态变化。清洗干净后要将杯子中的水珠擦干，这样就可以避免茶叶因为吸水而降低茶叶的竖立率。

❷ 赏茶

观察茶叶的形状和色泽。

❸ 投茶

将3克左右黄茶投入准备好的杯子中。

❹ 泡茶

泡茶的开水要在70℃，在投好茶的杯子中先快后慢地注入开水，大约到1/2处，待茶叶完全浸透，再注入八分的水即可。待茶叶迅速下沉时，加上盖子，约5分钟后，将盖子去掉。泡茶时，可观赏到茶在水中沉浮、茶的姿态不断变化、气泡的发生等。如茶叶在经过数次浮动后，最后个个竖立，称为"三起三落"，这是黄茶独有的特色。

❺ 品茶

在品饮时，要慢慢啜饮，才能体味其茶香。

花茶

SCENTED TEA

花茶，又称熏花茶、香花茶、香片，是中国特有的香型茶。花茶始于南宋，已有千余年的历史，最早出现在福州，既有茶叶的爽口浓醇之味，又兼具鲜花的芬芳馥郁之气，深得偏好重口味的北方人喜爱。

特征：茶味与鲜花的馥郁之气合而为一

分类：按窨花种类各有不同

茶之识

花茶窨制是利用茶叶善于吸收异味的特点，将有香味的鲜花和新茶一起闷，待茶将香味吸收后再把干花筛除，花茶乃成。最常见的花茶是茉莉花茶，普通花茶都是用绿茶作为茶坯，也有用红茶或乌龙茶制作的。

花茶「引花香，益茶味」，香味浓郁。

茶之效

花茶可平肝润肺、理气解郁、养颜排毒。

茶之产

明代顾元庆在《茶谱》一书中详细记载了窨制花茶的方法："诸花开时，摘其半含半放之香气全者，量茶叶多少，摘花为茶。花多则太香，而脱茶韵；花少则不香，而不尽美。"

品饮之道

① 准备茶具

品饮花茶一般用带盖的瓷杯或盖碗。

② 赏茶

欣赏花茶的外形，花茶中有干花，外形值得一赏。

③ 投茶

将3克左右的花茶投入茶杯中。

④ 冲泡

外形漂亮、高档的花茶，用85℃左右的水冲泡，最好用透明的玻璃杯，以便于欣赏；中低档花茶，适宜用瓷杯，100℃的沸水。加上盖子，可以观察茶在水中的变幻、漂浮，茶叶会在水中慢慢展开，茶汤也会慢慢变色。

⑤ 品茶

在茶泡制3分钟后即可饮用。花茶将茶香与花香巧妙地结合在一起，无论是视觉还是嗅觉都会给人以美的享受。在饮用前，先闻香，将盖子揭开，花茶的芳香立刻逸出，香味宜人，神清气爽。品饮时将茶汤在口中停留片刻，以充分品尝、感受其香味。

白茶

WHITE TEA

特征：：毫色银白

分类：：叶茶、芽茶

白茶为中国六大茶类之一，因其成品茶多为芽头，满披白毫，如银似雪而得名。白茶早在唐朝即有记载，相传原产地为福建福鼎县太姥山。白茶有着较强的健康养生功效，为海外人士所认知的不可多得的茶中珍品。

🍵 茶之识

白茶属于轻微发酵茶，是我国茶类中的特殊珍品，其制法既不破坏酶的活性，又不促进氧化作用，因此具有外形芽毫完整、满身披毫、毫香清鲜、汤色黄绿清澈、滋味清淡回甘的品质特点。

白茶汤色黄绿清澈、滋味鲜爽微甜。

🍵 茶之效

白茶可解毒降压、防暑退热、抗氧化。

🍵 茶之产

白茶为福建的特产，主要产区在福鼎、政和、松溪、建阳等地。基本工艺是萎凋、烘焙（或阴干）、拣剔、复火等工序。白茶因茶树品种、鲜叶采摘的标准不同，可分为叶茶(如白牡丹、新白茶、贡眉、寿眉)和芽茶(如白毫银针)两类。

品饮之道

❶ 准备茶具

在选择茶具时，最好用直筒形的透明玻璃杯，使人清晰地看到杯中白茶的形状、色泽、冲泡时的姿态和变化等。

❷ 赏茶

在冲泡之前，要先欣赏一下茶叶的形状和颜色，白茶的颜色为白色。赏茶时，白茶白毫银针外形宛如一根根银针，给人以美感。

❸ 投茶

白茶的投茶量2克左右即可。

❹ 泡茶

一般用70℃的开水，先在杯子中注入少量的水，大约淹没茶叶即可，待茶叶浸润大约10秒后，用高冲法注入开水。

❺ 品茶

待茶泡大约3分钟后即可饮用。因为白茶没有经过揉捻，所以茶汁很难浸出，滋味比较淡，茶汤也比较清，茶香相较其他茶叶没有那么浓烈，要慢慢、细细品味才能体会其中的茶香。

黑茶

DARK TEA

黑茶，是我国的特有茶类，最早的黑茶是由四川生产的，所用原料较为粗老，为适宜运输而将绿毛茶蒸压成团块，长时间的堆积发酵使毛茶色泽由绿变黑，其叶片多呈暗褐色，故而得名。黑茶是少数民族的生活必需品之一。

特征：滋味醇厚、香气纯和

分类：三尖、茯砖、花砖、黑砖

🍵 茶之识

黑茶属后发酵茶，初制基本工艺是杀青、揉捻、渥堆和干燥四道工序。加工初期以杀青或炒青钝化茶叶中的酶氧化作用，而后的渥堆发酵再促使微生物产生氧化酶完成与茶多酚的氧化反应，从而造就出其浓重的色度与口味。

黑茶汤色明净如琥珀，滋味醇和。

🍵 茶之效

黑茶可消食减肥、解油去腻、调节肠胃。

🍵 茶之产

按照产区的不同和工艺上的差别，黑茶可分为湖南黑茶、湖北老青茶、四川边茶和滇桂黑茶，在我国云南、四川、广西等地广为流行。黑茶有随着时间的推移而愈加醇和的特性，其中茯砖在加工过程中所生成的菌体色如金花，能够赋予茶本身独特的香气与醇和，因而神奇之处与收藏前景让人们趋之若鹜。

品饮之道

❶ 准备茶具

可以借用其他茶具，一般用厚壁的紫砂壶或如意杯冲泡即可，准备透明的玻璃杯并冲洗干净，以便观赏汤色。

❷ 赏茶

查看茶的条索外形、色泽，细闻其茶香或发酵香。

❸ 投茶

投茶量为所用茶壶的2/5左右即可。

❹ 冲泡

泡茶用水的水温以100℃的沸水为宜，先以沸水浸润一遍，冲泡时应注意嫩茶以多透少闷为原则，粗茶则正相反。茶汤的浓淡与茶品、用茶量及浸泡时间成正比，通常浸泡时间为2~3分钟，其他可根据个人口味适当选择。

❺ 品茶

将茶倒入玻璃杯中，以汤色红亮通透为佳，细闻其纯正、醇和之气，小啜一口浸润舌面，以舌边及舌根感受茶汤的醇和风味，最后再吞咽，感受其回甘与美妙。

普洱茶

PU'ER TEA

普洱茶，是采用绿茶或黑茶经蒸压而成的各种云南紧压茶的总称。由于云南常年适宜的气温及高地土壤养分丰富，故使得普洱茶的营养价值颇高，被国内及海外侨胞、港澳同胞当作养生滋补的珍品。

分类：依据制法、外形、储存的不同而各异

特征：越陈越香

🍵 茶之识

普洱茶选用优良的云南大叶种的鲜叶制成，外形条索粗壮肥大，色泽乌润或褐红。产普洱茶的植株又名野茶树，在云南南部和海南均有分布，自古以来即在云南省普洱县一带集散，因而得名。

普洱茶滋味醇厚回甘，具有独特的陈香味儿。

🍵 茶之效

普洱茶可解油去腻、消脂减肥、降压防癌。

🍵 茶之产

普洱茶历史悠久，明清时期曾盛极一时，传统制作工艺分采茶、杀青、揉捻、干燥、筛选、制形等工序。从加工程序上，可分为直接再加工为成品的生普和经过人工速成发酵后再加工而成的熟普两类，其中熟茶具有药理作用，因而有"品老茶、喝熟茶、存生茶"的说法。

品饮之道

❶ 选择茶具

一般来说，泡普洱茶要用腹大的陶壶或紫砂壶，由于普洱茶浓度高，这样可以避免茶泡得过浓。

❷ 投茶

在冲泡时，茶叶的分量约占壶身的1/5。

❸ 冲泡

普洱茶的茶味不易浸泡出来，所以必须用滚烫的开水冲泡。开水冲入后随即倒出来，湿润浸泡即可；第二泡时，冲入滚烫的开水，浸泡15秒即倒出茶汤来品尝；为综合茶性，可将第二、三泡的茶汤混着喝。第四次以后，每增加一泡浸泡时间增加15秒钟，以此类推。

❹ 品饮

普洱茶是一种以味道带动香气的茶，香气藏在味道里，感觉较沉。由于普洱茶的浓度高，具有耐泡的特性，因而一般普洱茶都可以续冲10次以上。

第 一 章

茶叶 的 起源和历史

在世界的东方，神奇而又神秘的中国有着悠久而灿烂的文化，这片热土曾孕育了改变人类文明进程的伟大发明，更以瓷器、丝绸、茶叶吸引着全世界的目光。古人说，知史而明智，本章从茶的起源与"茶"字演化入手，逐步揭示茶叶种植、采制、烹饮、文化的历史以及历代贡茶产品与茶区分布的情况，能让人们更充分、更清晰地认识它的过去与现在。

001 为什么说中国是茶树的原产地？

中国是世界上最早种茶、制茶、饮茶的国家，茶树的栽培已经有几千年的历史。在云南的普洱县有一棵"茶树王"，树干高13米，经考证已有1700年的历史。近年，在云南思茅镇人们又发现两株树龄为2700年左右的野生"茶树王"，需要两人才能合抱。在这片森林中，直径在30厘米以上的野生茶树有很多。

茶树原产于中国，一直是一个不争的事实。但是在前些年，有些国外学者在印度也发现了高大的野生茶树，就贸然认为茶树原产于印度。中国和印度都是世界文明古国，虽然两国都有野生大茶树存在，但有一点是肯定的：我国已经有文献记载"茶"的时间，比印度发现野生大茶树的年龄要早了1000多年。当印度人还不知道茶的作用，甚至不知道有茶树这种植物时，我国的茶文化已有数千年的历史了。无论是从茶树的历史，还是分布情况，或是地质变迁，又或是气候变化等，都只能说明一个事实：中国是茶树的原产地，是茶树的故乡。

树高叶茂

基部粗壮

◀图说

在冰川时期，我国西南滇、黔、川温湿的土壤与气候条件致使少量野生茶树在极端气候下存活下来，并至今保持着最原始的特征和特性。

002 "茶"字有什么由来？

大体而言，在唐代之前人们大多把茶称为"荼"，期间也用过其他字形，直到中唐以后，"茶"字才成为官方的统一称谓。

最早的时候，人们用"荼"字作为茶的称谓。但是，"荼"字有多种含义，易发生误解；而且，荼是形声字，草字头说明它是草本植物，不合乎茶是木本植物的身份。到了西汉的《尔雅》一书中，开始尝试着借用"檟"字来代表茶树。但檟的原义是指楸、梓之类树木，用来指茶树也会引起误解。所以，在"檟，苦荼"的基础上，又造出一个"搽"字，读茶的音，用来代替原先的檟、荼字。到了陈隋之际，出现了"茶"字，改变了原来的字形和读音，多在民间流行使用。直到唐代陆羽《茶经》之后，"茶"字才逐渐流传开来，运用于正式场合。

青翠的草

自在的人

韧涩的木

◀图说

古人常将"茶"字暗示分解为"人在草木中"，既合情理，又寓意境。

003 茶有哪些雅号别称？

在唐代以前，"茶"字还没有出现。《诗经》中有"荼"字，《尔雅》称茶为"槚"，《方言》称"蔎"（shè），《晏子春秋》称"茗"，《凡将篇》称"荈"（chuǎn），《尚书·顾命篇》称"诧"。

另外，古时的茶是一物多名，在陆羽的《茶经》问世之前，茶还有一些雅号别称，如：水厄、酪奴、不夜侯、清友、玉川子、涤烦子等。后来，随着各种名茶的出现，往往以名茶的名字来代称"茶"字，如"龙井""乌龙""大红袍""雨前"等。

士大夫将拜访王蒙戏称"水厄"，厄有灾难之意。

晋代司徒长史王蒙嗜茶，常请客人陪饮。

▲图说
水厄，出自《世说新语》。

茶有提神醒目之功，因而封其为侯。

◀图说
不夜侯，源于晋代张华的《博物志》。

苏易简把茶水当成清雅质朴的好友。

▶图说
清友，源自宋代苏易简的《文房四谱》。

清友

004 茶的字形演变和流传是怎样的？

在中唐之前，茶的称谓大多为"荼"，也有称"槚"的，还有称"茗""荈"的。最初，茶被归于野外的苦菜——"荼"（tú）类，没有单独的名称，如《诗经》中"谁谓荼苦，其甘如荠"；由于茶是木本植物，在《尔雅·释木》之中，为其正名"槚（jiǎ），即茶"；后来，《魏王花木志》中说："茶，叶似栀子，可煮为饮。其老叶谓之荈，嫩叶谓之茗。"直到唐代陆羽第一次在《茶经》中统一使用了"茶"字之后，才渐渐流行开来。

如今世界各国的茶名读音，大多是从中国直接或间接引入的。这些读音可分为两大体系，一种是采取普通话的语音："CHA"；一种是采取福建厦门的地方语"退"音——"TEY"。

茶字的演变

| 甲骨文 | 大篆 | 小篆 | 草篆 | 隶书 | 楷书 |

005 中国茶树的栽培历史是怎样的?

中国关于茶最早的记载是《神农本草经》:"神农尝百草,日遇七十二毒,得茶而解之。"陆羽的《茶经》中也说到:"茶之为饮,发乎神农氏。"由此可见,是神农氏发现了茶。

根据晋·常璩《华阳国志·巴志》,商末时候,巴国已把茶作为贡品献给周武王了。在《华阳国志》一书中,介绍了巴蜀地区人工栽培的茶园。魏晋南北朝时期,茶产渐多,茶叶商品化,人们开始注重精工采制以提高质量,上等茶成为当时的贡品。魏晋时期佛教的兴盛也为茶的传播起到推动作用,为了更好地坐禅,僧人常饮茶以提神。有些名茶就是佛教和道教圣地最初种植的,如四川蒙顶、庐山云雾、黄山毛峰、龙井茶等。

茶叶生产在唐宋达到一个高峰,茶叶产地遍布长江、珠江流域和中原地区,各地对茶季、采茶、蒸压、制造、品质鉴评等已有深入研究,品茶成为文人雅士的日常活动,宋代还曾风行"斗茶"。元明清时期是茶叶生产大发展的时期。人们做茶技术更高明,元代还出现了机械制茶技术,被视为珍品的茗茶也出现。明代是茶史上制茶发展最快、成就最大的朝代。朱元璋在茶业上诏置贡奉龙团,对制茶技艺的发展起了一定的促进作用,也为现代制茶工艺的发展奠定了良好基础,今天泡茶而非煮茶的传统就是明代茶叶制作技术的成果。至清代,无论是茶叶种植面积还是制茶工业,规模都较前代扩大。

▲图说

中国历史上关于茶最早的记载是《神农本草经》,传说是神农氏发现了茶,认为茶有解毒的神奇功效。

006 魏晋时期怎样采摘茶叶制作茶饼?

魏晋南北朝时,饮茶之风已逐步形成。这一时期,南方已普遍种植茶树。《华阳国志·巴志》中说:其地产茶,用来纳贡。在《蜀志》记载:什邡县,山出好茶。当时的饮茶方式,《广志》中是这样说的:"茶丛生真,煮饮为茗。茶、茱萸、檟子之属,膏煎之,或以茱萸煮脯胃汁,谓之茶。有赤色者,亦米和膏煎,曰无酒茶。"

浇以少量米汤固化制型。

把茶饼在火上微烤至变色,将茶饼捣成细末。

采摘茶树的老叶,制成茶饼。

▶图说

魏晋时期三峡一带茶饼制作与煎煮方式仍保留着以茶为粥或以茶为药的特征。

007 唐代怎样蒸青茶饼？

唐代以前，制茶多用晒或烘的方式制成茶饼。但是，这种初步加工的茶饼，仍有很浓的青涩之味。经过反复的实践，唐代出现了完善的"蒸青法"。

蒸青是利用蒸气来破坏鲜叶中的酶活性，形成的干茶具有色泽深绿、茶汤浅绿、茶底青绿的"三绿"特征，香气带着一股青气，是一种具有真色、真香、真味的天然风味茶。

陆羽在《茶经·三之造》一篇中，详细记载了这种制茶工艺："晴，采之。蒸之，捣之，拍之，焙之，穿之，封之，茶之干矣。"在2 4月间的晴天，在向阳的茶林中摘取鲜嫩茶叶。将这些茶的鲜叶用蒸的方法，使鲜叶萎凋脱水，然后捣碎成末，以模具拍压成团饼之形，再烘焙干燥，之后在饼茶上穿孔，以绳索穿起来，加以封存。

"采之"，采摘鲜嫩的茶叶。

"捣之"，茶叶捣碎成末。

"焙之"，茶饼烘焙干燥。

"封之"，包装储藏。

"蒸之"，用"蒸"的方法使茶叶萎凋脱水。

"拍之"，用模具拍压成形。

"穿之"，茶饼穿孔，用绳索穿起。

008 宋代怎样制作龙凤团茶？

由于宋朝皇室饮茶之风较唐代更盛，极大地刺激了贡茶的发展。真宗时，丁谓至福建任转运使，精心监造御茶，进贡龙凤团茶。庆历中，蔡襄任转运使，创制小龙团茶，其品精绝，二十饼重500克，每饼值金二两！神宗时，福建转运使贾青又创制密云龙茶，云纹更加精细，由于皇亲国戚们乞赐不断，皇帝甚至下令不许再造。龙凤团茶的制造工艺，据宋代赵汝励《北苑别录》记述，有六道工序：蒸茶、榨茶、研茶、造茶、过黄、烘茶。茶芽采回后，先浸泡水中，挑选匀整芽叶进行蒸青，蒸后冷水清洗，然后小榨去水，大榨去茶汁，去汁后置瓦盆内兑水研细，再入龙凤模压饼、烘干。

▶图说

"龙凤团茶"是北宋的贡茶，因茶饼上印有龙凤形的纹饰而得名，由于制作耗时费工、成本惊人，后逐渐消亡。图为"龙凤团茶"模影。

009 元代怎样制作蒸青散叶茶？

蒸青团茶的工艺，保持了茶的绿色，提高了茶叶的质量，但是水浸和榨汁的做法，损失了部分茶的真味和茶香，而且难以除去苦味。为了改善这些缺点，到了宋代，蒸茶时逐渐采取蒸后不揉不压，直接烘干的做法，将蒸青团茶改造为蒸青散茶，这样，就保证了茶的香味。

据陆羽《茶经》记载，唐代已有散茶。到了宋代，饼茶、龙凤团茶和散茶同时并存。《宋史·食货志》中说："茶有两类，曰片茶，曰散茶"，片茶即饼茶。

宋朝灭亡后，龙凤团茶走向末路。北方游牧民族，不喜欢这种过于精细的茶艺；而平民百姓又没有能力和时间品尝，他们更喜欢的是新工艺制作的条形散茶。到了明代，明太祖朱元璋于1391年下诏罢造龙团，废除龙凤团茶。从此，龙凤团茶成为绝唱，而蒸青散茶开始盛行。

相比于饼茶和团茶，少了揉压制形工序后的蒸青散茶更好地保留了茶叶的自然香味。

> **工序步骤**
>
> （1）采摘完毕后，用笼稍微蒸一下，生熟适当即可；
>
> （2）蒸好之后，用簸箕薄摊，趁湿揉之。

"后入焙，匀布火，烘令干，勿使焦。"
——取自元代王桢在《农书·卷十·百谷谱》

010 明代怎样炒青散叶茶？

蒸青工艺虽更好地保留了茶香，但香味仍然不够浓郁，于是后来出现了利用干热发挥茶叶优良香气的炒青技术。

炒青散叶茶，在唐代时就已有了。唐代诗人刘禹锡在《西山兰若试茶歌》中说："山僧后檐茶数丛……斯须炒成满室香"，又有"自摘至煎俄顷余"的句子，说明了茶的嫩叶经过炒制后满室生香，又说明了炒制时间，这是至今为止关于炒茶最早的文字记载。

茶叶转为暗黄绿色；叶面、梗皮有皱纹；青涩之味变为热香之味和特殊清香。

▶**图说**

炒青的具体步骤是高温杀青、揉捻、复炒、烘焙至干。

011 清代制茶工艺有什么特点?

清代的制茶工艺进一步提高,综合前代多种制茶工艺,继承发展出六大茶类,即绿茶、黄茶、黑茶、白茶、红茶、青茶。

绿茶的基本工序是杀青、揉捻、干燥。但是,若绿茶炒制工艺掌握不当,如杀青后未及时摊晾、及时揉捻,或揉捻后未及时烘干、炒干,堆积过久,造成茶叶变黄,后来发现这种茶叶也别具一格,就采取有意闷黄的做法制成了黄茶。绿茶杀青时叶量过多、火温低,使叶色变为近似黑色的深褐绿色,或以绿毛茶堆积后发酵,茶叶发黑,就形成了黑茶。

宋代时,人们偶然发现:茸毛特多的茶树芽叶经晒或烘干后,芽叶表面满披白色茸毛,茶叶呈白色,因而形成了白茶。红茶起源于明朝。在茶叶制造过程中,人们发现用日晒代替杀青,揉捻后叶色变红而产生了红茶。此外,承接了宋代添加香料或香花的花茶工艺,明清之际的窨花制茶技术也日益完善,有桂花、茉莉、玫瑰、蔷薇、兰蕙、桔花、栀子、木香、梅花九种之多。

青茶源于明末清初,制法介于绿茶、红茶之间,乌龙茶就是其中较为出众的一种。

012 古代人最初的用茶方式是怎样的?

在原始社会,人类除了采集野果直接充饥外,有时也会挖掘野菜或摘取某些树木的嫩叶来口嚼生食,有时会把这些野菜和嫩叶与稻米一起在陶制的釜鼎(锅)内熬煮成粥。

古人在长期食用茶的过程中,认识到了它的药用功能。《神农本草经》记载:"神农尝百草,日遇七十二毒,得茶而解之。"这是茶叶作为药用的开始,在夏商之前母系氏族社会向父系氏族社会转变时期。

原始人"茶"的发音意为"一切可以用来吃的植物"。

▶图说

蓝田人复原头像,旧石器时代(距今约115万年),远古人从野生大茶树上采集嫩梢主要用来充饥。

013 汉魏六朝时期如何饮茶?

饮茶历史起源于西汉时的巴蜀之地。从西汉到三国时期，在巴蜀之外，茶是仅供上层社会享用的珍稀之品。

关于汉魏六朝时期饮茶的方式，古籍仅有零星记录，《桐君录》中说："巴东别有真香茗，煎饮令人不眠"。晋代郭璞在《尔雅》注中说："树小如栀子，冬生，叶可煮作羹饮。"当时还没有专门的煮茶、饮茶器具，大多是在鼎或釜中煮茶，用吃饭用的碗来饮茶。

据唐代诗人皮日休说，汉魏六朝的饮茶法是"浑而烹之"，将茶树生叶煮成浓稠的羹汤饮用。东晋杜育作《荈赋》，其中写道："水则岷方之注，挹彼清流。器泽陶简，出自东隅。酌之以匏，取式公刘。惟兹初成，沫沉华浮。焕如积雪，晔茗春薮。"大概意思是：水是岷江的清泉，碗是东隅的陶简，用公刘制作的瓢舀出。茶煮好之时，茶末沉下，汤华浮上，亮如冬天的积雪，鲜似春日的百花。这里就涉及择水、选器、酌茶等环节。这一时期的饮茶是煮茶法，以茶入锅中熬煮，然后盛到碗内饮用。

冷水中的茶叶。｜将冷水逐渐煮至沸腾。

▲图说

煮茶，即将茶叶入冷水中煮至沸腾。

014 唐代的人怎样煎茶?

到了唐代，饮茶风气渐渐普及全国。自陆羽的《茶经》出现后，茶道更是兴盛。当时饮茶之风扩散到民间，都把茶当作家常饮料，甚至出现了茶水铺，"不问道俗，投钱取饮。"唐朝的茶，以团饼为主，也有少量粗茶、散茶和米茶。饮茶方式，除延续汉魏南北朝的煮茶法外，又有泡茶法和煎茶法。

《茶经·六之饮》中"饮有粗茶、散茶、末茶、饼茶，乃斫、乃熬、乃炀、乃舂，贮于瓶缶之中，以汤活焉，谓之痷茶。"茶有粗、散、末、饼四类，粗茶要切碎，散茶、末茶入釜炒熬、烤干，饼茶舂捣成茶末。将茶投入瓶缶中，灌以沸水浸泡，称为"痷茶"。"痷"义同"淹"，即用沸水淹泡茶。

煎茶法是陆羽所创，主要程序有：备器、炙茶、碾罗、择水、取水、候汤、煎茶、酌茶、啜饮。它与汉魏南北朝的煮茶法相比，有两点区别：①煎茶法通常用茶末，而煮茶法用散叶、茶末皆可；②煎茶是一沸投茶，环搅，三沸而止，煮茶法则是冷热水不忌，煮熬而成。

捣压成碎茶末，投入瓷器中。

沸水冲泡。

辅以葱、姜、橘子做佐料。

▲图说

煎茶，如同煎药，将茶叶下入水中煮熬。

015 宋代人怎样点茶？

　　饮茶的习俗在唐代得以普及，在宋代达到鼎盛。此时，茶叶生产空前发展，饮茶之风极为盛行，不但王公贵族经常举行茶宴，皇帝也常以贡茶宴请群臣。在民间，茶也成为百姓生活中的日常必需品之一。

　　宋朝前期，茶以片茶（团、饼）为主；到了后期，散茶取代片茶占据主导地位。在饮茶方式上，除了继承隋唐时期的煎、煮茶法外，又兴起了点茶法。为了评比茶质的优劣和点茶技艺的高低，宋代盛行"斗茶"，而点茶法也就是在斗茶时所用的技法。先将饼茶碾碎，置茶盏中待用，以釜烧水，微沸初漾时，先在茶叶碗里注入少量沸水调成糊状，然后再量茶注入沸水，边注边用茶筅搅动，使茶末上浮，产生泡沫。

饼茶碾碎，置茶盏中待用。

待釜将水烧至微沸初漾时。

茶叶碗里注入少量沸水调成糊状。

注入适量沸水。

边注边用茶筅搅动。

茶末上浮，产生泡沫。

016 明代人怎样泡茶？

　　泡茶法始于隋唐，但占主流的是煎茶法和煮茶法，泡茶法并不普遍。宋时的点茶法，可以说是一种特殊的泡茶法。点茶与泡茶的最大区别在于：点茶须"调膏击拂"，泡茶则不必如此。直到元明之时，泡茶法才得以发展壮大。

　　元代泡茶多用末茶，并且还杂以米面、麦面、酥油等佐料；明代的细茗，则不加佐料，直接投茶入瓯，用沸水冲点，杭州一带称之为"撮泡"，这种泡茶方式是后世泡茶的先驱。明代人陈师在《茶考》中记载："杭俗烹茶，用细茗置茶瓯，以沸汤点之，名为撮泡。"

▶图说
　　曾在民间盛行的简单、便捷的茶叶冲泡方法在明代大行其道。

以沸水冲泡。

将茶叶直接投入茶盏中。

017 清代人怎样品茶？

清代时，品茶的方法日益完善，无论是茶叶、茶具，还是茶的冲泡方法，已和现代相似。茶壶茶杯要用开水先洗涤，干布擦干，茶渣先倒掉，再斟。各地由于不同的风俗，选用不同的茶类。如两广多饮红茶，福建多饮乌龙茶，江浙多好绿茶，北方多喜花茶或绿茶，边疆地区多用黑茶或茶砖。

在众多的饮茶方式之中，以功夫茶的泡法最具特点：一壶常配四只左右的茶杯，一壶之茶，一般只能分酾二三次。杯、盏以雪白为上，蓝白次之。采取啜饮的方式：酾不宜早，饮不宜迟，旋注旋饮。

清袁枚《随园食单·武夷茶》条载："杯小如胡桃，壶小如香橼。上口不忍遽咽，先嗅其香，再试其味，徐徐咀嚼而体贴之。"

018 茶文化的萌芽时期有什么特点？

两晋南北朝时期，随着文人饮茶习俗的兴起，有关茶的文学作品日渐增多，茶渐渐脱离作为一般形态的饮食而走入文化领域。如《搜神记》《神异记》《异苑》等志怪小说中便有一些关于茶的故事。左思的《娇女诗》、张载的《登成都白菟楼》、王微的《杂诗》都属中国最早一批茶诗。西晋杜育的《荈赋》是文学史上第一篇以茶为题材的散文，宋代吴俶在《茶赋》中称："清文既传于杜育，精思亦闻于陆羽。"

魏晋时期，玄学盛行。玄学名士，大多爱好虚无玄远的清谈，终日流连于青山秀水之间。最初的清谈家多为酒徒，但喝多了会举止失措，有失雅观，而茶则可竟日长饮，心态平和。慢慢地，这些清谈家从好酒转向好茶，饮茶被他们当作一种精神支持。

这一时期，随着佛教传入和道教兴起，茶以其清淡、虚静的本性，受到人们的青睐。在道家看来，饮茶是帮助炼"内丹"，升清降浊，轻身换骨，修成长生不老之体的好办法；在佛家看来，茶又是禅定入静的必备之物。茶文化与宗教相结合，无疑提高了茶的地位。尽管此时尚没有完整茶文化体系，但茶已经脱离普通饮食的范畴，具有显著的社会和文化功能。

茶的天然韵味以及冲饮过程中所能给人的恬淡、幽远意境，与文人名士修养心性、体味不凡的追求不谋而合。

019 为什么说唐代是茶文化的形成时期？

隋唐时，茶叶多加工成饼茶。饮用时，加调味品烹煮汤饮。随着茶事的兴旺和贡茶的出现，加速了茶叶栽培和加工技术的发展，涌现出了许多名茶，品饮之法也有较大改进。为改善茶叶苦涩味，开始加入薄荷、盐、红枣调味。此外，开始使用专门的烹茶器具，饮茶的方式也发生了显著变化，由之前的粗放式转为细煎慢品式。

《茶经》将诸家精华及诗人的气质和艺术思想渗透其中，探讨饮茶艺术、茶道精神。

唐代的饮茶习俗蔚然成风，对茶和水的选择、烹煮方式以及饮茶环境越来越讲究。皇宫、寺院以及文人雅士之间盛行茶宴，茶宴的气氛庄重，环境雅致，礼节严格，且必用贡茶或高级茶叶，取水于名泉、清泉，选用名贵茶具。盛唐茶文化的形成，与当时佛教的发展、科举制度、诗风大盛、贡茶的兴起、禁酒等等均有关联。公元780年，陆羽著成《茶经》，阐述了茶学、茶艺、茶道思想。这一时期由于茶人辈出，使饮茶之道对水、茶、茶具、煎茶的追求达到一个极尽高雅、奢华的地步，以至于到了唐朝后期和宋代，茶文化中出现了一股奢靡之风。

▲图说

从《茶经》开始，茶文化呈现出全新的局面，它是唐代茶文化形成的标志。

020 为什么说宋代是茶文化的兴盛时期？

到了宋代，茶文化继续发展深化，形成了特有的文化品位。宋太祖赵匡胤本身就喜爱饮茶，在宫中设立茶事机关，宫廷用茶已分等级。至于下层社会，平民百姓搬家时邻居要"献茶"；有客人来，要敬"元宝茶"，订婚时要"下茶"，结婚时要"定茶"。

在学术领域，由于茶业的南移，贡茶以建安北苑为最，茶学研究者倾向于研究建茶。在宋代茶叶著作中，著名的有叶清臣的《述煮茶小品》、蔡襄的《茶录》、宋子安的《东溪试茶录》、沈括的《本朝茶法》、赵佶的《大观茶论》等。

宋代是历史上茶饮活动最活跃的时代，由于南北饮茶文化的融合，开始出现茶馆文化，茶馆在南宋时称为茶肆，当时临安城的茶饮买卖昼夜不绝。此外，宋代的茶饮活动从贡茶开始，又衍生出"绣茶""斗茶""分茶"等娱乐方式。

▲图说

"斗茶"是一种茶叶品质的比较方法，最早是用于贡茶的选送和市场价格的竞争，因此"斗茶"也被称为"茗战"。

021 为什么说元明清时期是茶文化的持续发展时期?

宋人让茶事成为一项兴旺的事业,但也让茶艺走向了繁复、琐碎、奢侈,失却了茶文化原本的朴实与清淡,过于精细的茶艺淹没了唐代茶文化的精神。自元代以后,茶文化进入了曲折发展期。直到明代中叶,汉人有感于前代民族兴亡,加之开国之艰难,在茶文化呈现出简约化和人与自然的契合,以茶显露自己的苦节。

此时已出现蒸青、炒青、烘青等各茶类,茶的饮用已改成"撮泡法",明代不少文人雅士留有传世之作,如唐伯虎的《烹茶画卷》《品茶图》等。茶叶种类增多,泡茶的技艺有别,茶具的款式、质地、花纹千姿百态。晚明到清初,精细的茶文化再次出现,制茶、烹饮虽未回到宋人的繁琐,但茶风趋向纤弱。

明清之际,茶馆发展极为迅速,有的全镇居民只有数千家,而茶馆可以达到百余家之多。店堂布置古朴雅致,喝茶的除了文人雅士之外,还有商人、手工业者等,茶馆中兼营点心和饮食,还增设说书、演唱节目,等于是民间的娱乐场所。

清末至新中国成立前的100多年,资本主义入侵,战争频繁,社会动乱,传统的中国茶文化日渐衰微,饮茶之道在中国大部分地区逐渐趋于简化,但这并非是中国茶文化的终结。从总趋势看,中国的茶文化是在向下层延伸,这更丰富了它的内容,也更增强了它的生命力。在清末民初的社会中,城市乡镇的茶馆茶肆处处林立,大碗茶比比皆是,盛暑季节道路上的茶亭及乐善好施的大茶缸处处可见。"客来敬茶"已成为普通人家的礼仪美德。

022 为什么说当代是茶文化的再现辉煌时期?

虽然中华茶文化古已有之,但是它们在当代的复兴,被研究却是始于20世纪80年代。台湾地区是现代茶艺、茶道的最早复兴之地。内地方面,新中国成立后,茶叶产量发展很快。物质基础的丰富为茶文化的发展提供了坚实的基础。

从20世纪90年代起,一批茶文化研究者创作一批专业著作,对当代茶文化的建立作出了积极贡献,如:黄志根的《中国茶文化》、陈文华的《长江流域茶文化》、姚国坤的《茶文化概论》、余悦的《中国茶文化丛书》,对茶文化学科各个方面进行系统的专题研究。这些成果,为茶文化学科的确立奠定了基础。

随着茶文化的兴起,各地茶文化组织、茶文化活动越来越多,有些著名茶叶产区所组织的茶艺活动逐渐形成规模化、品牌化、产业化,更加促进了茶文化在社会的普及与流行。

中国茶文化发展到今天,已不再是一种简单的饮食文化,而是一种历史悠久的民族精神特质,讲究天、地、山、水、人的合而为一。

023 什么是贡茶?

贡茶起源于西周,当时巴蜀作战有功,册封为诸侯,向周王纳贡时其中即有茶叶。中国古代宁波盛产贡茶,以慈溪县区域为主,其他省、府几乎难与它匹敌。直到清朝灭亡,贡茶制度才随之消亡。

华夏文明数千年,贡茶制度对于中国的茶叶生产和茶叶文化有着巨大的影响。贡茶是封建社会的君王对地方有效统治的一种维系象征,也是封建礼制的需要,它是封建社会商品经济不发达的产物。

贡茶的历史评价褒贬参半,首先,贡茶是对茶农的残酷剥削与压迫,它实际上是一种变相的税制,让茶农们深受其害,对茶叶生产极为不利;另外,由于贡茶对品质的苛求和求新的欲望,客观上也促进了制茶技术的改进与提高。

图说 随着贡茶制度的发展与完善,皇室常在名茶产区专门设立贡茶院、御茶园,由官府直接管理,监造精品贡茶。

表面常附有皇家的印记或封蜡。

包装严谨、精致。

图说 贡茶,就是古时专门作为贡品进献皇室供帝王享用的茶叶。

024 贡茶的起源是什么?

据史料记载,贡茶可追溯到公元前一千多年的西周。据晋代的《华阳国志之巴志》中记载:"周武王伐纣,实得巴蜀之师"。大约在公元前1025年,周武王姬发率周军及诸侯伐灭殷商的纣王后,便将其一位宗亲封在巴地。巴蜀作战有功,册封为诸侯。

这是一个疆域不小的邦国,它东起鱼复(今四川奉节东白帝城),西达僰道(今四川宜宾市西南安边场),北接汉中(今陕西秦岭以南地区),南至黔涪(相当今四川涪陵地区)。巴王作为诸侯,要向周武王纳贡。贡品有:五谷六畜、桑蚕麻纻、鱼盐铜铁、丹漆茶蜜、灵龟巨犀、山鸡白鸧、黄润鲜粉。贡单后又加注:"其果实之珍者,树有荔支,蔓有辛蒟,园有芳蒻香茗。"香茗,即茶园里的珍品茶叶。

图说 当时的茶叶不仅作为食用品,也是庆典祭祀时的礼品。

025 唐代的贡茶情况是怎样的？

唐代是我国茶叶发展的重要历史时期，佛教的发展推动了饮茶习俗的传播。安史之乱后，经济重心南移，江南茶叶种植发展迅速，手工制茶作坊相继出现，茶叶初步商业化，形成区域化和专业化的特征，为贡茶制度的形成奠定了基础。

唐代贡茶制度有两种形式：

（1）选择优质的产茶区，令其定额纳贡。当时名茶亦有排名：雅州蒙顶茶为第一，称"仙茶"；常州阳羡茶、湖州紫笋茶同列第二；荆州团黄茶名列第三。

（2）选择生态环境好、产量集中、交通便利的茶区，由朝廷直接设立贡茶院，专门制作贡茶。如：湖州长兴顾渚山，东临太湖，土壤肥沃，水陆运输方便，所产"顾渚扑人鼻孔，齿颊都异，久而不忘"，广德年间，与常州阳羡茶同列贡品。大历五年（770年）在此建构规模宏大的贡茶院，是历史上第一个国营茶叶厂。

▶图说

三彩骒使骑马俑（唐）。

026 宋代的贡茶情况是怎样的？

到了宋代，贡茶制度沿袭唐代。此时，顾渚贡茶院日渐衰落，而福建凤凰山的北苑龙焙则取而代之，成为名声显赫的茶院。宋太宗太平兴国初年，朝廷特颁置龙凤模，派贡茶特使到北苑造团茶，以区别朝廷团茶和民间团茶。片茶压以银模，饰以龙凤花纹，栩栩如生，精湛绝伦。从此，宋代贡茶的制作走上更加精致、尊贵、华丽的发展路线。

宋代的贡茶在当时人的心中已不仅仅是一种精制茶叶，而是尊贵的象征。北苑生产的龙凤团饼茶，采制技术精益求精，年年花样翻新，名品达数十种之多，生产规模之大，历史罕见。仁宗年间，蔡襄创造了小龙团；哲宗年间，改制瑞云翔龙。

宋代的贡茶和茶文化在中国历史上享有盛名，不仅促进了名茶的发展、饮茶的普及，还使斗茶之风盛行，出现了无数优秀的茶文化作品，也促使了茶叶对外贸易的兴起。

宋代贡茶的价值高昂，"龙茶一饼，值黄金二两；凤茶一饼，值黄金一两。"欧阳修当了二十多年官，才蒙圣上赐高级贡茶一饼二两。

027 元代的贡茶情况是怎样的?

元代的贡茶与唐宋相比,在数量、质量及贡茶制度上,都呈平淡之势。这主要是因为元代统治者的民族性、生活习惯以及茶类的变化等原因,使唐宋形成的贡茶规模遭到冲击。

宋亡之后,一度兴盛的建安之御焙贡茶也衰落了。元朝保留了一些宋室的御茶园和官方制茶工场,并于大德三年(1299)在武夷山四曲溪设置焙局,又称为御茶园。御茶园建有仁风门、拜发殿、神清堂及思敬、焙芳、宜菽、燕宾、浮光等诸亭,附近还设有更衣台等建筑。焙工数以千计,大造贡茶。

御茶园创建之初,贡茶每年进献约5千克,逐渐增至约50千克,而要求数量越来越大,以至于每年焙制数千饼龙团茶。据董天工《武夷山志》载,元顺帝至未年(公元1367年),贡茶额达495千克。

元朝的贡茶虽然沿袭宋制以蒸青团饼茶、团茶为主,但在民间已多改饮叶茶、末茶。

028 明代的贡茶情况是怎样的?

明代初期,贡焙仍沿用元代旧制,贡焙制有所削弱,仅在福建武夷山置小型御茶园,定额纳贡制仍然实施。

明太祖朱元璋,出身贫寒,深知茶农疾苦,看到进贡的龙凤团饼茶,有感于茶农的不堪重负和团饼贡茶的昂贵和繁琐,因此专门下诏改革,此后明代贡茶正式革除团饼,采用散茶。

但是,明代贡茶征收中,各地官吏层层加码,数量大大超过预额,给茶农造成极大的负担。根据《明史·食货志》载,明太祖时,建宁贡茶800余千克;到隆庆初,增到1150千克。官吏们更是趁督造贡茶之机,贪污纳贿,无恶不作,整得农民倾家荡产。天下产茶之地,岁贡都有定额,有茶必贡,无可减免。明神宗万历年间,昔富阳鲥鱼与茶并贡,百姓苦难言。

▶图说

朱元璋诏令:"诏建宁岁贡上供茶,罢造龙团……天下茶额惟建宁为上,其品有四:探春、先春、次春、紫笋,置茶户五百,免其役。"

029 清代的贡茶情况是怎样的？

清代，茶业进入鼎盛时期，形成了著名的茶区和茶叶市场。如建瓯茶厂竟有上千家，每家少则数十人，多则百余人，从事制茶业的人员越来越多。据江西《铅山县志》记载："河口镇乾隆时期制茶工人二三万之众，有茶行48家"。

在出口的农产品之中，茶叶所占比重很大。清代前期，贡茶仍旧沿用前朝产州定额纳贡的制度。到了中叶，由于商品经济的发展和资本主义因素的增长，贡茶制度逐渐消亡。清宫除常例用御茶之外，朝廷举行大型茶宴与每岁新正举行的茶宴，在康熙后期与乾隆年间曾盛极一时。

清代历朝皇室所消耗的贡茶数量是相当惊人的，全国七十多个府县，每年向宫廷所进的贡茶即达6950余千克。这些贡茶，有些是由皇帝亲自选定的。如洞庭碧螺春茶，是康熙第三次南巡时御赐茶名；西湖龙井，是乾隆下江南时，封为御茶；其他还有君山毛尖、遵定云雾茶、福建西天山芽茶、安徽敬亭绿雪、四川蒙顶甘露等。

> 皇室所用茶具不论材质、工艺，在历朝历代都极具特色与观赏性。

🔺图说

掐丝珐琅缠枝莲茶具，清朝（1644～1911）茶具。清宫内院初期以调饮（奶茶）为主；后期才逐渐改为清饮。

030 中国的茶区分布是怎样的？

中国茶区分布辽阔，从地理上看，东起东经122度的台湾省东部海岸，西至东经95度的西藏自治区易贡，南自北纬18度的海南岛榆林，北到北纬37度的山东省荣成市，东西跨经度27度，南北跨纬度19度。茶区地跨中热带、边缘热带、南亚热带、中亚热带、北亚热带和暖日温带。在垂直分布上，茶树最高种植在海拔2600米高地上，而最低仅距海平面几十米或百米。

茶区囊括了浙江、湖南、湖北、安徽、四川、福建、云南、广东、广西、贵州、江苏、江西、陕西、河南、台湾、山东、西藏、甘肃、海南等21个省（区、市）的上千个县市。

在不同地区，生长着不同类型、不同品种的茶树，决定着茶叶的品质及其适制性和适应性。

031 茶区划分有什么意义？

划分茶业区域，是为了更好地开发和利用自然资源，更合理地调整生产布局，因地制宜地指导茶业的生产和规划。因此，科学的茶区划分，是种植业规划的重要部分，也是顺利发展茶叶生产的一项重要基础工作，对于茶叶的研究工作也非常有利。

由于我国茶区辽阔，品种丰富，产地地形复杂，茶区划分采取三个级别：即一级茶区，系全国性划分，用以宏观指导；二级茶区，系由各产茶省（区）划分，进行省区内生产指导；三级茶区，系由各地县划分，具体指挥茶叶生产。

032 现代中国的茶区是怎样划分的？

按照一级茶区的划分，中国茶区可分为四大块：即江北茶区、江南茶区、西南茶区和华北茶区。

江北茶区：南起长江，北至秦岭、淮河，西起大巴山，东至山东半岛，包括甘南、陕西、鄂北、豫南、皖北、苏北、鲁东南等地，是我国最北的茶区。茶区多为黄棕土，酸碱度略高，气温偏低，茶树新梢生长期短，冻害严重。因昼夜温度差异大，茶树自然品质形成好，适制绿茶，香高味浓。

江南茶区：长江以南，大樟溪、雁石溪、梅江、连江以北，包括粤北、桂北、闽中北、湘、浙、赣、鄂皖南、苏南等地。江南茶区大多是低丘山地区，多为红壤，酸碱度适中。有自然植被的土壤，土层肥沃，气候温和，降水充足。茶区资源丰富，历史名茶甚多，如西湖龙井、君山银针、洞庭碧螺春、黄山毛峰等等，享誉国内外。

西南茶区：米仓山、大巴山以南，红水河、南盘江、盈江以北，神农架、巫山、方斗山、武陵山以西，大渡河以东的地区，包括黔、川、滇中北和藏东南。茶区地形复杂，多为盆地、高原。各地气候差异较大，但总体水热条件良好。整个茶区冬季较温暖，降水较丰富，适宜茶树生长。

华南茶区：位于大樟溪、雁石溪、梅江、连江、浔江、红水河、南盘江、无量山、保山、盈江以南，包括闽中南、台、粤中南、海南、桂南、滇南。茶区水热资源丰富，土壤肥沃，多为赤红壤。茶区高温多湿，四季常青，茶树资源极其丰富。

茶 区	位 置	土壤/地形	气 候	茶 产
江北茶区	甘南、陕西、鄂北、豫南、皖北、鲁东南等地	酸碱度略高的黄棕土，地形复杂	气温低、雨量少，昼夜温差大	品质优良，适制绿茶，香高味浓
西南茶区	黔、川、滇中北和藏东南	地形复杂，多为盆地、高原	气候条件各异、水热条件好	适宜茶树生长
华南茶区	闽中南、台、粤中南、海南、桂南、滇南	土壤肥沃，多为赤红壤	高温多湿，四季常青	茶树资源极其丰富
江南茶区	粤北、桂北、闽中北、湘、浙、赣等地	低丘山地，土壤酸碱度适中	四季分明，气候温和，降水充足	茶区资源丰富，历史名茶甚多

我国不同省份名茶分布

省　份	名　茶
浙江省	西湖龙井、顾渚紫笋、安吉白片、余杭径山茶、缙云惠明茶、普陀山云雾茶等
江苏省	洞庭碧螺春、南京雨花茶、宜兴阳羡雪芽等
江西省	庐山云雾茶、上饶白眉、婺源茗眉等
安徽省	黄山毛峰、歙县老竹大方、修宁松萝、六安瓜片、太平猴魁、宣城敬亭绿雪、祁门功夫红茶等
陕西省	西乡午子仙毫等
河南省	信阳毛尖等
湖北省	恩施玉露、当阳仙人掌茶等
湖南省	岳阳君山银针等
四川省	蒙顶甘露、峨眉山竹叶青等
云南省	滇红功夫、云南沱茶、七子饼茶等
贵州省	都匀毛尖等
广西壮族自治区	南山白毛茶、广西红碎茶、苍梧六堡茶等
广东省	凤凰单枞、广东大叶青茶等
福建省	南安石亭绿、白毫银针、白牡丹、安溪铁观音、安溪黄金桂、武夷岩茶、闽北水仙、闽北肉桂、崇安大红袍、崇安铁罗汉、崇安白鸡冠、崇安水金龟等
台湾省	冻顶乌龙、文山包种茶等

第二章

茶典与茶人茶事

人创造着历史，开创着未来。在历史的长河中，层出不穷的茶人如漫天闪烁的星光为后世所欣赏、所敬仰，他们以勤奋与坚持、才智与博爱勾勒出人与世界、人与自然、人与茶之间彼此相知相惜的和谐与美好。本章将带你翻阅史上众多的茶典、文献，侧面了解华夏数千年的茶业典籍与学说以及茶人们评茶鉴水、以茶为业、以茶为友的动人传奇。

033 什么是茶典?

我国对茶的研究有着悠久的历史,不仅为人类提供了有关茶种植生产的科学技术,也留下了很多记录茶业的书籍和文献。

在我国的茶业历史上,有很多专门研究茶业的专门人员,也有许多爱茶人,他们所留下的书籍和文献中记录了大量关于茶史、茶事、茶人、茶叶生产技术、茶具等内容,而这些书籍和文献就被后人统称为茶典。我国著名的茶典有:《茶经》《十六汤品》《茶录》《大观茶论》《茶具图赞》《茶谱》《茶解》等。

多数人的生活都较为清苦。

以茶为友。

▶图说

不少古人将自己有关茶的经历和见闻记录下来,做成专门论述茶业的书籍和文献。

034 为什么说《茶经》是世界上第一部茶叶专著?

《茶经》是唐代大师陆羽经过对中国各大茶区茶叶种植、采制、品质、烹煮、饮用及茶史、茶事、茶俗的多年研究,总结而成的一套关于茶的精深著作。全书共7000多字,分上、中、下三卷,所论一之源、二之具、三之造、四之器、五之煮、六之饮、七之事、八之出、九之就、十之图,共十大部分。书中对中国茶叶的历史、产地、功效、栽培、采制、烹煮、饮用、器具等都做了详细叙述。在此之前,中国还没有这么完备的茶叶专著,因此,《茶经》是中国古代第一部,同时也是最完备的一部茶叶专著。

一之源,讲茶的起源、性状;二之具,讲采茶制茶的工具;三之造,讲茶的品种及采制方法;四之器,讲煮茶、饮茶的器具;五之煮,讲煮茶方法及论水;六之饮,讲饮茶风俗及历史;七之事,讲茶事、产地、功效等;八之出,讲唐代重要茶区的分布及各地茶叶的优劣;九之就,讲根据实际情况采茶、制茶用具的灵活应用;十之图,讲教人用绢素写茶经。

自《茶经》之后,"茶"字才得以统一、流行开来。

分上、中、下三卷。

一之源,讲茶的起源、形状、功用、名称、品质。

陆羽,唐朝人,毕生痴迷于茶学,被后人尊称为"茶圣"。

035 为什么说《煎茶水记》是我国第一部鉴水专著?

《煎茶水记》是唐代张又新的著作,此书根据陆羽的《茶经》的五之煮,加以发挥,重点阐述了对水品的分析。此书全文仅仅九百余字,前半部分列举了刘伯刍所品的七水,后半部分列举了陆羽所品的二十水。

此书中将刘伯刍所说的七水加以扩大,品评为:庐山康王谷之水帘第一、无锡惠山泉水第二、蕲州兰溪之石下水第三、峡州扇子山下之石水第四、苏州虎丘寺水第五、庐山招贤寺下方桥之潭水第六、扬子江之南零第七、洪州西山之西东瀑布水第八、唐州桐柏县之淮之源第九、庐山龙池山之顾水第十、丹阳观音寺水第十一、扬州大明寺水第十二、汉江金州上游之中零水第十三、归州玉虚洞下之香溪水第十四、商州武关西之洛水第十五、吴淞江水第十六、天台山西南峰之千丈瀑布水第十七、郴州之圆泉水第十八、桐庐之严陵滩水第十九、雪水第二十。

书中对煮茶的水论述十分详尽,并补充了《茶经》中对水的论述,为后人对煮茶水的鉴别、研究提供了根据。

▲图说

张又新,唐朝人,一生颠沛,尤嗜饮茶,对煮茶用水颇有心得。其所著《煎茶水记》是我国第一部专门评述煮茶用水的鉴水专著。

036 为什么说《十六汤品》是最早的宜茶汤品专著?

《十六汤品》是苏廙所著,苏廙约为晚唐五代或五代宋初人,是著名的候汤家、点茶家。

《十六汤品》全书只有一卷,书中认为汤决定了茶的优劣,书中将陆羽《茶经》中茶的煮法那章扩大,将汤分为十六种。书中将口沸程度分为三种,注法缓急分为三种,茶器种类分为五种,据薪炭燃料分为五种,总计十六汤品。

《十六汤品》是茶书中的冷门书,在固型茶被淘汰后,汤的神秘性也被破除,人们对汤的研究就不多了,但是《十六汤品》是最早的宜茶汤品,为随后汤品研究提供了依据,对茶道的贡献是不可抹杀的。

注汤的缓急。

汤的老嫩程度。

薪材。

煮汤器具。

▲图说

《十六汤品》的出现说明人们已经由宏观茶学逐渐向更细微的微观茶学探寻、过渡。

037 为什么说《茶录》是宋代茶书的代表之一?

《茶录》是宋代蔡襄所著。这部书分上下两篇,共八百多字。上篇论茶,下篇论茶器,侧重于烹制的方法。

《茶录》上篇中,主要叙述了茶的色、香、味,茶的储存以及碾茶、罗茶、候汤、火胁盏、点茶。在论述茶的香时,书中说茶不适合掺杂其他珍果香草,否则会影响茶本身的香味。书中还指出茶叶的香味受到产地、水土、环境等影响。下篇论述茶器中,主要是茶焙、茶笼、砧椎、茶钤、茶碾、茶罗、茶盏、茶匙和汤罐。书中从制茶工具、品茶器具等方面进行论述,都是值得后人借鉴的。

▶图说

《茶录》不仅得到皇帝的鉴赏,还勒石传后世,对当时福建的茶业有很大的推动作用。

038 为什么说《大观茶论》是宋代茶书的代表之一?

《大观茶论》共十二篇,主要是关于茶的各方面的论述。书中针对北宋时蒸青团茶的产地、采制、烹试、品质、斗茶风尚等进行的论述,内容详尽,论述精辟,是宋代茶书的代表作品之一,对宋代的茶品研究有很大的影响。其中,"点茶"一章尤为突出,论述深刻,从这方面我们也可以看出宋代时期我国茶叶的发展已经达到一个较高的水平,对后世研究宋代的茶道提供了宝贵资料。

▶图说

《大观茶论》是宋徽宗赵佶的著作。他虽身为亡国之君,却在书画、茶学上造诣颇深。

039 《宣和北苑贡茶录》是一部什么样的论茶之作?

《宣和北苑贡茶录》是宋代熊蕃所著,作者根据自己的所见所闻而撰写此书,该书完成于宋宣和三年到七年,后有清朝汪继壕为此书做按语。

全书正文大约有1800多字,图38幅,旧注大约1000字,汪继壕按语约2000字。该书详尽记述了建茶沿革和贡茶的种类,并且有图可辨,可以清楚地了解当时贡茶的品种形制,而且注释和汪继壕的按语也是博采群书,便于考证,是研究宋代茶业的重要文献。

▲图说

书中对当时北苑贡茶采制、品质的介绍全面而详细,对后人的研究意义非凡。

040 为什么说《茶具图赞》是我国第一部茶具专著？

　　《茶具图赞》是宋朝申安老人的著作，书中主要介绍了十二种宋代的茶具图，并在每幅图的后面都加上了赞语，因此书名为茶具图赞，这也是我国第一部茶具的专著，以往的茶书中只是将茶具列为一部分，这部书单单研究茶具，写得很精细。

> 盒中内藏三只形状各异的杯碗。

> 盒盖表面浑厚、典雅的花纹。

▲图说

耀州窑青釉剔花瓷盒（宋代）。

　　书中的茶具有韦鸿胪、木待制、金法曹、石转运、胡员外、罗枢密、宗从事、漆雕秘阁、陶宝文、汤提点、竺副帅、司职方，分别是现代的茶炉、茶锤、茶压、石磨、茶匙、茶筛、茶刷、茶盘、茶杯、茶壶、刮水器、茶巾。其中茶锤、石磨、茶筛等是宋代制造团茶的专用器具，到明朝时这些器具已经没有了。

041 为什么说《茶谱》是我国明代茶书较有特色的一部？

　　《茶谱》一书是明代朱权所著，是明代比较有特色的一部茶典，也是研究明代茶业的重要文献。朱权，明太祖朱元璋的十七子，号涵虚子、丹丘先生，谥号宁献王。全书共分十六章节，分别是序、品茶、收茶、点茶、茶炉、茶灶、茶磨、茶碾、茶罗、茶架、茶匙、茶筅、茶瓯、茶瓶、煎汤法、品水。书中记述详尽，内容丰富，涉及茶的很多方面，是一部参考价值很高的书，对后人的研究也有较大的影响。

▲图说

《茶谱》中首次提出茶乃君子修身养性之物的见解。

042 为什么说《煮泉小品》是品茶用水专著？

　　《煮泉小品》是明代田艺蘅所著。田艺蘅号上品下山，著有《大明同文集》《田子艺集》《留青日记》等。《煮泉小品》一书撰写于嘉靖三十三年，主要的版本有：宝颜堂秘籍本、茶书全集本、读说郛本、四库全书本。该书共分十个部分，记述考据都很齐全。该书不仅承袭了历代前人的精华，更通过亲身实地考察验证，结合自己的心得重新论述，有着非常高的参考价值。

▶图说

　　古人对品茶用水格外讲究，《煮泉小品》是我国茶文化史中的又一个专论水品之作。

043 《茶寮记》是一部怎样的品茶专著？

　　《茶寮记》一书仅有大约500字，在《四库全书》中存目。主要的刊本有茶书全集本、宝颜堂秘籍本、夷门广牍本、说郛续本、古今图书集成本、丛书集成本。

　　该书在正文前有一篇引言，正文有七则，称为"煎茶七类"。全书分为人品、品泉、烹点、尝茶、茶候、茶侣、茶勋七则。每则都只有寥寥数语，对茶的鉴赏、烹制等内容涉及都不多，只是点到为止，并不能起到实际的作用，也没有进行深入的研究。

▶图说

> 《茶寮记》作者文笔洒脱，专业性内容点到即止，后人猜测，此书可能只是作者忽起兴致而写，而非研究茶艺。

044 为什么说《茶疏》是明代具有代表性的茶书之一？

　　《茶疏》是明代许次纾所著，许次纾极其喜欢品茶，喜好茶的鉴赏，又得到吴兴姚、绍宪的指导，对茶理的研究很深。此书在《四库全书总目提要》中有存目，全书共约4700字，书中分39则，主要涉及茶品、采制、储藏、烹点等多个方面，在烹茶、品鉴方面也有着较为详细的评述，是明代具有代表性的茶书之一，是后人研究明代茶史的重要依据。《茶疏》对于明代初始的炒青技术有着最早的记录。

▲图说

> 明代炒青绿茶加工揉捻工艺以冷揉为主，可保持色泽与香气。

045 为什么说《阳羡茗壶系》是我国历史上第一部关于宜兴紫砂壶的专著？

　　《阳羡茗壶系》是明代著名学者周高起所著，其喜欢饮茶，对宜兴紫砂有着很深的研究。他将自己所见和以往传说的关于紫砂的工艺、制作家和相关事迹记录了下来，汇集成籍。该书分为"创始、正始、名家、雅流、神品、别派"等章节，论述了紫砂壶制作工艺的发展历程，各个制壶名家的生平、风格、流传器具等，是明代著名的研究紫砂壶著作，也是我国历史上第一本关于紫砂壶的专著。

▲图说

> 紫砂壶是古今人们品茶论道的首选器具，而江苏宜兴出产的紫砂壶更是其中的极品。

046 《茶解》是一部怎样的论茶专著?

　　《茶解》是明朝人罗廪所著,其自幼生长在茶乡,从小就深受茶文化的熏陶,喜爱茶艺。他生活的年代,政治腐败,社会黑暗,而他对现实不满,于是隐入山中,专心研究茶艺。他开辟了茶园,种植茶树,制造茶叶,鉴赏茶品,过着清心寡欲的生活,经过十年的时间,他以自己的亲身经历,再总结前人的经验,终于写成了《茶解》一书。

　　《茶解》一书,对茶文化的传播与研究都有着很重要的作用,对后世的影响也很大,是众多茶典中的一部重要著作。

▲图说

　　《茶解》的出世完全取决于个人脱离尘嚣之外的另一番实践与体悟。

047 《茶史》是一部什么样的著作?

　　《茶史》是清代刘源长所著,是清代著名的关于茶的代表作品。全书共两卷,30个子目,上卷主要罗列茶的渊源、名品、采制、储藏以及历代名人雅士对茶学的论述与评鉴;下卷则主要记述了茶品鉴过程中所需了解的众多常识与古今名家的谏言,如选水、择器、茶事、茶咏等。

　　书中竭尽其能汇总了大量有关茶学方方面面的内容,对后人的研究起到一定的指导、推动作用,但由于过于繁杂而略显混乱。

书中卷端自称"八十翁",后人揣测实为暮年借以寄意汇编而成。

048 茶人指什么?

　　"茶人"一词,历史上最早出现于唐代,单指从事茶叶采制生产的人,后来也将从事茶叶贸易和科研的人统称为茶人。

　　现代茶人分为三个类型:①专业从事茶叶生产和研究的人。包括种植、采制、检验、生产、流通、科研等人员。②和茶业相关的人。包括茶叶器具的研制、茶叶医疗保健、茶文化宣传、茶艺表演者等。③爱茶的人。包括喜爱饮茶的人、喜爱茶叶的人等。

▶图说

　　古往今来的很多茶人,他们或精于茶学,或专于制茶,或单喜爱饮茶,为茶文化的发展提供着源源动力。

049 为什么称陆羽为茶圣?

　　根据陆羽所作的《陆文学自传》，陆羽生于唐代复州竟陵(今湖北天门)，因相貌丑陋而成为弃儿，后被当地龙盖寺和尚积公禅师收养。在龙盖寺学文识字、诵经煮茶为其以后的成长打下了良好的基础。由于不愿削发为僧皈依佛门，陆羽12岁时逃出龙盖寺，开始漂泊不定的生涯。后来在竟陵司马崔国辅的支持下，年仅21岁的陆羽开始历时五年考察茶叶的游历。

　　经义阳、襄阳，往南漳，入巫山，一路风餐露宿，陆羽实地考察了茶叶产地32州。每到一处都与当地村叟讨论茶事，详细记录，之后隐居在苕溪，根据自己所获资料和多年论证所得从事对茶的研究。历时十几年，终于完成了世界上第一部关于茶的研究著作《茶经》，此时他已经47岁。

身着简朴的粗麻衣衫。

痴迷于茶的气、味、声、韵、境之间。

常独行于山野或农家，品茶鉴水。

　　在我国古代封建社会，研究经书典籍通常被认为是儒家士人正途，而像茶学、茶艺这类学问通常被认为是难入正统的"杂学"。陆羽的伟大之处就在于他悉心钻研儒家学说，又不拘泥于此，将艺术溶于"茶"中，开中国茶文化之风气，也为中国茶业提供了完整的科学依据。陆羽逝世后，后人尊其为"茶神""茶圣"。

▶ 图说

　　生性淡泊的陆羽不求功名利禄，将毕生精力倾注于茶中，后人称之为"楚狂接舆"。

050 为什么称皎然为诗僧?

　　皎然，字清昼，唐代著名诗僧。皎然博学多识，诗文清新秀丽，其不仅是一个僧人、诗人，还写下很多茶诗。他和陆羽是忘年之交，两人时常一起探讨茶艺，他所提倡的"以茶代酒"风气，对唐代及后世的茶文化有很大的影响。皎然喜爱品茶，也喜欢研究茶，在《顾渚行寄裴方舟》一诗中，详细地记录了茶树的生长环境、采收季节和方法、茶叶的品质等，是研究当时湖州茶事的重要资料。

寄情于茶，诗含茶意。

蕴茶于笔，佳篇迭出。

▲ 图说

　　皎然的诗清新脱俗，有着鲜明的艺术风格，对唐代中晚期的咏茶诗歌影响颇深。

051 为什么白居易自称为"别茶人"？

白居易，字乐天，号香山居士，唐代著名的现实主义诗人。白居易一生嗜茶，对茶很偏爱，几乎从早到晚茶不离口。他在诗中不仅提到早茶、中茶、晚茶，还有饭后茶、寝后茶，是个精通茶道、鉴别茶叶的行家。白居易喜欢茶，他用茶来修身养性，交朋会友，以茶抒情，以茶施礼。从他的诗中可以看出，他品尝过很多茶，但是最喜欢的是四川蒙顶茶。

他的别号"别茶人"，是在《谢六郎中寄新蜀茶》一诗中提到的，诗中说："故情周匝向交亲，新茗分张及病身；红纸一封书后信，绿茶十片火前春；汤添勺水煎鱼眼，末下刀圭搅曲尘；不寄他人先寄我，应缘我是别茶人。"

白居易嗜好诗、酒、茶、琴，曾作《谢六郎中寄新蜀茶》送友，以表感激之情。

▶图说

生于乱世的白居易常以茶来宣泄郁闷，在诗中"从心到百骸，无一不自由""虽被世间笑，终无身外忧"，茶所带来的无尽妙处也是他爱茶的原因之一。

052 卢仝与茶有什么关系？

卢仝，唐代诗人，他写的诗浪漫唯美。卢仝喜好品茶，他著的《走笔谢孟谏议寄新茶》诗，传唱千年，脍炙人口，尤其是"七碗茶歌"之吟："一碗喉吻润，二碗破孤闷。三碗搜枯肠，惟有文字五千卷。四碗发轻汗，平生不平事，尽向毛孔散。五碗肌骨清。六碗通仙灵。七碗吃不得也，唯觉两腋习习清风生。"他的"七碗茶歌"不仅在国内广泛流传，而且在日本也广为传颂，并演变为茶道："喉吻润、破孤闷、搜枯肠、发轻汗、肌骨清、通仙灵、清风生"。日本人对卢仝十分崇敬，经常把他和"茶圣"陆羽相提并论。

卢仝著有《茶谱》，被世人尊称为"茶仙"。

喝到第七碗茶时，感到两腋生风、飘飘欲仙。

在饮茶的前六个不同阶段，各有不同的感受与功效。

▲图说

卢仝的"七碗茶歌"对后世影响颇大，许多人在品茶时，都会吟道："何须魏帝一丸药，且尽卢仝七碗茶。"

053 欧阳修做过哪些与茶有关的作品？

欧阳修的一生，在官场上有四十一年，期间起伏跌宕，但是他始终坚守自己的情操，就像好茶的品格一样。在晚年他曾写道：吾年向老世味薄，所好未衰惟饮茶。从中可以看出，他对官场沉浮的感叹，也表达了自己嗜茶的爱好。

欧阳修写茶的诗并不是很多，但却都很精彩。他还为蔡襄的《茶录》做了序。他喜欢双井茶，因此做了一首《双井茶》的诗，诗中描写了双井茶的特点以及茶和人品的关系。此诗为：西江水清江石老，石上生茶如凤爪。穷腊不寒春气早，双井芽生先百草。白毛囊以红碧纱，十斤茶养一两芽。宝云日铸非不精，争新弃旧世人情。群不见，建溪龙凤团，不改旧时香味色。

欧阳修和北宋诗人梅尧臣有着很深的友谊，经常在一起品茗作对，欧阳修做了一首《尝新茶呈圣喻》送给梅尧臣，诗中赞美了建安龙凤团茶，从诗中可以看出，欧阳修认为品茶需要水甘、器洁、天气好，而且客人也要志同道合，这才是品茶的最高境界。

▲图说

《采桑子·画船》"载酒西湖好"为欧阳修所题，其是北宋著名政治家、文学家，唐宋八大家之一。

054 蔡襄对茶业有什么贡献？

蔡襄，字君谟，是宋代的著名书法家，被世人评为行书第一，小楷第二，草书第三，和苏轼、黄庭坚、米芾共称为"宋四家"。他是宋代茶史上一个重要的人物，著有《茶录》一书，该书自成一个完整体系，是研究宋代茶史的重要依据。

龙凤茶原本为500克八饼，蔡襄任福建转运使后，改造为小团，即500克二十饼，名为"上品龙茶"，这种茶很珍贵，欧阳修曾对它有很详细的叙述，这是蔡襄对茶业的伟大贡献之一。在当时，小龙凤茶是朝廷的珍品，很多朝廷大臣和后宫嫔妃也只能观其形貌，而不能亲口品尝，可见其珍贵性。

《渑水燕谈录》曾评说："一斤二十饼，可谓上品龙茶。仁宗尤所珍惜。"

▲图说

龙凤茶是宋代最著名的茶，有"始于丁谓，成于蔡襄"的说法。

055 东坡居士为什么嗜茶？

在苏轼的日常生活中，茶是必不可少的东西，在一天中无论做什么事都要有茶相伴。在苏轼的诗中有很多关于茶的内容，这些流传下来的佳作脍炙人口，从中也可以看出他对茶的喜爱。

他在《留别金山宝觉圆通二长老》一文中写道"沐罢巾冠快晚凉，睡余齿颊带茶香"，这是说睡前要喝茶；在《越州张中舍寿乐堂》一文中有"春浓睡足午窗明，想见新茶如泼乳"，说的是午睡起来要喝茶；在《次韵僧潜见赠》中提到"簿书鞭扑昼填委，煮茗烧栗宜宵征"，这是说在挑灯夜战时要饮茶；当然，在平日的填诗作文时茶更是少不得。

苏轼虽然官运不顺畅，可是因为数次被贬，到过的地方也很多，在这些地方，他总是寻访当地的名茶，品茗作诗。苏轼在徐州当太守时，有次夏日外出，因天气炎热，想喝茶解渴解馋，于是就向路旁的农家讨茶，因此写了《浣溪沙》一词："酒困路长唯欲睡，日高人渴漫思茶，敲门试问野人家"，词中记录的就是当时想茶解渴的情景。

▲图说

饮茶过程中所追求的自然、恬淡意境极符合苏轼的脾性，弥漫的茶香总能冲淡阴霾，激起万丈的豪情。

056 黄庭坚为什么把茶比作故人？

黄庭坚（1045—1105）是北宋洪州分宁人（今江西修水），中国历史上著名的文学家、书法家，与苏轼、米芾和蔡襄并称书坛上的"宋四家"。除了爱好书法艺术，黄庭坚还嗜茶，年少时就以"分宁茶客"而名闻乡里。

黄庭坚40岁时，曾作一篇以戒酒戒肉为内容的《文愿文》，文曰："今日对佛发大誓，愿从今日尽未来也，不复淫欲，饮酒，食肉。设复为之，当堕地狱，为一切众生代受头苦。"此后20年，黄庭坚基本上依自己誓言而行，留下了一段以茶代酒的茶人佳话。

除了饮茶，黄庭坚还是一位弘扬茶文化的诗人，涉及摘茶、碾茶、煎水、烹茶、品赏及咏赞茶功的诗和词比比皆是，现今尚有十首流传于世的茶诗，如赠送给苏东坡的《双井茶送子瞻》。双井茶从此受到朝野大夫和文人的青睐，最后还被列入朝廷贡茶，奉为极品，盛极一时。

黄庭坚书法气势磅礴，被后人所敬仰、效仿。

▲图说

早年嗜酒和茶，后因病而戒酒，唯有借茶以怡情，故称茶为故人。

057 为什么宋徽宗擅长茶艺？

宋徽宗，即赵佶，是宋神宗的十一子。赵佶在位期间，政治腐朽黑暗，可以说他根本就没有治国才能，但是他却是精通音律、书画，对茶艺的研究也很深。他写有《大观茶论》一书，这是中国茶业历史上唯一一本由皇帝撰写的茶典。

他的《大观茶论》，内容丰富，见解独到，从书中可以看出北宋的茶业发达程度和制茶技术的发展状况，是研究宋代茶史的重要资料。《大观茶论》中，还记录了当时的贡茶和斗茶活动，对斗茶的描述很详尽，可以从中看出宋代皇室对斗茶很热衷，这也是宋代茶文化的重要特征。

独创书法"瘦金体"，笔锋瘦直舒展，行如刀锋。

抚琴者气沉神凝，仿佛指尖的音律在青松翠竹间盘旋。

听琴者全神贯注地聆听，一副心领神会的样子。

▶图说

《听琴图》，赵佶，北京故宫博物院藏。宋徽宗沉湎享乐，有着极高的艺术造诣，乐律、书画无所不精，常设茶宴赐待群臣。

058 为什么说陆游嗜茶是生活和创作的需要？

陆游，字务观，号放翁，宋代爱国诗人。他是一位嗜茶诗人，和范成大、杨万里、尤袤并称为"南宋诗词四大家"。他的诗词中有关茶的诗词多达320首，是历史上写茶诗词最多的诗人之一。

陆游生于茶乡，出任茶官，晚年又隐居茶乡，他的一生都和茶息息相关，他的茶诗词，被认为是陆羽《茶经》的序，可见他对茶的喜爱和研究都是很深厚的。在日常生活中，陆游喜欢亲自煮茶，他的诗文中，也有很多记录煮茶心情的诗句，比如"归来何事添幽致，小灶灯前自煮茶"等。

▶图说

茶韵中的风雅、苦节不仅与陆游脾性相似，更是他创作诗词的源泉。

059 为什么说朱熹现存于世的茶诗颇有意味？

淳熙十年，朱熹在武夷山兴建武夷精舍，开门收徒，传道授业。此处也是他朋友聚会的场所，他和朋友在这里斗茶品茗，吟诗作对，以茶会友，以茶论道。

据说，在武夷山居住时期，朱熹还亲自去茶园采茶，并自得其乐。《茶坂》一诗中说道：携赢北岭西，采撷供名饮。一啜夜心寒，羝跌谢蠹影。还有一首《咏武夷茶》，内容为：武夷高处是蓬莱，采取灵芽余自栽。芳菲镇长在，谷寒蝶蝶未全来。红裳似欲留人醉，锦幛何妨为客开。咀罢醒心何处所，近山重叠翠成堆。

▲图说

朱熹，是中国继孔子之后最伟大的儒学思想代表人物，宋代著名理学家、教育家、诗人，更是一位嗜茶爱茶的智者。

060 （明）朱权饮茶有什么新主张？

朱权，明太祖朱元璋的十六子，封宁王，对茶道颇有研究，著有《茶谱》一书。

他在《茶谱》中写道："盖羽多尚奇古，制之为末，以膏为饼。至仁宗时，而立龙团、凤团、月团之名，杂以诸香，饰以金彩，不无夺其真味。然天地生物，各遂其性，莫若叶茶。烹而啜之，以遂其自然之性也。予故取烹茶之法，末茶之具，崇新改易，自成一家。"从这段话中可以看出他对饮茶的独到见解，而从他之后，茶的饮法逐渐变成现今直接用沸水冲泡的简易形式。

他还明确指出了茶的作用：助诗兴、伏睡魔、倍清淡、中利大肠，去积热化痰下气、解酒消食、除烦去腻等。他认为饮茶的最高境界就是："会泉石之间，或处于松竹之下，或对皓月清风，或坐明窗静牖，乃与客清淡款语，探虚立而参造化，清心神而出神表。"

叶茶保留了茶叶的自然色香味。

▲图说

朱权改革了传统的品饮方式和茶具，提倡从简形式，开创了清饮的风气，形成一套简便新颖的饮茶法。

061 为什么郑板桥的作品中与茶有关的内容甚多?

郑板桥,清代著名书画家,精通诗、书、画,号称三绝,是"扬州八怪"之一。书画作品擅以竹兰石为题,将茶情与创作之趣、人生之趣融为一体,雅俗共赏,率真、洒脱,为后人称道。

郑板桥一生爱茶,无论走到哪里,都要品尝当地的好茶,也会留下茶联、茶文、茶诗等做凭。在四川青城山天师洞,有郑板桥所作的一副楹联:"扫来竹叶烹茶叶,劈碎松根煮菜根"。他40多岁时,到仪征江村故地重游,在家书中写道:"此时坐水阁上,烹龙凤茶,烧夹剪香,令友人吹笛,作《梅花落》一弄,真是人间仙境也。"从这些诗作中可以看出他对茶的喜爱。

▶图说

墨兰数枝宣德纸,苦茗一杯成人窑。——正是郑板桥对恬淡人生情怀不懈追求的真实写照。

062 为什么说曹雪芹的《红楼梦》是我国古代小说的写茶典范?

中国古典名著《红楼梦》不愧是一部百科全书,其中涉及的茶事就有260多处,出现"茶"字四五百次,涉及龙井茶、普洱茶、君山银针、六安茶、老君眉等名茶,众多茶俗不仅反映了贡茶在清代上层社会的广泛性,也体现出作者曹雪芹对茶事、茶文化的深刻理解。正所谓一部《红楼梦》,满纸茶叶香。

▶图说

出身名门世家的曹雪芹曾亲历家族在统治阶级的内部斗争中沦落。

063 为什么精通品茗鉴水之道的乾隆每次出行必带玉泉水?

中国历代皇帝中,恐怕很少有人像清代的乾隆那样喜茶好饮,为茶取名字,吟诗,作文,还自创了评鉴饮茶用水的方法。乾隆曾六次南巡至杭州,遍访各地名泉佳茗,对茶叶采制、烹煮都有着独到的心得体验。乾隆曾用自己的方法亲自鉴定各地名泉的水品,通过特制的银斗量水质的轻重来分上下,他认为水质轻的品质最好。并得出结论,北京海淀镇西面的玉泉水为第一,因此乾隆每次出行,必带玉泉水随行。

▶图说

乾隆是中国历代皇帝中最长寿的皇帝之一,自称"十全老人"。

第三章

茶叶的种类

茶家族的成员众多，产地、原料与工艺制法使她们身姿各异而又韵味迥然，人们很难想象，这些杯中起舞的精灵，不仅有着外在视觉、味觉交织的瑰丽与奇妙，更有着深邃的城府与浓郁的文化内涵。本章将带你遍赏茶家族每一个成员的脾性与特点，结识历史上茶家族的皇室名流与现今生活中的茶之新贵。

064 什么是绿茶?

绿茶,又称不发酵茶,是以适宜茶树的新梢为原料,经过杀青、揉捻、干燥等典型工艺制成的茶叶。由于干茶的色泽和冲泡后的茶汤、叶底均以绿色为主调,因此称为绿茶。

绿茶是历史上最早的茶类,古代人类采集野生茶树芽叶晒干收藏,可以看作是绿茶加工的发始,距今至少有三千多年。绿茶为我国产量最大的茶类,产区分布于各产茶区。其中以浙江、安徽、江西三省产量最高,质量最优,是我国绿茶生产的主要基地。中国绿茶中,名品最多,如西湖龙井、洞庭碧螺春、黄山毛峰、信阳毛尖等。

嫩绿的叶芽。

汤色清雅。

绿茶较多地保留了鲜叶内的天然物质,茶多酚、咖啡碱保留了鲜叶的85%以上,叶绿素保留了50%左右。

065 什么是炒青绿茶?

我国茶叶生产,以绿茶为最早。自唐代我国便采用蒸气杀青的方法制造团茶,到了宋代又进而改为蒸青散茶。到了明代,我国又发明了炒青制法,此后便逐渐淘汰了蒸青。

绿茶加工过程是:鲜叶→杀青→揉捻→干燥。干燥的方法有很多,用烘干机或烘笼烘干,有的用锅炒干,有的用滚桶炒干。炒青绿茶,因干燥方式采用"炒干"的方法而得名。

由于在干燥过程中受到作用力的不同,成茶形成了长条形、圆珠形、扁平形、针形、螺形等不同的形状,分别称为长炒青、圆炒青、扁炒青等。长炒青形似眉毛,又称为眉茶,条索紧结,色泽绿润,香高持久,滋味浓郁,汤色、叶底黄亮;圆炒青形如颗粒,又称为珠茶,具有圆紧如珠、香高味浓、耐泡等品质特点;扁炒青又称为扁形茶,具有扁平光滑、香鲜味醇的特点。

手工揉搓、捻压使其外观呈扁形。

茶叶内部的精华与香气得以保留。

极品西湖龙井,外形上扁平光滑,苗锋尖削,色泽嫩绿,随着茶品级别的下降,外形色泽有着由嫩绿→青绿→墨绿的细微变化。

066 什么是烘青绿茶？

烘青绿茶，因其干燥是采取烘干的方式，因此得名。烘青绿茶，又称为茶坯，主要用于窨制各类花茶，如茉莉花、白兰花、代代花、珠兰花、金银花、槐花等。

烘青绿茶产区分布较广，产量仅次于眉茶。以安徽、浙江、福建三省产量较多，其他产茶省也有少量生产。烘青绿茶除了用于花茶之外，在市场上也有素烘青销售。素烘青的特点是外形完整、稍弯曲，锋苗显露，翠绿鲜嫩；香清味醇，有烘烤之味；其汤色叶底，黄绿清亮。烘青工艺是为提香所为，适宜鲜饮，不宜长期存放。

烘青绿茶是用烘笼进行烘干的，经加工精制后多用于窨制花茶的茶坯。

067 什么是蒸青绿茶？

蒸青绿茶是我国古人最早发明的一种茶类。据陆羽在《茶经》中记载，其制法为："晴，采之，蒸之，捣之，拍之，焙之，穿之，封之，茶之干矣。"即，将采来的新鲜茶叶，经过蒸青软化后，揉捻、干燥、碾压、造型而成。蒸青绿茶的香气较闷，且带青气，涩味也较重，不如炒青绿茶鲜爽。南宋时期佛家茶仪中所使用的"抹茶"，即是蒸青的一种。

068 什么是晒青绿茶？

晒青绿茶是指在制作过程中干燥方式采用日光晒干的绿茶。晒茶的方式起源于三千多年前，由于太阳晒的温度较低，时间较长，因此较多地保留了鲜叶的天然物质，制出的茶叶滋味浓重，且带有一股日晒特有的味道。

条索粗壮肥硕，香味醇厚，耐冲泡。

▶图说

晒青绿茶是制紧压茶的原料，如砖茶、沱茶等。

069 什么是红茶？

红茶是在绿茶的基础上经过发酵而成，即以适宜的茶树新芽为原料，经过杀青、揉捻、发酵、干燥等工艺而成。制成的红茶其鲜叶中的茶多酚减少90%以上，新生出茶黄素、茶红素以及香气物质等成分，因其干茶的色泽和冲泡的茶汤以红色为主调，故名红茶。

红茶的发源地在我国的福建省武夷山茶区。自17世纪起，西方商人成立东印度公司，用茶船将红茶从我国运往世界各地，深受不同国度王室贵族的青睐。红茶是我国第二大出产茶类，出口量占我国茶叶总产量的50%左右，销往世界60多个国家和地区。

尽管世界上的红茶品种众多，产地很广，但多数红茶品种都是由我国红茶发展而来。世界四大名红茶分别为祁门红茶、阿萨姆红茶、大吉岭红茶和锡兰高地红茶。

阿萨姆红茶的主要产地在印度东北部、喜马拉雅山南麓的阿萨姆邦。泡出来的茶浓稠浓烈、清透鲜亮。

大吉岭红茶主要产地在印度孟加拉邦北部喜马拉雅山麓的大吉岭高原。泡出来的茶汤色橙黄，气味芬芳高雅，带有葡萄香。

锡兰高地红茶的主要产地在斯里兰卡。泡出来的茶汤色橙红明亮，上品的汤面有金黄色的光圈。

外形苗秀、色有"宝光"、香气浓郁。

红汤、红叶、香甜味醇都是红茶的主要特征。

🍵 图说

品种：祁门红茶
产地：我国安徽省祁门县及其周边。

070 什么是白茶？

白茶是中国六大茶类之一，为福建的特产，主要产区在福鼎、政和、松溪、建阳等地。基本工艺是萎凋、烘焙（或阴干）、拣剔、复火等工序。白茶的制法既不破坏酶的活性，又不促进氧化作用，因此具有外形芽毫完整、满身披毫、毫香清鲜、汤色黄绿清澈、滋味清淡回甘的品质特点。它属于轻微发酵茶，是我国茶类中的特殊珍品，因其成品茶多为芽头，满披白毫，如银似雪而得名。

白茶因茶树品种、鲜叶采摘的标准不同，可分为叶茶（如白牡丹、新白茶、贡眉、寿眉）和芽茶（如白毫银针）。其中，白牡丹是采自大白茶树或水仙种的短小芽叶新梢的一芽一二叶制成的。

白毫密披，
色白如银。

外形粗壮，
挺直如针。

▲图说
白毫银针是白茶中最名贵的品种，其香气清新，汤色杏黄，滋味鲜爽。

◀图说
白毫银针是采自大白茶树的肥芽制成，制作工艺虽简单，但对细节要求极高。

071 什么是黄茶？

人们在炒青绿茶的过程中发现，由于杀青、揉捻后干燥不足或不及时，叶色会发生变黄的现象，黄茶的制法也就由此而来。

黄茶属于发酵茶类，其杀青、揉捻、干燥等工序与绿茶制法相似，关键差别就在于闷黄的工序。大致做法是，将杀青和揉捻后的茶叶用纸包好，或堆积后以湿布盖之，促使茶坯在水热作用下进行非酶性的自动氧化，形成黄色。按采摘芽叶范围与老嫩程度的差别，黄茶可分为黄芽茶、黄小茶和黄大茶三类。

"黄叶黄汤"
是黄茶显著的
特点。

细致匀齐

▲图说
采摘单芽或一芽一叶加工而成的黄芽茶。

◀图说
黄茶在发酵过程中，会产生大量的消化酶，对人体的脾胃功能大有好处。

072 什么是乌龙茶？

乌龙茶，又名青茶，属半发酵茶类，基本工艺过程是晒青、晾青、摇青、杀青、揉捻、干燥，以其创始人苏龙（绰号乌龙）而得名。乌龙茶结合了绿茶和红茶的制法，其品质特点是，既具有绿茶的清香和花香，又具有红茶醇厚的滋味。

乌龙茶的主要产地在福建（闽北、闽南）及广东、台湾三个省。名品有铁观音、黄金桂、武夷大红袍、武夷肉桂、冻顶乌龙、闽北水仙、奇兰、本山、毛蟹、梅占、大叶乌龙、凤凰单枞、凤凰水仙、岭头单枞、台湾乌龙等。

乌龙茶是中国茶类中具有鲜明特色的品种，由宋代贡茶龙凤饼演变而来，创制于清朝雍正年间。其药理作用表现在分解脂肪、减肥健美等方面。在日本被称为"美容茶""健美茶"。

香气清雅、滋味醇厚甘鲜。

▲图说

产自福建安溪的铁观音茶茶条肥壮卷结、色泽砂绿。

073 什么是黑茶？

作为一种利用菌发酵方式制成的茶叶，黑茶属后发酵茶，基本工艺是杀青、揉捻、渥堆和干燥四道工序。按照产区的不同和工艺上的差别，黑茶可分为湖南黑茶、湖北老青茶、四川边茶和滇桂黑茶。

最早的黑茶是由四川生产的，是绿毛茶经蒸压而成的边销茶，主要运输到西北边区，由于当时交通不便，必须减少茶叶的体积，蒸压成团块。在加工成团块的过程中，要经过二十多天的湿坯堆积，毛茶的色泽由绿变黑。黑茶中以云南的普洱茶最为著名，由它制成的沱茶和砖茶深受蒙藏地区人们的青睐。

▲图说

黑茶口味浓醇，在我国云南、四川、广西等地广为流行。

由于堆积发酵时间较长，叶片大多呈现暗褐色。

茶叶较为粗老。

074 什么是普洱茶?

普洱茶,是采用绿茶或黑茶经蒸压而成的各种云南紧压茶的总称,包括沱茶、饼茶、方茶、紧茶等。产普洱茶的植株又名野茶树,在云南南部和海南均有分布,自古以来即在云南省普洱县一带集散,因而得名。

普洱茶的分类,从加工程序上,可分为直接加工为成品的生普和经过人工速成发酵后再加工而成的熟普;从形制上,又分散茶和紧压茶两类。由于云南常年适宜的气温及高地土壤养分富裕,故使得普洱茶的营养价值颇高,被国内及海外侨胞当作养生滋补珍品。

▲图说

古时普洱茶饼常被制成南瓜形状,作为清朝皇室的贡品运往京城。

滋味醇厚回甘,具有独特的陈香味儿。

▶图说

普洱茶可暖胃养气、解腻消脂,有着"茶中之茶"的赞誉。

075 什么是六堡茶?

六堡茶,是指原产于广西苍梧县六堡乡的黑茶,后发展到广西二十余县,产地制茶历史可追溯到一千五百多年前,清嘉庆年间就已被列为全国名茶。

人们白天摘取茶叶,放于篮篓中,晚上置于锅中炒至极软,等到茶叶内含黏液、略起胶时,即提取出来,趁其未冷,用器搓揉,搓之愈熟,则叶愈收缩而细小,再用微火焙干,待叶色转为黑色即成。六堡茶的品质要陈,存放越久品质越佳,凉置陈化是制作六堡茶过程中的重要环节。为了便于存放,六堡茶通常压制加工成圆柱状,也有的制成块状、砖状,还有散状的。

六堡茶以"红、浓、陈、醇"四绝著称——
红: 茶汤色泽红艳明净;
浓: 茶黄素、茶红素等有色物质浓厚,色如同琥珀;
陈: 品质愈陈愈佳;
醇: 滋味浓醇甘和,有特殊的槟榔香气。

076 什么是花茶?

花茶，又称熏花茶、香花茶、香片，是中国特有的香型茶。花茶始于南宋，已有千余年的历史，最早出现在福州。它是利用茶叶善于吸收异味的特点，将有香味的鲜花和新茶一起闷，待茶将香味吸收后再把干花筛除，花茶乃成。

明代顾元庆在《茶谱》一书中详细记载了窨制花茶的方法："诸花开时，摘其半含半放之香气全者，量茶叶多少，摘花为拌。花多则太香，而脱茶韵；花少则不香，而不尽美。"

最常见的花茶是茉莉花茶，根据茶叶中所用的鲜花不同，还有玉兰花茶、桂花茶、珠兰花茶、玳玳花茶等。普通花茶都是用绿茶作为茶坯，也有用红茶或乌龙茶制作的。

花茶"引花香，益茶味"，香味浓郁，茶汤色深，深得偏好重口味的北方人喜爱。

077 什么是紧压茶?

紧压茶，是以黑毛茶、老青茶、做庄茶等原料，经过渥堆、蒸、压等典型工艺过程加工而成的砖形或块状的茶叶。

紧压茶生产历史悠久，其蒸压方法与古代蒸青饼茶的制法相似。大约于11世纪前后，四川的茶商即将绿毛茶蒸压成饼，运销西北等地。到19世纪末期，湖南的黑砖茶、湖北的青砖茶相继问世。紧压茶茶味醇厚，有较强的消食除腻功能，还具有较强的防潮性能，便于长途运输和贮藏。

云南七子饼茶外观酷似满月。

底部中间有一个圆形的凹陷。

紧压茶的多数品种比较粗老，干茶色泽黑褐，汤色橙黄或橙红。

紧压茶一般都是销往蒙藏地区，这些地区牧民多肉食，日常需大量消耗茶。紧压茶喝时需用水煮较长时间，因此茶汤中鞣酸含量高，非常有利于消化，同时会使人体产生饥饿感，因此，喝茶时通常要加入有营养的物质。蒙古人习惯加入奶，叫奶茶；藏族人习惯加入酥油，为酥油茶。

078 什么是工艺花茶？

工艺花茶，是采用高山茶树嫩芽和多种天然的干鲜花为原料，经过精心的手工制作而成。其工艺复杂而讲究，外形奇特而繁多，让人在品味茶香的同时，又能欣赏杯中如画的景象，尽享典雅与情趣，且有保健作用。工艺花茶的冲泡特别讲究，要使用高透明度的耐热玻璃壶或玻璃杯。玻璃杯或壶的高度要在9厘米以上，直径为6～7厘米，若使用底部为弧形的玻璃容器冲泡更佳。冲泡的开水，要达到沸点，刚烧开的水为佳。

观赏工艺花茶，以平视为最佳角度，其次是45度角俯斜视。

经开水泡开后，各花朵在茶水中怒放，形成一道独特秀丽的风景。

079 什么是砖茶？

砖茶，又称蒸压茶，是紧压茶中很有代表性的一种。它是用各种毛茶经过筛、扇、切、磨等过程，成为半成品，再经过高温汽蒸压成砖形的茶块。砖茶是以优质黑毛茶为原料，其汤如琥珀，独具菌花香，长期饮用砖茶能够帮助消化，促进调节人体新陈代谢，对人体有一定的保健作用。

砖茶的种类很多，有云南产的紧茶、小方砖茶；四川产的康砖茶；湖北产的青砖茶；湖南产的黑砖茶、茯砖茶、花砖茶等。也有用红茶做成的红砖茶，俗称米砖茶。所有的砖茶都是用蒸压的方式成型，但成型方式有所不同。如黑砖、花砖、茯砖、青砖、米砖茶是用机压成型；康砖茶则是用棍锤筑造成型。在茯砖茶的压制技术中，独有汽蒸沤堆工序，还有"发金花"的过程，让金黄色的黄霉菌在上面生长，霉花多者为上品。

图说

砖茶滋味醇厚，香气纯正，数百年来与奶、肉一起，成为西北各族人民的生活必需品。

080 什么是沱茶？

沱茶是一种制成圆锥窝头状的紧压茶，原产于云南省景谷县，又称"谷茶"，通常用黑茶制造。关于沱茶的名字，说法很多。有的说，古时沱茶均销向四川沱江一带，因而得名；也有说法称，沱茶古时称团茶，"沱"音是由"团"音转化而来。

沱茶的历史悠久，早在明代万历年间的《滇略》上已有此茶之记载。清代末叶，云南茶叶集散市场逐渐转移到交通方便的下关。茶商把团茶改制成碗状的沱茶，经昆明运往重庆、叙府（今宜宾）、成都等地销售，故又称叙府茶。

▲图说

沱茶从上面看似圆面包，从底下看似厚壁碗，中间下凹，颇具特色。

沱茶的种类，依原料不同可分为绿茶沱茶和黑茶沱茶。绿茶沱茶是以较细嫩的晒青绿毛茶为原料，经蒸压制成；黑茶沱茶是以普洱茶为原料，经蒸压制成。用晒青绿茶压制而成的，又称为"云南沱茶"；用普洱散茶压制而成的，又称"云南普洱沱茶"或"普洱沱茶"。云南沱茶，香气馥郁，滋味醇厚，喉味回甘，汤色橙黄明亮；普洱沱茶，外形紧结，色泽褐红，有独特的陈香。

081 什么是萃取茶？

萃取茶，是以成品茶或半成品茶为原料，用热水萃取茶叶中的可溶物，过滤掉茶渣后取得的茶汁；有的还要经过浓缩、干燥等工序，制成固态或液态茶，统称为萃取茶。萃取茶主要有罐装饮料茶、浓缩茶和速溶茶三种。

罐装饮料茶是用成品茶加一定量的热水提取过滤出茶汤，再加一定量的抗氧化剂（维生素C等），不加糖、香料，然后装罐、封口、灭菌而制成，其浓度约2%，开罐即可饮用。

浓缩茶是用成品茶加一定量的热水提取过滤出茶汤，再进行减压浓缩或反渗透膜浓缩，到一定浓度后装罐灭菌而制成。直接饮用时需加水稀释，也可作罐装饮料茶的原汁。

速溶茶，又称可溶茶，是用成品茶加一定量的热水提取过滤出茶汤，浓缩后加入环糊精，并充入二氧化碳气体，进行喷雾干燥或冷冻干燥后，制成粉末状或颗粒状的速溶茶。加入热水或冷水即可冲饮，十分方便。

082 什么是香料茶?

香料茶,就是指在茶叶中加入天然香料而成的再加工茶。香料茶是从西方传来的,是西方人喜爱的一种茶饮。香料一般用肉桂粉,也可以用小豆口、丁香、豆蔻等。

香料茶所选用的茶叶一般用斯里兰卡BP茶、锡兰茶、阿萨姆CTC茶等,这些茶叶的叶片细小,很适合做香料茶。

肉桂依形状的不同分为条状和粉末状,选择肉桂时,以粉末状为佳,肉桂粉的香气和味道相对来说比较浓,适合煮茶用,而肉桂条则适合做冰肉桂茶。

肉桂又称玉桂,味甜辛辣,性温,可散寒止痛,补火助阳,暖脾胃,通血脉,杀虫止痢。

■图说

各种香料是西方人饮食中的常见之物,其中肉桂以具有浓烈而独特香气的越南肉桂为最佳。

083 什么是果味茶?

果味茶,就是指用新鲜水果烘干而成的茶。这种茶依然保有水果的甜蜜风味,喝起来酸中带甜,口味独特。有些果味茶会加入一些烘干的花草茶,做成花果茶。

红莓果、蓝莓果往往会加入一些玫瑰和紫罗兰做成花果茶,苹果、柠檬会单独制作成果味茶。果味茶可以根据自己的口味自由搭配,喜欢酸味的,可以多加一些柠檬,喜欢甜味的可以多加一些苹果等,同时也可以在茶中加入白砂糖、蜂蜜等佐料。

■图说

苹果营养丰富、滋味甜美,深受人们的喜爱。

■图说

将切好的带皮苹果配以少许肉桂,投入清水中煮沸后,加入红茶包即可饮用。

084 什么是保健茶？

保健茶是从西方流行开来的，但西方的保健茶是以草药为原料，不含茶叶成分，只是借用"茶"的名称而已。中国保健茶则不同，是以绿茶、红茶或乌龙茶为主要原料，配以确有疗效的单味或复方中药制成；也有用中药煎汁喷在茶叶上干燥而成；或者药液茶液浓缩后干燥而成。

传统的保健茶主要有三种：①单味茶，即用一味茶或一味药物经冲泡或煎煮后饮用，如绿茶、红茶、乌龙茶、独参茶、枸杞茶等；②茶加药，是既有茶成分又有药物成分的保健茶，经冲泡或煎煮后饮用，如午时茶、川芎茶调散等；③药代茶，是指将药物煎煮或冲泡后代茶饮用，并不含茶成分。

以茶为主。

▶图说

配有适量中药。

保健茶，是一种有保健治疗作用的饮料，既有茶味，又有轻微药味。

085 什么是含茶饮料？

含茶饮料，又叫茶饮料，是用水浸泡茶叶，经抽提、过滤、澄清等工艺制成的茶汤或在茶汤中加入水、糖液、酸味剂、食用香精、果汁或植（谷）物抽提液等调制加工而成的饮品。

从成分上看，茶饮料可分为茶汤饮料、果汁茶饮料、果味茶饮料和其他茶饮料几类。其中茶汤饮料指将茶汤（或浓缩液）直接灌装到容器中的饮品；果汁茶饮料指在茶汤中加入水、原果汁（或浓缩果汁）、糖液、酸味剂等调制而成的饮品，成品中原果汁含量不低于5.0%（M/V）；果味茶饮料指在茶汤中加入水、食用香精、糖液、酸味剂等调制而成的饮品；其他茶饮料指在茶汤中加入植（谷）物抽提液、糖液、酸味剂等调制而成的制品。

从消费习惯来说，人们往往把茶饮料分为绿茶、红茶、乌龙茶、花茶等几类。从产品的物态来看，茶饮料又可分为液态茶饮料和速溶固体茶饮料两种。在液态的茶饮料中又有加气（一般为二氧化碳）和不加气之分。

混入茶汤、糖等。

冰块使茶温迅速降低。

◀图说

冰茶饮料冰凉、舒爽，在较为炎热的地区尤为盛行。

086 什么是名茶?

名茶,顾名思义,是指在国内甚至国际上有相当知名度的茶叶。名茶的成名原因各有不同,有的是因为优良的茶树品种或精湛的制茶工艺,有的则是因为特殊的文化风格或历代文人的诗词烘托。

现代的名茶,可分为四个方面:①饮用者共同喜爱,认为其与众不同。②历史上的贡茶,流传至今。③国际博览会上获奖茶叶。④新制名茶全国评比受到好评的。

历史上流传至今的贡茶,有西湖龙井、洞庭碧螺春等;曾经消失在历史中,现在又恢复身份的名茶,有徽州松罗茶、蒙山甘露茶等;近现代新创、受到广泛喜爱的名茶,有江西名茶、高桥银峰等。

图说

名茶通常具有脍炙人口的品质、独具特色的韵味、闻名海内外的声名或是有着悠久的历史文化底蕴。

---

087 什么是历史名茶?

中国有数千年的饮茶历史,当茶成为一种日常所需的商品之后,特别是当茶叶成为贡品之后,全国各地的优秀茶种也被渐渐发掘出来。在各个历史朝代不断涌现出一些珍品茶叶,经过时间的沉淀,它们便成了闻名于世的历史名茶。

历史名茶,不但有着卓绝的品质和口味,往往还有着相关的文化背景。比如:产于杭州西湖的西湖龙井,历史上曾分为"狮、龙、云、虎"四个品类,其历史可追溯到唐代,而北宋时龙井茶区已初具规模,苏东坡曾有"白云峰下两旗新,腻绿长鲜谷雨春"的诗句。

武夷岩茶具有绿茶之清香,红茶之甘醇,虽未经窨花,却有浓郁的花香。

西湖龙井以"色绿、香郁、味醇、形美"四绝著称于世。

产于闽北名山武夷山的武夷岩茶,茶树生长在岩缝之中,是中国乌龙茶中之极品。18世纪传入欧洲后,备受喜爱,曾有"百病之药"的美誉。而据史料记载,唐代民间就已将其作为馈赠佳品;宋、元时被列为"贡品"茶叶;元时还在武夷山设立了"御茶园"。

总之,中国的历史名茶不仅有着悠久的文化背景,更是经过时间考验的茶中珍品。

088 唐代的名茶有哪些？

据唐代陆羽的《茶经》和其他历史资料，唐代的名茶共有下列50余种，大多是蒸青团饼茶，少量是散茶。

 图说

> 蒸青制法使茶色泽深绿、茶汤浅绿、茶底青绿，唐朝人更注重追求茶所固有的天然青涩之美。

茶　名	产　地	茶　名	产　地
顾渚紫笋（顾渚茶、紫笋茶）	湖州（浙江长兴）	阳羡茶、紫笋茶（义兴紫笋）	常州（江苏宜兴）
寿州黄芽（霍山黄芽）	寿州（安徽霍山）	靳门团黄	湖北靳春
蒙顶石花（蒙顶茶）	剑南（四川蒙山顶）	神泉小团	东川（云南东川）
方山露芽（方山生芽）	福州	仙茗	越州泉岭（浙江余姚）
香雨（其香、香山）	夔州（四川奉节）	邕湖含膏	岳州（湖南岳阳）
东白	婺州（浙江东白山）	鸠坑茶	睦州桐庐（浙江淳安）
西山白露	洪州（南昌西山）	仙崖石花	彭州（四川彭县）
绵州松岭	绵州（四川绵阳）	仙人掌茶	荆州（湖北当阳）
夷陵茶	峡州（湖北夷陵）	紫阳茶	陕西紫阳
义阳茶	义阳郡（河南信阳）	六安茶、小岘春	寿州盛唐（安徽六安）
黄冈茶	黄州黄冈（湖北麻城）	天柱茶	寿州霍山（安徽霍山）
雅山茶	宣州宣城（安徽宣城）	天目山茶	杭州天目山
径山茶	杭州（浙江余姚）	歙州茶	歙州（江西婺源）
衡山茶	湖南省衡山	赵坡茶	汉州广汉（四川绵竹）
界桥茶	袁州（江西宜春）	剡溪茶	越州剡县（浙江嵊县）
蜀冈茶	扬州江都	庐山茶	江州庐山（江西庐山）
唐茶	福州	柏岩茶（半岩茶）	福州鼓山
九华英	剑阁以东蜀中地区	昌明茶、兽目茶	四川绵阳

089 宋代的名茶有哪些？

宋代茶文化兴盛，根据《宋史·食货志》、《大观茶论》等古籍记载，仅宫殿贡茶就有贡新、试新、白茶、云叶、雪英等40多种；而地方名茶，则达90多种。

宋代的茶叶以蒸青团饼茶为主，上至帝王，下至百姓，盛行斗茶。

茶　名	产　地	茶　名	产　地
建安茶（北苑茶）	建州	临江玉津	江西清江
顾渚紫笋	湖州（浙江长兴）	袁州金片 （金观音）	江西宜春
日铸茶（日注茶）	浙江绍兴	青凤髓	建安（福建建瓯）
阳羡茶	常州义兴（江苏宜兴）	纳溪梅岭	泸州（四川泸县）
巴东真香	湖北巴东	五果茶	云南昆明
龙芽	安徽六安	普洱茶	云南西双版纳
方山露芽	福州	鸠坑茶	浙江淳安
径山茶	浙江余杭	西庵茶	浙江富阳
天台茶	浙江天台	石笕岭茶	浙江诸暨
天尊岩贡茶	浙江分水（桐庐）	瑞龙茶	浙江绍兴
谢源茶	歙州婺源（江西婺源）	雅安露芽、蒙顶茶	蒙山（四川雅安）
虎丘茶（白云茶）	苏州虎丘山	峨眉白芽茶 （雪芽）	四川峨眉山
洞庭山茶	江苏苏州	武克茶	福建武夷山
灵山茶	浙江宁波部县	卧龙山茶	越州（浙江绍兴）
沙坪茶	四川青城	修仁茶	修仁（广西荔浦）
邓州茶	四川耶县	龙井茶	浙江杭州
宝云茶	浙江杭州	仙人掌茶	湖北当阳
白云茶（龙湫茗）	浙江雁荡山	紫阳茶	陕西紫阳
月兔茶	四川涪州	信阳茶	河南信阳
花坞茶	越州兰亭（浙江绍兴）	黄岭山茶	浙江临安

090 元代的名茶有哪些?

元代名茶在数量、质量上日趋平淡,根据元代马端陆的《文献通考》和其他古文资料,元代的名茶共有40多种。

元代的茶经济、茶文化都有着较为显著的过渡特征,味香自然、取用方便的散茶开始逐步取代饼茶、团茶的优势地位。

茶　名	产　地	茶　名	产　地
绿英、金片	袁州（江西宜春）	龙井茶	浙江杭州
东首、浅山、薄侧	光州（河南潢川）	武夷茶	福建武夷山
大石枕	江陵（湖北江陵）	阳羡茶	江苏宜兴
双上绿芽、小大方	澧州（湖南澧县）	清口	归州（湖北秭归）
雨前、雨后、杨梅、草子、岳麓	荆湖（湖北武昌至湖南长沙一带）	头金、骨金、次骨、末骨、粗骨	建州（福建建既)和剑州（福建南平）
早春、华英、来泉、胜金	歙州（安徽歙县）	独行、灵草、绿芽、片金、金茗	潭州（湖南长沙）

091 明代的名茶有哪些?

到了明代,开始废除团茶,昌兴散茶,因此蒸青团茶数量渐少,而蒸青和炒青的散芽茶渐多。根据《茶谱》《茶笺》《茶疏》等古籍记载,明代的名茶共有50多种。

茶　名	产　地	茶　名	产　地
蒙顶石花、玉叶长春	剑南（四川蒙山）	顾渚紫笋	湖州（浙江长兴）
碧涧、明月	峡州（湖北宜昌）	火井、思安	邓州（四川邓县）
薄片	渠江（四川达县）	真香	巴东（四川奉节）
柏岩	福州（福建闽侯）	白露	洪州（江西南昌）
阳羡茶	常州（江苏宜兴）	举岩	婺州（浙江金华）
阳坡	了山（安徽宣城）	罗岕	浙江长兴
骑火	龙安（四川龙安）	武夷岩茶	福建武夷山
都儒、高株	黔阳（四川泸州）	云南普洱	云南西双版纳
麦颗、乌嘴	蜀州（四川雅安）	黄山云雾	安徽歙县、黄山
云脚	袁州（江西宜春）	新安松罗	安徽松罗山
绿花、紫英	湖州（浙江吴兴）	余姚瀑布茶	浙江余姚
白芽	洪州（江西南昌）	石埭茶	安徽石台

092 清代的名茶有哪些?

清代继承并发扬了前代茶文化的特色，各类绿茶、乌龙茶、白茶、黄茶、黑茶、红茶中的领军品种异军突起，传承或诞生出不少至今仍弥久不衰的传统名茶，共有40多种。

茶 名	产 地	茶 名	产 地	茶 名	产 地
武夷岩茶	福建武夷山	黄山毛峰	安徽黄山	青城山茶	四川灌县
徽州松罗	安徽休宁	西湖龙井	浙江杭州	蒙顶茶	四川雅安
普洱茶	云南	闽红	福建	峨眉白芽茶	四川峨眉山
祁门红茶	安徽祁门	庐山云雾	江西庐山	务川高树茶	贵州铜仁
婺源绿茶	江西婺源	君山银针	岳阳君山	贵定云雾茶	贵州贵定
洞庭碧螺春	苏州太湖	安溪铁观音	福建安溪	湄潭眉尖茶	贵州湄潭
石亭豆绿	福建南安	苍梧六堡茶	广西苍梧	严州苞茶	浙江建德
敬亭绿雪	安徽宣城	屯溪绿茶	安徽休宁	莫干黄芽	浙江余杭
涌溪火青	安徽泾县	桂平西山茶	广西桂平	富田岩顶	浙江富阳
六安瓜片	安徽六安	南山白毛茶	广西横县	九曲红梅	浙江杭州
太平猴魁	安徽太平	思施玉露	湖北恩施	温州黄汤	浙江平阳
信阳毛尖	河南信阳	天尖	湖南安化	泉岗辉白	浙江嵊县
紫阳毛尖	陕西紫阳	白毫银针	福建政和	鹿苑茶	湖北远安
舒城兰花	安徽舒城	凤凰水仙	广东潮安		
老竹大方	安徽歙县	闽北水仙	福建建阳		

△图说

青花压手杯（清康熙）
以十二月份的当令花卉为题，十二件一套。

093 中国十大名茶是哪些茶?

中国的"十大名茶"版本很多，众说纷纭，以1959年全国"十大名茶"评选为例，分别是：西湖龙井、洞庭碧螺春、黄山毛峰、庐山云雾、六安瓜片、君山银针、信阳毛尖、武夷岩茶、安溪铁观音、祁门红茶。

其他知名的茶叶也经常上榜各种"十大名茶"的评比榜单，例如，在1988年中国首届食品博览会上，还有1999年昆明世博会上获奖的名茶除去以上十种之外，还有湖南蒙洱茶、云南普洱茶、冻顶乌龙、歙县茉莉花茶、四川峨眉竹叶青、蒙顶甘露、都匀毛尖、太平猴魁、屯溪绿茶、雨花茶、滇红、金奖惠明茶。

茶 名	类别	产 地
西湖龙井	绿茶	浙江省杭州西湖
洞庭碧螺春	绿茶	江苏省苏州太湖洞庭山
黄山毛峰	绿茶	安徽省歙县
庐山云雾	绿茶	江西省庐山
六安瓜片	绿茶	安徽省六安、金寨、霍山三县
君山银针	黄茶	湖南省岳阳洞庭湖君山
信阳毛尖	绿茶	河南省信阳市
武夷岩茶	乌龙茶	福建省武夷山区
安溪铁观音	乌龙茶	福建省安溪县
祁门红茶	红茶	安徽省祁门县及其周边

094 西湖龙井有什么特点？

西湖龙井，是指产于中国杭州西湖龙井一带的一种炒青绿茶，以"色绿、香郁、味甘、形美"而闻名于世，是中国最著名的绿茶之一。

龙井茶有不同的级别，随着级别的下降，外形色泽嫩绿、青绿、墨绿依次不同，茶身由小到大，茶条由光滑向粗糙，香味由嫩爽转向浓粗，叶底由嫩芽转向对夹叶，色泽嫩黄、青绿、黄褐各异。

在历史上，西湖龙井按产地分为狮、龙、云、虎、梅五个种类：狮，为龙井村狮子峰一带，此处出产的茶又称为狮峰龙井，是西湖龙井中的上品，香气纯，颜色为"糙米色"；龙为龙井一带，其中翁家山所产可以媲美狮峰龙井；云为云栖一带，是西湖龙井产量最大的地区；虎为虎跑一带；梅为梅家坞。现在统称为西湖龙井茶。其中，以狮峰龙井为最佳。

根据茶叶采摘时节不同，西湖龙井又可分为明前茶和雨前茶。在气温较冷的年份，会推迟到清明节前后采摘，这类茶被称为清明茶。

嫩芽像莲子的心，也被称为莲心。

图说

雨前茶是清明之后、谷雨之前采的嫩芽，也叫二春茶，是西湖龙井的上品。

明前茶是指由清明之前采摘的嫩芽炒制的，它是西湖龙井的最上品。

一芽一叶形似旗枪，或一芽两叶形似雀舌。

图说

保持干燥、密封、避免阳光直射，杜绝挤压是储藏西湖龙井的最基本要求。

图说

西湖龙井汤色嫩绿（黄）明亮；清香或嫩栗香；滋味清爽或浓醇；叶底嫩绿、完整。

095 黄山毛峰有什么特点?

　　黄山毛峰产于安徽黄山,是中国著名的历史名茶,其色、香、味、形俱佳,品质风味独特。1955年被中国茶叶公司评为全国"十大名茶", 1986年被中国外交部定为"礼品茶"。

　　黄山毛峰特级茶,在清明至谷雨前采制,以一芽一叶初展为标准,当地称"麻雀嘴稍开"。鲜叶采回后即摊开,并进行拣剔,去除老、茎、杂。毛峰以晴天采制的品质为佳,并要当天杀青、烘焙,将鲜叶制成毛茶(现采现制),然后妥善保存。

　　特级黄山毛峰的品质特点为"香高、味醇、汤清、色润",条索细扁,形似"雀舌", 白毫显露,色似象牙,带有金黄色鱼叶(俗称"茶笋"或"金片",有别于其他毛峰);芽肥壮、匀齐、多毫。冲泡后,清香高长,汤色清澈,滋味鲜浓、醇厚,回味甘甜;汤色清澈明亮;叶底嫩黄肥壮,匀亮成朵。

细嫩扁曲,多毫有锋。

▲图说
黄山毛峰以茶形"白毫披身,芽尖似峰"而得名。

096 碧螺春有什么特点?

　　洞庭碧螺春,产于江苏苏州太湖的洞庭山碧螺峰上,属于绿茶。碧螺春茶"形美、色艳、香浓、味醇",风格独具,驰名中外。

　　洞庭山位于碧水荡漾、烟波浩渺的太湖之滨,气候温和,空气清新,云雾弥漫,有着得天独厚的种茶环境,加之采摘精细,做工考究,形成了别具特色的品质特点。碧螺春冲泡后,味鲜生津,清香芬芳,汤绿水澈,叶底细匀嫩。

　　碧螺春茶从春分开采,至谷雨结束,采摘的茶叶为一芽一叶,一般是清晨采摘,中午前后拣剔质量不好的茶片,下午至晚上炒茶。目前大多仍采用手工方法炒制,杀青、炒揉、搓团焙干,三个工序在同一锅内一气呵成。

　　碧螺春茶始于明代,原名"吓煞人香",俗称"佛动心"。康熙皇帝南巡至太湖洞庭山,吴县巡抚宋荦购买朱家所产"吓煞人香"茶献上,康熙备加赞赏,但闻其名不雅,遂御赐名"碧螺春",此后地方官年年采办碧螺春进贡。如今,碧螺春属全国十大名茶之一。1954年,周总理曾携带1千克"东山西坞村碧螺春"茶叶赴日内瓦参加国际会议。

条索纤细,卷曲成螺。

▲图说
碧螺春为人民大会堂指定用茶,常用来招待外宾。

097 蒙顶茶有什么特点?

蒙顶茶,产于横跨四川省名山、雅安两县的蒙山,相传种植于两千年之前,是中国最古老的名茶,被尊为"茶中故旧"。

《尚书》上说:"蔡蒙旅平者,蒙山也,在雅州,凡蜀茶尽出于此。" 西汉甘露年间(公元前53年),名山县人吴理真"携灵茗之种,植于五峰之中",这是我国人工种茶最早的文字记载。到了唐代,蒙顶茶被列为"贡茶"。白居易曾有诗句,"琴里知闻唯渌水,茶中故旧是蒙山。"明代陈绛的诗句流传最广,"扬子江心水,蒙山顶上茶。"

古时采制蒙顶茶极为隆重,地方官在清明节之前选择吉日,焚香沐浴,率领僚属,朝拜"仙茶",然后"亲督而摘之"。贡茶采摘限于七株,数量甚微,最初采六百叶,后定采三百六十叶,由寺僧炒制。炒茶时寺僧诵经,制成后贮入银瓶内,再盛以木箱,用黄缣丹印封之,送至京城供皇家祭祀之用,此谓"正贡"茶。

蒙顶茶外形紧卷多毫,嫩绿油润。

图说

蒙顶茶香气馥郁,芬芳鲜嫩;汤色碧清微黄,清澈明亮,有"仙荣"之称,被奉为皇室祭祀用茶。

如今,蒙顶茶是蒙山所产各类名茶的统称,以生产甘露为多,称为蒙顶甘露。

098 顾渚紫笋有什么特点?

顾渚紫笋,原产于浙江省长兴县水口乡的顾渚山,现在多分布于浙江北部茶区。因其鲜茶芽叶颜色呈微紫色,嫩叶背卷,如同笋壳一般,因此取名紫笋。

顾渚紫笋,早在唐广德年间就以龙团茶进贡,曾被唐代"茶圣"陆羽评为"茶中第一";因其品质优良,曾被选为祭祀宗庙用茶,第一批茶必须在清明之前送至长安,以便祭祀所用,因此这一批贡茶又被称为"急程茶"。到了明洪武八年,顾渚紫笋不再成为贡品,被改制成条形散茶。清代初年,紫笋茶逐渐消亡;直到改革开放后,才得以重现往昔光彩。

紫笋茶的采摘时节,是在每年清明至谷雨期间;采摘标准为一芽一叶或一芽二叶初展。然后,经过摊青、杀青、理条、摊晾、初烘、复烘等工序制成。

成茶冲泡之后,茶汤清澈明亮,色泽翠绿带紫,味道甘鲜清爽,隐隐有兰花香气,沁人心脾,有"青翠芳馨,嗅之醉人,啜之赏心"之赞。

茶芽挺、嫩叶稍长,色泽翠绿,银毫明显。

图说

极品紫笋,茶叶相抱似笋;上等紫笋,形似兰花。

099 桂平西山茶有什么特点？

桂平西山茶，全国名茶之一，因产于广西省桂平市西山而得其名。西山临近浔江，有乳泉流经茶园，气候温暖湿润，非常适宜茶树的生长。作为绿茶中的名品，桂平西山茶最早现于唐代，到明代时已闻名于江南各地。《当州府志》中说："西山茶，色清绿而味芬芳，不减龙井。"

西山茶要勤采嫩摘，每年从二月底开采，直至十一月，可采茶二十多次；采摘标准为一芽一叶或一芽二叶初展，长度不超过4厘米。芽叶的大小、长短、色泽要均匀一致，保持芽叶的完整和新鲜。

西山茶采用手工炒制，在洁净光滑的铁锅内，采用抖、翻、滚、甩、拉、捺等多种手法。炒制时按原料的老嫩、含水程度、锅温高低的不同而运用不同的手法。

西山成茶冲泡之后，幽香持久，滋味醇厚，回甘鲜爽；汤色碧绿清澈，叶底嫩绿明亮，而且经饮耐泡，若用西山乳泉之水烹饮，效果最佳，饮后心清神爽，口齿留香。

黛绿银尖，茸毫盖锋梢。

▲图说
西山茶条索紧结，纤细匀整，呈龙卷状。

100 南京雨花茶有什么特点？

南京雨花茶因产于南京市郊的雨花台一带而得名。这里属于海拔60米左右的低丘陵区，年均气温15.5℃，无霜期225天，年降水量在900～1000毫米。梅山附近出产的茶，因与梅树间种，吸取梅花之清香，为雨花茶中的上品。

雨花茶创制于1958年，目前还不属于历史名茶。但是，此茶以其优良品质多次荣获省市奖项，被列为全国名茶之一。由于它是绿茶炒青中的珍品，且属于针状春茶，因此与安化松针、恩施玉露一起，被称为"中国三针"。

雨花茶的采摘期极短，通常为清明之前10天左右。采摘标准精细，要求嫩度均匀，长度一致，具体为：半开展的一芽一叶嫩叶，长2.5～3厘米。极品雨花茶全程为手工炒制，经过杀青（高温杀青，嫩叶老杀，老叶嫩杀）、揉捻、整形、干燥后，再涂乌桕油加以手炒，每锅只可炒250克茶。

沸水冲泡后，芽芽直立，上下沉浮，香气清雅，滋味醇厚，回味甘甜，汤色碧绿清澈，叶底嫩匀明亮。

锋苗挺秀，色呈墨绿，形似松针。

图说
南京雨花茶的特点是紧、直、绿、匀。

101 太平猴魁有什么特点?

太平猴魁,产于安徽黄山区新明乡猴坑一带的猴村、猴岗、颜家三合村。产地低温多湿,土质肥沃,云雾笼罩,因此茶质优良。据说,"猴魁"原是野生茶,是飞鸟衔来茶子撒播在石缝之中,于是逐渐繁衍生长成林。由于野茶树在黄山东北的山麓之上,四壁陡峭,人所难攀,村民们驯养猴子上峰顶采回茶叶,并经手工精制成猴魁。

太平猴魁茶叶,始创于1900年,属于绿茶类的尖茶,被誉为中国的"尖茶之冠"。1955年,太平猴魁被评为中国十大名茶之一。2004年,在国际茶博会上获得"绿茶茶王"称号。2007年3月,曾作为国礼赠送俄罗斯总统普京。

通常在谷雨前开园采摘,立夏前停采,采摘期为15天左右。分批采摘开面为一芽三四叶,从第二叶茎部折断,一芽二叶(第二叶开面)俗称"尖头",为制猴魁的上好原料。采摘天气一般选择在晴天或阴天午前(雾退之前),午后拣尖。经过杀青、毛烘、足供、复焙四道工序制成。成茶分为三个品级:上品为猴魁,次之为魁尖,再次为尖茶。

该茶冲泡后,汤色清绿透明,滋味鲜爽醇厚,回味甘甜,即使放茶叶过量,也不会出现苦涩之味。

叶芽挺直肥实,色泽苍绿,全身毫白。

🔺图说
猴魁尖茶的外形奇特,两头尖而不翘,不弯曲、不松散。

102 庐山云雾有什么特点?

庐山云雾,俗称"攒林茶",古称"闻林茶",产于江西庐山,是绿茶类名茶。庐山北临长江,南近鄱阳湖,气候温和,每年近200天云雾缭绕,这种气候为茶树生长提供了良好的条件。

庐山云雾,始产于汉代,已有一千多年的栽种历史。据《庐山志》记载:"东汉时……各寺于白云深处劈岩削谷,栽种茶树,焙制茶叶,名云雾茶。"北宋时,庐山云雾茶曾列为"贡茶"。明代时,庐山云雾开始大面积种植。清代李绂的《六过庐记》中说:"山中皆种茶,循茶径而直下清溪。"1959年,朱德在庐山品尝此茶后,作诗一首:"庐山云雾茶,味浓性泼辣,若得长时饮,延年益寿法。"

采摘云雾茶在清明前后,随着海拔增高,采摘时间相应延迟,采摘标准为一芽一叶。采回茶片后,薄摊于阴凉通风处,保持鲜叶纯净,经过杀青、抖散、揉捻等九道工序制成。

庐山云雾茶汤幽香如兰,饮后回甘香绵,其色如沱茶,却比沱茶清淡,经久耐泡,为绿茶之精品。

外形饱满秀丽,茶芽隐露。

🔺图说
庐山云雾有"六绝"之名,即"条索粗壮、青翠多毫、汤色明亮、叶嫩匀齐、香高持久、醇厚味甘"。

103 六安瓜片有什么特点？

六安瓜片，又称片茶，是中国十大名茶之一，也是绿茶系列中的一种。主要产于安徽省的六安、金寨、霍山等地，因为在历史上这些地方都属于六安府，故此得名。六安瓜片的产地在大别山北麓，云雾缭绕，气候温和，生态环境优异。产于金寨齐云山一带的茶叶，为瓜片中的极品，冲泡后雾气蒸腾，有"齐山云雾"的美称。

六安产茶，始于秦汉，到明清时期，已经有300多年的贡茶历史。曹雪芹在《红楼梦》中曾有80多处提及。六安瓜片采自当地特有品种，经扳片、剔去嫩芽及茶梗，并将嫩叶、老叶分开炒制，通过加工制成瓜子形的片状茶叶。

六安瓜片冲泡后，香气清高，滋味鲜醇，回味甘美，汤色清澈晶亮，叶底嫩绿。一般用80℃的水冲泡，也是因为春茶的叶比较嫩的缘故。待茶汤凉至适口，品尝茶汤滋味，宜小口品啜，缓慢吞咽，可从茶汤中品出嫩茶香气，顿觉沁人心脾。历史上还多用此茶做中药，饮用此茶有清心目、消疲劳、通七窍的作用。

外形平展，茶芽肥壮，叶缘微翘。

▲图说

六安瓜片是中国绿茶中唯一去梗去芽的片茶。

104 惠明茶有什么特点？

惠明茶，产于浙江景宁畲族自治县红垦区赤木山的惠明村，古称"白茶"，又称景宁惠明，是浙江的传统名茶。惠明茶主要产于海拔600米左右的赤木山区，山上树木葱茏，云山雾海，经久不散，以酸性沙质黄壤土和香灰土为主，土质肥沃，雨量充沛，茶树生长环境得天独厚。

该茶生产始于唐代。景宁县志称：唐咸通二年，寺僧惠明和尚在寺周围辟地种茶，茶因僧名。清乾隆五十四年（1789年），惠明茶被列为贡品。

当地茶农把山上的茶树分为大叶茶、竹叶茶、多芽茶、白芽茶和白茶等品种。其中，大叶茶叶片宽大，多芽茶（叶腋间的潜伏芽齐发并长）叶质厚实，都是惠明茶的最佳原料。惠明茶的采摘标准以一芽二叶初展为主，采回后进行筛分，使芽叶大小、长短一致。加工工艺分为摊青、杀青、揉条、辉锅4道工序。

该茶冲泡后，汤色嫩绿，清澈明亮，滋味鲜爽醇和，带有持久兰花香；叶底单芽细嫩完整、嫩绿明亮。

全芽披毫，翠绿光润。

▲图说

惠明茶外形细紧，颗粒饱满。

105 平水珠茶有什么特点？

平水珠茶，是浙江独有的传统名茶，出产于浙江会稽山平水茶区。茶区被会稽山、四明山、天台山所环抱，云雾缭绕，溪流纵横，土地肥沃，气候温和，非常适宜茶树生长。平水是浙江绍兴东南的一个著名集镇，早在唐代，这里已是有名的茶酒集散地，各县所产珠茶，均集中在这里进行精制加工，然后转运出口。

该茶以沸水冲泡后，粒粒珠茶释放展开，别有趣味；香高味浓，经久耐泡。

平水珠茶是中国最早出口的茶品之一，17世纪即有少量输出海外。18世纪初期，珠茶以"熙春""贡熙"的茶名风靡欧洲，被誉为"绿色珍珠"。

外形圆实，呈颗粒状。

▲图说

珠茶是由绍兴茶农创制的一种炒青绿茶，因其形如珍珠而得名。

106 恩施玉露有什么特点？

恩施玉露，产于湖北恩施东郊的五峰山。这里气候温和，雨量充沛，朝夕云雾缭绕，非常适合茶树的生长。据传，清朝康熙年间，恩施芭蕉黄连溪一蓝姓茶商，所制茶叶外形紧圆挺直，色绿如玉，取名玉绿。1936年，湖北民生公司茶官杨润之改锅炒杀青为蒸青，使玉绿在外观上更加油润翠绿，毫白如玉，故改名为玉露。

恩施玉露一直沿用唐代的蒸气杀青方法，是我国保留下来的为数不多的蒸青绿茶。其采制要求非常严格，采用一芽一叶、大小均匀、节短叶密、芽长叶小、色泽浓绿的鲜叶为原料。该茶冲泡后，茶汤清澈明亮，香气清鲜，滋味甘醇，叶底色绿如玉。茶绿、汤绿、叶底绿，这"三绿"为其显著特征。

外形条索紧细。

匀齐挺直，状如松针。

107 英山云雾茶有什么特点？

英山云雾茶，产于身处大别山腹地的湖北省黄冈市英山县，那里重峦叠嶂，地势较高，气候湿润，自古即是出产品质上佳名茶的重镇。相传，远在唐朝时该地即为宫廷内院进贡各种名品茶叶，而位于此处偏北的雷家店就是英山云雾茶的发源地。

英山云雾茶茶汤色泽嫩绿、清香馥郁、滋味甘爽，深受品茶爱好者的喜爱，在国内有着极高的评价。

条索紧细、匀整，翠绿油润。

108 竹叶青茶有什么特点？

竹叶青茶，产于"佛教四大名山"之一的峨眉山。四川峨眉山地处蜀地，那里群山险峻、云海连绵，独特的地理条件与人文传承，造就了峨眉竹叶青茶的极佳品质——在精植细作的僧人手下孕育而成的清醇、淡雅的隐士风格。

竹叶青茶属于扁平形的炒青绿茶，早在唐朝即有了极佳的口碑。唐朝李善在《文选注》中就曾有过提及，"峨眉多药草，茶尤好，异于天下。今黑水寺后绝顶产一种茶，味佳，而色二年白，一年绿，间出有常。"自唐以后历代众多文人墨客接踵而来，多有赞誉。1964年，对茶钟爱有加的陈毅元帅路过四川峨眉山时，在品尝之后对此茶赞不绝口，后见其杯中汤清叶绿宛如青嫩的竹叶，故取名"竹叶青"。

竹叶青茶至今依然保持着当初僧人栽植、采制的严格要求，所取之叶非嫩不用，通常在清明节前3～5天的时候采收，标准为一芽一叶或一芽两叶。该茶汤色黄绿清亮，叶底嫩绿如新，茶香清雅，口味甘爽。

色泽嫩绿油润。

竹叶青茶外形扁平挺直。

109 径山茶有什么特点？

余杭径山茶，又名径山毛峰，产于浙江省余杭县西北天目山东北峰的径山，属绿茶类名茶。

径山产茶历史悠久，始栽于唐，闻名于宋。宋朝的翰林学士叶清臣在他的《文集》中说："钱塘、径山产茶质优异"。清代《余杭县志》载："径山寺僧采谷雨茗，用小缶贮之以馈人，开山祖法钦师曾植茶树数株，采以供佛，逾年蔓延山谷，其味鲜芳特异，即今径山茶是也。"

余杭径山寺始建于唐代，在南宋时为佛教禅院"五山十刹"之首，是日本佛教临济宗之源。"径山茶宴"闻名遐迩，相传日本"茶道"也源于此处。

茶区属热带季风气候区，温和湿润，雨量充沛，日照充足，无霜期244天，土质肥沃，对茶树生长十分有利。径山茶鲜叶的采摘，是在谷雨前后，采摘标准为一芽一叶或一芽二叶，经过摊放、杀青、摊晾、轻揉、解块、初烘、摊晾、低温烘干等工序制成。该茶冲泡后，香气清幽，滋味鲜醇，茶汤呈鲜明绿色，叶底嫩匀明亮，经饮耐泡，口感清醇回甘。

色泽翠绿。

成茶外形纤细，毫毛显露。

110 休宁松萝有什么特点？

松萝茶，属绿茶类历史名茶，产于安徽休宁城北的松萝山，山高882米，与琅源山、金佛山、天保山相连，山势险峻，蜿蜒数里，风景秀丽。茶园多分布在该山海拔600～700米之间，气候温和，雨量充沛，常年云雾弥漫，土壤肥沃，土层深厚。所长茶树称为"松萝种"，树势较大，叶片肥厚，茸毛显露，是加工松萝茶的上好原料。

松萝茶历史悠久，唐时松萝山有松萝庵。明代袁宏道曾有"徽有送松萝茶者，味在龙井之上，天池之下"的记述。清代冒襄在《岕茶汇抄》上说："计可与罗岕敌者，唯松萝耳。"

松萝茶采摘于谷雨前后，采摘标准为一芽一叶或一芽二叶初展。采回的鲜叶均匀摊放在竹匾或竹垫上，并将不符合标准的茶叶剔除。待青气散失，叶质变软，便可炒制，要求当天的鲜叶当天制作完。

该茶冲泡后，香气高爽，滋味浓厚，带有橄榄香味；汤色绿明，叶底绿嫩。饮后令人心旷神怡，古人有"松萝香气盖龙井"之赞辞。松萝茶区别于其他名茶的显著特点为"三重"：色重、香重、味重。

> 条索紧卷匀壮，色泽绿润。

▲图说

> 松萝茶不仅香高味浓，而且能够治病，对高血压、顽疮有良好效果，还可化食通便。

111 老竹大方有什么特点？

老竹大方，产于安徽歙县东北的昱岭关附近，属于绿茶类。相传，宋元年间，在歙县老竹岭上有庙僧大方。他在岭上自种自制茶叶，供香客饮用，大方茶就以此得名，扬名乡里。大方茶，以老竹铺和福泉山所产的"顶谷大方"最优。

顶谷大方茶在谷雨前采摘，采摘标准为一芽二叶初展；普通大方茶，则于谷雨至立夏采摘，以一芽二三叶为主。鲜叶加工前要进行选剔和摊放，经过杀青、揉捻、做坯、辉锅等工序制成毛茶。

该茶冲泡后，滋味醇厚爽口，香气高长，有板栗香气；汤色黄绿明净，叶底嫩匀柔软，芽叶肥壮。普通的大方茶，因色泽深绿、褐润，似铸铁之色，其形又如竹叶状，故称为"铁色大方"或"竹叶大方"。

由于大方茶自然品质好，吸香能力强，还可窨成花茶"花大方"，如珠兰大方、茉莉大方。花大方，茶香调和性好，花香鲜浓，茶味醇厚。不窨花的又称为"素大方"，在市场上也颇受欢迎，日本称其为"健美茶"。

> 条索硕壮挺直。

> 外形扁平，翠绿微黄

112 敬亭绿雪有什么特点？

敬亭绿雪产于安徽宣州北边的敬亭山，该山即李白所说的"相看两不厌，只有敬亭山"，有江南诗山之称。

敬亭绿雪于清明之际采摘，标准为一芽一叶初展，长3厘米，芽尖和叶尖平齐，形似雀，大小匀齐。经过杀青、做形、干燥等工序制成。该茶冲泡后，汤清色碧，白毫翻滚；嫩香持久，回味甘醇。敬亭绿雪分为"特级、一级、二级、三级"四个等级。由于生长小环境的不同，干茶茶香有所差异，有板栗香型、兰花香型或金银花香型。饮评者有诗赞誉："形似雀舌露白毫，翠绿匀嫩香气高，滋味醇和沁肺腑，沸泉明瓷雪花飘。"

形如雀舌，挺直饱润。

白毫显露，色泽翠绿。

敬亭绿雪属绿茶类，曾是历史名茶。大约创制于明代，而于清末失传。《宣城县志》上记载有："明、清之间，每年进贡300斤"。明代王樨登有诗句："灵源洞口采旗枪，五马来乘谷雨尝。从此端明茶谱上，又添新品绿雪香。"清康熙年间的宣城诗人施润章有诗赞之："馥馥如花乳，湛湛如云液……枝枝经手摘，贵真不贵多"。

113 仙人掌茶有什么特点？

仙人掌茶，又名玉泉仙人掌，产于湖北省当阳市玉泉山麓玉泉寺一带，为扁形蒸青绿茶。据传，该茶是唐代玉泉寺中孚禅师所始创，自采自制春茶，用珍珠泉水泡制，饮之清芬，舌有余甘。唐肃宗年间，中孚禅师在江南遇见李白，以此茶相赠。李白品茗后，取名为"仙人掌茶"。

该茶冲泡之后，芽叶舒展，嫩绿纯净，似朵朵莲花挺立水中，汤色嫩绿，清澈明亮；清香雅淡，沁人肺腑，滋味鲜醇爽口。初啜清淡，回味甘甜，继之醇厚鲜爽，清香弥留于口齿之间，令人回味。

仙人掌茶品级分为特级、一级和二级。特级茶的鲜叶要求一芽一叶，芽长于叶，多白毫，芽叶长度为2.5~3厘米。加工分为蒸气杀青、炒青做形、烘干定型三道工序。

明代李时珍《本草纲目》中，有"楚之茶，则有荆州之仙人掌"的记载。明代黄一正《事物甘珠》，把"仙人掌茶"列在全国名茶中。

114 信阳毛尖有什么特点？

信阳毛尖，又称"豫毛峰"，产于河南信阳的大别山区，因条索紧直锋尖，茸毛显露，故取名"信阳毛尖"。

唐代茶圣陆羽所著的《茶经》，把信阳列为全国八大产茶区之一；宋代大文学家苏轼尝遍名茶而挥毫赞道："淮南茶，信阳第一"。信阳茶区属高纬度茶区，产地海拔多在500米以上，群峦叠翠，溪流纵横，云雾弥漫，滋润了肥壮柔嫩的茶芽，为信阳毛尖提供了优良的原料。

信阳毛尖的采茶期分为三季：谷雨前后采春茶，芒种前后采夏茶，立秋前后采秋茶。谷雨前后采摘的少量茶叶被称为"跑山尖""雨前毛尖"，是毛尖珍品。特级毛尖采取一芽一叶初展，一级毛尖以一芽一叶为主，二三级毛尖以一芽二叶为主，四五级毛尖以一芽三叶及对夹叶为主，不采蒂梗，不采鱼叶。特优珍品茶，采摘更是讲究，只采芽苞。盛装鲜叶的容器采用透气的光滑竹篮，采完后送回荫凉室内摊放几小时，趁鲜分批、分级炒制，当天鲜叶当天炒完。

信阳毛尖外形细秀匀直，显峰苗。

白毫遍布，色泽翠绿。

115 安吉白片有什么特点？

安吉白片，又称玉蕊茶，产于浙江省安吉县的山河乡，是当地著名的绿茶。茶园地处高山深谷，晨夕之际，云雾弥漫，昼夜温差大，土层深厚肥沃，具有得天独厚的茶树生长环境。

白片茶在谷雨前后开采，采摘标准为芽苞和一芽一叶初展，芽叶长度小于2.5厘米。采回的芽叶经过筛青、簸青、拣青、摊青"四青"处理后，再进行炒制，主要工艺分杀青、清风、压片、干燥四道工序。

安吉白片的特异之处在于，春天时的幼嫩芽呈白色，以一茶二叶为最白，成叶后夏秋的新梢则变成绿色。民间俗称"仙草茶"，当地山民视春茶为"圣灵"，常采来治病。

该茶冲泡后，香高持久，滋味鲜爽甘甜；汤色清澈明亮，芽叶朵朵可辨。

唐代陆羽在《茶经》中曾说："永嘉县东三百里有白茶山"；宋代《大观茶论》中说："白茶，与常茶不同，其条敷阐，其叶莹薄。崖林之间，偶然生出……芽英不多，尤难蒸培。"

安吉白片外形扁平挺直，一叶包一芽，形似兰花。

白毫显露，色泽翠绿。

116 上饶白眉有什么特点?

上饶白眉,是江西省上饶县创制的特种绿茶,它满披白毫,外观雪白,外形恰如寿星的白眉毛,因此得名。由于鲜叶嫩度不同,白眉茶分为银毫、毛尖、翠峰三个等级,各具风格,总称上饶白眉。

其鲜叶采自大面白茶树,采摘标准为一芽一叶初展,一芽一叶开展,一芽二叶初展,分别加工成白眉银毫、白眉毛尖、白眉翠峰。采下茶叶及时放入小竹篾盘里,置于室内通风摊放,等青气散发,透出清香,即可炒制。加工工艺为杀青、揉捻、理条、烘干四道工序。

该茶冲泡后香气清高,滋味鲜浓,叶底嫩绿。尤其是银毫,为一芽一叶初展加工,近似银针,外形雪白;沏泡后,香气清高,具有浓厚熟栗香,味美回甜,朵朵茶芽如雀舌,在杯中雀跃,令人赞叹。

白眉茶外形壮实,条索匀直。

白毫特多,色泽绿润。

117 开化龙顶有什么特点?

开化龙顶,是浙江新开发的优质名茶之一,产于开化县齐溪乡的大龙山、苏庄乡的石耳山、溪口乡的白云山等地。茶区地势高峻,海拔均在1000米以上,溪水环绕,气候温和,"兰花遍地开,云雾常年润",为茶树提供了优良的生长环境。

清明至谷雨前,选用长叶形、发芽早、色深绿、多茸毛、叶质柔厚的鲜叶,以一芽二叶初展为标准,经摊放、杀青、揉捻、烘干等工序制成。

成茶以沸水冲泡后,芽尖竖立,如幽兰绽开,香气清高持久,具花香,滋味鲜爽浓醇,汤色微黄透绿、清澈明亮,叶底成朵明亮,味爽清新,齿留遗香,冲泡三次,仍有韵味。开化龙顶最淡,三四泡后滋味杳然。极品迎霜,滋味最悠长,六七泡快出水依然能够芽头饱满挺立,味道层次明显,开头凛冽,中间浓厚,其次甜润,最终绵长。

该茶从1957年开始研制,一度中断,至1979年始恢复生产。茶叶科技人员在龙顶潭周围的茶园里,采取一芽一叶为原料,精心研制出一种品质优异的好茶,以开化和龙顶而取名为开化龙顶。因其香气清幽、滋味醇爽,成为浙江名茶中的新秀,1985年获全国名茶称号。

外形紧直挺秀,白毫毕露。

▲图说

开化龙顶属于高山云雾茶,芽叶成朵,形似青龙盘白云。

118 南糯白毫茶有什么特点?

南糯白毫,是产于云南西双版纳州勐海县南糯山的一种绿茶。它创制于1981年,因产于世界"茶树王"所在地——南糯山而得其名。

南糯白毫茶条索紧结,壮实匀整。

南糯山的原始森林,终年云雾飘渺。这里气候宜人,年均气温18~21℃;雨量充沛,年均降雨量1500毫米左右;土壤肥沃,"腐殖质"层厚达50厘米左右,有"海绵地"之称。得天独厚的自然环境,及矿物质含量丰富的土壤,非常适宜于茶树的生长。因此,南糯山的茶叶质地优良,成茶独具风味。尤其南糯白毫,是采自云南的大叶种,芽叶肥嫩,叶质柔软,茸毫特多。

有锋苗,白毫密布。

南糯白毫,是烘青型绿茶。一般只采春茶,清明时节开采;采摘标准为一芽二叶,主要工艺为摊青、杀青、揉捻和烘干等四道工序。该茶冲泡后,香气馥郁清纯,滋味浓厚醇爽;汤色黄绿明亮;叶底嫩匀成朵;经饮耐泡;饮后口颊留芳,生津回甘。

南糯白毫于1981年被评为省名茶之一,1982年被评为全国名茶,被茶界专家认为是大叶种绿茶中的优秀名品,1988年获中国首届食品博览会金奖。

119 江华毛尖茶有什么特点?

江华毛尖,产于湖南江华瑶族自治县。该县位于南岭北麓、潇水上游,是湖南省的最南端。茶区集中在顺牛牯岭、岭东的大圩开源冲、两岔河一带,海拔多在1000~1500米,苍峰入云,森林繁茂,溪流交错,云雾缭绕。茶区气候温和,冬无严寒,夏无酷暑,土壤多为紫沙土,疏松深厚,富含有机质。

江华毛尖茶条索肥厚,紧结卷曲。

当地人把茶树分为两类,一类为苦茶,另一类为甜茶。江华毛尖是用甜茶树的芽叶制成,品质别具一格,可止渴生津,山区瑶胞常用来化解烦闷,医治"积热、久泻"和"心脾不适"。

江华毛尖的加工工艺可分为:杀青、摊凉、揉捻、复炒、摊凉、复揉、整形和足干八道工序。由于采用了重揉、全炒的工序,对叶组织的破坏较多,在第一次冲泡时,水浸出物大量浸出,高达浸出物总量的55%,因此茶水滋味异常浓烈。

茸毛呈银珠形点缀在茶条之上。翠绿秀丽,色泽光润。

该茶冲泡之后,香气清高芬芳,汤色晶莹,滋味浓醇甘爽,叶底嫩绿。江华毛尖历史悠久,据说早在五代时,已被列为贡品。1986年,江华毛尖获得了"湖南省名优茶奖"称号,成为国内知名的茶叶。

120 青城雪芽茶有什么特点?

青城雪芽，产于四川灌县西南的青城山区。青城山海拔2000多米，这里峰峦重叠，云雾隐现，古木参天，古称"天下第五山"。产区夏无酷暑，冬无严寒，雾雨蒙蒙，年均气温15.2℃，年降水量1225.2毫米，日照190天；土层深厚，为酸性黄棕紫泥，土质肥沃。

青城山产茶历史悠久，陆羽《茶经》中已有记载；五代毛文锡《茶谱》中也说："青城，其横源、雀舌、鸟嘴、麦颗，盖取其嫩芽所造"。宋代时，更是设置茶场，并形成一套制茶工艺。"青城雪芽"是建国后吸取传统制茶技术创制的新茶品种，色、香、味、形俱佳，1982年被评为四川省优质产品。

> 青城雪芽茶外形秀丽，形直微曲。

> 白毫显露。

雪芽鲜叶的采摘期为清明前后数日，采摘标准为一芽一叶。采摘要求：芽叶全长为3.5厘米左右，鲜嫩匀整，无杂叶、病虫叶、对夹叶、变形叶、单片叶。采摘后，经过杀青、摊凉、揉捻、二炒、摊凉、复揉、三炒、烘焙、鉴评、拣选、复火等工序而制成雪芽。

该茶冲泡后，香高持久，滋味鲜浓，汤绿清澈，耐冲泡，叶底鲜嫩匀整，可谓茶中之珍品。由于青城雪芽极为细嫩，茶渣鲜嫩可食，当地人们饮茶时便将茶渣咀嚼吞食。今天的湖南等地山区农村，仍有这种嚼食茶渣的风俗习惯。

121 井冈翠绿茶有什么特点?

井冈翠绿，产于海拔千米的江西井冈山，因色泽翠绿，故取此名。井冈山四季云雾飘绕，溪水环山而流，土壤疏松肥沃，雨量充沛，空气湿度大，日照光度短，所产的茶叶叶片肥壮，柔软细嫩，叶质不易老硬。

井冈翠绿的鲜叶，多采自谷雨前后。采摘标准为一芽一叶至一芽二叶初展。鲜叶采后，要先摊放一阵，再经过杀青、初揉、再炒、复揉、搓条、搓团、提毫、烘焙八道工序制成。

该茶冲泡后，色泽翠绿，香气鲜嫩，汤色清澈明亮，滋味清醇鲜爽，叶底完整嫩绿。初冲泡时，芽尖冲向水面，悬空竖立，然后徐徐下沉杯底，三起三落，犹如天女散花，群兰吐艳。品饮后，只觉神清气爽，满口清香。

井冈翠绿是江西省井冈山垦殖场茨坪茶厂经过十余年的努力创造而成的。1962年朱德重上井冈山时，就曾在这里赏兰品茶。1982年被评为江西省八大名茶之一；1988年被评为江西省新创名茶第一名。

122 安化松针有什么特点?

安化松针,产于湖南省安化县,因其外形挺直、细秀、翠绿,状似松树针叶,因而得名。它是中国特种绿茶中针形绿茶的代表。安化是湘中大山区,处于雪峰山脉北段,属亚热带季风气候区,温暖湿润,土质肥沃,雨量充沛,溪河遍布,是非常适于茶树生长的气候带。

安化产茶的历史悠久,素有"茶乡"之称。宋代之时,安化境内的芙蓉山和云台山上已遍植茶树,"山崖水畔,不种自生"。明代万历年间,安化所产黑茶"天尖""贡尖"被定为官茶;自此之后,安化黑茶成为茶马交易的主体茶。元末明初,安化开始生产绿茶,后来称为"四保贡茶"。清道光年间,安化的"芙蓉青茶"和"云台云雾",曾被列为贡品。

安化是红茶之乡、黑茶之乡、砖茶之乡和针形茶诞生之地,在国内茶业具有重要地位。但到了近代,茶叶采制方法业已失传。1959年,安化茶叶试验场派出人分赴芙蓉山和云台山,挖掘名茶遗产,吸收国内外名茶采制特点,经历四年创制出绿茶珍品"安化松针"。

该茶冲泡之后,香气浓厚,滋味甜醇;茶汤清澈碧绿,叶底匀嫩;可耐冲泡。

安化松针外形挺直秀丽,状如松针。

翠绿匀整,白毫显露。

123 高桥银峰有什么特点?

高桥银峰,产于湖南长沙市东郊玉皇峰下的高桥镇,因茶条白毫似雪、堆叠如山而得其名。玉皇山下,湘江东岸,河湖掩映,土层深厚,雨量充沛,气候温和,历来就是名茶之乡。

高桥银峰为特种炒青绿茶,具有形美、香鲜、汤清、味醇的特色。冲泡之后,香气鲜嫩清醇,滋味纯浓回甘,汤色晶莹明亮,叶底嫩匀明净。1978年,高桥银峰获湖南省科学大会奖,后又多次获湖南省名茶和中国名茶称号。

采摘一般以每年3月中旬前后为采制期。鲜叶标准为一芽一叶初展,长2.5厘米,细嫩完整,采于早生的白毫。芽叶采回后,薄摊于洁净篾盘中,置于通风阴凉处,散失部分水分后方可付制。采用先炒后烘的工艺,保持了白毫和芽叶的完整,叶色、汤色均鲜绿明亮。

由于高桥银峰对鲜叶原料的采摘要求甚高,时间局限性大,加工时刻意求精,所以每年茶叶产量屈指可数。初创时年产不过10余千克,现在也不超过100千克,极为珍贵。

条索紧细卷曲,色泽翠绿匀整。

▶图说

高桥银峰满身白毫如云,堆叠起来似银色山峰一般。

124 午子仙毫有什么特点?

午子仙毫,产于陕西省西乡县南的午子山。茶园地处陕西南部,汉中地区东部,北阻秦岭,南塞巴山,汉水流经此间。冬无严寒,夏无酷暑,雨量充沛。茶园分布在海拔600~1000米处,土壤呈微酸性,茶区内林木茂盛,空气清新,土质肥沃,非常适宜茶树生长。

西乡茶叶始于秦汉,兴于盛唐,在明初是朝廷"以茶易马"的主要集散地之一。午子仙毫创于1985年,是西乡县茶叶科技人员研制开发的国家级名优绿茶。1986年获全国名茶称号,1991年获杭州国际茶文化节"中国文化名茶"奖,同年获全国名茶品质认证,是陕西省政府外事礼品专用茶,人称"茶中皇后"。

午子仙毫为半烘炒条形绿茶,鲜叶要求严格,于清明前至谷雨后10天采摘,以一芽一二叶初展为标准。鲜叶经摊放、杀青、清风揉捻、初干做形、烘焙、拣剔等七道工序加工而成。

该茶冲泡之后,清香持久,滋味醇厚,爽口回甘,汤色清澈鲜明,叶底嫩绿匀亮。冲泡午子仙毫,应选用透明玻璃杯,水温75~80℃,过热会将茶烫熟,失去原有的色、香、味。

125 日铸雪芽茶有什么特点?

日铸雪芽,又称日铸茶、日注茶,又有"兰雪"之名,属炒青绿茶,产于浙江绍兴东南会稽山日铸岭。由于茶芽细而尖,遍生雪白茸毛,故名。茶区所在地,古木交荫,野竹丛生,云雾缭绕,土质肥沃,年均气温16.5℃,年均降水量1418毫米。

日铸岭产茶历史悠久,唐茶圣陆羽曾评日铸茶为珍贵仙茗。日铸雪芽在北宋时被列为贡品,将日铸岭作为专供御茶产地,称为"御茶湾"。欧阳修在《归田录》中说:"草茶盛于两浙,两浙之品,日注为第一"。炒青制法约于北宋时开始,到了明代日铸茶"兰雪"之名盛行京师。至新中国成立,日铸茶濒临失传。新中国成立后,日铸雪芽被列入中国名茶。

日铸雪芽,由于其萌发期较迟,一般于谷雨后采摘一芽一二叶初展。采回的鲜叶经过拣剔摊放,失水5%左右进行炒制。炒制的主要工艺有杀青、整形理条、干燥三道工序。

日铸茶不宜用开水冲泡,而是以70℃的水浸泡,茶色由乳白渐转青绿,通杯澄碧,滋味鲜醇,汤色澄黄明亮,香气清香持久,经五次冲泡,香味依然存在。

芽身满披白色茸毛,带有兰花芳香,色泽绿翠。

日铸雪芽条索浑圆、紧细略钩曲,形似鹰爪。

126 南安石亭绿有什么特点?

南安石亭绿,又名石亭茶,属炒青绿茶,产于福建南安丰州乡的九日山和莲花峰一带。茶区地处闽南沿海,受沿海季风的影响,气候温和,阴晴相间,光照适当,土质肥沃疏松,为茶树生长提供了良好的自然条件。该茶色泽银灰带绿,冲泡后汤色碧绿,叶底嫩绿,有"三绿"之称。

采制早,登市早,是石亭茶的生产特点。每年清明前开园采摘,谷雨前新茶登市。石亭绿的鲜叶采摘标准介于乌龙茶和绿茶之间,即当嫩梢长到即将形成驻芽前,芽头初展呈"鸡舌"状时,采下一芽二叶,要求嫩度匀整一致。

宋末之时,延福寺僧人在莲花峰岩石间发现茶树,加以精心培育,细加采制,制成的茶为僧家供佛和馈赠之珍品。由于茶叶质量优异,又出自佛门,求茶者日众,石亭绿名声更盛。到了清道光年间,莲花峰已从少数僧人种茶,发展到众多农民普遍种茶,并以莲花峰为中心,附近数十座山间均有石亭茶生产。

色泽银灰带绿。

图说 南安石亭绿,香气因季节变化,产生类似兰花、绿豆和杏仁的不同香气,誉为"三香"。

127 紫阳毛尖有什么特点?

紫阳毛尖,产于陕西紫阳县近山峡谷地区。产茶区处于汉江上游、大巴山区,云雾缭绕,冬暖夏凉,土壤多为黄沙土和薄层黄沙土,呈酸性和微酸性,矿物质丰富,土质疏松,通透性良好,是茶树生长的适宜地区。

紫阳毛尖的鲜叶,采自绿茶良种紫阳种和紫阳大叶泡,茶芽肥壮,茸毛特多。加工工艺分为杀青、初揉、炒坯、复揉、初烘、理条、复烘、提毫、足干、焙香十道工序。该茶冲泡后,茶香嫩香持久,汤色嫩绿清亮,滋味鲜醇回甘,叶底肥嫩完整,嫩绿明亮。

品尝紫阳毛尖,至少要过三道水。初品,会觉得茶味较淡,且有些苦涩之味;再品,苦中含香,味极浓郁,入肚之后,爽心清神;三品,茶味愈香,沁人心脾,令人回味无穷。

唐代时紫阳山南茶叶作为金州"土贡",成为献给朝廷的山珍;宋、明时期以茶易马,茶农们"昼夜制茶不休,男废耕,女废织";清朝时,紫阳毛尖被列入全国名茶,兴安知府叶世卓曾写下"自昔岭南春独早,清明已煮紫阳茶"的诗句。

紫阳毛尖条索圆紧,肥壮匀整。

图说 现在的紫阳毛尖加工工艺,变晒青为半烘炒型绿茶,品质得以提高。

128 遵义毛峰有什么特点?

遵义毛峰,产于贵州省遵义市湄潭县。湄潭县风景秀丽,湄江逶迤而过,溪水蜿蜒,纵横交错,素有"小江南"之称,茶产区在群山环抱之中,山高、雨多、雾重,昼夜温差明显,土壤肥沃,质地疏松,有机质丰富,四周山坡上有桂花、香蕉梨、柚子、紫薇等芳香植物,香气缭绕,有利于优质茶叶的形成。

每年清明节前后十几天,茶树经过一冬天可塑性物质的积累,生机旺盛,茶芽苗壮成长,芽叶细嫩,密披茸毛。遵义毛峰就是用这些新春茶芽加工而成。毛峰茶炒制技术极为精巧,要点是"三保一高",即保证色泽翠绿、茸毫显露不离体、锋苗挺秀完整,一高就是香高持久。具体的工艺分杀青、揉捻、干燥三道工序。

该茶冲泡后,嫩香持久,汤色碧绿明净,滋味清醇爽口。遵义毛峰为绿茶类新创名茶,是为了纪念"遵义会议"而创制。自1974年问世以来,曾连年获奖。目前遵义毛峰已进入全国名茶行列,深受海内外人士的赞誉。

遵义毛峰茶片紧细圆直,锋苗显露。

满披白毫,白毫显露。

129 南山白毛有什么特点?

南山白毛茶,属炒青细嫩绿茶,产于广西横县的南山,因茶叶背面披有白色茸毛而得名。横县种植茶叶历史悠久,以南山白毛茶最为著名,相传为明朝建文帝避难于南山应天寺时亲手所植。

茶园主要分布在南山寺及南山主峰一带,海拔为800~1000米,绿荫浓郁,云雾弥漫,气候温和,雨量充沛,土质疏松。茶树多为中叶种品种,芽壮毫密,叶薄而柔嫩,是制作白毛茶的理想原料。白毛茶的焙制方法非常精细,力求不脱白毛。上品茶只采一叶初展的芽头,特级茶只采一芽一叶。遇有较大的茶茎和叶子尚须撕为2~3片。加工过程,用锅炒杀青、扇风摊晾、双手轻揉、炒揉结合,反复三次,最后在烧炭烘笼上以文火烘干。

南山白毛茶按采摘季节可分为春茶、夏茶和秋茶,其中以春茶最佳。按产地又可分为高山茶和平地茶:高山茶厚重、色绿、味香;平地茶细瘦、色黄,香淡。

该茶香色纯正持久,具有类似荷花的清香之气,又有似蛋奶之香气;汤色绿而明亮,滋味醇厚甘爽,叶底嫩绿匀整明亮。

色泽绿润,白毫覆被。

▲图说

南山白毛茶条索紧结微曲,细嫩秀丽。

130 桂林毛尖有什么特点?

作为新创名茶,桂林毛尖产于广西桂林尧山地带。茶区属丘陵山区,海拔300米左右,园内渠流纵横,气候温和,年均温度18.8℃,年降雨量1873毫米,无霜期长达309天,春茶期间雨多雾浓,有利于茶树的生长。

毛尖茶选用从福建引进的福鼎种和福云六号等良种的芽叶为原料,毛尖鲜叶于3月初开采,至清明前后结束。特级茶和一级茶要求一叶一芽新梢初展,芽叶要完整无病虫害,不同等级分开采摘,鲜叶不能损伤、堆沤,不能在阳光下暴晒。毛尖茶加工方法与高级烘青茶类似,主要工艺分为鲜叶摊放、杀青、揉捻、干燥、复火提香等工序。复火提香是毛尖茶的独特工序,即在茶叶出厂前进行一次复烘,达到增进香气的目的。

该茶冲泡后,香气清高持久,滋味醇和鲜爽,汤色碧绿清澈,叶底嫩绿明亮。

桂林毛尖条索紧细。

白毫显露,色泽翠绿。

131 九华毛峰有什么特点?

九华佛茶是历史名茶,曾被称为闵园茶、黄石溪茶、九华毛峰,现统称九华佛茶,产于佛教圣地安徽九华山区,主产区位于下闵园、黄石溪、庙前等地。由于高山气候之缘故,昼夜温差大,而方圆百里人烟稀少,茶园无病虫害,是天然有机生态茶园。

九华山为中国四大佛教名山之一,九华毛峰被当作"佛茶",深受前来朝圣的广大海外侨胞青睐。史载,九华毛峰初时为僧人所栽,专供寺僧享用,后用于招待贵宾香客。据《青阳县志》记载:"金地源茶:为地藏从西域携来者,今传梗空筒者是",地藏即是唐代的高僧金乔觉,由此可知,九华山产茶始于唐。

九华佛茶一般在4月中下旬进行采摘,只对一芽二叶初展的进行采摘,要求无表面水、无鱼叶、茶果等杂质。采摘后的鲜叶,按叶片老嫩程度和采摘顺序摊放待制,经过杀青、揉捻、烘焙等工序,才能制造出顶级的九华佛茶。

成品茶叶分为上、中、下三级,冲泡之时,汤色碧绿明净,叶底黄绿多芽,柔软成朵。雾气结顶,香气高长,滋味浓厚,回味甘甜,冲泡五六次,香气犹存。

色泽嫩绿微黄,白毫显露。

▲图说

九华毛峰外形匀整紧细,扁直呈佛手状。

132 舒城兰花茶有什么特点?

舒城兰花茶,产于安徽舒城、通城、庐江、岳西一带,其中以舒城产量最多,品质最好。兰花茶名有两种说法:一是芽叶相连于枝上,形似一枚兰草花;二是采制时正值山中兰花盛开,茶叶吸附兰花香,故而得名。

匀润显毫,色泽翠绿。

成品茶叶,分特级、一级、二级。特级鲜叶采摘标准以一芽一叶为主;小兰花鲜叶采摘标准以一芽二叶、三叶为主,大兰花则为一芽四五叶。手工制兰花茶分杀青、烘焙作业。杀青由生锅、熟锅相连,熟锅炒揉整形。烘焙分初烘、复烘、足烘。机制兰花增加一道揉捻工序。

该茶冲泡后,犹如兰花开放,枝枝直立杯中,有特有的兰花清香,俗称"热气上冒一支香";汤色绿亮明净,滋味浓醇回甘,叶底成朵,呈嫩黄绿色。

🔍图说
舒城兰花茶芽叶相连似兰草。

舒城兰花为历史名茶,创制于明末清初。1980年舒城县在小兰花的传统工艺基础上,开发了白霜雾毫、皖西早花,1987年双双被评为安徽名茶,形成舒城小兰花系列。

133 岳麓毛尖茶有什么特点?

岳麓毛尖,产于湖南省长沙市郊的岳麓山。此地处于湘江西岸,气候温和,冬暖夏凉,自古就是产茶之地。明清年间,岳麓山已是著名的茶和水的产供之地,岳麓山上的茶、白鹤泉的水,都是当时有名的贡品。

岳麓毛尖,采摘细嫩,批次多,采期长,产量高,质量好。清明至谷雨节前为采制时期,芽叶标准以一芽二叶为主。一般来说,春、夏季采用留鱼叶采摘法,秋季停采集中留养。鲜叶经适当摊放,高温杀青,并经二揉、三烘和整形等工序而成。

该茶冲泡之后,汤碧微黄,清澈明亮,栗香持久,味醇甘爽,汤色黄绿明亮,叶底肥壮匀嫩。

茶品	岳麓毛尖
产地	湖南省长沙岳麓山
采制	清明至谷雨节前,以一芽二叶为标准,经摊放、杀青、揉捻、烘焙等工序制成
特点	外形条索紧结齐整、卷曲多毫、深绿油润、白毫显露,汤色黄绿,滋味甘爽
历史传奇	相传以附近的白鹤泉水冲泡,杯中有形似白鹤的热气腾起

134 天目青顶有什么特点？

天目青顶，又称天目云雾，产于浙江临安天目山。茶区分布在海拔600～1200米高的自然山坞中。此地山峰灵秀，终年云雾笼罩，是国家级自然保护区，气候温湿，森林茂密，树叶落地，形成灰化棕色森林土，腐殖层厚达20厘米左右，土壤疏松，适于良茶生长。

天目青顶的采摘时间较晚，按采摘时间、标准和焙制方法不同，可分为顶谷、雨前、梅尖、梅白、小春五个等级。顶谷、雨前属春茶，称"青顶"，茶芽最幼嫩纤细，色绿味美；梅尖、梅白称"毛峰"；小春则属高级绿茶。

芽毫显露，色泽深绿。

鲜叶标准为一叶包一芽，一芽一叶初展；一芽一叶，一芽二叶。选晴天叶面露水干后开采，采下的鲜叶薄摊在洁净的竹匾上，置凉后以高温杀青，之后经过摊晾、揉捻、锅炒、冷却、烘干等工序制成。该茶冲泡之后，滋味鲜醇爽口，香气清香持久，汤色清澈明净，芽叶朵朵可辨。冲泡三次，色、香、味犹存。

135 双井绿茶有什么特点？

双井绿茶，产于江西省修水县杭口乡双井村。修水在隋、唐属洪州，毛文锡约公元935年所著《茶谱》载："洪州双井白芽，制造极精。"

古代"双井茶"属蒸青散茶类，如今的"双井绿"，属炒青茶，分为特级和一级两个品级。特级以一芽一叶初展，芽长度为2.5厘米左右的鲜叶制成；一级以一芽二叶初展的鲜叶制成。加工工艺分为鲜叶摊放、杀青、揉捻、初烘、整形提毫、复烘六道工序。

该茶冲泡之后，香气清高持久，滋味鲜醇爽厚，汤色清澈明亮，叶底嫩绿匀净。

锋苗润秀，银毫显露。

双井绿茶已有千年历史，宋时列为贡品，历代文人多有赞颂：北宋文学家黄庭坚曾有诗句"山谷家乡双井茶，一啜犹须三日夸"，他曾把双井茶送给老师苏东坡；欧阳修在《归田录》中还把它推崇为"草茶第一"；明代李时珍在《本草纲目》说："昔贡所称，大约唐人尚茶，茶品益众，双井之白色……皆产茶有名者"；清代龚鸿著有《双井歌》，描绘了双井绿茶的特点。新中国成立后，双井茶的品质不断提高，1985年获得优质名茶称号。

图说

双井绿茶成茶外形圆紧略曲，形如凤爪。

136 雁荡毛峰有什么特点？

雁荡毛峰，也叫雁荡云雾，旧称雁茗，雁山五珍之一，产于浙江省乐清市境内的雁荡山。雁荡山，以山水奇秀闻名，山高、雨多、气寒、雾浓，号称"东南第一山"。只因山势险峻，一些山茶生在悬崖绝壁之上，只有猴子才能攀登采摘，民间又称之"猴茶"。

因茶园地处高山，气温低，茶芽萌发迟缓，采茶季节推迟。茶树终年处于云雾荫蔽之下，生长于深厚肥沃土壤之中，芽肥叶厚，色泽翠绿油润。其中以龙湫背所产之茶质量最佳。

该茶冲泡后，茶香浓郁，滋味醇爽，异香满口，汤色浅绿明净，叶底嫩匀成朵。品饮雁荡毛峰，有"三闻三泡"之说：一闻浓香扑鼻，再闻香气芬芳，三闻茶香犹存；滋味一泡浓郁，二泡醇爽，三泡仍有感人茶韵。

芽毫隐藏，色泽翠绿。

▲图说

雁荡毛峰外形秀长紧结，茶质细嫩。

雁荡山产茶历史悠久，相传在晋代由高僧诺讵那传来。北宋时期，沈括考察雁荡后，雁茗之名开始传播四方。明代，雁茗列为贡品，朱谏《雁山志》中记载："浙东多茶品，而雁山者称最"。新中国成立后，大力发展新茶园，雁荡毛峰品质不断提高，获得浙江省名茶称号。

137 麻姑茶有什么特点？

麻姑茶，产于江西南城的麻姑山区，以产地而得名。麻姑山茶园大多分布于海拔600～1000米的山地，常年云雾缭绕，气候温和，年均气温15℃，年降水量2300毫米，日照短，空气湿润，相对湿度85%以上；土壤多为石英砂岩母质风化而成的碎屑状紫色土，土层深厚，吸水力强，腐殖层厚，土质肥沃。

麻姑茶的鲜叶，采摘于初展一芽一叶或一芽二叶；经过采青、杀青、初揉、炒青、轻揉、炒干等六道工序制成。麻姑茶香气鲜浓清高，汤色明亮，滋味甘郁，有益思、止渴、利尿、提神、解忧之功效。

麻姑山产茶历史悠久，相传在东汉时，有一仙女麻姑曾云游仙居此山修炼，春时常常采摘山上茶树的鲜嫩芽叶，汲取清澈甘美的神功泉石中乳液，烹茗款客，其茶味鲜香异常，有"仙茶"之称。

茶品	麻姑茶
产地	江西省南城麻姑山区
采制	采摘初展一芽一叶或一芽二叶，经采青、杀青、初揉、炒青、炒干等工序制成
特点	外形条索紧结匀整，色泽银灰翠润，汤色明亮，滋味甘郁
历史传奇	相传仙女麻姑仙居于此，采制仙茶烹茗款客，乃茶中极品

138 华顶云雾有什么特点?

华顶云雾茶,又称华顶茶,产于浙江天台山的华顶峰。山谷气候寒凉、浓雾笼罩,土层肥沃,富含有机质,适宜茶树生长。

由于产地气温较低,茶芽萌发迟缓,采摘期约在谷雨至立夏前后;采摘标准为一芽一叶或一芽二叶初展。它原属炒青绿茶,纯手工操作,后改为半炒半烘,以炒为主。鲜叶经摊放、高温杀青、扇热摊晾、轻加揉捻、初烘失水、入锅炒制、低温烘焙等工序制成。

华顶云雾茶色泽绿润,具有高山云雾茶的鲜明特色。冲泡之后,香气浓郁持久,滋味浓厚鲜爽,汤色嫩绿明亮,叶底嫩匀绿明,清怡带甘甜,饮之口颊留芳。经泡耐饮,冲泡三次犹有余香。

天台山产茶历史悠久,早在东汉末年,道士葛玄已在华顶上植茶。唐宋以来,天台山云雾茶名闻全国,并东传日本。北宋时,云雾茶已列入贡茶。近代以来,华顶云雾茶在各级茶叶评比会中多次获奖,已被公认为国家名茶。

色泽绿润。

外形细紧略扁,芽叶壮实。

139 峨眉毛峰茶有什么特点?

峨眉毛峰,原名凤鸡毛峰,产于四川省雅安县凤鸣乡,是近年新创名茶。雅安地处四川盆地西部边缘,与西藏高原东麓接壤,由于四面环山,雨量充沛,气候温和,冬无严寒,夏无酷暑,烟雨蒙蒙,湿热同季。土壤肥沃,表土疏松,酸度适宜,适宜培育良茶。

雅安地区产茶历史悠久,始于唐代,载于陆羽《茶经》,迄今已有1200余年。1978年雅安地区茶叶公司与桂花村联合,选早春一芽一叶初展茶芽,采用炒、揉、烘交替进行的工艺,创制出峨眉毛峰。

峨眉毛峰继承了传统名茶的制作方法,采取烘炒结合的工艺,炒、揉、烘交替,扬烘青之长,避炒青之短,整个炒制过程分为三炒、三揉、四烘、一整形共十一道工序。该茶冲泡之后,香气鲜洁,汤色微黄而碧绿,滋味浓郁适口,叶底嫩绿匀整。

嫩绿油润,条索紧卷。

银芽秀丽,白毫显露。

140 窝坑茶有什么特点?

窝坑茶又名蕉溪茶，产于江西省南康县南岭山脉北端的浮石、蕉溪一带。主要产区为蕉溪上游海拔600余米、林木葱郁的窝坑。

窝坑茶在清明前后开始采摘新芽、标准为一芽一叶，鲜叶要求匀、整、洁、清。芽叶采回后，及时摊放于洁净、通风处，6小时后开始炒制。窝坑茶加工工艺分为杀青、揉捻、烘干、搓团、摊晾、足干、拣剔七道工序。窝坑茶的独特品质，主要在"初干"和"搓团"两个工序中形成。茶叶出锅后，稍经摊晾，烘焙至足干，再经过拣剔，即行包装贮存。

该茶冲泡后，汤色嫩绿明亮，滋味鲜醇回甜，叶底嫩绿匀齐；芽锋直立，白毫翻滚，是绿茶中的珍品。

茶品	窝坑茶
产地	江西省南康蕉溪地区
采制	清明前后采摘一芽一叶为标准的新芽，经杀青、揉捻、烘干、搓团、摊晾、足干、拣剔等工序制成
特点	外形近似于珠茶，又似眉茶，条索纤细，形曲呈螺状，芽毫隐藏，色泽翠绿，汤色嫩绿明亮，滋味鲜醇回甘
历史传奇	相传北宋苏东坡被贬官后曾路经南康，品尝窝坑茶后，萌生归隐乡间之念

141 祁门功夫茶有什么特点?

祁门红茶，简称祁红，产于安徽南端的祁门县一带。茶园多分布于海拔100～350米的山坡与丘陵地带，高山密林成为茶园的天然屏障。这里气候温和，年均气温在15.6℃，空气相对湿度为80.7%，年降水量在1600毫米以上，土壤主要由风化岩石的黄土或红土构成，含有较丰富的氧化铝与铁质，极其适于茶叶生长。

当地茶树品种高产质优，生叶柔嫩，内含水溶性物质丰富，以8月份鲜味最佳。茶区中的"浮梁功夫红茶"是祁红中的良品，以"香高、味醇、形美、色艳"闻名于世。

祁门红茶所采茶树为"祁门种"，在春夏两季采摘，只采鲜嫩茶芽的一芽二叶，经过萎凋、揉捻、发酵，使芽叶由绿色变成紫铜红色，香气透发，然后进行文火烘焙至干。红毛茶制成后，还要进行复杂精制的工序。红茶与绿茶相比，主要是增加了发酵的过程，让嫩芽从绿色变成深褐色。

该茶冲泡后，内质清芳，带有蜜糖果香，上品茶又带有兰花香，香气持久；汤色红艳明亮，滋味甘鲜醇厚，叶底鲜红明亮。清饮，可品味祁红的清香；加入牛奶调饮也不减其香。由于祁门红茶有一种特殊的芳香，外国人称其为"祁门香""王子香""群芳最"。

色泽乌润。

条索紧细匀整，锋苗秀丽。

142 滇红功夫茶有什么特点?

　　滇红是云南红茶的统称，分为滇红功夫茶和滇红碎茶两种，产于云南省南部与西南部的临沧、保山、凤庆、西双版纳、德宏等地。产地群峰起伏，平均海拔1000米以上，属亚热带气候，年均气温18～22℃，昼夜温差悬殊，年降水量1200～1700毫米，森林茂密，腐殖层深厚，土壤肥沃，茶树长得高大，芽壮叶肥，生有茂密白毫，即使长至5～6片叶，仍质软而嫩；茶叶中的多酚类化合物、生物碱等成分含量，居中国茶叶之首。

金毫多而显露，色泽乌黑油润。

　　滇红功夫茶采摘一芽二三叶的芽叶作为原料，经萎凋、揉捻、发酵、干燥制成成品茶；再加工制成滇红功夫茶，又经揉切制成滇红碎茶。功夫茶是条形茶，红碎茶是颗粒型碎茶。前者滋味醇和，后者滋味强烈富有刺激性。

条索紧直肥壮，苗锋秀丽完整。

　　在滇红功夫茶中，品质最优的是"滇红特级礼茶"，以一芽一叶为主精制而成。冲泡之后，汤色红浓透明，滋味浓厚鲜爽，香气高醇持久，叶底红匀明亮。

　　滇红的品饮多以加糖加奶调和饮用为主，加奶后的香气滋味依然浓烈。冲泡后的滇红茶汤红艳明亮，茶汤与茶杯接触处常显金圈，冷却后立即出现乳凝状的冷后晕现象，冷后晕早出现者是质优的表现。

143 宁红功夫茶有什么特点?

　　宁红功夫茶，简称宁红，产于江西修水。产区位于幕阜、九宫两大山脉间，山多田少，树木苍青，雨量充沛，土质富含腐殖质；春夏之际，浓雾达80 100天，因此，茶芽肥硕，叶肉厚软。

　　宁红功夫茶的采摘，要求于谷雨前采摘生长旺盛、持嫩性强、芽头硕壮的蕻子茶，多为一芽一叶至一芽二叶，芽叶大小、长短要求一致。经萎凋、揉捻、发酵、干燥后初制成红毛茶；然后再筛分、抖切、风选、拣剔、复火、匀堆等工序精制而成，该茶冲泡后，香高持久，汤色红亮，滋味醇厚甜和，叶底红嫩多芽。

条索紧细秀丽，锋苗挺拔。

　　道光年间，太子茶被列为贡茶，宁红茶声名显赫。之后，宁红畅销欧美，成为中国名茶。清末战乱，宁红受到严重摧残，濒临绝境。新中国成立后，"宁红"获得很好的恢复和发展，改原来的"热发酵"为"湿发酵"，品质大大提高，深受海外饮茶者所喜爱。

金毫显露，乌黑油润。

144 宜红功夫茶有什么特点？

宜昌功夫红茶，简称宜红，产于武陵山系和大巴山系境内，因古时均在宜昌地区进行集散和加工，所以称为宜红。茶区多分布在海拔300～1000米之间的低山和半高山区，温度适宜，降水丰富，土壤松软，非常适宜茶树的生长。

鲜叶于清明至谷雨前开园采摘，以一芽一叶及一芽二叶为主，现采现制，以保持鲜叶的有效成分。加工分为初制和精制，初制包括萎凋、揉捻、发酵、烘干等工序，使芽叶由绿色变成紫铜红色，香气透发；精制工序复杂，提高其干度，保持其品质，最终制成成品茶。该茶冲泡后，香气清鲜纯正，滋味鲜爽醇甜，叶底红亮柔软，茶汤稍冷有"冷后浑"的现象。

宜昌红茶问世于19世纪中叶，当时汉口被列为通商口岸，英国大量收购红茶，宜昌成为红茶的转运站，宜红因此得名。

叶条紧结秀丽。

色泽乌润，金毫显露。

145 闽红功夫茶有什么特点？

闽红功夫茶，是政和功夫、坦洋功夫和白琳功夫三种红茶的统称，都是福建特产。三种功夫茶产地和风格各有不同，各自拥有消费爱好者，百年不衰。

政和功夫按品种分为大茶、小茶两种。大茶采用政和大白条制成，属闽红上品，条索紧结，肥壮多毫，色泽乌润；冲泡后，汤色红浓，香高鲜甜，滋味浓厚，叶底肥壮尚红。小茶用小叶种制成，条索细紧，香似祁红但欠持久，汤味稍浅。

坦洋功夫茶区分布较广，因源于福安境内白云山麓的坦洋村，故得其名。相传该红茶是村民胡福四在清代同治年间所创制。坦洋功夫，外形细长匀整，带白毫，色泽乌黑有光；冲泡后，香味清鲜甜和，汤鲜艳呈金黄色，叶底红匀光滑。

白琳功夫，产于福鼎县太姥山白琳、湖林一带。茶树根深叶茂，芽毫雪白晶莹。19世纪50年代，闽广茶商在福鼎加工功夫茶，收购当地红条茶，集中在白琳加工，白琳功夫由此而生。成品茶条索紧结纤秀，含有大量的橙黄白毫，具有鲜爽愉快的毫香，汤色、叶底艳丽红亮，取名为"橘红"，风味独特，在国际市场上很受欢迎。

色泽乌润。

条索紧结，肥壮多毫。

146 湖红功夫茶有什么特点?

湖红功夫茶,主要产于湖南安化、新化、涟源一带。茶区多处于湘中地段,属亚热带季风湿润气候,土壤为红黄土,微酸性,适宜茶树生长。不过,湘西石门、慈利、桑植、大庸等县市所产的功夫茶,称为"湘红",归入"宜红"系列。

湖红功夫以安化功夫为代表,条索紧结,尚算肥实,香气高,滋味厚,汤色浓,叶底红稍暗。平江功夫香气高,欠匀净。长寿街、浏阳大围山一带所产功夫,香高味厚;新化、桃源功夫,条索紧细,毫多苗现,但叶肉较薄,香气较低;涟源功夫,条索紧细,香味较淡。

安化红茶是清代同治年间所创,当时江西宁州商人在养口开设商号,设置示范茶庄,由于安化红茶销路很好,汉寿、新化、醴陵等地相继生产。

▲图说

安化功夫茶作为湖红功夫茶的代表,条索紧结,尚算肥实。

147 越红功夫茶有什么特点?

越红功夫茶,产于浙江省绍兴、诸暨、嵊县等县,以"紧结挺直、重实匀齐、锋苗显、净度高"的优美外形而著名。

浙江省是中国珠茶和珍眉绿茶的主产地,早期平阳、泰顺等地生产的功夫红茶,称为"温红"。1955年平水珠茶产区绍兴、诸暨、余姚等县,由"绿"改"红",后来扩大至长兴、德清、桐庐等县,都以生产红茶为主,称之为"越红"。

该茶冲泡后,香味纯正,汤色红亮较浅,叶底稍暗。浦江一带红茶,茶索紧结壮实,香气较高,滋味较浓;镇海红茶较细嫩。总体而言,越红条索美观,但叶张较薄,香味较低。

148 小种红茶有什么特点?

小种红茶是福建省的特产,有正山小种和外山小种之分。正山小种产于崇安县星村乡桐木关一带,而产于政和、坦洋、北岭、屏南、古田、沙县及江西铅山等地的小种红茶,质地相对较差,统称"外山小种"。

星村乡地处武夷山脉之北段,地势高峻,冬暖夏凉,春夏之间,终日云雾缭绕,土质肥沃,又有培客土的习惯,加深土层,因此茶蓬繁茂,叶质肥厚嫩软。该茶冲泡后,汤色红浓,香气高长,带有松烟香,滋味醇厚,带有桂圆汤味,加入牛奶,茶香味不减,液色更绚丽。

正山小种茶条索肥实。

色泽乌润。

149 武夷岩茶有什么特点?

武夷岩茶,是产于闽北名山武夷乌龙茶类的总称,因茶树生长在岩缝之中而得其名。武夷山茶区主要分为两个:名岩产区和丹岩产区。产区气候温和,冬暖夏凉,雨量充沛。

武夷岩茶属半发酵茶,制作方法介于绿茶与红茶之间,兼有绿茶之清香、红茶之甘醇,是中国乌龙茶中之极品。其主要品种有大红袍、白鸡冠、水仙、乌龙、肉桂等。

该茶冲泡后,茶汤呈深橙黄色,清澈艳丽;叶底软亮,叶缘朱红,叶心淡绿带黄;久藏不坏,香久益清,味久益醇。泡饮时常用小壶小杯,因其香味浓郁,冲泡五六次后余韵犹存。

武夷岩茶品质独特,虽未经窨花,却有浓郁的花香,饮来甘馨可口,让人回味无穷。18世纪传入欧洲后,备受人们喜爱,曾把它作为中国茶叶的总称。武夷岩茶也是我国沿海各省和东南亚侨胞最喜爱的茶叶,是有名的"侨销茶"。

条形壮结、匀整。

色泽绿褐鲜润。

150 大红袍茶有什么特点?

大红袍,出产于福建武夷山九龙窠的高岩峭壁上,是武夷岩茶中品质最优的一种乌龙茶。

传说,天心寺和尚用岩壁上的茶叶治好了一位上京赶考秀才的疾病,这位秀才中状元后,被招为驸马,回到武夷山谢恩时,将身上红袍盖在茶树上,"大红袍"茶名由此而来。

九龙窠的岩壁上有"大红袍"石刻,是1927年天心寺和尚所作。这里日照短,多反射光,昼夜温差大,岩顶终年有细泉浸润。这种特殊的自然环境,造就了大红袍的特异品质。大红袍母茶树,现仅存6株,均为千年古茶树,其叶质较厚,芽头微微泛红。现在的大红袍茶区,是茶叶研究所采取扦插繁育技术培育出来的。

该茶冲泡之后,汤色橙黄明亮,香气馥郁有兰花香,香高而持久;很耐冲泡,七八次仍有香味。

外形条索紧结,色泽绿褐鲜润。

叶片红绿相间或者镶有红边。

151 铁罗汉茶有什么特点？

铁罗汉，武夷山传统四大珍贵名枞之一，原产于福建武夷山慧苑岩的鬼洞（峰窠坑），生长地是一狭长地带，两旁绝壁陡立。茶树生长茂盛，叶大而长，叶色细嫩有光，据说有治疗热病的功效。每月5月中旬开始采摘，以二叶或三叶为主，色泽绿里透红，清香回甘。

武夷岩铁罗汉现多为人工种植，产区主要有两个：名岩产区和丹岩产区。铁罗汉虽然极难种植，但茶农们利用武夷山多悬崖绝壁的特点，在岩凹、石隙、石缝中甚至砌筑石岸种植铁罗汉，有"盆栽式"铁罗汉园之称。

该茶冲泡之后，汤色清澈，呈深橙黄色，叶底软亮，叶缘朱红，叶心淡绿带黄；性和而不寒，久藏不坏。铁罗汉属半发酵的乌龙茶，制作方法介于绿铁罗汉与红铁罗汉之间，成品兼有红铁罗汉的甘醇和绿铁罗汉的清香；它未经窨花，却有浓郁的鲜花香，饮时甘馨可口，回味无穷。

> 条形壮结、匀整。

> 色泽绿褐鲜润。

152 白鸡冠茶有什么特点？

白鸡冠，武夷岩茶四大名枞之一，原产于武夷山大王峰下止止庵道观白蛇洞，相传为宋时止止庵主持白玉蟾所培育。因产量稀少，让人倍感神秘。

茶树势不大，但枝干坚实，分枝颇多，生长旺盛。叶色淡绿，幼叶薄绵如绸，顶端的茶芽微黄且弯垂，毛茸茸的犹如白锦鸡的鸡冠，故得雅名。

每月5月下旬开始采摘，以二叶或三叶为主，色泽绿里透红，回甘隽永。成品茶色泽米黄乳白，汤色橙黄明亮，入口齿颊留香，回味极长。

由于武夷岩茶多为墨绿色，茶芽较直，光洁而无绒毛，唯有白鸡冠茶叶片淡绿，绿中显白，茶芽弯曲且毛茸茸的，故而名贵。清雅的品质，高贵的出身，以及香甜甘美的口感让其深受人们的青睐。

> 干茶有淡淡的玉米清甜味。

> 色泽黄绿色、嫩砂绿两类皆有，条索较紧结。

153 水金龟茶有什么特点?

水金龟,武夷岩茶四大名枞之一,产于武夷山区牛栏坑社葛寨峰下的半崖上,因茶叶浓密且闪光犹如金色之龟,因而得名。

水金龟茶树,树皮灰白色,枝条稍微弯曲,叶长圆形。每年5月中旬采摘,以二叶或三叶为主,色泽绿里透红,滋味甘甜,香气高扬,浓饮也不见苦涩。

水金龟在清末备受茶人推崇,名扬大江南北。据当地茶农传说,水金龟茶树原产于天心岩杜葛寨下,有一天由于暴雨冲刷,山洪把峰顶上的水金龟茶树冲到了牛栏坑头的岩石凹处,兰谷岩主乘势而为,砌筑石围,壅土以蓄之。之后,磊石寺和天心寺为此事对簿公堂,双方不惜耗费巨资争夺茶树的归属。经当时的国民政府判定,水金龟茶树不是人为盗窃,是自然灾害所为,属于不可抗力造成,裁定水金龟茶树归兰谷寺所有。

条索肥壮、紧结。

色泽青褐、油润。

154 武夷肉桂有什么特点?

武夷肉桂,由于它的香气滋味似桂皮香,俗称"肉桂"。据《崇安县新志》记载,清代便有其名。该茶是以肉桂良种茶树鲜叶,以武夷岩茶的制作方法而成,为岩茶中的高香品种。它产于福建省著名的武夷山风景区,近年种植面积逐年扩大。

武夷肉桂茶树为大灌木型,树势半披张,梢直立。叶色淡绿,叶肉厚质尚软,叶面内折成瓦筒状,叶缘略具波状,叶呈椭圆形,整株叶片差异较大。

在武夷山的生态环境中,每年四月中旬茶芽萌发,五月中旬开采岩茶,通常每年可采四次,而且夏秋茶产量尚高。在晴天采茶,于新梢顶叶中采摘二三叶,俗称"开面采"。

武夷肉桂干茶嗅之有甜香,冲泡后的茶汤,有奶油、花果、桂皮般的香气;入口醇厚回甘,咽后齿颊留香,茶汤橙黄清澈,叶底匀亮,呈淡绿底红镶边,冲泡六七次仍有肉桂香。

条索匀整卷曲。

色泽褐绿,油润有光。

155 闽北水仙有什么特点？

闽北水仙，是闽北乌龙茶中两个花色品种之一，其品质别具一格，是乌龙茶类的上乘佳品，原产于闽北建阳县水吉乡大湖村一带，现主产区为建瓯、建阳两县。

水仙品种茶树，属半乔木型，枝条粗壮，鲜叶呈椭圆形，叶色浓绿富光泽，叶面平滑富草质，叶肉特厚，芽叶透黄绿色。春茶于谷雨前后采摘驻芽第三、四叶，每年分四季采制。

该茶冲泡之后，香气浓郁颇似兰花，滋味醇厚回甘，汤色红艳明亮，叶底柔软，叶缘朱砂红边或红点，"三红七青"。

清光绪年间，畅销国内和东南亚一带，产量曾达500吨。1914年在巴拿马赛事中得一等奖，1982年在全国名茶评比中获银奖。现在，闽北水仙占闽北乌龙茶销量十之六七。

条索紧结沉重，叶端扭曲。

色泽油润暗砂绿，呈现白色斑点，俗称"蜻蜓头，青蛙腿"。

156 铁观音有什么特点？

铁观音，是中国乌龙茶名品，介于绿茶和红茶之间，属半发酵茶。于民国八年自福建安溪引进木栅区试种，分"红心铁观音"和"青心铁观音"两种，主产区在西部的"内安溪"。纯种铁观音树为灌木型，属横张型，枝干粗硬，叶较稀松，芽少叶厚，天性娇弱，产量不高。茶叶呈椭圆形，叶厚肉多，叶片平坦。

三月下旬萌芽，一年分四季采制，谷雨至立夏为春茶，夏至至小暑为夏茶，立秋至处暑为暑茶，秋分至寒露为秋茶。品质以秋茶为最好，春茶次之。秋茶香气特高，俗称秋香，但汤味较薄。夏、暑茶品质较次。铁观音茶的采制特别，不采幼嫩芽叶，而采成熟新梢的二、三叶，俗称"开面采"，是指叶片已全部展开，形成驻芽时采摘。

该茶冲泡之后，汤色金黄似琥珀，有天然兰花香气或椰香，滋味醇厚甘鲜，回甘悠久，七泡有余香，俗称有"音韵"。

茶条卷曲，肥壮圆结，沉重匀整。

▲图说

铁观音色泽乌黑油润，砂绿明显，整体形状似"蜻蜓头、螺旋体、青蛙腿"。

157 黄金桂有什么特点?

　　黄金桂，又叫黄旦，是以黄旦茶树嫩梢制成的乌龙茶，因其汤色金黄有奇香似桂花，故名黄金桂。它原产于福建省安溪县虎邱美庄村，是乌龙茶中的又一极品。由于它是现有乌龙茶中发芽最早的品种，香气又特别高，所以又被称为"清明茶""透天香"。

　　黄旦植株属小乔木型，中叶类，早芽种。树姿半开展，分枝较密，节间较短；叶片较薄，叶面略卷，叶齿深而较锐，叶色黄绿具光泽，发芽率高；能开花，结实少。一年生长期8个月，适应性广，抗病虫能力较强，单产较高。适制乌龙茶，也适制红、绿茶。

　　该茶冲泡之后，香奇味佳，汤色金黄透明，茶底单薄黄绿，叶脉突出显白。

色泽暗绿泛黄、润亮，条索紧细，茶梗细小。

▲图说

品质较佳的黄金桂外观特征有"黄、薄、细"一说。

　　相传，清咸丰年间，安溪罗岩村茶农魏珍，外出路过北溪天边岭，见一株茶树呈金黄色，将它移植家中盆里。后来压枝繁殖200余株，精心培育，单独采制。冲泡之时，茶香扑鼻，从此名扬。

158 凤凰水仙有什么特点?

　　凤凰水仙，产于广东潮安凤凰乡，它是条形乌龙茶，有天然花香，滋味浓，耐冲泡。

　　凤凰水仙采摘严谨，通常在午后采摘；以驻芽后第一叶开展到中开面时最为适宜；过嫩，成茶苦涩，香不高；过老，茶味粗淡，不耐泡。鲜叶经晒青、晾青、做青、炒青、揉捻、烘焙制成。

　　凤凰水仙可分为单枞、浪菜、水仙三个级别，其中以凤凰单枞最具特色，"形美、色翠、香郁、味甘"；茶汤橙黄清澈，叶底肥厚柔软，味醇爽回甘，香味持久，耐泡。

　　凤凰水仙原产于广东省潮安县凤凰山区。传说南宋末年，宋帝赵昺南下潮汕，路经凤凰山区乌岽山，口渴不堪，侍从们采下一种叶尖似鸟嘴的茶叶加以烹制，饮之止咳生津，立奏奇效，从此广为栽植，称为"宋种"，迄今已有近千年历史。

茶条肥大。

色泽呈鳝鱼皮色，油润有光。

159 台湾乌龙茶有什么特点？

台湾乌龙茶源于福建，制茶工艺传到台湾后有所改变，依据发酵程度和工艺流程的区别可分为轻发酵的文山型包种茶和冻顶型包种茶；重发酵的台湾乌龙茶。

清朝嘉庆十五年，福建茶商柯朝将茶子在台北县试植，从此，植茶在台湾传播开来。1858年，英法联军与中国缔结天津条约，台湾成为国际通商口岸，乌龙茶精茶开始出口。1868年，英国商人约翰杜德在台北精制乌龙茶试验成功，台湾乌龙茶首次运销国际。现在乌龙茶除了内销广东、福建等省外，主要出口日本、东南亚和港澳地区。

台湾乌龙茶汤色橙红，滋味醇和，有馥郁的清香。其中，夏茶因晴天较多品质最好。台湾包种茶别具一格，比较接近绿茶，形状粗壮，无白毫，色泽青绿；干茶具有明显花香，冲泡后汤色呈金黄色，带有甜味，香气清柔。

白毫较多，呈铜褐色。

▲图说

台湾乌龙是乌龙茶中发酵程度最重的一种，最近似于红茶。

160 银针白毫茶有什么特点？

银针白毫，又名白毫、白毫银针，由于鲜叶原料全部是茶芽，制成成品茶后，形状似针，白毫密披，色白如银，因此命名为白毫银针。

该茶产于福建福鼎和政和，为白茶中的极品。清嘉庆年初，福鼎以菜茶的壮芽为原料，创制银针白毫。后来，福鼎大白茶繁殖成功，改用其壮芽为原料，不再采用茶芽细小的菜茶。政和县1889年开始产制银针。福鼎所产的又叫"北路银针"，政和所产的又叫"南路银针"。

银针白毫采制时选择凉爽晴天，标准为春茶嫩梢萌发一芽一叶时即将其采下，然后将芽心轻轻抽出，或将真叶、鱼叶轻轻剥离，俗称之为抽针。白毫银针的制法特殊，不炒不揉，只分萎凋和烘焙两道工序，使茶芽自然变化，形成白茶特殊的品质。

该茶冲泡之后，汤色浅杏黄，汤味清醇爽口，香气清芬。银针性寒凉，有退热、祛暑、解毒之功效。

芽头肥壮。

遍披白毫。

▲图说

银针白毫成品，长3厘米左右，挺直如针，色白似银。

161 白牡丹茶有什么特点?

白牡丹茶，产于福建福鼎县一带。这种茶身披白毛，芽叶成朵，冲泡后，绿叶托着银芽，形态优美，宛如一朵朵白牡丹花，故得美名。

白牡丹的鲜叶，主要采自政和大白茶和福鼎大白茶，有时也采用少量水仙茶以供拼和。制成的毛茶，也分别称为政和大白、福鼎大白和水仙白。

白牡丹的鲜叶，必须白毫尽显，芽叶肥嫩。采摘标准是春茶第一轮嫩梢的一芽二叶，芽与二叶的长度基本相等，且均要满披白毛。夏秋之际的茶芽瘦，不予采制。

该茶冲泡之后，形态绚丽秀美，滋味清醇微甜，毫香鲜嫩持久，汤色杏黄明亮，叶底嫩匀完整，叶脉微红，叶底浅灰，有"红装素裹"之誉。

白牡丹为福建特产。最初，白牡丹创制于建阳水吉；1922年之后，政和县也开始产制白牡丹，并成为主要产区；1960年左右，松溪县一度盛产白牡丹。现在白牡丹的主产区仍分布在这些县市，主销港澳及东南亚地区，有润肺清热的功效，为夏日佳饮。

芽叶连枝，叶缘垂卷，毫心肥壮。

叶色灰绿，夹以银白毫心。

162 贡眉茶有什么特点?

白茶因其制法独特，不炒不揉，成茶外表满披白毫，因此得名，是福建特有茶类。贡眉是白茶中产量最大的一种，主产于福建的福鼎、政和、建阳、松溪等地。

贡眉，过去以菜茶为原料，采一芽两三叶，品质次于白牡丹。菜茶的芽虽小，要求必须含有嫩芽、壮芽，不能带有对夹叶。现在也采用大白茶的芽叶为原料。

贡眉的基本加工工艺是：萎凋、烘干、拣剔、烘焙、装箱。萎凋一是去掉水分，二是使茶青变化，贡眉算是"微发酵茶"。

贡眉以全萎凋的品质最好。该茶汤色橙黄或深黄，叶底匀整、柔软、鲜亮，叶张主脉迎光透视时呈红色，味醇爽，香鲜纯。

贡眉茶有清凉解毒、明目降火之功效，可治"大火症"，在越南是小儿高热的退烧良药。贡眉主要销往香港、德国、日本、荷兰、法国、澳门、印尼、新加坡、马来西亚、瑞士等国家和地区，内销极少。

叶张伏贴，边缘略卷，叶面有明显波纹。

色泽灰绿或翠绿鲜艳，有光泽。

163 君山银针茶有什么特点?

君山银针,产于湖南岳阳洞庭湖中的君山,是黄茶中的珍品,很有观赏性。

君山是洞庭湖中的一个岛屿,岛上土壤肥沃,多为沙质土壤,年平均温度为16~17℃,年降雨量为1340毫米左右,相对湿度较大,气候非常湿润。春夏之季,湖水蒸发,云雾弥漫,岛上树木丛生,适宜茶树生长,山地遍布茶园。

采摘茶叶的时间限于清明前后7~10天内,采摘标准为春茶的首轮嫩芽。叶片的长短、宽窄、厚薄均是以毫米计算,500克银针茶,约需十万五千个茶芽。经过杀青、摊晾、初烘、初包、再摊晾、复烘、复包、焙干等八道工序,需78个小时方可制成。

该茶香气高爽,汤色橙黄,叶底明亮,滋味甘醇。冲泡之时,根根银针直立向上,悬空竖立,继而徐徐下沉,三起三落,簇立杯底。

君山银针始于唐代,清朝时被列为"贡茶"。《巴陵县志》载:"君山产茶嫩绿似莲心。"清代,君山茶分为"尖茶""茸茶"两种。"尖茶"如茶剑,白毛茸然,纳为贡茶,素称"贡尖",1956年在莱比锡国际博览会上,荣获金质奖章。

茶身满布毫毛,色泽鲜亮。

芽头苗壮,长短大小均匀。

▲图说

君山银针外层白毫显露完整,包裹坚实,茶芽外形就像一根银针。

164 蒙顶黄芽茶有什么特点?

蒙顶黄芽,属黄茶一种,产于四川蒙山山区。蒙山终年烟雨蒙蒙,云雾茫茫,土壤肥沃,为茶树提供了良好的生长环境。

黄茶采摘于春分时节,待茶树上有部分茶芽萌发时,即可开园采摘。标准为圆肥单芽和一芽一叶初展的芽头,制造分为杀青、初包、复炒、复包、三炒、堆积摊放、四炒、烘焙八道工序。

该茶冲泡之后,汤色黄中透碧,叶底全芽嫩黄,滋味甜香鲜嫩,甘醇鲜爽。

蒙顶茶栽培始于西汉,自唐开始,直到明、清,千年之间一直为贡品,为我国历史上最有名的贡茶之一。二十世纪五十年代,蒙顶茶以黄芽为主;近来多产甘露,但黄芽仍有生产,为黄茶中的珍品。

芽条匀整,扁平挺直,叶嫩芽壮。

色泽黄润,金毫显露。

165 霍山黄芽茶有什么特点?

霍山黄芽,主产于安徽霍山县大化坪、金竹坪、金鸡山、金家湾、乌米尖等地,这里山高云雾大、雨水充沛、空气相对湿度大、漫射光多、昼夜温差大、土壤疏松、土质肥沃、林茶并茂,生态条件良好,极适茶树生长。

霍山黄芽一般在谷雨前后二、三日采摘,标准为一芽一叶至一芽二叶初展。其炒制技术分为炒茶(杀青和做形)、初烘(摊放)、足火(摊放)和复火踩筒等过程。

该茶冲泡之后,汤色黄绿清明,香气鲜爽,有熟栗子香,滋味醇厚回甜,叶底黄亮,嫩匀厚实。

霍山自古多产黄茶,在唐时为饼茶,唐人李肇《国史补》把寿州霍山黄芽列为名茶之一。明清之时,均被列为贡品。近代,由于战乱影响,霍山黄芽一度失传。直至1971年才重新开始研制和生产。1990年获商业部农副产品优质奖,1993年获全国"七五"星火计划银奖,1999年获第三届"中茶杯"名优茶评比一等奖。

芽叶细嫩多毫,叶色嫩黄。

图说

霍山黄芽外形条直微展,匀齐成朵,形似雀舌。

166 北港毛尖茶有什么特点?

北港毛尖,属条形黄茶,产于湖南岳阳市北港和岳阳县康王乡一带。茶区气候温和,雨量充沛,湖面蒸汽腾绕,茶树生长环境良好。北港毛尖,在1964年被评为湖南省优质名茶。

鲜叶在清明后五六天开采,标准为一芽一叶和一芽二三叶。鲜叶随采随制,其加工方法分锅炒、锅揉、拍汗、烘干四道工序。

该茶冲泡后,香气清高,汤色橙黄,滋味醇厚,叶底黄明,肥嫩似朵。

岳阳产茶,唐时已有名气。唐代斐济《茶述》中,邕湖茶叶为贡茶之一;《唐国史补》中有"岳州有邕湖之含膏"的记载。明代时,岳州的黄翎毛为名茶之一。清代黄本骥《湖南方物志》有"岳州之黄翎毛,岳阳之含膏冷,唐宋时产茶名"的记载。

外形芽壮叶肥。

毫尖显露,呈金黄色。

167 温州黄汤茶有什么特点？

温州黄汤，又称平阳黄汤，主产于平阳、苍南、泰顺、瑞安、永嘉等地，以泰顺的东溪、平阳的北港所产品质最佳。该茶创制于清代，当时即被列为贡品；民国时期失传，直至新中国1979年才恢复生产，为浙江名茶之一。

温州黄汤在清明前开采，采摘标准为一芽一叶和一芽二叶初展，要求大小匀齐一致。采摘后，经过杀青、揉捻、闷堆、初烘、闷烘五道工序制成。温州黄汤的制法介于绿茶和黑茶之间，比绿茶多一个闷蒸工艺，又没有黑茶的闷堆程度深。其品质也介于两者之间，汤色深浅、滋味醇和均不同。

该茶汤色橙黄鲜明，叶底嫩匀成朵，香气清高幽远，滋味醇和鲜爽。温州黄汤最明显的特征是：茶汤为纯黄色，汤面很少夹混绿色环。绿茶的汤色透绿色，茶杯边缘有绿色环。青茶的汤色为橙黄色或金黄色，其色度深浅与黄茶不同。

条索细紧纤秀。

色泽黄绿多毫。

168 皖西黄大茶有什么特点？

皖西黄大茶，主要产于安徽霍山、金寨、大安、岳西一带。这里地处大别山北麓的腹地，因有高山屏障，水热条件较好，生态环境适宜种茶。其中，以霍山县大化坪、漫水河，以及金寨县燕子河一带所产品质最佳。霍山大化坪黄芽茶曾被定为2008年奥运五环茶。

黄大茶的采摘标准为一芽四五叶，春茶要到立夏前后才开采，春茶采3～4批，夏茶采1～2批。鲜叶原料比较粗老，但要求茶树长势好，叶大梗长，一个新梢上长4～5片叶子以上，才能制出质量好的黄大茶。

该茶冲泡之后，汤色淡黄绿明亮，叶底黄中显褐，滋味浓厚醇和，具有高嫩的焦香。黄大茶性质清寒，有提神、助消化、化痰止咳、清热解毒之功效，有助于减肥和防治食道癌。

当地人形容黄大茶："古铜色，高火香，叶大能包盐，梗长能撑船。"黄大茶大枝大叶的外形，在我国茶类中非常少见，已成为消费者判定黄大茶品质的标准。

梗壮叶肥，叶片成条，细嫩多毫。

梗叶相连形似鱼钩，梗叶金黄，色泽油润。

169 广东大叶青茶有什么特点?

大叶青为广东的特产,制法是先萎凋后杀青,再揉捻闷堆,这与其他黄茶不同。杀青前的萎凋和揉捻后闷黄的主要目的,是消除青气涩味,促进香味醇和纯正。产品品质特征具有黄茶的一般特点,所以也归属黄茶类,但与其他黄茶制法不完全相同。

大叶青产于广东省韶关、肇庆、湛江等县市。广东地处南方,北回归线从省中部穿过,五岭又屏障北缘,属亚热带,热带气候温热多雨,年平均温度大都在22℃以上,年降水量1500毫米,甚至更多。茶园多分布在山地和低山丘陵,土质多为红壤,透水性好,非常适宜茶树生长。

大叶青以云南大叶种茶树的鲜叶为原料,采摘标准为一芽二、三叶。大叶青制造分萎凋、杀青、揉捻、闷黄、干燥五道工序。该茶冲泡后,香气纯正,滋味浓醇回甘,汤色橙黄明亮,叶底淡黄。

叶张完整、显毫,色泽青润显黄。

外形条索肥壮、紧结、重实,老嫩均匀。

170 普洱茶有什么特点?

普洱茶,是以云南特产的大叶种晒青茶为原料加工而成的茶叶。直接加工为成品的,叫生普;经过发酵后再加工而成的,叫熟普。从形制上,又分为散茶和紧压茶两类。普洱茶属于后发酵茶,成品一直持续着氧化作用,具有越陈越香、越温和的独特品质。

从贮存方式上,可分为两种:干仓普洱,存放于干燥仓库,使茶叶自然发酵,陈化10～20年为佳;湿仓普洱,放于较潮湿地窖中,以加快发酵速度,容易霉变,对健康不利。

该茶冲泡后,滋味醇厚回甘,具有独特的陈香味儿。普洱茶可续冲10次以上,最后还可以再煮一次茶。普洱茶作为传统饮料,除能止渴生津和提神外,还有暖胃、减肥、降脂、防治动脉硬化、防治冠心病、降血压、抗衰老、抗癌、降血糖之功效,被许多人当作养生滋补珍品。

普洱散茶外形条索粗壮肥大。

色泽乌润或褐红。

171 茉莉花茶有什么特点?

茉莉花茶,又叫茉莉香片,是花茶中的名品。茉莉花茶是将茶叶和茉莉鲜花进行拼和、窨制,使茶叶吸收花香而成的。茉莉花茶使用的茶叶称茶坯,一般以绿茶为多,少数也有红茶和乌龙茶。茉莉花茶的花香是在加工过程中添加的,因此成茶中的茉莉干花大多只是一种点缀,不能以有无干花作为判断其品质的标准。

茉莉花茶因产地不同,其制作工艺与品质也各具特色,其中著名的产地有福建福州、福鼎,浙江金华,江苏苏州,安徽歙县、黄山,广西横县,重庆等地。茶坯不同,名称也不同,如用龙井茶做茶坯,就叫龙井茉莉花茶,用黄山毛峰做茶胚,就叫毛峰茉莉,等等。也有根据茶叶形状命名的,如龙团珠茉莉花茶、银针茉莉花茶。

优质的茉莉花茶冲泡后,香气鲜灵持久,汤色黄绿明亮,叶底嫩匀柔软,滋味醇厚鲜爽。常饮茉莉花茶,可清肝明目、生津止渴、通便利水、降血压、防辐射损伤;还可松弛神经,情绪紧张的人可多饮茉莉花茶。

色泽黑褐油润。

茉莉花茶外形条索紧细匀整。

▲图说

茉莉花茶"引花香、益茶味",香气馥郁,绿茶较易于吸收花香之气,加工成茶后茉莉干花多被筛除,不能以干花存留的多少来判定其品质。

172 珠兰花茶有什么特点?

珠兰花茶是以烘青绿茶、珠兰或米兰鲜花为原料窨制而成,是中国主要花茶产品之一,因其香气浓烈持久而著称,尤以珠兰花茶为佳,产品畅销国内及海外。

米兰,又称米仔兰、鱼子兰、树兰,是一种常绿小乔木,小叶3~5片,对生,倒卵圆形,全缘无毛,叶面深绿色,较平滑。花为黄色,裂片圆形,花瓣五片,花香似蕙兰。

珠兰,也叫珍珠兰、茶兰,为草本状蔓生常绿小灌木,单叶对生,长椭圆形,边缘细锯齿,花无梗,黄白色,有淡雅芳香。4~6月开花,以5月份为盛花期,故夏季窨制珠兰花茶最佳。该茶生产始于清乾隆年间(1736—1795),迄今已有200余年。

该茶冲泡之后,茶叶徐徐沉入杯底,花如珠帘在水中悬挂,既有兰花的幽雅芳香,又有绿茶的鲜爽甘美。数次冲泡,花香仍清雅隽永。

珠兰花茶外形条索紧细。

锋苗挺秀,白毫显露,色泽深绿油润。

173 桂花茶有什么特点？

桂花茶，是由精制茶坯与鲜桂花窨制而成的一种花茶，香味馥郁持久，茶色绿而明亮，滋味醇和浓厚，深受消费者喜爱。

在桂花盛开期，采摘那些呈金黄色、含苞初放的花朵，采回的鲜花要及时剔除花梗、树叶等杂物，尽快窨制。桂花有金桂、银桂、丹桂、四季桂和月月桂等品种，其中以金桂香味最浓郁持久。

桂花茶有通气和胃、温补阳气之功效，可治疗阳气虚弱型的高血压病，以及由此引起的眩晕、腰痛、畏寒、小便清长等症。桂花茶还有美白肌肤、排解体内毒素、止咳化痰之效用，对夏季皮肤干燥、声音沙哑有缓解作用。

桂花香味浓厚而持久，无论窨制绿茶、红茶、乌龙茶均有良好效果，因此有许多种类，如：桂花烘青、桂花乌龙、桂花红碎茶、桂林桂花茶、贵州桂花茶、咸宁桂花茶等。

条索紧细匀整，色泽绿润。花色金黄，香气馥郁。

▲图说
市面上较为常见的桂花烘青茶，在我国广西、湖北等地的产量最大。

174 决明子茶有什么特点和功效？

决明子茶有很多种，可单独煎煮，以代茶饮，也与绿茶相搭配，也可与枸杞子、菊花、山楂、桃仁、荷叶相搭配，更可加入蜂蜜、冰糖等调味，甚至可以与粳米、紫菜等煮成粥。

决明子，又叫决明、草决明、马蹄子、野青豆、羊尾豆、假绿豆等。决明属豆科植物，常生长于村边、路旁和旷野等处，其成熟种子即为决明子。

决明子茶含有糖类、蛋白质、脂肪外，还含甾体化合物、大黄酚、大黄素等，还有人体必需的微量元素，如铁、锌、锰、铜、镍、钴、钼等。它含有大黄素，有平喘、利胆、保肝、降压之功效，能降低胆固醇，还有一定的抗菌消炎作用，可用于治疗肝炎、肝硬化腹水、高血压、小儿疳积、夜盲、风热眼痛、习惯性便秘等症。

决明子茶是一种泻药，有很强的滑肠作用，长期饮用会损气，易引发月经不规律，甚至使子宫内膜不正常。

以颗粒饱满、色绿棕者为佳。形似马蹄。

▲图说
决明子气微，味微苦，捣碎可做中药，有明目之效。

175 枸杞茶有什么特点和功效?

枸杞茶是采用枸杞树的根、叶、花、果及菊花等为原料精制而成,平和了枸杞根、叶的寒性和凉性及枸杞干果的温性,使枸杞的药性更为平和,便于人体吸收。

枸杞根,别名地骨皮、仙人杖,内含桂皮酸、多量酚类物质、甜菜碱等成分,可清热消毒,止渴凉血,坚筋补气,治虚劳、潮热、盗汗、咳喘、高血压、高血糖等;枸杞叶,别名天精草、地仙苗,富含蛋白质、胡萝卜素、粗纤维、维生素C、微量元素等营养成分,可补虚益精,清热止咳,祛风明目,清热毒,散恶肿。

枸杞茶无副作用,身体虚弱者可长期饮用。其温热效果强烈,感冒发热及高血压患者不宜饮用。

▲图说

枸杞子性味甘平,可滋肾润肺,补肝明目,治肝肾阴亏,腰膝酸软,头晕目眩等。

▲图说

枸杞茶中,也可根据情况适量加入红枣、菊花、金银花、莲子心、冰糖等。

176 柿叶茶有什么特点和功效?

柿叶茶,是以柿叶为原料加工而成的一种新型保健饮品。在制品中有的拼入茶叶,也有不拼茶叶的。经常饮用柿叶茶,具有通便利尿、净化血液、抗菌消肿等多种保健功能。

每克新鲜柿叶中含有维生素C 2~5毫克,尤其是五六月的叶片含量最高,有的品种高达34毫克,这在植物叶片中是非常罕见的。柿叶的粗蛋白含量占干重的12.67%,有16种氨基酸。柿叶含有丰富的矿质元素,如钾、磷、钙、铜、铁、锌、锰等。

但柿叶含鞣质较多,有收敛作用,会减少消化液的分泌,加速肠道对水分的吸收,造成大便硬结。因此,便秘患者不宜饮用。

叶阔呈椭圆形

◀图说

柿叶含有较高的黄酮苷,能降低血压、增加冠状动脉的血流量,并有一定的杀菌作用。

177 榴叶茶有什么特点和功效？

石榴，又名天浆果，历代为朝贡天子、供奉神灵的上等供品。石榴全身是宝，尤其是其叶，含有丁香酚、槲皮素、番石榴苷、扁蓄苷等成分，多种微量元素，十多种氨基酸和维生素，有健胃消食、涩肠止泻、杀虫止痒、收敛止血的作用，对降低血脂、血糖、软化血管、增强心肌活力、预防癌症和动脉粥样硬化、延缓衰老有特殊功效。

榴叶茶是一种助消化、促进营养成分吸收、预防和治疗消化性溃疡、降低胆固醇、防治老年病的保健饮品。适宜口干舌燥者、腹泻者、扁桃体发炎者；不适宜便秘者、尿道炎患者、糖尿病者、实热积滞者。

▲图说

《图经本草》中说，"榴叶者，主治咽喉燥渴、止下痢漏精、止血之功能"。

178 竹叶茶有什么特点和功效？

竹叶茶，是以竹叶为主要原料制作的一种茶。

家里制作竹叶茶，可取鲜竹50～100克，用水煎煮，以代茶饮。滋味清新纯和，汤色晶莹透亮，具有清热利尿、清凉解暑作用，可用于缓解流行性感冒、上呼吸道感染等症。

竹叶茶可加入生地黄、绿茶一起煮闷15分钟左右，可加白砂糖增加甜味。也可加灯芯草共煮，可清心降火，用于虚烦不眠者。

▲图说

竹为禾本科植物，《本草纲目》称其"味苦寒、无毒"。

179 桑叶茶有什么特点和功效？

桑叶茶，是以优质的嫩桑叶为原料经烘焙精制而成。由于去除了桑叶中有机酸的苦味和涩味，桑叶茶口味甘醇，清香宜人。用开水冲泡，茶水清澈明亮，清香甘甜，鲜醇爽口，具有减肥、美容、降血糖的作用，常饮此茶有利于养生保健、延年益寿。

桑叶中含有一种脱氧霉素，可阻止糖分解酶发挥作用，能抑制蔗糖酶、麦芽糖酶、α-葡萄糖甘糖、α-淀粉酶的分解，能刺激胰岛素分泌，降低胰岛素分解速度。桑叶有利水的功用，能促进排尿，改善水肿，清除血液中过剩的脂肪和胆固醇。

▲图说

桑叶富含黄酮化合物、酚类等，对脸部的痤疮、褐色斑也有较好的疗效。

180 金银花茶有什么特点和功效？

金银花又称忍冬花，忍冬为半常绿灌木，茎半蔓生，其茎、叶和花，皆可入药，具有解毒、消炎、杀毒、杀菌、利尿和止痒的作用。

鲜花经晒干或按制绿茶的方法制干后，即为金银花茶。市场上的金银花茶有两种，一种是鲜金银花与少量绿茶拼和，按花茶窨制工艺制成的金银花茶；另一种是用烘干或晒干的金银花干与绿茶拼和而成。前者花香浓，以品赏花香为主；后者香味较低，但药效较为完整。

金银花茶是老少皆宜的保健饮料，尤其适宜夏天饮用。其茶汤芳香、甘凉可口，有清热解毒、通经活络、护肤美容之功效。

金银花初开花时为白色，后转为黄色，故而得名。

181 玫瑰花茶有什么特点和功效？

玫瑰花茶，是用玫瑰花和茶芽混合窨制而成的花茶，有美容养颜、通经活络、软化血管之功效，对心脑血管、高血压、心脏病及妇科病均有一定疗效。

玫瑰花含丰富的维生素A、维生素C、B族维生素、维生素E、维生素K以及单宁酸，能改善内分泌失绸，对消除疲劳和伤口愈合也有帮助，能调气血、促进血液循环，可美容、调经、利尿、滋润肠胃、减少皱纹、防治冻伤。玫瑰花茶可以健胃益肠，清凉去火，保持精力充沛，增加活力；长期饮用，有美容护肤之效。

在玫瑰花茶中加入冰糖或蜂蜜，可减轻其涩味。玫瑰花有收敛作用，便秘者不宜饮用；玫瑰花有活血散瘀作用，经期内不宜饮用。

▶图说
家制玫瑰花茶，可将几枚干玫瑰花配上绿茶少许，以及红枣几颗，用沸水冲饮。

玫瑰花富含香茅醇、香叶醇等多种香气成分。

◀图说
玫瑰原名徘徊花，香气甜美，是红茶窨花主要原料。

182 菊花茶有什么特点和功效?

菊花, 多年生草本植物, 叶子为卵形, 边缘有锯齿, 秋季开花, 原产于中国, 品种很多, 是中国十大名花之一, 各地均有种植。菊花花色丰富, 清香宜人, 有药用、食用价值。

现代医学证实, 菊花具有降血压、消除癌细胞、扩张冠状动脉和抑菌的作用, 长期泡茶饮用能增加人体钙质、调节心肌功能、降低胆固醇、预防流行性结膜炎, 适合中老年人饮用。

泡茶用的菊花, 较常见的是白菊或甘菊。

放入四五颗菊花。

以透明的玻璃杯为佳。

放上几颗冰糖, 味道更佳。

🔷图说

《本草纲目》记载, 菊花味甘苦, 性微寒; 有散风清热、清肝明目、解毒消炎之功效。

🔷图说

泡菊花茶时, 用沸水冲泡2～3分钟, 待茶水渐渐变成微黄色, 即可饮用。

183 橄榄茶有什么特点和功效?

橄榄茶的制法简单, 取橄榄 5 ~ 6 枚, 冰糖适量, 将橄榄放入杯中, 加入冰糖, 用沸水冲泡, 晾凉后, 即可代茶饮用。

橄榄茶富含维生素E和钙质, 可改善内循环环境, 帮助身体排出废物, 促进血液循环, 加速新陈代谢, 对月经不调、容易疲劳、压力大的肥胖女性尤其适合。橄榄茶有滋咽润喉、生津爽口、清热解毒之功效, 可消积解胀、醒酒去腻、滋养脾胃, 增强食欲, 对于咽喉不适、减肥有明显效果。

硬质肉果。

新鲜橄榄有清热解毒、化痰、消积的功效。

🔷图说

橄榄又名青果, 初尝橄榄味道酸涩, 久嚼后方觉得满口清香, 回味无穷。

184 莲子茶有什么特点和功效?

市场上所出售的罐装莲子茶,是一种清心明目、降压降火、生津解渴的保健饮品。其主要原料为莲子、莲心、糖、菊花、淡竹叶、柏子仁、志药、山茶和水。其制造工艺为:将莲子粉碎、蒸煮、过滤,制成莲子汁;将莲心、菊花、淡竹叶、柏子仁、志药、山茶用水煮成药汁,将莲子汁和药汁混合,再进行灌装、灭菌,制成莲子茶。

莲子茶制法简单,可以在家自行制作。

🍃 原料

茶叶10克,莲子30克,冰糖20克。

🍵 制作

将茶用开水冲泡后取汁。另将莲子用温水浸泡2小时后,加冰糖炖烂,倒入茶汁拌匀,即可食用,平时常服,可连服。

🍵 功能

滋养安神,健脾益肾。主治脾肾两虚引起的月经过多或崩漏不止;或食欲不佳,腰酸腰痛,疲倦乏力,懒言少动,带下量多。

莲子别名藕实,是莲的果实。

🔺图说

莲子性味甘平,具有益心固精、补脾止泻、益肾固精、养心安神等功效。

185 龙眼茶有什么特点和功效?

龙眼,人们通常把鲜果称为龙眼,焙干后则称为桂圆。因其既可鲜吃又可药用,历来被人们称为岭南佳果。龙眼富含营养,自古以来就被人们视为珍贵补品,李时珍曾说"资益以龙眼为良"。

龙眼有壮阳益气、补益心脾、养血安神、润肤美容等多种功效,可治疗贫血、心悸、失眠、健忘、神经衰弱及病后、产后身体虚弱等症。

龙眼茶做法简单,将龙眼洗净去核取肉,放在碗中加入清水,隔水蒸熟后取出即可食用。通常在睡前饮用效果较佳,补气血、安心神之功效,可缓解因血虚而引起的失眠。也可加入酸枣仁和茨实,与龙眼肉一起煮上半个小时左右,可养血安神,益肾固精,适宜于心悸、失眠、神疲乏力者食用。龙眼肉与绿茶同煮,可补血清热,补充叶酸,预防贫血,适宜血虚体弱者饮用。

其果肉中含全糖12.38%～22.55%,还原糖3.85%～10.16%以及丰富维生素C。

外形圆滚如弹丸,略小于荔枝,皮青褐色。

🔺图说

龙眼去皮后剔透晶莹偏浆白,隐约可见肉里红黑色果核,极似眼珠,故以"龙眼"名之。

186 杜仲茶有什么特点和功效?

杜仲茶,即以杜仲叶制成的茶状饮品。杜仲,又名丝连皮、扯丝皮、丝棉皮、玉丝皮、思仲等,属落叶乔木,是我国特有树种,资源稀少,属国家二级珍贵保护树种。

在杜仲叶生长最旺盛时,或在花蕾即将开放时,或在花盛开而果实种子尚未成熟时,采收杜仲的嫩叶,用传统的茶叶加工方法制成杜仲茶。杜仲茶,色泽橙黄透明,初尝微苦,回甜上口,常饮有益健康,无任何副作用,适合当作睡前饮料。饮用时,把2~3克杜仲茶放入杯中,浇上开水,闷盖3分钟,即可饮用。

《本草纲目》上说:杜仲,能入肝补肾,补中益精气,坚筋骨,强志,治肾虚腰痛,久服,轻身耐老。现代医学认为,杜仲茶可促进代谢,预防衰老;解除疲劳,恢复损伤;改善人体免疫系统;降血压,防治动脉硬化;抗菌消炎,抵抗病毒;排毒养颜,轻身健体。

表面为黄绿色或黄褐色,微有光泽。

杜仲叶为椭圆形或卵形。

具短叶柄。

187 丹参茶有什么特点和功效?

丹参是唇形科多年生草本植物,其根为圆柱形,略弯曲,有须根;表面棕红色或暗棕色,粗糙;含有丹参醌、皂苷元、维生素E等成分,具有扩张冠状动脉、镇静、降压、降低血糖的作用。

丹参茶,即将丹参切片或磨成粗末后,用沸水冲泡,以代茶饮,喝至滋味清淡为止。也可加入少量绿茶,一起泡饮。丹参茶是一种性状平和的保健饮料,有活血化瘀作用,适用于冠心病、心绞痛等的预防和治疗。孕妇和无瘀血者,不宜饮用。

丹参还有养血安神的作用,用于心悸失眠,可与酸枣仁、柏子仁等中药配合使用。

根味苦,性微寒,多为红色,表皮较粗糙。

▲图说

丹参又名赤参,常切成块或片状使用,可养血安神。

188 灵芝茶有什么特点和功效?

灵芝茶,即用灵芝草切成薄片,以沸水冲泡,加绿茶少许饮用。冲泡时,可搭配丹桂、金银花、山楂、枸杞等中草药。

经常饮用灵芝茶,可补中益气、增强筋骨、养颜聪耳、益寿延年,适用于肾虚气弱而导致的耳聋、失眠、便秘、甲亢、腹泻等症。据《神农本草经》记载:灵芝有紫、赤、青、黄、白、黑六种,但现代所见标本,多为紫芝或赤芝。

中医认为,灵芝入五脏、补益全身,具有滋补强身、补肺益肾、健脾安神的作用。现代医学也认为,灵芝能提高人体免疫力,有健肤抗衰老的作用。对人体具有双向调节作用,所治病种涉及呼吸、循环、消化、神经、内分泌及运动等各个系统;尤其对肿瘤、肝脏病变、失眠以及衰老的防治作用十分显著。

▲图说

灵芝性味甘平,是一种多孔菌类植物,含水解蛋白、脂肪酸、甘露醇、麦角甾醇、B族维生素等物质,此外还含有大量的酶。

189 人参茶有什么特点和功效?

人参茶,是用人工栽培的人参鲜叶,按制绿茶的方法,经过杀青、揉捻、烘干等工序而制成的烘青型保健茶。人参属五茄科多年生草本植物,掌状复叶中含有多种人参皂苷,具有抗疲劳、镇静,壮阳等作用。

此茶回味甘醇,其香味与生晒参很相似,初入口微带苦,尔后回味甘醇。初饮人参茶,如口味嫌其不合,泡饮时加入少量蜜糖,能调和滋味的可口程度。

有着独特的清香,味微苦。

暗绿色的掌状复叶。

根部肥大,表皮呈淡黄色。

叶柄较长。

◀图说

自古以来人参即是非常名贵的中草药,其叶中含有与根相同的皂式,有生津祛暑、降虚水、解酒作用。

190 胖大海茶有什么特点和功效?

　　胖大海,又名安南子、大海子、大洞果,因遇水会膨大成海绵状而得其名。它是梧桐科多年生落叶乔木植物——胖大海的成熟种子。

　　《本草纲目拾遗》中说,胖大海,俗称"大发",对于感冒、用嗓过度等引起的咽喉肿痛、急性扁桃体炎等咽部疾病,有一定的辅助疗效。

先端钝圆,基部略尖而歪。

表面棕色或暗棕色,微有光泽,具不规则的干缩皱纹。

外层种皮极薄,质脆,易脱落。

▲图说

胖大海的外形呈纺锤形或椭圆形,长2~3厘米,直径1~1.5厘米。

　　胖大海茶,即用沸水冲泡胖大海,每次3~4个,先用温水洗净,再加白糖少量,沸水冲泡,以代茶饮。它含有胖大海素,服用后能改善黏膜炎症,适用于慢性咽喉炎,能够生津止渴,缓解声音嘶哑、咽部干燥、红肿疼痛等症。

　　中医认为,胖大海性寒味甘,能清宣肺气,可用于风热犯肺所致的急性咽炎、扁桃体炎;也能清肠通便,用于上火引起的便秘。但是,并不是每个人都适合饮用,如:脾胃虚寒体质、风寒感冒患者、肺阴虚咳嗽患者等。现代药理研究,胖大海有一定毒性,不宜长期服用。

191 青豆茶有什么特点和功效?

　　在浙江杭嘉湖地区的农村,常用青豆茶来款待客人。青豆茶口味微咸而鲜香,深得当地人的喜爱,农妇们流行轮流做东,邻里邀请喝咸茶,称之为"打茶会"。

　　青豆茶制作简单,在夏末之时摘取成熟但干黄的大豆荚,剥取其中青绿色的嫩豆粒,放在水中搓揉,淘弃白色的豆膜,随后在锅中加水和盐煮熟,切勿煮酥,以防色泽变褐走味。

　　把青豆从锅中捞出,滤去卤汁,放在烘笼上烘至足干,即为青豆,也称烘青茶。因制作时加了盐,很易吸湿回潮,因此宜用布袋包装后贮藏在石灰缸中,以保持青豆干燥、嫩绿、不走鲜味。

　　青豆茶的冲泡很讲究,主料是烘青豆,佐料有:切成细丝的兰花豆腐干、盐渍过的橘皮、桂花、胡萝卜干、炒熟的芝麻、紫苏子。将各种配料放在茶盅里,冲入开水,稍候片刻即可品饮。味道鲜美,清香扑鼻,汤色红绿相映。饮用后解渴生津,还有健胃强身、提神补气之功效。

▲图说

青豆味甘性平,可健脾养胃、润燥消水,有助于滋补强壮,长筋骨、悦颜面、乌发明目。

192 玉米须茶有什么特点和功效?

玉米须茶,即用玉米须制成的一种茶饮料。玉米的花柱(玉米须),在中药中又称"龙须",性味甘、平、甜、和。玉米须中有很多维生素,有广泛的预防保健用途。

玉米须茶制法非常简单,有以下几种:把玉米须清理干净,用开水冲泡即可;用玉米须煮水后服用;把带有须的玉米放进锅煮熟,然后吃玉米,喝汤水。

玉米须茶有凉血、泻热的功效,可祛除体内的湿热之气;降低血脂、血糖,适用于糖尿病患者的辅助治疗;有利尿、消水肿的作用;可用于预防习惯性流产、妊娠肿胀、乳汁不通等症。

▲图说
玉米,又称玉蜀黍,禾本科植物,玉米须即是其花柱或柱头。

图说
玉米须多为松散的团簇状,其营养健康价值常被人们所忽略。

193 车前子茶有什么特点和功效?

车前子,即车前或平车前的干燥成熟种子。夏秋之时,车前种子成熟,采收果穗,晒干,搓出种子,除去杂质备用。

车前子茶的做法是,先将车前子拣去杂质,筛去空粒,洗去泥沙,晒干;把车前子放入保温杯中,沸水冲泡15分钟,当茶饮;也可用水煎服;此茶每日宜服用一剂。

车前子茶可清热利尿、渗湿通淋、清肝明目、祛痰,用于水肿胀满、热淋涩痛、暑湿泄泻、目赤肿痛、痰热咳嗽。

表面黄棕色至黑褐色,有细皱纹。

质硬,气微,味淡。

▲图说
车前子呈椭圆形或不规则长圆形,略扁,长约2毫米,宽约1毫米。

194 姜茶有什么特点和功效?

姜茶,是流行于英国的一种饮料,其做法和中国用来治感冒的姜汤大同小异。茶叶少许,去皮生姜几片,一起放于水中煎,然后加糖,宜在饭后饮用。

姜茶可发汗解表、温肺止咳,对流感、伤寒、咳嗽等有明显疗效;但只限于风寒感冒,对风热感冒反会加重。风寒感冒头不痛,口不渴,嗓子不疼,无痰涕或清痰涕;风热感冒有头痛,嗓痛,口渴,咳浓痰,流浓涕症状。

姜辣能促进胃液分泌及肠管蠕动,帮助消化,抑制恶心感,防治晕车,但大量食用会引起口干、喉痛。姜茶的辛辣香味,能促进肢体末端的血液循环,怕冷的人可多喝;对怀孕恶心也很有效,但是一杯茶只能用1/2片。也可把生姜切成细长片,含在嘴里咀嚼。

略扁平,有刺激性的芳香和辛辣味。

肥厚的肉质根茎。

▲图说

姜性温、味辣,能增强血液循环,促进消化,增进食欲;炎热时节,更可起到排汗降温、提神的作用。

195 虫茶有什么特点和功效?

虫茶,是由化香夜蛾、米黑虫等昆虫取食化香树、苦茶等植物后所排出的粪粒制成。虫茶是我国特有的林业资源昆虫产品,是传统出口的特种茶。

虫茶主要产于我国广西、湖南边界的中海拔山区,这一带化香树、苦茶等植物资源丰富,虫源分布广。当地山民把化香树等植物叶子盛入竹篮内,洒上淘米水发酵即可诱虫产卵、取食,从而获得虫粪。干虫粪经特殊处理后,便成为颗粒细圆、油光金黄的"虫茶"。虫茶以开水冲泡后为青褐色,几乎全部溶解,像咖啡一样,饮用十分方便。泡出茶来,香气四溢,喝上几口,味道醇香甘甜,沁人心脾,颇有余味。

虫茶是一种很好的医药保健饮料,《本草纲目》说其具有清热、去暑、解毒、健胃、助消化等功效,可说是热带和亚热带地区的一种重要的清凉饮料。据说,从清乾隆起,虫茶就被视为珍品,每年向朝廷进贡。

体积约米粒大小,黑褐色。

▲图说

虫茶虽然并不是真正的茶,但因其饮用方式与泡茶相近,因而称其为"茶"。

196 糯米茶有什么特点和功效?

糯米茶即流苏茶,糯米茶是俗称。流苏,又称萝卜丝花,是连云港云台山特有的树种。它属木樨科,为落叶乔木,树形高大,枝叶茂盛,阳性,喜温暖,耐寒,生长慢。

流苏树是珍贵的绿化树种,也是制作盆景的好材料。春天采其嫩叶,阴干后可用于沏茶,称为"糯米茶";用其花熏茶,称为"糯米花茶",清香爽口,别具风味。民间常用糯米茶消积食、清内火,还有明目功能。糯米茶渣可治胃病和小儿腹泻,具有药用价值。

▲图说

仲春至初夏,流苏树上披满白花,如覆霜盖雪。

197 虾米茶有什么特点和功效?

虾米茶是我国江苏沿海一带渔民用来款待客人的一道独具特色的茶饮。长期饮用虾米茶有温肾壮阳之功效,可治疗阳痿滑精、肾虚腰痛等症;适用于身体虚弱、抵抗力下降者。

人们将新鲜海虾洗净后放入水锅,加少量盐(500克虾约放盐一汤匙盐);待虾煮熟后捞出,放于阳光下晒干,去掉头和壳,装进罐子或塑料袋中密封备用。冲泡时,每杯水放十几粒虾米干,加入白糖,泡1~2分钟,即可以饮用。

也可根据喜好用虾米加少量茶叶,一起用沸水冲泡,茶水饮完之后,虾米可嚼食。

▲图说

茶香虾鲜,不仅能解渴、增加营养、维持人体正常机能,更有温肾壮阳的功效。

198 海带茶有什么特点和功效?

海带是一种很常见的大型海藻,属于高营养海产品。海带含碘量极高,常吃海带可令秀发润泽乌黑;海带中含有大量的甘露醇,可利尿消肿,防治肾衰竭、老年性水肿、药物中毒等疾病。

其形扁平如带状。

▲图说

海带作为少有的强碱性食物,能够促进人体酸碱平衡,保持体液的微碱性。

第四章

茶的艺术

一花一世界，一叶一如来。人们在茶中观察身外的大千世界，在茶中寻找内心的恬淡平和。茶为人营造清雅的氛围、美的境地，并带来了一种新的感受，它使人内心得以平复，精神得以延伸，其中的技巧则成为一种独特的文化，这就是茶艺。本章将结合实际细致解析茶艺师选茗、择水、烹煮、鉴赏以及环境搭配中的技巧，带你一点点揭开那些举手投足间营造美的奥秘。

199 什么是茶艺?

茶艺是饮茶活动中特有的文化现象，它包括茶叶品评技法和艺术操作手段的鉴赏及对品茗美好环境的领略等。

茶艺包含着选茗、择水、烹茶技术、茶具艺术、环境的选择创造等一系列内容，对渲染茶性的清纯、幽雅、质朴等气质起到良好的烘托作用，增强了茶文化的艺术感染力，文人雅士向来注重这种氛围。不同的人品茶有不同的茶艺风格，如文人讲究壶与杯的古朴雅致，环境的清幽静雅；而达官贵族则追求茶具和环境的豪华尊贵。各人只有选对符合自己身份及品位的环境，才能更好地领会茶的美妙。一般来说，品茶的环境多要求是清风、明月、松姿、竹韵、梅开、雪霁等种种妙趣和意境，这其中包含着中国人传统的美学观点和精神寄托。所以，茶艺是中国人自然观和自身体验的结合体，符合中国传统的"天人合一"哲学观念，也是现代人观念中的"灵与肉"的完美融合。

感悟生活和体味人生。

以茶的精神待人待己。

茶艺流程与动作要领。

茶与茶具的欣赏。

◀图说

茶艺体现了人与自然，茶文化形式与精神的和谐、统一。

200 家庭饮茶的环境如何?

饮茶是很多人家庭生活中必不可少的事情，随着家庭茶艺的应运而生，家庭饮茶环境总体的要求是安静、清新、舒适、干净。现在介绍几种家庭饮茶的环境：

1. 书房

书房是读书、学习的场所，本身就具有安静、清新的特点，自古茶和书籍都有密不可分的关系，在书中更能体现出饮茶的意境。

2. 庭院

如在庭院中种植一些花草，摆上茶几、椅子，和大自然融为一体，饮茶意境立刻就显现出来了。

3. 客厅

可以在客厅的一角辟出一个小空间，布置一些中式家具或是小型沙发等，饮茶的氛围立刻就营造出来了，午后和家人一起饮茶聊天是件很惬意的事。

◀图说

人们可以利用家里现有的条件，自己创造出适合饮茶的环境，例如阳台上、一个小墙角、书房等都是可以利用的地方。

201 家庭饮茶的特点是什么？

家庭饮茶的特点有以下几个：

1. 休闲性

这是家庭饮茶的首要特点。人们的生活节奏越来越快，工作压力也越来越大，在工作之余，家人坐在一起品茗聊天，放松身心，这也是人们缓解压力，愉悦身心的一种好方法。

家庭饮茶，可以给人们带来物质和精神上的双重享受，在享受到茶叶香味的同时，也能享受茶艺、茶具带来的趣味，陶冶了情操。

2. 保健性

茶叶具有养生保健作用，茶叶中的营养成分很丰富，还具有药效功能，具有提神健脑、生津止渴、降脂瘦身、清心明目、消炎解毒、延年益寿等功效，是人们日常生活中养生保健常用的饰品。

3. 交际性

▲图说

以茶待客是我国最早的民间生活礼仪，表现出了主人对客人的热情与尊敬，这是中华礼仪的一项重要课程。

"以茶会友"，是从古至今的一种交际方式，喜欢茶艺的人，总是用茶来招待朋友、结交朋友，和兴趣相投的朋友在一起交流饮茶心得，共享新茶，在交流的同时，也促进友谊。

202 家庭泡茶的基本技艺是什么？

泡茶是一门技术，需要用心学习才能掌握。一般来说泡茶的技术有三个重要环节，就是茶的用量、泡茶的水温、冲泡的时间。把握好这三个环节，就能泡出好茶。

各类茶叶有不同的特点，有的重香，有的重味，有的重形，有的重点，因此在泡茶时一定要根据茶的性质而有所侧重。

茶艺的大致程序是净具、置茶、冲泡、敬茶、赏茶、续水，这些是茶艺必不可少的程序。在冲茶时，要将水壶上下提三次，可以使茶水的浓度均匀，俗称为"凤凰三点头"，而冲泡的水只需要七分满就可以了。

▶图说

茶水剩余三分之一时就要续水，不要等到全部饮完续水，否则茶汤会变得索然无味。

203 家庭茶艺怎样关注茶叶的质量?

茶叶的质量,需要从色、香、味、形四个方面来评价:

1.色 不同的茶有不同的色泽,看茶时要了解茶的色泽特点,这样在选择时才有判断根据。例如:绿茶中的炒青应该呈黄绿色,烘青呈深绿色,蒸青呈翠绿色,如果绿茶色泽灰暗肯定不是佳品。乌龙茶的色泽为青褐,有光泽。红茶色泽则是乌黑油亮。

2.香 茶叶都有自身的香气,一般都是清新自然的味道,如果有异味、霉味、陈味等都不是好茶。例如:红茶清香,带点甜香或花香;乌龙茶具有熟桃香;花茶则香气浓郁。

3.味 茶叶本身的味道由多种成分构成,有苦、涩、甜、酸、鲜等。这些味道按着一定比例融合,就形成了茶叶独有的滋味,不同的茶自然滋味也不相同。例如:绿茶初尝有苦涩味,但后味浓郁;红茶味道浓烈、鲜爽;苦丁茶饮时很苦,饮后有甜味。

4.形 茶叶的外形很关键,直接关系到茶叶采摘时的新鲜度,制茶时的工艺好坏等。例如:珠茶,颗粒圆紧、均匀则为上品;毛峰茶,芽毫多则为上品;好的龙井茶则是外形扁平、光滑,形状像碗钉。

▲图说

茶叶质量的鉴赏可以用看、闻、摸、品的方法,即看色泽、形状,闻香气,摸茶骨,品茶汤。

204 家庭茶艺怎样选择水?

茶的好坏和泡茶的水质有着直接关系,好的水,可以使茶汤色、香、味俱全;水质不好,不仅体现不出茶叶的自身香味,还能使茶汤走味。对于水的总体要求是,水要清洁甘甜,要活而鲜。

泡茶用的水,大多使用的是天然水,其中山泉水、溪水、井水是最佳选择。在选择泉水时,要注意泉水的水源和流经途径,这些都会影响到水的硬度、含盐量等。

选择水时,要注意区分软水和硬水。软水是指不含或含少量的钙离子、镁离子的水。硬水是指含有大量的钙离子、镁离子的水。水的pH值和水的硬度有关系,当pH值大于5时,茶汤的颜色会加深,当pH值达到7时,茶叶中的茶黄素会氧化而损失。水的硬度会影响到茶叶有效成分的溶解度,用硬水泡茶,茶味淡,而且还会使茶的颜色变黑。软水的溶解度高,泡出的茶味浓。

▲图说

山泉水比较干净,没有太多杂质,污染少,水质最好,是最上乘的泡茶水。

205 家庭茶艺的泡茶器皿怎样配备?

下面介绍几种常用的泡茶器皿:

1.**紫砂壶** 这是家庭常用的器皿之一,壶的大小不一,可以根据人数多少而定。一般是将茶叶放入壶中,倒入开水,盖上盖子,泡数分钟即可饮用。

2.**茶杯** 饮茶用的器皿,茶杯的大小不同,用来饮用不同的茶,一般乌龙茶用小杯,绿茶用大杯。

3.**茶船** 又称为茶池和壶承,放置茶壶的容器。将茶壶中放入茶叶,冲沸水放置在茶船中,再从茶壶上方淋开水温壶。作用是保温,可以接壶中溢出的水。

4.**茶匙** 又称为茶扒,外形类似汤匙,作用是挖取泡过的茶壶内的茶叶。在泡过茶之后,茶壶中会塞满茶叶,用茶匙就是方便将残留的茶叶取出。

5.**茶托** 即杯垫,用来放置茶杯用的。

6.**闻香杯** 用于闻茶香的直筒小杯。

7.**盖碗** 配有盖子和底托的茶碗,一般用来饮花茶和绿茶。

8.**茶海** 也称为茶盅,在饮茶时,将茶壶中泡好的茶汤先倒入茶海中,然后再分别一一倒入茶杯中。

206 家庭茶艺怎样控制茶叶浸泡时间?

茶叶的浸泡时间要根据茶叶不同而制订,不同的茶浸泡时间不相同,同一种茶在不同的浸泡时间也会呈现出不同的味道。

茶叶的浸泡时间,一般在第一道时,最好要5分钟左右。如果浸泡的时间过短,溶水成分还没有完全释放,因而茶汤也就体现不出来茶叶本身的香味。

一般的红茶、绿茶,冲泡时间为3~4分钟,口感最佳。有的茶比较细嫩,因此浸出的时间比较短,要适当缩短时间,例如碧螺春只需要2~3分钟即可;有些茶则需要适当延长浸泡时间,否则就散发不出茶的鲜香,例如竹叶青浸泡时间要在6~7分钟。

在第一道浸泡时,茶叶的各种溶于水的成分都会释放出来,这时候的茶汤最能代表茶叶的质量。

207 家庭茶艺怎样选择投茶量？

投茶量并没有统一的标准，一般情况下，根据茶叶的类别、茶具的大小、饮用者的习惯来确定用量。茶多水少，味就浓，水多茶少，味就淡。

茶叶的用量有"细茶粗吃，粗茶细吃"的说法，也就是说，细嫩的茶冲泡时要多放一点，因为这类茶含的茶汁较少；相对来说粗茶含的茶汁较多，因此可以少放一点。例如同样的水，粗茶放5克就可以了，但是细茶则至少要放8克才行。

茶叶有大叶、中叶、小叶的区分，在泡制时，大叶茶的投茶量相对较多，而小叶茶的投茶量较少。因为小叶茶之间的缝隙小，看上去少实际量却很大，例如香片茶投茶量一般只要六分之一茶壶即可，而寿眉茶则至少需要三分之一茶壶，才能冲泡出茶的滋味。

> 卷曲的茶叶如以沸水泡开后，舒展的叶面将放大不少。

根据不同的茶叶，投茶量有一个基本的标准：绿茶一般为茶壶的1/6～1/5，大叶的要占1/3；清香型的青茶为1/4茶壶，浓香型的青茶为1/3～1/2茶壶；红茶一般为1/4茶壶；白茶一般为1/3茶壶；黑茶一般为1/4茶壶。

▲图说

> 大叶茶的叶片大，在壶中看上去多，但是中间的缝隙大，实际所需的投茶量反而多。

208 家庭茶艺怎样控制泡茶水温？

泡茶的水温是很讲究的，水温直接影响到茶汤的质量，水温控制不好，再好的茶也出不了茶味。

首先是烧水，烧水时一定要用大火急沸，切忌文火慢煮。水以刚刚煮沸起泡最佳，煮的过久了，水中的二氧化碳就会消失了，这样的水会使茶叶的鲜味丧失，茶味也就不鲜美了。在水质方面，水质好的话，可以在烧开时就泡茶，这样的水最好，煮的时间久了反而会损失微量元素，如果水质不好，就要多煮一会儿，这样可以使杂质沉淀一下，不至于影响茶的香味。

不同的茶叶，有着不同的水温标准。绿茶以80～90℃的水冲泡最好，一般不用100℃的沸水冲泡；红茶和花茶，适应用刚刚煮沸的水冲泡。

> 茶叶越嫩，用的水温相对就越低。

◀图说

> 水温过高会破坏茶叶中的维生素C，不利于健康，但是水温太低了又会妨碍到茶叶的香味。

209 家庭茶艺的投茶法是什么？

投茶法一般可以分为上投法、中投法、下投法三种。

1.上投法 对茶叶的选择比较高。但其先注水后投茶，可以避免紧实的细嫩名茶因水温过高而影响到茶汤和茶姿。其弊端是会使杯中茶汤浓度上下不一，影响茶香的发挥。具体操作时，如晃动一下茶杯，可使茶汤浓度均匀，茶香得以发挥，茶的滋味才会更好。

2.中投法 一般来说，对任何茶都适合，而且这一方法也解决了水温过高对茶叶带来的破坏，可以更好地发挥茶的香味，但是泡茶的过程有些繁琐，操作起来比较麻烦。

3.下投法 此法对茶叶的选择要求不高。此法冲出的茶汤，茶汁易浸出，不会出现上下浓淡不一的情况，色、香、味都可以得到有效的发挥，因此在日常生活中使用的最多。

◀图说 上投法

1.先注水
2.后投茶

1.先投茶
2.后注少量水漫过茶叶

4.茶叶完全浸润后再高冲
3.用手晃动杯子

▲图说 中投法

1.先投茶
2.再以沸水高冲

▲图说 下投法

210 家庭茶艺的冲泡方法是什么？

茶的冲泡方法大致可以分为四种，分别是煮茶法、点茶法、毛茶法、泡茶法。

1.煮茶法 即直接将茶放在茶壶中煮，在我国唐代以前最为普遍。此法多用于茶饼，通常先将茶饼碾碎，然后煮水，在全沸之前，将茶叶加入，等到第二次煮沸时，将煮出的沫舀出，待到第三次沸腾时，和二沸的水融合即可。

2.点茶法 将茶放置在碗中，将水煮沸，在微沸时就冲到碗中，用"茶筅"时打击碗中的茶叶，使水乳交融，汤色浓稠。

3.毛茶法 在茶叶中加入干果，然后直接用开水点泡，饮茶时干果可以食用。

4.泡茶法 此法使用的最为普遍，方法简单易行。对于不同的茶，冲泡方法也各不相同。

▲图说

泡茶法在当今百姓生活中使用频率最高，其基本的宗旨就是发茶味，显茶色，体其香。

211 家庭茶艺的冲泡时间和次数大概是多少?

　　茶叶的冲泡时间和次数,和茶叶的种类、水温、茶叶用量、饮茶习惯等都有关系,因此时间和次数的差别会造成茶汤的明显差异。

　　水温和冲泡时间有着密切关系,当水温高时,冲泡的时间可以相对短一点,水温低时,冲泡时间要适当延长。

　　冲泡茶,第一次时,可溶性物质浸出能达到50%~55%;第二次浸出30%左右;第三次浸出10%左右;第四次几乎没有浸出。因此,一般情况下,泡茶冲三次即可废弃。

　　一般来讲,普通的红茶、绿茶,每杯放3克左右的茶,用沸水200毫克冲泡,4~5分钟即可饮用。如果用中投法,在浸润过茶叶后,冲泡3分钟左右即可。当杯中剩余1/3茶汤时,可以续水,反复冲泡三次最佳。

所用茶叶越多则冲泡所需时间越短。反之,茶叶越少则时间越长。

▲图说

　　通常来说,泡茶的茶叶用量也影响着冲泡的时间。

212 家庭喝茶的冲泡顺序是什么?

　　家庭喝茶的冲泡顺序和一般的传统茶艺冲泡顺序大致相同,这种方法简单易行,十分适合大众饮用。

　　冲泡的步骤如下:

　　1.烫壶　将烧开的沸水倒入壶中直到溢满为止。

　　2.倒水　将壶中的水倒入放置茶壶的茶船中。

　　3.置茶　将茶漏斗放置在茶壶口处,用茶匙将茶拨入茶壶中。这是茶艺中比较讲究的一种方式。

　　4.注水　将烧开的水注入茶壶中,直到泡沫溢出茶壶口即可。

　　5.倒茶　这是一个很关键、很艺术的步骤,然后将茶壶中的茶倒入茶盅中,使茶汤均匀。

　　6.分茶　将均匀的茶汤倒入茶杯中,一般为七分满即可。

　　7.去渣　用茶匙将壶中的茶渣清理干净。

茶壶沿着四个茶杯的走势循环移动。

茶水等量、均匀地倒入各杯。

四个空茶杯紧密靠在一起,形似城池。

▲图说

　　"关公巡城"的倒茶方法不仅使各杯中茶汤、茶香一致,更兼有一定的艺术美感。

213 绿茶的冲泡及品饮方法是什么?

图说

茶汤颜色逐渐变化,茶烟的飘散,茶芽会在杯子中渐渐舒展、上下起伏,这称为"茶舞"。

绿茶的冲泡及品饮方法

1. **洗净茶具**

   茶具可以是瓷杯子,也可以是透明玻璃杯子,透明的杯子更加便于欣赏绿茶的外形和质量。

2. **赏茶**

   在品茶前,要先观察茶的色泽和形状,感受名茶的优美外形和工艺特色。

3. **投茶**

   投茶有上投法、中投法和下投法三种,根据不同的茶选用不同的投法。

4. **泡茶**

   一般用80~90℃的水冲泡茶。

5. **品茶**

   在品茶时,适合小口慢慢吞咽,让茶汤在口中和舌头充分接触,要鼻舌并用,品出茶香。

> 龙井、碧螺春适合上投法,黄山毛峰、庐山云雾适合中投法,六安瓜片、太平猴魁等适合下投法。

> 茶饮至三分之一时,需续水,饮至"三泡茶"时,味道渐淡,可重新换茶叶。

214 红茶的冲泡及品饮方法是什么?

> 红茶和绿茶一样,一般在冲泡2~3次后,就要废弃重新投茶叶;如果是红碎茶,则只适合冲泡一次。

红茶的冲泡及品饮方法

1. **准备茶具**

   将泡茶用的水壶、杯子等茶具用水清洗干净。

2. **投茶**

   如用杯子,放入3克左右的红茶即可;如用茶壶,则参照1∶50茶和水的比例。

3. **冲泡**

   需用沸水,冲水约至八分满,冲泡3分钟左右即可。

4. **闻香观色**

   泡好后,先闻一下它的香气,然后观察茶汤的颜色。

5. **品茶**

   待茶汤冷热适口时,慢慢小口饮用,用心品味。

6. **调饮**

   在红茶汤中加入调料一同饮用,常见调料有糖、牛奶、柠檬片、蜂蜜等。

> 调料品选择与量的把握可根据个人口味自行调配。

> 以选用白瓷杯最好,以便观察茶的颜色。

215 白茶的冲泡及品饮方法是什么?

白茶的冲泡及品饮方法

赏茶时,白茶白毫银针外形宛如一根根银针,给人以美感。

因为白茶没有经过揉捻,所以茶汁很难浸出,滋味比较淡,茶汤也比较清,茶香相较其他茶叶没有那么浓烈。

1. 准备茶具

在选择茶具时,最好用直筒形的透明玻璃杯。

2. 赏茶

在冲泡之前,要先欣赏一下茶叶的形状和颜色,白茶的颜色为白色。

3. 投茶

白茶的投茶量2克左右即可。

4. 冲泡

一般用70℃的开水,先在杯子中注入少量的水,大约淹没茶叶即可,待茶叶浸润大约10秒后,用高冲法注入开水。

5. 品饮

待茶泡3分钟后即可饮用,要慢慢、细细品味才能体会其中的茶香。

▲图说

直筒形的透明玻璃杯可以使人清晰地看到杯中白茶的形状、色泽、冲泡时的姿态和变化等。

216 黄茶的冲泡及品饮方法是什么?

黄茶的冲泡及品饮方法

1. 准备茶具

用瓷杯子和玻璃杯子都可以,玻璃杯子最好,可以欣赏茶叶冲泡时的形态变化。

2. 赏茶

观察茶叶的形状和色泽。

3. 投茶

将3克左右黄茶投入准备好的杯子中。

4. 泡茶

泡茶的开水要在70℃,在投好茶的杯子中先快后慢地注入开水,大约到二分之一处即可,待茶叶完全浸透,再注入八分的水即可。待茶叶迅速下沉时,加上盖子,约5分钟后,将盖子去掉。

5. 品茶

在品饮时,要慢慢啜饮,才能体味其茶香。

可观赏茶在水中沉浮、茶的姿态不断变化、气泡的发生等。

▲图说

泡茶时,茶叶在经过数次浮动后,最后个个竖立,称为"三起三落",这是黄茶独有的特色。

▲图说

清洗干净后要将杯子中的水珠擦干,这样就可以避免茶叶因为吸水而降低茶叶的竖立率。

217 乌龙茶的冲泡及品饮方法是什么？

乌龙茶的冲泡及品饮方法

1. **准备茶具**

   准备好茶壶、茶杯、茶船等泡茶工具，并清洗干净。

2. **投茶**

   投茶量要按照茶水1业30的比例，投在茶壶中。

3. **冲泡**

   将沸水冲入茶壶中，到壶满即可，用壶盖将泡沫刮去，冲水时要用高冲，可以使茶叶迅速流动，茶味出的快；将盖子盖上，用开水浇茶壶。

4. **斟茶**

   茶在泡过大约2分钟后，均匀地将茶低斟在各茶杯中。斟过之后，将壶中剩余的茶水，在各杯中点斟。

5. **品饮**

   小口慢饮，可以体会出其"香、清、甘、活"的特点。

斟茶时注意要低斟，这样可以避免茶香散发影响味道。

"一杯苦，二杯甜，三杯味无穷"，这是乌龙茶品饮时独有的味道。

🔺**图说**

以沸水冲刷壶盖，既可以提高壶的温度，又可以起到情洗茶壶的作用。

218 普洱茶的冲泡及品饮方法是什么？

普洱茶的冲泡及品饮方法

1. **选择茶具**

   一般来说，泡普洱茶要用腹大的陶壶或紫砂壶，由于普洱茶浓度高，这样可以避免茶泡得过浓。

2. **投茶**

   在冲泡时，茶叶分量约占壶身的1/5。

3. **冲泡**

   开水冲入后随即倒出来，湿润浸泡即可；第二泡时，冲入滚烫的开水，浸泡15秒即倒出茶汤来品尝；为中和茶性，可将第二、三泡的茶汤混着喝。第四次以后，每增加一泡浸泡时间增加15秒钟，以此类推。

4. **品饮**

   普洱茶是一种以味道带动香气的茶，香气藏在味道里，感觉较沉。

普洱茶的浓度高，具有耐泡的特性，一般可以续冲10次以上。

🔺**图说**

普洱茶的茶味不易浸泡出来，所以必须用滚烫的开水冲泡。

🔺**图说**

泡普洱砖茶时，如撬开置放约2周后再冲泡，味道更美。

219 花茶的冲泡及品饮方法是什么?

花茶的冲泡及品饮方法

1. 准备茶具

品饮花茶一般用带盖的瓷杯或盖碗。

2. 赏茶

欣赏花茶的外形,花茶中有干花,外形值得一赏。

3. 投茶

将3克左右的花茶投入茶杯中。

4. 冲泡

高档的花茶,最好用玻璃杯子,用85℃左右的水冲泡;中低档花茶,适宜用瓷杯,100℃的沸水。

5. 品饮

在茶泡制3分钟后即可饮用。在饮用前,先闻香,将盖子揭开,花茶的芳香立刻逸出,香味宜人,神清气爽。品饮时将茶汤在口中停留片刻,以充分品尝、感受其香味。

外形漂亮、高档的花茶,也可以用透明的玻璃杯,便于欣赏。

△图说

加上盖子,可以观察茶在水中的变幻、漂浮,茶叶会在水中慢慢展开,茶汤也会慢慢变色。

220 袋装茶的冲泡及品饮方法是什么?

袋装茶的冲泡及品饮方法

1. 准备茶具

袋装茶对茶具要求不高,只要是一般的瓷杯或是玻璃杯即可。

2. 预热茶杯

在杯子中注入少量的开水,摇晃杯子,待杯子变的温热,将开水倒掉。

3. 注水

在预热过的杯子中加入七八分开水。水量要根据个人的口味来定,喜欢浓茶可以减少水量,喜欢淡茶可以多加些水。

4. 投茶

取一袋茶,用手提着线,将茶袋顺着杯子一边缓缓滑入杯子中,盖上盖子闷大约5分钟。

5. 品饮

时间到后,将盖子拿开,抽出茶包即可饮用。

取出茶包时不要用茶匙舀出,会影响到茶的味道。

袋装茶的泡法简单易行,一般情况下,一包袋茶适合冲泡一次,第二次的茶味就会变得极淡,茶香也没有了。

在抽茶包时要提着茶袋在茶汤中晃荡几下,这样可以使茶的浓淡均匀。

221 对茶艺师的基本要求是什么?

茶艺师的基本要求是:

1.职业道德要求

(1) 职业道德基本知识。

(2) 职业守则:热爱专业,忠于职守。遵纪守法,文明经营。礼貌待客,热情服务。真诚守信,一丝不苟。钻研业务,精益求精。

2.基础知识要求

(1) 茶文化基本知识:包括中国用茶的渊源、饮茶方法的演变、茶文化的精神、中外饮茶风俗。

(2) 茶叶知识:包括茶树基本知识、茶叶种类、名茶及其产地、茶叶品质鉴别知识、茶叶保管方法。

(3) 茶具知识:包括茶具的种类及产地、瓷器茶具、紫砂茶具、其他茶具。

图说

茶艺师不仅要有丰富的茶叶、茶具、饮茶知识,更要有严谨、专业的职业态度。

(4) 品茗用水知识:包括品茶与用水的关系、品茗用水的分类、品茗用水的选择方法。

(5) 茶艺基本知识:包括品饮要义、冲泡技巧、茶点选配。

(6) 科学饮茶:包括茶叶主要成分、科学饮茶常识。

(7) 食品与茶叶营养卫生:包括食品与茶叶营养卫生基础知识、饮食业食品卫生制度。

(8) 相关法律、法规知识:包括劳动法相关知识、食品卫生法相关知识、消费者权益保护法相关知识、公共场所卫生管理条例相关知识、劳动安全基本知识等。

222 茶艺表演的形象要求是什么?

茶艺表演者的形象要求不仅是在外表,还要注重内在的气质。茶艺的表演不同于一般的表演,茶艺表演只要表现的是一种文化精神,要表达出清淡、明净、恬静、自然的意境。

茶艺师在表演时,动作要到位,过程要完整,不断加强自身的文化修养,初学者不能从内在体现茶艺的韵味,就要表现得更加自然和谐、从容优雅,在自身修养逐步提高后,自然就能做到温文尔雅,意境悠远。

茶艺师在表演时要和观众进行交流,这也是茶艺师很重要的一课。表演时如果和观众没有交流,只是自己一味地表演,表演必然没有氛围。茶艺师的动作、手势、体态、姿态、表情、服饰都要自然统一,在表演时要用心去感受,体会茶艺的精神。

图说

茶艺师在表演时,每一个动作都要和谐优美,无论坐、站、行都要规范。

223 茶艺表演的气质要求是什么?

茶艺师的气质要求都离不开文化底蕴,这样才能表达出茶艺的"精、气、神",茶艺师在表演茶艺时让观赏者静静地体会出其中的幽香雅韵。如果没有内在,只是外在的表演,那么茶艺师根本就体现不出茶文化的内涵,只是一个单纯的表演而已。

茶艺师在表演时,要用身体姿态和动作来表现出内在气质。例如:坐姿、站姿、走姿、冲泡动作、面部表情等,这些都可以体现出一个茶艺师的气质。

茶艺师要在表演中不断完善自己,用茶来表达自己,要将自己的思想融合在表演中的每一个细节中。茶艺师在表演时要顺应茶性,将茶的特色和本色冲泡出来,这样才能将茶的真谛表达出来。

神情的淡定。

身姿的和谐;

动作的优雅;

▶图说

茶艺师举手投足间的呈现与变化都能表现出其自身的内在气质,从容不迫才能给人以沉稳之感。

224 茶艺表演的环境要求是什么?

茶艺表演的环境要求是清、净、美。

清,就是说纯洁、无邪、清醒、无杂念。茶艺表演中的清则要求人、水、环境要保持清爽,清的另一个含义就是茶可以使人清醒头脑。

净,就是说洁净、净化。在茶艺表演中要求人的衣着、环境、茶叶、茶具、水都要保持洁净,人的洁净包括头发、手、衣服等,女性不要浓妆艳抹使人感到不舒服。桌椅要清洁,表演场所没有杂物。茶具必须干净,符合饮用标准。"净"还要求人的思想上、心灵上净化,没有杂念。

美,是指美好、优美。茶艺表演中要符合茶道的美,符合美学的要求,还要符合中国传统的审美情趣。首先是环境一定要布置得美,使人赏心悦目;其次是茶艺师一定要穿着得体,表演动作优美;再次是茶具要美。

◀图说

虽然在茶艺表演中很难做到完全"清",但是茶艺一定要追求"清",给人们营造一个"清"的氛围。

225 茶艺表演过程中要怎样运用插花？

　　茶艺表演中的插花，不同于一般的插花，在茶艺表演中运用插花是为了体现茶的精神，追求自然、朴实典雅的风格，花不求多，只要有一两枝点缀即可。

　　茶艺表演中的插花形式，可以分为直立式、倾斜式、悬挂式和平卧式四种。直立式指鲜花的主枝干呈直立状，其他配花也都呈直立向上的姿态。倾斜式指花的主枝干呈倾斜姿态。悬挂式指插花主枝在花器上的造型为悬挂而下。平卧式指的是全部的花卉在一个平面上。茶席插花中，最常用的是直立式和悬挂式。

▲图说
茶艺插花的基本要求是简洁、淡雅、小巧、精致，其作用主要是体现茶道精神与烘托意境。

　　茶艺表演中的插花意境有具象表现和抽象表现两种表现方法。具象表现是指没有夸张的设计，一切动作都是平凡真实，没有刻意营造的迹象，意境清晰明了。抽象表现是指表现的手法以夸张和虚拟为主。

　　茶艺表演中的插花用的花器是插花的关键，插花的造型很大程度上都是需要花器的依托，不同的花器表现出来的造型是截然不同的。总体来说，茶艺表演中的花器需要和花配合，大小适中，一般选择竹、木、草编、藤编和陶瓷的材质，可以表现出原始、自然、朴实的美感。

226 茶艺表演过程中的服饰要求是什么？

　　茶艺表演中要根据不同的表演来确定服饰。总体而言，其服饰要求是要和表演的主题相符，服装得体、衣着端庄，符合大众的审美要求。茶艺表演中的服装也要和表演场所的环境相协调，如果环境是仿古式场所，就应该穿古装；如果表演场所以黄色色调为主，着装可选青、绿、兰、白等相应色调；如果是在日式的茶楼，可以用日本和服作为表演服饰。

庄重得体的禅衣。

燃起檀香的香炉。

▶图说
在"禅茶表演"中要穿和主题相关的禅衣作为表演服饰。

227 茶艺表演过程中怎样选择音乐?

茶艺表演中的音乐要和茶艺所表演的主题相符，这样有助于客人更快融入其中，表演效果也会更好。

茶艺表演中的音乐一般都是用来配合表演营造意境，同时也能使人心平气和，全身心投入表演中。音乐的选择有很多，一般都是以符合表演为前提。中国古典名曲是表演中常用的曲子，中国古典名曲的典雅韵味，正好和茶道的精神符合，一般可以选用《春江花月夜》《彩云追月》《塞上曲》《平湖秋月》等。

大自然的声音也是很多茶艺表演中的首选，运用这些声音，即使在室内也会给人一种置身大自然的清静，例如山泉飞瀑、小溪流水、雨打芭蕉、风吹竹林、秋虫鸣唱等都是常用的音乐。

潺潺的溪流声。

林木间的风声。

▲图说

大自然中所熟悉的声音，都可以轻松营造出品茶的自然意境。

228 茶艺表演过程中怎样选择茶叶?

茶艺表演中最重要的道具就是茶叶，茶叶是整个茶艺表演的根本，茶叶的品质直接影响到茶艺表演的好坏。

在茶艺表演中，要根据不同的茶叶来选择不同的冲泡技艺和表现形式，这样才能充分表现出茶叶的特点和品质。从茶叶中才能看出表演的灵魂，离开了茶叶，茶艺表演只是一个空洞、没有内容的普通表演而已，根本表现不出茶的内涵和韵味。而茶艺表演的过程就是力求将所选茶叶的外观、色泽、香气以及动静态间的内涵与韵味充分地展现出来。

宜选用玻璃杯冲泡法，并直接品饮。

一般的优质绿茶外形都很漂亮。

▼图说

优质绿茶表演就要突出茶叶的外形，在表演时要充分显示绿茶的外形、色泽及其文化内涵。

229 茶艺表演过程中怎样运用茶具搭配?

茶艺表演中的茶具搭配也是很重要的一个内容,茶具是茶艺表演的外在表现。选择茶具时,一定要和茶叶的品质特点相匹配,也要能体现茶艺的精神内涵。

从茶叶产生时,茶具就是一个重要的课题,人们在研究茶的时候,总是将茶具规划进去。在古代,茶具种类就很多,唐代陆羽的《茶经》中,记载了适宜烹茶、品饮的二十四器。现代的茶具更加多样,从材料上可以分为陶土、瓷器、玻璃、竹木、金属等。从功能、颜色和造型上,茶具的种类更加多姿多彩。

例如:在凤凰单枞茶的茶艺表演,要选用盖碗和公道壶作为主泡器具,这样可以突出它的"花香蜜韵"、色泽、制作工艺及其冲泡"功夫";公道壶可以将"关公巡城"与"韩信点兵"合二为一,更能体现出茶道精神中的和谐、公平。

▼图说
盖碗不仅方便"闻香观色",更能体现出"功夫茶"的冲泡技艺。

中间为略浅而小的茶碗,易于察形观色。

上有盖,可保温、留香。

下有杯托。

230 茶艺表演过程中的位置、顺序、动作是怎样的?

茶艺表演和一般的品茶不同,这是一种艺术,因此位置、顺序、动作都不能混乱或者错误,这些都是根据科学、美学原理制订的,符合"和、敬、清、寂"的茶道精神,因此在表演时一定要遵循这些规则。

茶艺表演过程中的位置有主泡茶艺师的位置,助泡茶艺师的位置,客人的位置,茶具摆放的位置;茶艺表演过程中的顺序有茶艺师入场出场的顺序,客人出场的顺序,奉茶的顺序,茶具进出的顺序;茶艺表演过程中的动作有茶艺师行走的动作,泡茶的动作,奉茶的动作。

▲图说
茶艺表演的位置、顺序、动作所遵循的原则是合理性、科学性,符合美学原则及遵循茶道精神,符合中国传统文化的要求。

231 龙井茶的冲泡演示过程是怎样的?

首先准备好用具: 龙井茶、透明玻璃杯、水壶、清水罐、水勺、赏泉杯、赏茶盘、茶匙等。

茶艺步骤

1. 初识仙姿

即观赏龙井干茶外形,了解龙井茶常识。

2. 再赏甘霖

冲泡龙井茶需用杭州虎跑泉水。将硬币轻轻置于盛满虎跑泉水的赏泉杯中,硬币置于水上而不沉,水面高于杯口而不外溢,表明水分子密度高、表面张力大,碳酸钙含量低。如此再请来宾品赏这甘霖佳泉。

◀图说

虎跑泉,位于浙江省杭州市西南大慈山白鹤峰下慧禅寺,有"天下第三泉"的赞誉,甜美的虎跑泉水冲泡清香的龙井名茶,鲜爽清心,茶香宜人。

3. 静心备具

怀着一颗圣洁之心,将水注入将用的玻璃杯,一来清洁杯子,二来为杯子增温。

4. 悉心置茶

将龙井茶叶从茶仓中轻轻取出,每杯用茶2~3克。心态平静地将茶叶置入杯中,然后按照1:50的比例为干茶注水。

5. 温润茶芽

采用"回旋斟水法"向杯中注水少许,目的是浸润茶芽,使干茶吸水舒展,为将要进行的冲泡打好基础。

 6. 凤凰三点头

温润的茶芽已经散发出一缕清香,这时高提水壶,让水直泻而下,接着利用手腕的力量,上下提拉注水,反复三次,让茶叶在水中翻动。三点头表示对茶和茶客的敬意。

 7. 甘露敬宾

敬茶是中国传统礼俗,将自己精心泡制的香茶与朋友共赏,一起领略大自然赐予的精美。

8. 辨香识韵

闻其真香,则香气清新醇厚;细品慢啜,体会齿颊留芳、甘泽润喉的感觉。

◀图说

龙井茶"色绿、香郁、味甘、形美",汤色嫩绿(黄)明亮,滋味清爽或浓醇,清香或嫩果香,叶底嫩绿。

232 黄山毛峰的冲泡演示过程是怎样的?

在冲泡黄山毛峰之前，首先要准备好相关的茶具，有茶杯、茶匙、茶荷、茶船、茶托、茶壶、茶盘、茶巾等。

可见茶芽肥壮、均匀、整齐、多毫。

色泽嫩绿微黄而且油润。

茶艺步骤

1. 温杯烫盏

用热水温暖茶杯，既可以清洁茶，又使茶杯的温度得以提高。

2. 鉴赏茶叶

欣赏毛峰干茶的外观：外形细扁微曲，状如雀舌，带有金黄色鱼叶。

3. 飞澈甘霖

用左手托住杯底，右手拿杯，从左到右由杯底至杯口逐渐回旋一周，然后将杯中的水倒出，此举为的是浸润茶杯，以更好地欣赏黄山毛峰的茶叶、茶汤。

4. 执权投茶

冲泡黄山毛峰采用中投法，用茶匙把茶荷中的茶拨入茶杯中，茶与水的比例约为1业50。

5. 峰降甘露

将热水倒入杯中约茶杯的1/4，水温以85～90℃为宜。

6. 温润泡

轻轻摇动杯身，促使茶汤均匀，加速茶与水的充分融合。

7. 悬壶高冲

即凤凰三点头，执壶高冲水，似高山涌泉，飞流直下。茶叶在杯中上下翻动，促使茶汤均匀，同时，也蕴含着三鞠躬的礼仪。

8. 观茶品茶

欣赏黄山毛峰汤色的清澈明亮；品尝香气清鲜高长，滋味鲜浓、醇厚；回味甘甜。

9. 共品香茗

邀朋友共饮佳茗，祝福朋友万事如意。

 ▶图说

黄山毛峰"香高、味醇、汤清、色润"，汤色清澈明亮；叶底嫩黄肥壮，滋味鲜浓、醇厚，回味甘甜。

233 碧螺春的冲泡演示过程是怎样的？

首先准备好品茶工具：一支香，一个香炉，四只玻璃杯，一套电随手泡，一个木茶盘，一个茶荷，一套茶道具，一个茶池，一条茶巾。

茶艺步骤

1. 焚香通灵

在品茶之前，先点燃一支香，让心灵平静下来，准备细品、悟碧螺春茶的自然清香，即所谓的"茶须静品，香能通灵"。

2. 仙子沐浴

即首先清洗下杯子，以晶莹剔透的玻璃杯来泡茶，好比为冰清玉洁的仙子沐浴，以此表示对茶的崇敬。

3. 玉壶含烟

烫洗了茶杯之后，不用盖上壶盖，而是敞着壶，让壶中的开水（80℃左右）随着水汽的蒸发而自然降温。壶口蒸汽袅袅，正应了"玉壶含烟"。

4. 碧螺亮相

即请大家轮流鉴赏干茶。赏茶即是了解碧螺春的第一绝——形美：条索纤细、卷曲成螺、满身披毫、银白隐翠，宛若秀外慧中的碧螺姑娘。

5. 雨涨秋池

向玻璃杯中注水，水只注到七分满，留下三分装情。此典出自唐代诗人李商隐的"巴山夜雨涨秋池"。

6. 飞雪沉江

用茶导将茶荷里的碧螺春依次拨到已冲了水的玻璃杯中去。满身披毫、银白隐翠的碧螺春就如雪花飘落一般，纷纷扬扬至杯中，吸收水分后即下沉，瞬间如白云翻滚，雪花翻飞，这就是飞雪沉江。

7. 春染碧水

热水溶解了碧螺春茶中的营养物质，茶汤逐渐变绿，如春姑娘初降人间，整个大地充满了绿意。

8. 绿云飘香

即闻香。碧绿的茶芽，碧绿的茶水，在杯中如绿云翻滚，袅袅的蒸汽使得茶香四溢，清香袭人。

9. 初尝玉液

头一口如尝玄玉之膏、云华之液，感到色淡、香幽、汤味鲜雅。然后趁热细品。

10. 再啜琼浆

二啜感到茶汤更绿、茶香更浓、滋味更醇，并开始感到了舌本回甘，满口生津。

11. 三品醍醐

品第三口茶时，已不仅仅是品茶，而是品太湖春天的气息、洞庭山的生机、人生的真谛，正如佛教所说的醍醐灌顶。

图说

传言饮下七碗碧螺春茶后会有"清风生两腋，飘然几欲仙。神游三山去，何似在人间"的美妙感受。

234 都匀毛尖的冲泡演示过程是怎样的?

首先准备好玻璃茶杯,香一支,白瓷茶壶一把,香炉一个,茶盘一个,开水壶两个,锡茶叶罐一个,茶巾一条,茶道器一套,都匀毛尖茶每人2 3克。

茶艺步骤

1. 焚香除妄念

品茶需要心平气和,先点燃一支香,"焚香除妄念"就是令人在袅袅的香气中感受祥和、肃穆的气氛。

2. 冰心去凡尘

即用开水清洗茶具,使茶杯冰清玉洁,一尘不染,以迎接集天地精华之茶。

3. 玉壶养太和

即将开水预先倒入瓷壶中养一会儿,使水温降至80℃左右。因都匀毛尖属于芽茶类,茶叶细嫩,太热的水会破坏茶芽中的维生素,导致茶汤失味。

4. 清宫迎佳人

用茶匙把茶叶投放到冰清玉洁的玻璃杯中。此典出自苏轼之诗:"戏作小诗君勿笑,从来佳茗似佳人。"

5. 甘露润莲心

优质都匀毛尖外观如莲心,乾隆也曾把茶叶称为"润心莲"。此程序就是泡茶之前先向杯中注入少许热水,起到润茶的作用。

6. 凤凰三点头

冲茶时,水壶有节奏地三起三落,像是凤凰向客人点头致意。

7. 碧玉沉清江

冲入热水后,茶先是浮在水面上,而后慢慢沉入杯底,即"碧玉沉清江"。

8. 观音捧玉瓶

将泡好的茶敬奉给客人,祝福朋友。因佛教故事中观音菩萨捧着一个白玉净瓶,净瓶中的甘露可消灾祛病,救苦救难。此程序表达了对茶人的美好祝福。

9. 春波展旗枪

这是毛尖茶艺的特色,即杯中的热水如春波荡漾,在热水的浸泡下,茶芽慢慢舒展开来。

10. 慧心悟茶香

品茶前,先闻一闻茶香,充分领略都匀毛尖的清幽淡雅,慢慢用心灵感悟春天的气息,以及清醇悠远、难以言传的生命之香。

11. 淡中品韵味

都匀毛尖茶汤清纯甘鲜,淡而有味。用心去品,从淡淡的茶香中品味天地间至清、至醇、至真、至美的韵味。

△图说

千姿百态的茶芽在玻璃杯中随波晃动(一芽两叶的称为"雀舌"),如新生命在清碧澄净的茶水中舞蹈。

235 祁门红茶的冲泡演示过程是怎样的？

准备好用具：瓷质茶壶、茶杯（以青花瓷、白瓷茶具为好）、赏茶盘或茶荷、茶巾、茶匙、奉茶盘、热水壶及风炉（电炉或酒精炉皆可）。

茶艺步骤

1. "宝光"初现

欣赏祁门红茶的乌黑润泽，即观赏"宝光"。

2. 清泉初沸

热水壶中用来冲泡的泉水经加热，微沸，壶中上浮的水泡仿佛"蟹眼"已生。

3. 温热壶盏

用初沸之水，注入瓷壶及杯中，为壶、杯升温。

▶图说

蟹眼，即是螃蟹的眼睛，《辞源》中解释为"初滚为蟹眼，泡渐大为鱼眼"。

4. "王子"入宫

用茶匙将茶荷或赏茶盘中的红茶轻轻拨入壶中。因祁门功夫红茶也被誉为"王子茶"，因此得名。

5. 悬壶高冲

用初沸的水（100℃左右）高冲，可以让茶叶在水的激荡下，充分浸润，以利于色、香、味的充分发挥。

6. 分杯敬客

用循环斟茶法，将壶中之茶均匀地分入每一杯中，使杯中之茶的色、味一致。

7. 喜闻幽香

祁门红茶是世界上公认的三大高香茶之一，其香浓郁高长，有"群芳最"之称。因此，泡好的祁门红茶，一定先闻它的浓香。

8. 观赏汤色

茶汤的明亮度和颜色，还表现了红茶的发酵程度和茶汤的鲜爽度。再观叶底，嫩软红亮。因此，观赏红茶汤，也是一种清雅的享受。

9. 品味鲜爽

祁门红茶以鲜爽、浓醇为主，滋味醇厚，回味绵长。茶人需缓啜品饮。

◀图说

祁门红茶的汤色红艳，杯沿有一道明显的"金圈"。

10. 再赏余韵

一泡之后，可再冲泡第二泡茶。

11. 三品得趣

红茶通常可冲泡三次，三次的口感各不相同，细饮慢品，徐徐体味茶之真味，方得茶之真趣。

236 牛奶红茶的冲泡演示过程是怎样的？

先将泡茶用具备齐，并按照冲泡顺序依次放置好，主要有白瓷壶、牛奶壶、茶杯、茶则、茶托、品茗杯等。

茶艺步骤

1. 倾茶入则

将茶叶放入茶则中。

2. 鉴赏佳茗

请来宾鉴赏茶叶外形，向客人介绍红茶的特点以及牛奶红茶的特点。

3. 清泉初沸

将泡茶用的水烧开。

4. 白鹤沐浴

将烧开的水，淋浇壶身，用来提高壶温。

5. 高山流水

把壶里的水倒入品茗杯中，动作要缓慢，要保持住水流不要断。

6. 佳人入宫

用茶匙将茶叶投入茶壶中。

7. 悬壶高冲

用高冲法，将水注入茶壶中，直至壶满，这样可以使茶叶上下翻滚。

8. 推泡抽眉

用茶壶盖子将壶口的浮沫抹去，然后把壶盖盖好。

9. 重洗仙颜

再次用开水淋浇壶身，以免壶身温度过低。

10. 玉液移壶

把泡好的茶汤倒入茶盅中，将牛奶倒入搅拌均匀。

11. 若琛出浴

将品茗杯中的水倒入茶船。

12. 韩信点兵

将搅拌均匀的茶汤平均分到品茗杯中。

13. 敬奉香茗

用双手将茶托拿起，奉给客人，向客人额首行礼。

14. 三龙护鼎

饮用时，用拇指和示指扶杯，中指托住杯底。

15. 鉴赏汤色

欣赏茶汤的颜色及光泽，汤汁浓稠，白中带点茶的浅红。

16. 喜闻幽香

将茶杯移到鼻端缓缓移动，闻香，奶香中带着茶香，融合的十分完美。

17. 细品佳茗

将杯中茶汤分三次入口，慢慢啜饮，细细品味。

18. 重赏余韵

饮完茶汤后，再次将空杯置鼻端闻余香，奶香悠悠，回味悠长。

 图说

红茶最大的特点在于其能够容纳不同调料的同时，保持自身的香气与滋味，牛奶红茶则完美地将两味材料融合起来，并兼顾茶的韵味与牛奶的香浓。

237 柠檬红茶的冲泡演示过程是怎样的?

将泡茶用具备好,并按照冲泡顺序放置好,主要有白瓷壶、茶杯、茶则、茶托、品茗杯等,准备适量的红茶茶叶和新鲜柠檬片若干。

茶艺步骤

1. 倾茶入则

将茶叶放入茶则中。

2. 鉴赏佳茗

请来宾鉴赏茶叶外形,向客人介绍红茶的特点以及柠檬红茶的特点。

3. 清泉初沸

将泡茶用的水烧开。

4. 白鹤沐浴

将烧开的水,淋浇壶身,用来提高壶温。

5. 高山流水

把壶里的水倒入品茗杯中,动作要缓慢,要保持住水流不要断。

6. 佳人入宫

用茶匙将茶叶投入茶壶中。

7. 悬壶高冲

用高冲法,将水注入茶壶中,直至壶满,这样可以使茶叶上下翻滚。

8. 推泡抽眉

用茶壶盖子将壶口的浮沫抹去,然后把壶盖盖好。

9. 重洗仙颜

再次用开水淋浇壶身,以免壶身温度过低。

10. 玉液移壶

在茶盅中放入柠檬片,把泡好的茶汤倒入茶盅中。

11. 韩信点兵

将搅拌均匀的茶汤平均分到品茗杯中。

12. 敬奉香茗

用双手将茶托拿起,奉给客人,向客人颔首行礼。

13. 三龙护鼎

饮用时,用拇指和示指扶杯,中指托住杯底。

14. 鉴赏汤色

欣赏茶汤的颜色及光泽,汤汁清爽,色泽亮丽。

15. 喜闻幽香

将茶杯移到鼻端缓缓移动,闻香,茶香中带着柠檬的微酸,令人清新舒爽。

16. 细品佳茗

将杯中茶汤分三次入口,慢慢啜饮,细细品味。

17. 重赏余韵

饮完茶汤后,再次将空杯置鼻端闻余香。

果实汁多肉脆,有浓郁的芳香气。

▶图说

柠檬红茶中柠檬片的数量根据品饮者的口味决定,既可放入杯中,也可插在杯沿处。

238 银针白毫的冲泡演示过程是怎样的?

首先准备好器具:水晶玻璃杯四只,酒精炉一套,茶道具一套,青花茶荷一个,茶盘一个,香炉一个,香一支,茶巾一条。

茶艺步骤

稍待5分钟后,汤色泛黄时即可细细品味其味道。

▶图说

由于银针白毫在制作时未经揉捻,因而冲泡后茶叶内含物质不易即刻释出。

1. 天香生虚空

一缕香烟,悠悠袅袅,把茶人心带到虚无空灵、湛然冥真心的境界。

2. 万有一何小

向品茶者介绍银针白毫的品质特征与人文传说,将少量茶叶置于赏茶盘中令其品鉴。根据佛家说法,万事万物(万有)都可纳入须弥芥子之中,一花一世界,一沙一乾坤,鉴茶不仅仅是欣赏茶叶的色、香、味、形,更注重在探求茶中包含的大自然无限的信息。

3. 空山新雨后

杯如空山,水如新雨,意境深远。

4. 花落知多少

把茶荷中的茶叶拨入茶杯,茶叶如花飘然而下。

5. 泉声满空谷

先在杯中冲入少量开水,使茶叶浸润10秒钟,然后以高冲法冲入开水,水温以70℃为宜。此诗句来自宋代欧阳修的《蛤蟆碚》,形容冲水时甘泉飞注、水声悦耳的景象。

6. 池塘生春草

形容冲泡白毫银针时从玻璃杯中看到的趣景:开始茶芽浮于水面,在热水的浸润下,茶芽逐渐舒展开来,吸收了水分后沉入杯底,此时茶芽条条挺立,在碧波中晃动如迎风漫舞,像是要冲出水面去迎接阳光。

7. 谁解助茶香

从古至今,万千茶人都爱闻茶香,又有几个人能说得清、解得透茶清郁、隽永、神秘的生命之香!

8. 努力自研考

摒弃功利之心,以闲适无为的情怀,细细品味茶的清香、茶的意境,努力使自己步入醍醐沁心的境界,品出茶中的物外高意。

▶图说

银针白毫冲泡后杯中的趣景恰似谢灵运诗中所言:"池塘生春草",使人观之尘俗尽去,生机无限。

239 君山银针的冲泡演示过程是怎样的?

首先准备好所需器具,直筒形透明玻璃杯3个,玻璃片3个,茶托3个,茶叶盒、赏茶碟、水盂、开水壶、茶巾各一,茶匙组合一套。

茶艺步骤

1. 银针出山
向客人展示君山银针茶的外形,茶芽整齐划一地放在展盘中,并向客人介绍君山银针的特点。

2. 活煮山泉
泡茶用的水以山泉为最佳,适合用新煮沸的开水。如果水温过低则不利于茶芽在杯中的竖立。

3. 盥手净心
无论是茶艺师还是品茶人都要盥手净心,这个是和中国茶道中的清、静、和、虚相对应的,目的是要品茶人心中无杂念,专心致志地品茶。

4. 温热杯身
用开水预热茶杯,这样可以避免泡茶的水温过快变凉,同时也能清洗茶杯。

5. 擦干水珠
将茶杯中的水珠擦干,这样可以避免茶芽吸水而降低竖立率。

6. 银针入杯
冲泡君山银针适合用透明玻璃杯,这样方便观察茶叶冲泡时在杯子中的姿态。每个杯子中大约投入干茶3克,这个量最适合观赏。

7. 悬壶高冲
用高冲法冲泡茶,冲注时要先快后慢,分两次冲泡。第一次冲泡至杯身三分之二处停下来,观察杯中茶叶的变化,欣赏过"白鹤飞天"后,再冲开水至接近杯口。

8. 盖杯静卧
将玻璃片盖在茶杯上,可以让茶芽均匀吸水,下沉速度更快,茶针下沉过程会比较慢,这时要有耐心等待。

9. 雀嘴含珠
茶芽内部含有空气会在茶芽尖端产生气泡,使茶芽微微张开很像雀鸟的喙,因此叫"雀嘴含珠"或"雀舌含珠"。

10. 刀枪林立
茶芽直立在杯中,有点类似于"刀枪林立",此时轻轻摇动茶杯,茶芽会随着摆动,有着"林海涛声"的意境。

11. 三起三落
茶芽沉入杯底后,还会有少数上升,称为"三起三落"。

12. 白鹤飞天
冲泡大约5分钟后,除去杯盖,会看见一缕水蒸气从杯中缓缓升起。

13. 喜闻清香
轻轻闻香,茶香清雅,给人带来清爽的感觉。

14. 品饮奇茗
慢慢细品,茶汤滋味鲜爽,回味甘甜。

15. 尽杯谢茶
将杯子中的茶饮尽,主客道谢、告别。

 图说

君山银针冲泡中茶芽直立杯中,诗人将此比喻为"春笋出土",书法家则比喻为"万笔书天",这是整个过程中最值得欣赏的一道景观。

240 铁观音的冲泡演示过程是怎样的?

预先准备好所需器具,如赏茶碟、紫砂水平壶、开水壶、公道杯、品茗杯、闻香杯、茶巾、茶道组合等,并将它们按正确的顺序摆放。

茶艺步骤

7. **乌龙入宫** 把乌龙茶拨入紫砂壶内。
8. **百丈飞瀑** 用水流使茶叶翻滚,达到温润和清洗茶叶的目的。
9. **玉液移壶** 把紫砂壶中的初泡茶汤倒入公道杯中。
10. **分盛甘露** 再把公道杯中的茶汤均匀分到闻香杯。
11. **凤凰三点头** 采用三起三落的手法向紫砂壶注水至满。
12. **春风拂面** 用壶盖轻轻刮去壶口的泡沫。
13. **重洗仙颜** 用开水浇淋壶体,洗净壶表,同时达到内外加温的目的。
14. **内外养身** 将闻香杯中的茶汤浇淋在紫砂壶表,起到养壶的作用,同时可保持壶表的温度。
15. **游山玩水** 用紫砂壶在茶船边沿旋转一圈后,移至茶巾上吸干壶底水。

1. **焚香静气** 焚点檀香,营造肃穆祥和的气氛。
2. **活煮甘泉** 泡茶以山水为上,用活火煮至初沸。
3. **孔雀开屏** 向客人介绍冲泡的茶具。
4. **叶嘉酬宾** 请茶客观赏茶叶,并向人们介绍铁观音的外形、色泽、香气特点。
5. **孟臣淋霖** 用沸水冲淋水平壶,提高壶温。
6. **高山流水** 即温杯洁具,把紫砂壶里的水倒入品茗杯中,动作舒缓起伏,保持水流不断。

▶图说

铁观音由于发酵期短仍偏寒性,消脂促消化功能突出,茶香浓郁,尤耐冲泡,需注意空腹不能喝铁观音,否则易醉茶。

16. **自有公道** 把泡好的茶倒入公道杯。
17. **关公巡城** 将公道杯中的茶汤快速巡回均匀分到闻香杯至七分满。
18. **韩信点兵** 将最后的茶汤用点斟的手式均匀地分到闻香杯中。
19. **若琛听泉** 把品茗杯中的水倒入茶船。
20. **乾坤倒转** 将品茗杯倒扣到闻香杯上。
21. **翻江倒海** 将品茗杯及闻香杯倒置,使闻香杯中的茶汤倒入品茗杯中,然后放在茶托上。
22. **敬奉香茗** 双手拿起茶托,齐眉奉给茶客,向茶客行注目礼,然后重复若琛听泉至敬奉香茗程序。

23. **空谷幽兰** 示意茶客用左手旋转拿出闻香杯热闻茶香,双手搓闻茶底香。
24. **三龙护鼎** 示意茶客用拇指和示指扶杯,中指托杯底拿品茗杯。
25. **鉴赏汤色** 观赏茶汤的颜色及光泽。
26. **初品奇茗** 在观汤色、闻茶香后,开始品茶味。
27. **领略茶韵** 冲泡三道茶汤后,让茶客细细体味铁观音的真韵。
28. **游龙戏水** 即鉴赏叶底,把泡开的茶叶放入白瓷碗中,让茶客观赏铁观音"绿叶红镶边"的质量特征。
29. **尽杯谢茶** 宾主起立,共干杯中茶,相互祝福、道别。

241 潮汕功夫茶的冲泡演示过程是怎样的?

预先准备好所需的器具,如宜兴紫砂壶、茶杯、水壶、潮汕烘炉(电炉或酒精炉)、赏茶盘、茶船、茶匙等,其中茶以安溪铁观音、武夷岩茶为佳。

茶艺步骤

1. 鉴赏香茗

从储茶罐中取出泡一壶茶的茶叶量,放置在赏茶盘中,让客人欣赏干茶叶,并且介绍茶叶的特点。

2. 孟臣淋霖

用沸水淋浇壶身,称之为"温壶",目的是为壶体加温。

3. 乌龙入宫

用茶匙将茶叶投入茶壶中,顺序应该是先细茶再粗茶然后是茶梗。

4. 悬壶高冲

往茶壶中注水,直至满壶。

5. 春风拂面

用壶盖刮去壶口的泡沫,盖上壶盖,然后淋壶以冲去壶顶的泡沫。淋壶不能淋到气孔,不然水会进入壶中。淋壶可以使壶内外都热,有利于茶香的发挥。

6. 熏洗仙颜

将壶中的水快速倒出,称为"洗茶",目的是洗去茶叶表面的浮尘。

7. 若琛出浴

用第一泡茶水烫杯,称为"温杯"。

8. 玉液回壶

用高冲法再次将壶内注满沸水。

9. 游山玩水

手拿茶壶沿着茶船转一圈,将壶底的水滴滴干净,避免倒茶时将水滴在杯中,影响茶的清洁,这个称为"运壶"。

10. 关公巡城

向客人循环斟茶,茶壶像巡城的关羽,可以使杯中茶汤浓淡一致。

11. 韩信点兵

茶汤将尽时,将壶中所剩余的茶依次斟在每一杯中,点茶时要一点一滴平均分注,称为韩信点兵。

12. 敬奉香茗

先敬主宾,老幼排序。

13. 品香审韵

先闻香,后品茗。用拇指和示指扶住杯沿,用中指抵住杯底,称为"三龙护鼎"。

14. 领略茶韵

重复第七步至第十二步动作,让茶客体味第二、第三泡茶的神韵。

▲图说

潮汕功夫茶投茶时要注意先细茶再粗茶然后是茶梗的投茶顺序,投茶量因人、因茶、因壶而异,宜多不宜少,方可品出其香浓味正。

242 台湾功夫茶的冲泡演示过程是怎样的?

将需要的茶具准备好,如茶荷、随手泡、紫砂壶、品茗杯、闻香杯、茶海、水盂、茶巾、茶叶盒、茶具组合等,并按照泡茶的顺序依次摆放好。

茶艺步骤

1. 焚香静气

品茶需要心平气和,先点燃一支香,"焚香除妄念"就是令人在袅袅的香气中感受祥和肃穆的气氛。

2. 活煮甘泉

将泡茶用的水煮沸。

3. 孔雀开屏

向客人介绍茶具。

4. 佳叶酬宾

让客人鉴赏茶叶,了解茶叶的特点。

5. 大彬沐淋

将开水淋浇在茶壶上,目的是提高壶温。

6. 乌龙入宫

将茶叶投入茶壶中。

7. 高山流水

用高冲法,向壶中注水,注水时要三起三落。

8. 乌龙入海

将壶中的第一泡茶汤倒入茶海。

9. 重新洗颜

再次向茶壶中注水,直至壶满。

10. 母子相抚

将母壶中的茶水倒入子茶壶中。

11. 再注甘露

再次向茶壶中注水,并用开水淋浇壶身。

12. 祥龙行雨

将子壶中的茶汤倒入闻香杯中。

13. 凤凰点头

将茶海中的茶汤点斟到各品茗杯中。

14. 奉杯敬茶

将茶杯敬奉到客人面前。

15. 品茗闻香

品茗时要小口啜饮,品后要闻杯底的留香。

葫芦瓢形状的过滤网。

均匀茶汤色泽、滋味浓淡的茶海。

▲图说

茶汤分配上,台湾功夫茶并不是运用循环往复、分别滴沥来完成茶汤的口味均匀,而是通过将茶汤倒入茶海混合来完成的。

243 普洱茶的冲泡演示过程是怎样的？

冲泡之前预先准备好所需的器具，并按照正确的顺序排放好，主要器具有盖碗、紫砂壶、公道壶、茶船、茶托、品茗杯、茶匙等。

茶艺步骤

1. 孔雀开屏

介绍普洱茶、冲泡的茶具，让客人了解普洱茶的特点和功效，茶具的用处等。

2. 温杯洁具

用沸水烫洗紫砂壶、盖碗、公道壶等茶具。

3. 高山流水

将公道壶中水用一起一落的手法倒入品茗杯中。

4. 普洱入宫

用茶匙将普洱茶投入盖碗中。

5. 游龙戏水

用定点大水流的手法，将水注入盖碗中。

6. 淋壶增温

把盖碗中初泡的茶水倒在公道壶上，目的是养壶。

普洱熟茶口味醇厚温润，不刺激肠胃，是品茶者较佳的入门之选。

图说

> 冲泡普洱茶要先注满进行温润泡，为的是唤醒茶性，去除紧压茶中的杂味，使茶叶充分舒展。

7. 悬壶高冲

用高冲的手法，将沸水注入盖碗中泡茶，用盖子将浮沫轻轻刮去，再用沸水淋浇茶碗盖。

8. 玉液移壶

盖上茶盖，静放片刻，打开盖子将盖碗中的茶汤倒入公道壶中，使茶汤浓淡均匀一致。

9. 凤凰行礼

在将茶汤倒入公道壶时，要用三起三落的手法，称为"凤凰行礼"，表示对客人的尊敬。

10. 若琛听泉

将品茗杯中的水倒入茶船。

11. 普降甘露

把公道壶中的匀好的茶汤依次倒入品茗杯中，大约七分满即可。

12. 品香审韵

将品茗杯放在茶托上，齐眉奉至客人面前，请客人品茗。

13. 自斟慢饮

可以让客人自己续水，亲身感受冲泡茶的趣味。

14. 敬奉茶点

根据客人不同的需要奉上茶品。

15. 尽杯谢茶

主人与来客起身共饮杯子中的茶，然后相互祝福、道别。

244 花茶的冲泡演示过程是怎样的?

准备好冲泡花茶的相关器具，如茶叶罐、赏茶碟、茶盘、盖碗、水盂、香、茶巾、茶匙组合等。

茶艺步骤

5. **佳叶共赏** 鉴赏茶叶的外形，向客人介绍茶叶的特点。
6. **烫具净心** 泡茶前要烫茶碗，这样有利于茶汁的迅速浸出，倒水时要柔和。
7. **飞瀑迭荡** 将汤杯的水倒出，形似瀑布飞流而下。

1. **恭请上座** 恭请客人入座。
2. **焚香静气** 品茶需要心平气和，先点燃一支香，"焚香除妄念"就是令人在袅袅的香气中感受祥和肃穆的气氛。
3. **活火煮泉** 要用活火煎煮泡茶用的山泉。
4. **雅乐怡情** 播放或演奏和茶艺适合的优美乐曲，让客人能够在轻松的氛围中享受品茶带来的愉悦。

8. **群芳入宫** 将茶叶投入杯中。
9. **温润心扉** 先在杯子中注入大约四分之一的水，使茶芽温润，这样可以使水与茶融合的更好，茶香也会更醇。
10. **旋香沁碧** 盖上杯子盖，轻轻旋转杯身，待茶叶渐渐舒展开来，茶香也随之慢慢溢出。
11. **飞泉溅珠** 用高冲法冲水，大约冲七分满就可以了。

12. **敬奉香茶** 将茶奉到客人面前，请客人品香茗，并带去给客人的祝福。
14. **星空推移** 用右手拿起杯盖，轻轻拨动茶汤，这样能够使茶汤浓淡均匀。
15. **天穹凝露** 利用杯盖闻香，从茶香中感受茶带给人的清爽。
16. **一啜鲜爽** 品茗时，要小口啜饮，慢慢品味，方能体会其中的茶滋味。

核桃是品花茶的绝佳搭配。

17. **再冲芳华** 当茶汤剩余三分之一时，便可以再进行第二次冲泡。
18. **敬献茶点** 如果配有茶点，此时可以敬献，让客人品尝。
19. **再品甘醇** 第二次品饮茶，品味新茶，回味旧茶。
20. **论茶颂德** 向客人讲解茶道的精神和内涵，让人们在品饮时，净化自己的心灵。
21. **反盏归元** 收拾茶具，将茶具放在原始位置。

◀ 图说

通常花茶在冲泡3分钟以后即可以品尝，冲泡用水的温度应视茶叶的嫩度而定，越嫩所需温度应越低，其鉴赏主要以闻香尝味为主。

245 什么是茶艺表演欣赏？

茶艺表演欣赏是在茶艺的基础上产生的，在一个特定的环境中，茶艺师穿着表演所需服饰，配有音乐、插花等，演示各种茶叶冲泡技艺的过程，这样的表演将茶的冲泡科学地、生活化地、艺术地展示在人们面前。茶艺表演是在20世纪70年代，台湾茶人提出"茶艺"这个概念之后，茶艺表演才随之兴起。茶艺表演在各个地域特色的茶艺馆和大大小小的茶文化盛会中兴盛起来，这些地方也为茶艺表演提供了平台，让人们得以认识并热爱茶艺表演。

▶图说

人们通过茶艺表演不但可以得到美的享受，更能获得情操的熏陶。

246 什么是民俗茶艺？

民俗茶艺是指日常生活中的茶艺，主要以待客为目的，在讲究茶艺形式的同时，也要重视客人的饮食需要。一般情况下，不同的地方根据当地的风俗有着不同的民俗茶艺风格和形式。

民俗茶艺大多没有那么多的程序，过程比较简单。茶叶一般都是根据当地人的口味来选择，没有很高档的茶叶，例如新疆的奶茶大多用茯砖来冲泡。茶具一般以陶瓷茶具为主。民俗茶艺的一般表演程序为备具、备茶、赏茶、荡瓯、投茶、冲泡、分茶、敬茶、品茶、收茶具等。

▲图说

民俗茶艺表演服装要符合民俗的特点，有时还会配有当地的歌舞和祝福等。

247 什么是名茶茶艺？

名茶茶艺一般都是比较贵重的茶，不同的茶冲泡程序也不尽相同。

1.备茶　茶叶都是上等的绿茶、红茶、乌龙茶等，比如西湖龙井、君山银针、碧螺春等。

2.备具　茶具根据茶来选择，用瓷杯、玻璃杯都可。

3.环境　名茶茶艺的环境没有特殊要求，但是总体要清幽淡雅，符合茶文化的精神。

4.程序　名茶茶艺的大致程序为备具、温杯、赏茶、投茶、洗茶、冲泡、献茶、闻香、观色、品茶、收茶具道谢。

▶图说

上好的绿茶常用透明的玻璃杯子，以便于观赏。

248 什么是皇家茶艺?

皇家茶艺对所用茶叶、茶具以及茶艺师的技艺要求都属于顶级,而现代茶艺中的皇家茶艺则是模仿古代宫廷饮茶的形式。

1.**备茶** 选用最名贵的茶叶,古时多为贡茶。古时皇家茶艺用水讲究,而现代皇家茶艺用水与其他茶艺差不多。

2.**备具** 茶具需体现出高贵、气派,主要有明代的景泰蓝茶具、成化窑茶具,清代的贡品紫砂茶具,或金银茶具等。

3.**仪表** 茶艺表演中茶艺师要穿上相关朝代的服饰,发式和装扮也要与之相配。

4.**环境** 环境要求富丽堂皇,最好是在王宫贵族的府第中,以更能凸显出高贵。

5.**程序** 目前的皇家茶艺种类比较多,程序也略有不同,大致可以分为备茶、调茶、敬茶、赐茶、品茶等。

茶具色调以明黄为主。

用水讲究。所用茶叶多是贡茶。

🔺图说

皇家茶艺的主要特点是选材考究、富丽堂皇。

249 什么是佛道茶艺?

佛道茶艺是宗教的一个仪式,要求环境清幽,一般是在寺庙中表演。

1.**备茶** 佛道茶艺一般选用茶品都是自产的茶叶,现代茶艺中也可以用其他茶叶代替。泡茶的水大部分都来自寺院周围。

2.**备具** 茶具要体出佛教的思想,香炉、檀香及一些法器等是必须的,但不能太浮华。

3.**仪表** 茶艺师要穿上僧侣服,佩戴念珠。在泡茶时,动作要庄重,适当地用一些佛教的手法。

4.**环境** 多在寺庙中进行,以梵呗、诵经的音乐或有宗教意境的古琴、古筝曲等烘托氛围。

5.**程序** 以禅茶为例,其程序大致有场地布置、供香手印、备具、煮茶、奉茶、收具谢客等。

寺院专用供佛的茶叶,称为佛茶。

🔺图说

佛道茶艺用器无处不体现出一种质朴的美。

250 什么是文士茶艺？

文士茶艺，也称为"雅士茶"，主要表现的是文人饮茶的情趣，主要风格是清静淡雅，席间配有插花、挂画、点茶、焚香等。文士茶艺大多以明清及民国为历史背景。

1. 备茶

茶品：文士茶艺选用的多数是花茶，根据个人口味的不同，也有绿茶、乌龙茶、普洱茶等。

水品：文人雅士大多爱评水，煮茶的水也需要用优质泉水。

2. 备具

茶具需要和所泡的茶叶相配，不同的茶选择不同的茶具。

3. 仪表

茶艺师的服饰要素雅，举止大方得体，带有一点点书卷气最好。

4. 环境

文士茶艺对环境的要求比较高，要清雅脱俗，意境悠远，接近自然的环境最佳，这样才能体现出文士茶艺的韵味。

5. 程序

文士茶艺的程序并没有特殊要求，一般程序为备具、焚香、盥手、备茶、赏茶、涤器、置茶、投茶、洗茶、冲泡、献茗、闻香、观色、品味、上水、二巡茶、收茶具道谢。

▲图说

茶具、选水、装饰、配物，文士茶艺无处不透出一个"雅"字。

251 为什么说茶席是一种新的茶文化艺术形式？

茶席包括泡茶的操作场所、客人的坐席以及所需氛围的环境布置，又称为本席、席。从茶艺刚刚诞生时，茶席就随之产生了，茶席大致可以分为古典型、艺术型、民俗型三个风格。

茶席的风格选择有时并不是很明显，有的时候也会几种风格混搭，如在古典型中混合着艺术型和民俗型。但是，一定要注意不能胡乱搭配，比如，在皇家茶艺中就要避免用民俗茶艺，以免看上去不伦不类。

茶席的风格要根据茶艺表演的风格、茶艺师的服装来选择。在茶席的设计中可以加入一些必要的装饰，例如字画、插花等。

▲图说

茶席，是指举办茶会的场所，也就是泡茶、喝茶的地方，其设置风格应与茶艺表演的风格相一致。

第五章

茶道

千百年来，"道"作为一种古代哲学所奉行、尊崇的理想模式存在于人们生活、思维的方方面面。茶之道循迹于茶艺当中，是一种以修行得道为终极宗旨的最高层次饮茶艺术。本章从茶道的内涵、起源入手，分别介绍其历史发展的轨迹及与道、佛、儒三大思想文化的交会相融，在细致阐述茶道守则、分类的同时，将更系统、更清晰的茶道呈献给读者。

252 为什么说茶道起源于中国?

"道"是中国哲学的最高范畴,一般指宇宙法则、终极真理、事物运动的总体规律、万物的本质或本源。茶道指的就是以茶艺为载体,以修行得道为宗旨的饮茶艺术,包含茶礼、礼法、环境、修行等要素。

据考证,茶道始于中国唐代。《封氏闻见记》中即已提到:"又因鸿渐之论,广润色之,于是茶道大行。"唐代刘贞亮在饮茶十德中也明确提出:"以茶可行道,以茶可雅志。"

▲图说
茶道的重点在于"道",即通过茶艺修身养性、参悟大道。

253 中国茶道的基本含义是什么?

我国近代学者吴觉农认为:茶道是"把茶视为珍贵、高尚的饮料,饮茶是一种精神上的享受,是一种艺术,或是一种修身养性的手段"。庄晚芳将中国的茶道精神归纳为"廉、美、和、敬",解释为:廉俭育德、美真廉乐、和诚处世、敬爱为人。陈香白先生则认为:中国茶道包含茶艺、茶德、茶礼、茶理、茶情、茶学说、茶道引导七种义理,中国茶道精神的核心是"和"。

中国茶道无处不体现着浓郁的东方文化内涵。

254 为什么说中国的茶道起源于远古的茶图腾信仰?

饮茶的历史非常久远,最初的茶是作为一种食物而被认识的。唐代陆羽在《茶经》中说,"茶之饮,发乎神农"。古人也有传说"神农尝百草,日遇七十二毒,得茶而解"。

相传,神农为上古时代的部落首领、农业始祖、中华药祖,史书还将他列为三皇之一。据说,神农当年是在鄂西神农架中尝百草的。神农架是一片古老的山林,充满着神秘的气息,至今还保留着一些原始宗教的茶图腾。

茶树枝叶。

图腾柱。

▶图说
古人不懂生育奥秘,无意中把崇拜、感恩之情与茶相结合,从而形成茶图腾崇拜。

255 为什么说中国的茶道成熟于唐代?

茶道发展到中唐时期,无论是在社会风气上,还是在理论知识方面,都已经形成了相当可观的规模。

在理论界,出现了陆羽——中国茶道的鼻祖。他所写的《茶经》,从茶论、茶之功效、煎茶炙茶之法、茶具等方面做了全面系统的论述,让茶道成为一种完整的理论系统。陆羽倡导的饮茶之道,包括鉴茶、选水、赏器、取火、炙茶、碾末、烧水、煎茶、品饮等一系列程序、礼法和规则。他强调饮茶的文化和精神,注重烹煮的条件和方法,追求宁静平和的茶趣。

手托茶盘的侍女。

调琴的乐师。

品茶听琴的贵妇。

▲图说
调琴啜茗图(唐)唐人将饮茶作为一种修身养性的途径,致使茶道在王侯贵族间风行一时。

在社会饮茶习俗上,唐代茶道以文人为主体。诗僧皎然,提倡以茶代酒,以识茶香为品茶之得。他在《九日与陆处士羽饮茶》中写道:俗人多泛酒,谁解助茶香。诗人卢仝《走笔谢孟谏议寄新茶》一诗,让"七碗茶"流传千古。钱起《与赵莒茶宴》和温庭筠《西陵道士茶歌》,认为饮茶能让人"通仙灵""通杳冥""尘心洗尽"。唐末刘贞亮《茶十德》认为饮茶使人恭敬、有礼、仁爱、志雅,成为一个有道德的知礼之人。

256 为什么说宋至明代是中国茶道发展的鼎盛时期?

茶道发展到宋代,由于饮茶阶层的不同,逐渐走向多元化。文人茶道有炙茶、碾茶、罗茶、候茶、温盏、点茶过程,追求茶香宁静的氛围,淡泊清尚的气度。

宫廷的贡茶之道,讲究茶叶精美、茶艺精湛、礼仪繁缛、等级鲜明。宋徽宗赵佶在《大观茶论》说,茶叶"祛襟涤滞,致清导和""冲淡简洁,韵高致静",说明宫廷茶道还有教化百姓之特色。至宋代的百姓民间,还流行以斗香、斗味为特色的"斗茶"。

明代朱权改革茶道,把道家思想与茶道融为一体,追求秉于性灵、回归自然的境界。明末冯可宾讲述了饮茶的一些宜忌,主张"天人合一",比赵佶的茶道又深入一层。明太祖朱元璋改砖饼茶为散茶,茶由烹煮向冲泡发展,程序由繁至简,更加注重茶质本身和饮茶的气氛环境,从而达到返璞归真。

手捧茶盘的侍女。

伸手取茶待客的妇人。

端庄尔雅的访客。

▲图说
饮茶图(宋)茶道从个人的修养身心发展至一种社会风气,相关的茶事、茶礼、茶俗逐步丰富起来。

257 茶道与道教有什么关系?

　　茶与道教结缘的历史已久，道教把茶看得很贵重。道教敬奉的三皇之一"农业之神"——神农氏就是最早使用茶者，道教认为神农寻茶的过程就是在竭力寻找长生之药，所以道教徒皆认为"茶乃养生之仙药，延龄之妙术"，茶是"草木之仙骨"。

　　早在晋代时，著名的道教理论家、医药学家、炼丹家葛洪，就在《抱朴子》一书中留下了"盖竹山，

▼图说

华山栈道　道教观多建于名山胜地，环境清幽，盛产佳茗，其栽茶、制茶之功自然得天独厚。

有仙翁茶园，旧传葛元植茗于此"的记载。壶居士《食忌》也记载："苦茶，久食羽化（羽化即成仙的意思）。"因此，在魏晋南北朝时期，道教徒中流传着很多把饮茶与神仙故事结合起来的传说。如《广陵耆老传》讲述了这样一个故事，晋代有一位以卖茶为生的老婆婆，官府以败坏风气为名将她逮捕，没想到的是，夜间老婆婆居然带着茶具从窗户中飞走了。《天台记》中也记载："丹丘出大茗，服之羽化。"这里的丹丘是汉代一位喜以饮茶养生的道士，传说他饮茶后得道成仙。唐代和尚皎然曾作诗《饮茶歌送郑容》曰："丹丘羽人轻玉食，采茶饮之生羽翼"，再现了丹丘饮茶的往事。

▲图说

道教茅山派陶弘景在《杂录》中说茶能轻身换骨，可见茶已被夸大为轻身换骨和羽化成仙的"妙药"。

　　由于饮茶具有"得道成仙"神奇功能，所以道教徒都将茶作为修炼时重要的辅助工具。根据《宋录》的记载，道教把茶引进他们的修炼生活，不但自己以饮茶为乐，还提倡以茶待客，提倡以茶代酒，把茶作为祈祷、祭献、斋戒甚至"驱鬼捉妖"的贡品及延年益寿、祛病除疾的养生方法，此举也间接促进了民间饮茶习惯的形成。

　　道教徒之所以饮茶、爱茶、嗜茶，这与道教对人生的追求及生活情趣密切相关。道教以生为乐，以长寿为大乐，以不死成仙为极乐。饮茶的高雅脱俗、潇洒自在恰恰满足了道教对生活的需要，所以道教徒喜茶就不言而喻了。另外，道教徒喜欢闲云野鹤般的隐士生活，向往"野""幽"的境界，这也正是茶生长的环境，具有"野""幽"的禀性，因此，饮茶也是道士对最高生活境界的追求。

258 茶道与佛教有什么关系？

自佛教传入中国后，由于佛教教义及僧侣生活的需要，就与茶结下深缘。苏东坡曾作诗曰："茶笋尽禅味，松杉真法音"，就说明了茶中有禅，禅茶一味的奥妙。而僧人在坐禅时，茶叶还是最佳饮料，具有清火、提神、明目、解渴、消疲解乏之效。因此，饮茶是僧人日常生活中不可缺少的重要内容，在中国茶文化中，佛的融入是独具特色的亮点。

佛教徒饮茶史最迟可追溯到东晋。《晋书·艺术传》记载，单道开在后赵的都城邺城昭德寺坐禅修行，不分寒暑，昼夜不眠，每天只"服镇守药数丸""复饮茶苏一、二升而已"。茶在寺院的普及则是在唐代禅宗兴起后，并随着僧人的饮茶而推广到北方饮茶习俗。

经过五代的发展，至宋代禅僧饮茶已十分普遍。据史书记载，南方凡有种植茶树的条件，寺院僧人都开辟为茶园，僧人已经到了一日几遍茶，不可一日无茶的地步。普陀山僧侣早在五代时期就开始种植茶树。一千多年来，普陀山温湿、阴潮，长年云雾缭绕的自然条件为普陀山的僧侣植茶、制茶创造了良好的条件，普陀山僧人烹茶成风，茶艺甚高，形成了誉满中华的"普陀佛茶"。

茶与佛在长期的融合中，形成了中国特有的茶文化。因为寺院中以煮茶、品茶闻名者代不乏人，如唐代的诗僧皎然，不但善烹茶、与茶圣陆羽是至交，而且留下许多著名的茶诗。

▶图说

禅机需要用心去"悟"，而茶味则要靠"品"，悟禅与品茶便有了说不清的共同之处。

259 茶道与儒家有什么关系？

中国茶道思想，融合了儒、佛、道诸家精华。儒家思想自从产生之后，就表现出强大的生命力，活跃在人类的历史进程中。茶文化的精神，就是以儒家的中庸为前提，在和谐的气氛之中，边饮茶边交流，抒发志向，增进友情。"清醒、达观、热情、亲和、包容"的特点，构成了儒家茶道精神的欢快格调。

佛教在茶宴中伴以青灯孤寂，要明心见性；道家茗饮寻求空灵虚静，避世超尘；儒家以茶励志，沟通人性，积极入世。它们在意境和价值取向上，都不尽相同；但是，它们都要求和谐、平静，这其实仍是儒家的中庸之道。

▶图说

儒家学派创始人孔子，其"中庸""礼治"的思想对后世茶道、茶礼的影响颇为深远。

260 中国茶道的"四谛"是什么?

中国茶道的四谛,即"和、静、怡、真"。

和,是儒、佛、道所共有的理念,源自于《周易》"保合大和",即世间万物皆由阴阳而生,阴阳协调,方可保全大和之元气。在泡茶之时,则表现为"酸甜苦涩调太和,掌握迟速量适中"。

静,是中国茶道修习的必由途径。中国茶道是修身养性,追寻自我之道。茶须静品,宋徽宗赵佶在《大观茶论》中说:"茶之为物……冲淡闲洁,韵高致静。"静则明,静则虚,静可虚怀若谷,静可内敛含藏,静可洞察明激,体道入微。

怡,是指茶道中的雅俗共赏、怡然自得、身心愉悦,体现的是道家"自恣以适己"的随意性。王公贵族讲"茶之珍",文人雅士讲"茶之韵",佛家讲"茶之德",道家讲"茶之功",百姓讲究"茶之味"。无论何人,都可在茶事中获得精神上的享受。

真,是茶道的终极追求。茶道中的真,范围很广,表现在茶叶上,真茶、真香、真味;环境上,真山、真水、真迹;器具上,真竹、真木、真陶、真瓷;态度上,真心、真情、真诚、真闲。

静,恬淡宁静的氛围,空灵虚静的心境。

怡,和悦之美,怡然自得。

真,志存高远,率性求真。

和,是一种恰到好处的中庸之道。

261 中国茶道的四字守则是什么?

中国茶道,是由原浙江农业大学茶学系教授庄晚芳先生所提倡。它的总纲为四字守则:廉、美、和、敬。其含义是:廉俭育德,美真康乐,和诚处世,敬爱为人。

清茶一杯,推行清廉,勤俭育德,以茶敬客,以茶代酒,大力弘扬国饮。

清茶一杯,名品为主,共品美味,共尝清香,共叙友情,康乐长寿。

清茶一杯,德重茶礼,和诚相处,以茶联谊,美好人际关系。

清茶一杯,敬人爱民,助人为乐,器净水甘,妙用茶艺,茶人修养之道。

廉,廉俭育德。

美,美真康乐。

和,和诚处世。

敬,敬爱为人。

262 茶人精神是什么？

茶人，最早现于唐代诗人皮日休、陆龟蒙《茶中杂咏》的诗中。刚开始是指采茶制茶的人，后来又扩展到从事茶叶贸易、教育、科研等相关行业的人，现在也指爱茶之人。

茶人精神即是以茶树喻人，指的是茶人应有的形象或茶人应有精神风貌，提倡一种心胸宽广、默默奉献、无私为人的精神。这个概念是原上海茶叶学会理事长钱梁教授在上世纪80年代初所提出，从茶树的风格与品性引申而来，即为："默默地无私奉献，为人类造福"。

▲图说

茶树，不计较环境的恶劣，不怕酷暑与严寒，绿化大地；春天抽发新芽，任人采用，年复一年，给人们带来健康。

263 怎样对茶道进行分类？

中华茶道是以养生修心为宗旨的饮茶艺术，包含有"饮茶有道、饮茶修道、饮茶即道"三重含义。大体而言，茶道是由环境、礼法、茶艺、修行四方面所构成。

由于分类方法的不同，茶道划分不尽相同。如以茶为主体可分为乌龙茶道、绿茶茶道等；从功能上可分为修行类茶道、茶艺类茶道等；还可分为表演型茶道、非表演型茶道；从茶人身份上，可分为宫廷茶道、文士茶道、宗教茶道、民间茶道。

历史发展中的中华茶道形式变化过程

形式：煎茶道、点茶道、泡茶道

时间：唐　宋　元　明　清　今天

⊗ 消亡　☑ 延续

264 什么是修行类茶道？

修行类茶道形成于唐代，它的宗旨是通过饮茶而得道，以诗僧皎然和卢仝为代表人物。这个道，可能是参禅修行的道，也可能是得道成仙的道。该茶道类型是以饮茶、品茗作为一种感悟"道"的手段，是从人的生理至心理直至心灵的多层次感受，有一个量变渐进的过程。

从观赏茶器、茶叶及沏茶的过程，到观茶色、嗅闻茶香、品味茶汤……品茗感受的过程是茶与心灵的和谐过程，使人返璞归真，从而体验类似羽化成仙或超凡入圣的美妙境界。

▶图说

修行类茶道，是把饮茶活动作为修行悟道的一条捷径，借助于饮茶来达到物我两忘的境界。

265 什么是修身类茶道?

古时候，一些文人把饮茶当作陶冶情操、修身养性的一种手段，他们通过茗饮活动体悟大道、调和五行，不伍于世流，不污于时俗。他们的饮茶之道被称为修身类茶道。

修身类茶道，作为一种茶文化，室内的茶道场地要洁净雅致，装饰风格要有意境，物品、壁画都要有情趣。室外的场地也要讲究，如风景秀美的山林野地、松石泉边、茂林修竹、皓月清风。茶道环境包括茶室建筑风格、装饰格调空间的感觉意境、陈列物品、壁面布置等。

修身类茶道的茶人，往往表现为志向高远、仪表端庄、气质高雅、待人真诚、举止优雅大气、谈吐儒雅、虚怀若谷等气质。修身类茶道，寓含着中华民族精神和五行生克思想，揭示了中国古代文人修身、齐家、治国、平天下的传统思想以及朴素的世界观与方法论。

图说

修身类茶道不仅需要茶好、水美、器雅，还需要与茶道活动相适应的环境。

266 什么是礼仪类茶道?

礼仪性茶道是偏重于礼仪、礼节，以表达主客之间诚恳、热情与谦恭的一种茶道类型。中国自古以来，即有"礼仪之邦"的美誉，人们在彼此相待、迎来送往过程中特别注重敬茶的习俗，这更像是知书达理的准绳或主客沟通的纽带，作为一种约定俗成的规范多少年来一直延续到今天。在这些礼仪性的茶道活动中，人们的服饰、妆容、言语、举止，甚至表情都有着较为严格的约定。潮汕的功夫茶、昆明的九道茶、白族三道茶等都是较为著名的礼仪性茶道。

图说

外表、肢体语言等表现出的诚恳、谦逊、大度都能体现出主客双方的道德品质与文化修养。

267 什么是表演类茶道?

表演类茶道是为了满足观众观摩和欣赏需要而进行演示的一种茶道类型。表演类茶道是展示与传授沏茶技法和品饮艺术的一种方式，也是人们了解茶文化和中国传统文化的一条途径。

表演类茶道也是一种综合的艺术活动，表演中的动作、乐器、器具、整体环境都需要精心设计。表演类茶道种类繁多：宗教类的有佛教的禅茶、童子茶、佛茶、观音茶，民俗类的有白族三道茶、阿婆茶、傣族竹筒茶等。

第六章

饮茶的方法

茶之味在于"品"，不同的茶风格各异，滋味也大不相同，然而众多茶类唯有一点万变不离其宗、始终如一，就是茶的自然之味。品茶之道就如同一道紧锁的门，每个人都期待着有一天能打开那扇门，看到更广阔、更不一样的世界。本章将从茶叶的选购、鉴别、存储以及评水论泉出发，一步步带领你准确、快速地找到这扇通往梦想之地的门。

268 怎样选购茶叶?

茶叶是生活中的必需品,怎么选择上好的茶叶、选择哪种茶叶显得尤其重要,下面介绍相关茶叶选购常识。

1. 检查茶叶的干燥度 以手轻握茶叶微感刺手,轻捏会碎的茶叶,表示茶叶干燥程度良好,茶叶含水量在5%以下。

2. 观察茶叶叶片整齐度 茶叶叶片形状、色泽整齐均匀的较好,茶梗、簧片、茶角、茶末和杂质含量比例高的茶叶,一般会影响茶汤品质,多是次级品。

3. 试探茶叶的弹性 以手指捏叶底,一般以弹性强者为佳,表示茶菁幼嫩,制造得宜;而触感生硬者为老茶菁或陈茶。

4. 检验发酵程度 红茶是全发酵茶,叶底应呈红鲜艳为佳;乌龙茶属半发酵茶,绿茶镶红边以叶边缘有红边,叶片中部淡绿为上;清香型乌龙茶及包种茶为轻度发酵茶,叶在边缘锯齿稍深位置呈红边,其他部分呈淡绿色为正常。

5. 看茶叶外观色泽 各种茶叶成品都有其标准的色泽。一般来说,以带有油光宝色或有白毫的乌龙及部分绿茶为佳,包种茶以呈现有灰白点之青蛙皮颜色为贵。茶叶的外形条索则随茶叶种类而异,如龙井呈剑片状,文山包种茶为条形自然卷曲,冻顶茶呈半球形紧结,铁观音茶则为球形,香片与红茶呈细条或细碎形。

6. 闻茶叶香气 绿茶清香,包种茶花香,乌龙茶的熟果香,红茶的焦糖香,花茶则应有熏花之花香和茶香混合之强烈香气。如茶叶中有油臭味、焦味、菁臭味、陈旧味、火味、闷味或其他异味者,为劣品。

汤色澄清鲜亮带油光。

冲泡后茶叶逐次舒展。

△图说
茶汤以没有浑浊或沉淀物产生者为佳。

△图说
此类茶多由幼嫩鲜叶所制成,且制造技术良好,茶汤浓郁。

7. 尝茶滋味 以少苦涩、带有甘滑醇味，能让口腔有充足的香味或喉韵者为好茶。苦涩味重、陈旧味或火味重者，则非佳品。

8. 观茶汤色 一般绿茶呈蜜绿色，红茶鲜红色，白毫乌龙呈琥珀色，冻顶乌龙呈金黄色，包种茶呈蜜黄色。

9. 看泡后茶叶叶底 冲泡后很快展开的茶叶，多是粗老之茶，条索不紧结，泡水薄，茶汤多平淡无味，且不耐泡。冲泡后叶面不开展或经多次冲泡仍只有小程度之开展的茶叶，不是焙火失败就是已放置一段时间的陈茶。

用重力捏茶叶仍不易碎，表明茶叶已受潮回软，品质会受到影响。

269 茶叶的鉴别标准是什么？

茶叶的鉴别标准主要有五个方面，即嫩度、条索、色泽、整碎和净度。

1. 嫩度 茶叶品质的基本因素就是嫩度，一般来说嫩度好的茶叶，外形也很符合茶叶的要求，锋苗好，白毫比较明显。嫩度差的茶叶，即使做工很好，可是茶条上也没有锋苗和白毫。

2. 条索 条索就是指各类茶的外形规格，例如炒青条形、珠茶圆形、龙井扁形、红碎茶颗粒形等。长条形茶，从松紧、弯直、壮瘦、圆扁、轻重来看；圆形茶从颗粒的松紧、匀正、轻重、空实来看；扁形茶，要看平整和光滑的程度。

3. 色泽 从茶叶的色泽可以看出茶叶的嫩度和加工技术。一般来说，好的茶叶色泽一致，光泽明亮，油润鲜活，如果出现色泽不一，有深有浅，暗淡无光的情况，那么茶叶质量必然不佳。

4. 整碎 整碎指的是茶叶的外形和断碎程度，匀整的为好，断碎的为次。

5. 净度 净度就是看茶叶中的杂物含量，例如茶片、茶梗、茶末、茶子以及在制作过程中混入的竹屑、木片、石灰、泥沙等杂物，好的茶叶应当是不含任何杂质的。

可从茶的颗粒圆整、大小均匀、个体紧实程度等方面加以辨别。

270 怎样辨别新茶与陈茶？

看色泽。由于茶叶在储藏的过程中，构成茶叶色泽的一些物质会在光、气、热的作用下，发生缓慢分解或氧化，失去原有的色泽。如新绿茶色泽青翠碧绿，汤色黄绿明亮；陈茶则叶绿素分解、氧化，色泽变得枯灰无光，汤色黄褐不清。

捏干湿。取一两片茶叶用大拇指和示指稍微用劲一捏，能捏成粉末的是足干的新茶。

闻茶香。构成茶香的醇类、酯类、醛类等特质会在不断挥发和缓慢氧化，时间越久，茶香越淡，由新茶的清香馥郁变成陈茶的低闷浑浊。

品茶味。茶叶中的酚类化合物、氨基酸、维生素等构成滋味的特质会逐步分解挥发、缩合，使滋味醇厚鲜爽的新茶变成淡而不爽的陈茶。

271 怎样识别春茶?

历代文献都有"以春茶为贵"的说法，由于春季温度适中，雨量充沛，加上茶树经头年秋冬季的休养，使得春茶芽叶硕壮饱满，色泽润绿，条索结实，身骨重实，所泡的茶浓醇爽口，香气高长，叶质柔软，无杂质。

叶脉细密，叶片边缘锯齿不明显。

▶图说

春茶冲泡后，香浓味厚，汤色清澈明亮，叶底厚实。

272 怎样识别夏茶?

夏季炎热，茶树新梢芽叶迅速生长，使得能溶解于水浸出物含量相对减少，因此夏茶的茶汤滋味没有春茶鲜爽，香气不如春茶浓烈，反而增加了带苦涩味的花青素、咖啡喊、茶多酚的含量。从外观上看，夏茶叶肉薄，且多紫芽，还夹杂着少许青绿色的叶子。

外观略松散，叶质轻飘。

◀图说

夏茶香气欠缺，叶脉尽显，叶底叶片边缘锯齿明显。

273 怎样识别秋茶?

秋天温度适中，且茶树经过春夏两季生长、采摘，新梢内物质相对减少。从外观上看，秋茶多丝筋，身骨轻飘。所泡成的茶汤淡，味平和，微甜，叶质柔软，单片较多，叶张大小不一，茎嫩，含有少许铜色叶片。

条索紧细、轻薄。

色泽黄绿，大小不一。

274 怎样识别花茶?

花茶的外形一般都是条索紧实，色泽明亮均匀，如果外形粗松不整，色泽暗淡，则为劣质茶；优质的花茶一般没有杂质，掂量时会有沉实的感觉，如果杂质很多，掂量时感觉很轻，则为劣质茶。

勿因茶中带花而高估其质量，很可能有其形而无其香。

▶图说

花茶一般香气浓郁持久，纯正而鲜爽，只有花香，没有其他异味。

275 怎样识别高山茶与平地茶？

高山茶和平地茶的生态环境有很大差别，除了茶叶形态不同，茶叶的质地也有很大差别。

高山茶的外形肥壮紧实，色泽翠绿，茸毛较多，节间长，鲜嫩度良好，成茶有特殊的花香，条索紧实肥硕，茶骨较重，茶汤味道浓稠，冲泡时间长；平地茶一般叶子短小，叶底硬薄，茶叶表面平展，呈黄绿色没有光泽，成茶香味不浓郁，条索瘦长，茶骨相对于高山茶较轻，茶汤滋味较淡。

📖图说

高山茶最显著的特征在于其香高味浓、尤耐冲泡。

276 怎样识别劣变茶？

识别劣变茶的方法有以下几个：

1. **烟味** 冲泡出的茶汤嗅时烟味很重，品尝时也带有烟味则为劣变茶。

2. **焦味** 干茶叶散发很重的焦味，冲泡后仍然有焦味而且焦味持久难消则为劣变茶。

3. **酸馊味** 无论是热嗅、冷嗅和品尝茶叶都有一股严重的酸馊味则为劣变茶，不能饮用。

4. **霉味** 茶叶干嗅时有很重的霉味，茶汤的霉味更加明显则为劣变茶，不能饮用。

如有轻微的日晒气则为次品茶，如日晒气很重则为劣变茶。

277 怎样甄别真假茶叶？

真茶和假茶，一般都是通过眼看、鼻闻、手摸、口尝的方法来综合判断。

1. **眼看** 绿茶呈深绿色，红茶色泽乌润，乌龙茶色泽乌绿，茶叶的色泽细致均匀，则为真。如果茶叶颜色不一，则可能为假茶。

2. **鼻闻** 如果茶叶的茶香很纯，没有异味，则为真茶；如果茶叶茶香很淡，异味较大，则为假茶。

3. **手摸** 真茶一般摸上去紧实圆润，假茶都比较疏松；真茶用手掂量会有沉重感，而假茶则没有。

4. **口尝** 冲泡后，真茶的香味浓郁醇厚，色泽纯正；假茶香气很淡，颜色略有差异，没有茶滋味。

茶香纯正、无异味。

真茶色泽自然、均匀。

手感紧实。

📖图说

将茶叶放在白纸或白盘子中，将茶叶摊开。

278 影响茶叶品质的因素有哪些？

由于空气、光线、水分等的影响，茶叶很容易受潮，或吸收异味，或其中的叶绿素被破坏而茶叶颜色枯黄发暗，品质变坏，最终导致茶叶、茶汤颜色发暗，香气散失，严重影响了茶味，严重时甚至发霉不能饮用。因此，掌握一些妥善保藏茶叶常识就显得很重要。

由于茶叶中的一些成分很不稳定，很容易发生变化，产生茶变。因此，放置茶叶的容器就非常重要，一般以锡瓶、瓷坛、有色玻璃瓶为最佳；塑料袋、纸盒最次；同时注意保存茶叶的容器要干燥、洁净，远离樟脑、药品、化妆品、香烟、洗涤用品等有强烈气味、异味的物品；不同级别的茶叶也不能混在一起保存。

总的来说，引起茶叶变质的主要因素有光线、温度、茶叶水分含量、大气湿度、氧气、微生物、异味等七种，所以防止茶叶劣变必须尽量避免这七种环境。

▲图说

茶叶在贮存时应避免放在潮湿、高温、不洁、暴晒的地方。

279 茶叶有哪些特异性？

茶叶之所以容易变质，就是由于茶叶的特异性。茶叶具有吸收异味的特性、吸湿性和超强的氧化性，茶叶的这些特性与茶叶本身的组织结构和成分是密切相关的。

1.**茶叶吸收异味的特性**　由于茶叶是疏松具有多毛细管的结构体，而且含有很多具有吸附异味的化学成分，所以即使把茶叶放在茶叶罐里，如果茶叶罐离一些含有香味的物品过近，茶叶也会吸收它们的气味，会影响茶叶的香气和滋味，甚至还会失去茶叶的饮用价值。

2.**茶叶的吸湿性**　茶叶中含有很多亲水性的化学物质，如蛋白质和糖类，茶叶吸湿后会使茶叶内的化学物质发生氧化，使茶叶内的氨基酸、叶绿素等转化成别的物质，影响茶叶的味道。

3.**茶叶的氧化性**　茶叶时时刻刻都在不断地自行氧化。除了湿度以外，温度也是茶叶变质的主要因素之一，这种变化又称之为陈化，这种陈化会使茶汤的颜色加深，而且还会失去茶叶的鲜爽度。

▲图说

即使将茶叶装在密封的茶叶罐中，其自身缓慢的氧化以及存放环境的特殊气味也会对茶叶造成一定的影响。

280 为什么保管茶叶忌含水较多？

茶叶在储存时一定要注意干燥，不要使茶叶受潮。茶叶中的水分是茶叶内的各种成分生化反应必需的媒介，茶叶的含水量增加，茶叶的变化速度也会加快，色泽会随之逐渐变黄，茶叶滋味和鲜爽度也会跟着减弱。如果茶叶的含水量达到10%，茶叶就会加快霉变速度。

茶叶在保存时，一定要保持环境的相对湿度要低，这是茶叶保持干燥的另一个条件。如果保存环境潮湿不堪，那么即使在包装时茶叶的含水量达标，也会使茶叶变质。在储存前，可以先检查一下干燥度，抓一点茶叶用手指轻轻搓捻，如果茶叶能立刻变成粉末，那么就表示比较干燥可以储存。

▲图说
茶叶包装前必须把含水量控制在5%～6%，以先进的包装材料和保鲜技术保持住其新鲜风味。

281 为什么保管茶叶忌接触异味？

茶叶在保管时，一定要注意不能接触异味，茶叶如果接触异味，不仅会影响茶叶的味道，也会加速茶叶的变质。茶叶在包装时，就要保证严格按照卫生标准执行，确保在采摘、加工、储存的过程中没有异味污染，如果在前期有异味污染，那么后期保管无论多么注意，茶叶依然会变质很快。

图说
需注意透明玻璃容器的避光性欠佳。

保管茶叶时一定要确保盛装茶叶的容器卫生洁净无异味。

茶叶自身具有很强的异味吸附特性。

282 为什么保管茶叶忌置于高温环境中？

茶叶在保管时，一定要保持合适的低温环境，才能使茶叶的香味持久不变，如温度过高会使茶叶变质。

温度是茶叶保管中一个很重要的因素，茶叶内含成分的化学变化随着温度的升高而变化。经过试验证明，随着温度的升高，茶叶内含化学物质变化速度加快，茶叶的品质也会随之变化，茶叶变质的速度也就会变快，对茶叶的保管很不利。

▶图说
茶叶的保管温度一般应控制在5℃以下，零下10℃的冷库或冷柜中是最适宜的环境。

283 为什么保管茶叶忌接受阳光照射?

在保管茶叶时,一定要注意避光保存,因为阳光使茶叶中的叶绿素物质氧化,从而使茶叶的绿色减退而变成棕黄色。阳光直射茶叶还会使茶叶中的有些芳香物质氧化,会使茶叶产生"日晒味",茶叶的香味自然也会受到影响,严重的还会导致茶叶变质。

在保管茶叶时,要选择阴凉避光的地方,重要的是不要将茶叶氧化,氧化的茶叶只能使茶叶变质更快,保质期缩短。

阳光照射会使茶芳香物质遭氧化,产生"日晒味"。

▶图说

茶叶在保管时,要避免太阳照射,太阳照射时间长会加速茶叶变质。

284 为什么保管茶叶忌长时间暴露?

茶叶如果长时间暴露在外面,空气中的氧气会促进茶叶中的化学成分如脂类、茶多酚、维生素C等物质氧化,进而使茶叶加速变质。茶叶在包装保管的容器中氧气含量应该控制在0.1%,也就是说要基本上没有氧气,这样就能很好地保持茶叶的新鲜状态。此外,暴露在外的茶叶也更易于接触到空气中的水分,从而不再干燥,吸湿还潮,降低茶叶所原有的质量。

▶图说

茶叶不适合长时间暴露在外面,因此在保管茶叶时,一定不要将其暴露在外面,取完茶叶后,要把茶叶继续密封保存。

285 茶叶的铁罐储存法是什么?

在一般的茶叶市场上都可以买到铁罐,铁罐在质地上没有什么区别,造型却很丰富。方的、圆的、高的、矮的、多彩的、单色的,而且在茶叶罐上还有丰富的绘画,大多都是跟茶相关的绘画,可以根据自身需求进行选择。

在用铁罐储存前,首先要检查一下罐身与罐盖的密封度,如果漏气则不可以使用。如果铁罐没有问题,可以将干燥的茶叶装入,并将铁罐密封严实。铁罐储存法方便实用,适合平时家庭使用,但是却不适宜长期储存。

要格外注意铁罐的密闭性。

▲图说

茶叶的储存方法有很多,其中最常见的是用铁罐来储存茶叶。

286 茶叶的热水瓶储存法是什么?

　　热水瓶储存法是一种很实用的茶叶储存法,一般家庭用的热水瓶就可以,但是保暖性能一定要好。

　　在储存之前要检查一下热水瓶的保暖性能,如果热水瓶不保暖则不能采用。选择好热水瓶后,将干燥的茶叶装入瓶内,切记一定要装充足,尽量减少瓶内的空间。装好茶叶后,将瓶口用软木塞盖紧,然后在塞子的边缘涂上白蜡封口,再用胶布裹上,主要的目的是防止漏气。

镀银的玻璃内壁与真空隔层可有效保持温度的恒定。

▶图说

热水瓶储存法,由于瓶内的空气少,温度相对稳定,保质效果好,且简单易行,很适合家庭储存。

287 茶叶的陶瓷坛储存法是什么?

　　陶瓷坛储存法就是用陶瓷坛储存茶叶,用以保持茶叶的鲜嫩,防止变质。

　　茶叶在放入陶瓷坛之前要用牛皮纸把茶叶分别包好,分置在坛的四周,在坛中间摆放一个石灰袋,再在上面放茶叶包,等茶叶装满后,再用棉花盖紧。石灰可以吸收湿气,能使茶叶保持干燥不受潮,储存的效果很好,茶叶的保质时间可以延长。陶瓷坛储存方法,特别适合一些名贵茶叶,尤其是龙井、大方这些上等茶。

以干燥、无异味、密闭性好为佳。

▲图说

储存茶叶的陶瓷坛如果潮湿、有异味、密封性差,就会影响到茶叶的质量。

288 茶叶的玻璃瓶储存法是什么?

　　玻璃瓶储存法是将茶叶存放在玻璃瓶中,以保持茶叶的鲜嫩,防止茶叶变质。这种方法很常见,一般家庭中经常采用这种方法,既简单又实用。

　　玻璃瓶要选择有色、清洁、干燥的。玻璃瓶准备好后,将干茶叶装入瓶子至七八成满即可,然后用一团干净无味的纸团塞紧瓶口,再将瓶口拧紧。如果能用蜡或者玻璃膏封住瓶口,储存效果会更好。

有色玻璃可以避免光线直射,防止茶叶被氧化。

▲图说

玻璃瓶一般要采用有色的,而不用透明的。

289 茶叶的食品袋储存法是什么?

食品袋储存法是指用食品塑料袋储存茶叶的方法。先准备一些洁净没有异味的白纸、牛皮纸,没有空隙的塑料袋。用白纸将茶叶包好,再包上一张牛皮纸,接着装入塑料食品袋中,然后用手轻轻挤压,将袋中的空气排出,用细绳子将袋口捆紧,然后再将另一只塑料食品袋套在第一只袋外面,和第一个袋子同样的方法将空气挤出,再用细绳子把袋口扎紧。然后将茶包放入干燥无味、密闭性好的铁筒中即可。

食品袋储存法操作流程

准备一些洁净没有异味的白纸、牛皮纸,没有空隙的塑料袋。

用白纸将茶叶包好,再包上一张牛皮纸,装入塑料食品袋中。

用手轻轻挤压,将袋中的空气排出,用细绳子将袋口捆紧。

将另一只塑料食品袋套在第一只袋外面,同样将空气挤出,用细绳把袋口扎紧。

最后将茶包放入干燥无味、密闭性好的铁筒中即可。

290 茶叶的低温储存法是什么?

低温储存法是指将茶叶放置在低温环境中,用以保持茶叶的鲜嫩,防止变质。

低温储存法,一般都是将茶叶罐或者茶叶袋放在冰箱的冷藏室中,温度调为5℃左右为最适宜的温度。在这个温度下,茶叶可以保持很好的新鲜度,一般都可以保存1年以上。这个方法比较适合名贵的茶品,特别是茉莉花茶。

▶图说

冰箱中环境有点潮湿,在放茶叶时,一定要将茶叶罐或者茶叶袋密封好,以防受潮变质。

291 茶叶的木炭密封储存法是什么?

木炭密封储存法是利用木炭的吸潮性来储存茶叶的方法,这个方法也是比较常用的,总体来说效果还是很不错的。

首先,要将木炭处理一下,将木炭放入火盆中烧起来,然后用铁锅立即覆盖上,将火熄灭,然后将木炭晾干后,用干净的白布把木炭包起来;将茶叶分包裹好,放入瓦缸或小口铁箱中,然后将包裹好的木炭放入。

▲图说

因为木炭的吸潮功能很强,所以保鲜效果不错,但是木炭要及时更换,以免木炭潮湿影响茶叶的干燥度。

292 为什么中国人历来讲究泡茶用水？

中国人历来对泡茶的用水都很讲究，从中国古代的茶典对泡茶用水的记录中，就可以看出爱茶人对泡茶用水的重视。一般来说，好水的标准是洁净、味甘、水活、清冽等。从科学的角度来看，水质过硬或过软都不适合用来泡茶，会使茶汤变味变色，中性的水最适合泡茶。

陆羽在《茶经》中对水有这样的说法："山水上、江水中、井水下，砾乳泉、石池、漫流者上。"明代的许次纾在《茶疏》中说道："精茗蕴香，借水而发，无水不可与论茶也。又谓：茶性必发于水，八分之茶遇十分之水，茶亦十分矣；八分之水，试十分之茶，茶只八分耳。"

▲图说

从古到今，品茗都是中国人喜爱的活动，若想泡出好茶，水质的好坏非常关键。

293 古代人怎样论水？

中国古代的茶典中，有很多关于泡茶用水的论著，这些茶典中不仅有水质好坏和茶的关系的论述，还有对水品做分类的著作。

比较著名的是唐代茶圣陆羽的著作《茶经》中的"五之煮"，唐代张又新的《煎茶水记》，宋代欧阳修的《大明水记》，宋代叶清臣的《述煮茶小品》，明代徐献忠的《水品》，田艺蘅的《煮泉小品》，清代汤蠹仙的《泉谱》等。

古代文人墨客靠品尝，排出了煮茶之水的座次。陆羽将煮茶分为三等：泉水为上等，江水为中等；井水为下等。其中将泉水分为九等。陆羽提到的天下第一泉共有七处，分别是：济南的趵突泉、镇江的中泠泉、北京的玉泉、庐山的谷帘泉、峨眉山的玉液泉、安宁碧玉泉、衡山水帘洞泉。天下第九泉：淮水源，地处鄂豫交界桐柏山北麓，河南桐柏县（唐代属山南东道唐州）境内。陆羽在唐玄宗后期，在荆楚大地沿江淮、汉水流域进行访茶品泉期间，曾前往桐柏县品鉴过淮水源头之水，并评为"天下第九佳水"。天下第十泉：庐山天池山顶龙池水。十大名泉庐山占其三，由此可见陆羽对庐山的水情有独钟。

▲图说

从科学的角度讲，煮茶之水可按相同容积下的重量排序，重量越轻越好；按颜色排序，越清澈越好；按寒度排序，越寒冽越好；活水好于死水。

294 古代人择水的标准是什么?

尽管地域环境、个人喜恶的差别造成古人择水标准说法不一,但对水品"清""轻""甘""洌""鲜""活"的要求都是不谋而合。

1. 水要甘甜洁净 古人认为泡茶的水首要就是洁净,只有洁净的水才能泡出没有异味的茶,而甘甜的水质会让茶香更加出色。宋蔡襄在《茶录》中说道:"水泉不甘,能损茶味。"赵佶的《大观茶论》中说过:"水以清轻甘洁为美。"

2. 水要鲜活清爽 古人认为水质鲜活清爽会使茶味发挥更佳,死水泡茶,即使再好的茶叶也会失去茶滋味。明代张源在《茶录》中指出:"山顶泉清而轻,山下泉清而重,石中泉清而甘,砂中泉清而洌,土中泉清而白。流于黄石为佳,泻出青石无用。流动者愈于安静,负阴者胜于向阳。真源无味,真水无香。"

▲图说

水质清澈、洁净是古人择水的基本标准,在此基础上求真的诉求则更贴合茶道的初衷。

3. 适当的贮水方法 古代的水一般都要储存备用,如果在储存中出现差错,会使水质变味,影响茶汤滋味。明代许次纾在《茶疏》中指出:"水性忌木,松杉为甚,木桶贮水,其害滋甚,洁瓶为佳耳。"

295 现代人的水质标准是什么?

现代科学越来越发达了,人们的生活层次也在不断提高,对水质的要求也提出了新的指标。现代科学对水质提出了以下四个指标:

1. 感官指标 水的色度不能超过15度,而且不能有其他异色;浑浊度不能超过5度,水中不能有肉眼可见的杂物,不能有臭味异味。

2. 化学指标 微量元素的要求为氧化钙不能超过250毫克/升,铁不能超过0.3毫克/升,锰不能超过0.1毫克/升,铜不能超过1.0毫克/升,锌不能超过1.0毫克/升,挥发酚类不能超过0.002毫克/升,阴离子合成洗涤剂不能超过0.3毫克/升。

3. 毒理学指标 水中的氟化物不能超过1.0毫克/升,适宜浓度0.5~1.0毫克/升,氰化物不能超过0.05毫克/升,砷不能超过0.04毫克/升,镉不能超过0.01毫克/升,铬不能超过0.5毫克/升,铅不能超过0.1毫克/升。

▲图说

饮用水的pH值应当为6.5~8.5,硬度不能高于25度。

4. 细菌指标 每1毫升水中的细菌含量不能超过100个;每1升水中的大肠菌群不能超过3个。

296 什么是硬水？

水的软、硬取决于水中钙、镁矿物质的含量，硬水是指含有较多钙、镁化合物的水。硬水分为暂时硬水和永久硬水，暂时硬水在煮沸之后就会变为软水，而永久硬水经过煮沸也不会变为软水。

硬水是相对于软水而言的，生活中一般不使用硬水。饮用硬水不会对健康造成直接危害，但是长期饮用会造成肝胆或肾结石。如果用硬水泡茶，茶汤的表面会有一层明显的"锈油"，茶的滋味会大打折扣，茶色也会变得暗淡无光。

▲图说
当水体硬度较高时，肥皂不易起沫，降低了去污能力。

297 什么是软水？

软水就是指不含或含很少可溶性钙、镁化合物的水，天然软水包括江水、河水、湖水等。

日常生活中，人们通过将暂时硬水加热煮沸，使水中的碳酸氢钙或碳酸氢镁析出不溶于水的碳酸盐沉淀，从而获得软水作为家庭洗澡、洗衣服的专门用水。生活中使用的水一般都是软水，软水可以加强洗涤效果，令其泡沫丰富；可以有效清洁皮肤、抑制真菌、促进细胞组织再生。但由于所含的矿物质过少，不适合人体长期饮用。

▶图说
软水中离子（特别是钙镁离子）浓度低，其水体表面的张力更大。

298 现代的饮用水怎样分类？

1. **自来水** 生活中最常见的饮用水，来源于天然水，经过加工处理后成为暂时硬水，饮用前煮沸，水质就可以达标。

2. **矿泉水** 矿泉水是直接从地底深处自然涌出的或者人工开发的地下矿泉水，含有一定量的矿物盐、微量元素等物质。

3. **纯净水** 纯净水是蒸馏水、太空水等的统称，属于安全无害的软水。纯净水纯度很高，没有任何添加物，可以直接饮用。

4. **活性水** 活性水通常以自来水为水源，经过滤、精制、杀菌、消毒形成特定的活性，其功效有渗透性、溶解性、富氧化等。

5. **净化水** 净化水就是将自来水管网中的红虫、铁锈、悬浮物等杂物除掉的水。净化水可以降低水的浑浊度、余氧和有机杂质，并可以将细菌、大肠杆菌等微生物截留。

▲图说
现代生活饮用水大致可以分为自来水、矿泉水、纯净水、活性水、净化水五大类。

299 什么是纯净水?

纯净水的水质清纯,没有任何有机污染物、无机盐、添加剂和各类杂质,这样的水可以避免各类病菌入侵人体。纯净水一般采用离子交换法、反渗透法、精微过滤等方法来进行深度处理。纯净水将杂质去除之后,原水只能有50%～75%被利用。

纯净水的优点是安全,溶解度强,与人体细胞亲和力强,能有效促进人体的新陈代谢。虽然纯净水在除杂的同时,也将对人体有益的微量元素分离出去,但是对人体的微量元素吸收并无太大妨碍。总体来说,纯净水是一种很安全的饮用水。

⬛图说

纯净水,就是指不含任何有害物质和细菌的水。

300 什么是自来水?

自来水,是指将天然水通过自来水处理净化、消毒后生产出符合国家饮用水标准的水,以供人们生活、生产使用。家庭中可以直接将自来水用于洗涤,但是饮用时一般都要煮沸。

自来水的来源主要是江河湖泊和地下水,水厂用取水泵将这些水汲取过来,将其沉淀、消毒、过滤等,使这些天然水达到国家的饮用水标准,然后通过配水泵站输送到各个用户。

⬛图说

自来水都是暂时硬水,需要加热煮沸后变为软水才能适宜饮用。

301 什么是矿泉水?

矿泉水含有一定量的矿物盐、微量元素或二氧化碳气体。相对于纯净水来说,矿泉水含有多种微量元素,对人体健康有利。

从国家标准看,矿泉水按照特征可分为偏硅酸矿泉水、锶矿泉水、锌矿泉水、锂矿泉水、硒矿泉水、溴矿泉水、碘矿泉水、碳酸矿泉水、盐类矿泉水九大类;按照矿化度可分为低矿化度、中矿化度、高矿化度三种;按照酸碱性可分为强酸性水、酸性水、弱酸性水、中性水、弱碱性水、碱性水、强碱性水七大类。每个人的体质不同,在选择矿泉水时,要根据自身的需求来选择,就可以起到补充矿物质的作用。

⬛图说

矿泉水,就是指直接从地底深处自然涌出的或者人工开发的无污染的地下矿泉水。

302 什么是活性水？

　　活性水，也称为脱气水，就是指通过特定工艺使水中的气体减掉一半，使其具有超强的生物活性。活性水的表面张力、密度、黏性、导电性等物理性质都发生了变化，因此它很容易就能穿过细胞膜进入细胞，渗入量是普通水的好几倍。

　　活性水可以利用加热法、超声波脱气、离心去气法等制作而成。活性水包括磁化水、矿化水、高氧水、离子水、自然回归水、生态水等。活性水的功效有渗透性、扩散性、溶解性、代谢性、排毒性、富氧化和营养性。

▶图说

活性水通常以自来水为水源，然后过滤、精制、杀菌、消毒，形成特定的活性。

303 什么是净化水？

　　净化水就是将自来水管网中的红虫、铁锈、悬浮物等杂物除掉的水。净化水可以降低水的浑浊度、余氧和有机杂质，并可以将细菌、大肠杆菌等微生物截留。

　　净化水的原理和处理工艺一般包括粗滤、活性炭吸附和薄膜过滤三级系统。在净水过程中，要注意经常清洗净水器中的粗滤装置，常常更换活性炭，否则，时间久了，净水器内胆中就会有污染物堆积，滋生细菌，不仅起不到净化水的作用，反而会进一步污染水。

▶图说

净化水是利用净化器将自来水通过二次过滤后所取得的健康饮水。

304 什么是天然水？

　　天然水，就是指构成自然界地球表面各种形态的水相，包括江河、海洋、冰川、湖泊、沼泽、泉水、井水等地表水以及土壤、岩石层内的地下水等。

　　地球上的天然水总量大约为13.6亿立方米，其中海水占97.3%，冰川和冰帽占2.14%，江、河、湖泊等地表水占0.02%，地下水占0.61%。这些水中既有淡水也有咸水，其中淡水大约占天然水的2.7%。天然水的化学成分很复杂，含有很多可溶性物质、胶体物质、悬浮物，例如盐类、有机物、可溶气体、硅胶、窝殖酸、黏土、水生生物等。

▶图说

取用自然界中的天然水需密切留意水源、环境、气候等特定因素，以确保适宜饮用。

305 西山玉泉在什么地方？

西山玉泉位于北京玉泉山西南麓。玉泉水从山根流出，在主泉口的大石上镌着"玉泉"二字。

金章宗将西山玉泉归纳入燕山八景，取名为"玉泉垂虹"。但是好景不常在，因为后来大石碎化，风景也发生了变化。在清朝乾隆时于是将"垂虹"改为了"趵突"，并且在旁边立了一块石碑，名为《御制玉泉山天下第一泉记》。西山玉泉的水质清澈甘甜，泡出的茶汤香味浓郁，色泽清亮，是泡茶的上佳用水。

306 晋祠泉在什么地方？

晋祠泉位于山西省太原市南郊约25千米的悬瓮山麓的晋祠内，所处的地段是一个断裂带，是一个断层，由难老泉、鱼沼泉和善利泉组成，水温大约为17.5℃。其中的难老泉常年川流不息，就像是青春永驻，永远不老一样，这也是它的名字"难老"的来历。

晋祠泉的水质很好，自古都被人们用于生活饮水和生活用水，赞美之词也颇多。北宋时期的文学家范仲淹曾说过"千家灌禾稻，满目江南田，皆知晋祠下，生民无旱年"，就是在赞美晋祠泉的水质好。

晋祠泉是晋祠名胜的一个部分，晋祠周围

🔵图说

唐代诗人李白曾用"晋祠流水如碧玉，百尺清潭泻翠娥"来赞美晋祠泉。

的环境虽美，晋祠泉却是最值得欣赏的美景。晋祠泉还有着很多传说，例如"饮马抽鞭，柳氏坐瓮""中流砥柱"等，这些美丽的传说更加增添了晋祠泉的神秘性，更加令人向往。

307 中冷泉在什么地方？

中冷泉被誉为"天下第一泉"，位于江苏省镇江市金山脚下。中冷泉原来在江水之中，泉眼也是时隐时现，后来由于河道变迁，泉口才完全露出地面，成为陆地泉，现在泉口地面标高为4.8米。

根据《煎茶水记》记载，当时的品茶专家将适合煮茶的水分为七等，而中冷泉排名第一，因而得了"天下第一泉"的美名。这个"天下第一泉"之所以为第一，也在于其泉水很难得到，当时的泉眼时隐时现，要取到泉水实在不易。苏东坡曾说过"中冷南畔石盘陀，古来出没随涛波"，可见其独特之处。

中冷泉的水质很好，绿如翡翠，浓似琼浆，满杯不溢，南宋名将文天祥曾写过这样一首诗"扬子江心第一泉，南金来北铸文渊，男儿斩却楼兰诗，闲品茶经拜祠仙。"

308 惠山泉在什么地方？

惠山泉，别名陆子泉，传说中茶圣陆羽亲自品尝过其泉水，后被乾隆御封为"天下第二泉"，位于江苏省无锡市西郊惠山山麓锡惠公园中。

惠山泉的水天下闻名，很多茶客慕名而来，为的就是取其泉水，尤其是很多达官贵人，纷纷前来，泉旁的二泉亭，就是地方官员为了迎接南宋皇帝赵构而修建的。历史上对惠山泉的评价很高，也有人认为将其评为第二泉实在委屈，天下第一泉的美誉应该属于它。

▲图说

唐代茶圣陆羽在评定天下水品二十等时，将惠山泉评为"天下第二泉"，所以人们也将其称为二泉。

自古赞美惠山泉的诗句很多，例如唐代李绅的诗作"惠山书堂前，松竹之下，有泉甘爽，乃人间灵液，清鉴肌骨。漱开神虑，茶得此水，皆尽芳味也。"刘远的《惠山泉》一诗："灵脉发山根，涓涓才一滴。宝剑护深源，苍珉环甃壁。鉴形须眉分，当暑挹寒冽。一酌举瓢空，过齿如激雪。不异醴泉甘，宛同神瀵洁。快饮可洗胸，所惜姑濯热。品第冠寰中，名色固已揭。世无陆子知，淄渑谁与别。"

309 天下第五泉指的是哪一泉？

天下第五泉就是指大明寺泉水，位于江苏扬州大明寺西园。大明寺位于江苏扬州市西北约4千米的蜀岗中峰上，东临观音山。

大明寺泉被唐代茶圣陆羽列为天下第十二佳水。后来又被唐代品泉家刘伯刍评为"天下第五泉"，得到世人的关注。大明寺泉水的侧边有石刻的"第五泉"三个字，是明御史徐九皋所写。大明寺泉水水质清澈甘甜，泡出的茶汤茶味醇厚，鲜爽清新，是泡茶的上佳用水。

310 虎跑泉在什么地方？

虎跑泉，位于浙江省杭州市西南大慈山白鹤峰下慧禅寺的侧院中，距离市区大约有5千米，被称为"天下第三泉"。

关于虎跑泉的名字，有一个传说。相传，在唐元和十四年（819年）高僧寰中来到这里，看见这里风景优美秀丽，于是就居住了下来。但是这里却没有水源，这让他很苦恼。有一个夜里，他梦见神仙告诉他说："南岳有一个童子泉，会派遣二虎将其搬到这里来。"果然，在第二天有两只老虎刨地作穴，清澈的泉水便即刻涌出，因此得名虎跑泉。

"龙井茶叶虎跑水"已经被誉为"西湖双绝"，甜美的虎跑泉水冲泡清香的龙井名茶，鲜爽清心，茶香宜人。宋代诗人苏轼曾赞美道"道人不惜阶前水，借与匏尊自在尝"。

311 龙井泉在什么地方？

龙井泉，位于浙江省杭州市西湖的风篁岭上，是一个裸露型岩溶泉。龙井泉本名龙泓泉，又名龙湫泉，从三国时就是一个闻名于世的名泉，此泉大旱时也不会干涸，古人认为此泉和大海相连，有神龙驻守，因此称它为龙井。

龙井泉出自山岩中，水味甘甜，四季不干，清如明镜。在泉周围有神运石、涤心沼、一片云诸等名胜古迹。龙井泉的西边是龙井村，此地就是著名的西湖龙井茶产地。

龙井泉的水是由地下水与地面水两部分组成。如果用棍子搅动井内泉水，下面的地下水会翻到水面，形成一圈分水线，当地下泉水沉下时，分水线会渐渐缩小，最终消失，看上去很有趣。

312 金沙泉在什么地方？

金沙泉，位于浙江省湖州市长兴县城西北约17千米处，海拔为355米，泉眼在顾渚山东南麓，直径约为120厘米。泉眼水流涌动，一年四季不断。根据清代的《长兴县志》记载："顾渚贡茶院侧，有碧泉涌沙，灿如金星"，因此得名金沙泉。

金沙泉泉水口味甘甜，口感良好，其中含有偏硅酸和锶、氡、锌、锰、锂、铁等40多种微量元素，是未受任何污染的优质矿泉水。这里盛产紫笋茶，用金沙泉水冲泡紫笋茶，茶汤浓稠，香气扑鼻，啜之甘冽，沁人心脾，因而有"紫笋茶、金沙泉"的说法。

《新唐书·地理志》中记载道："湖州金沙泉以贡"。杜牧的诗作中也提到过金沙泉："泉濑黄金涌，芽茶紫璧截"。

313 黄山温泉在什么地方？

黄山温泉，是黄山四绝之一，古时称为汤泉、朱砂泉，有两个出露口。温泉位于紫石峰南麓，汤泉溪北岸，海拔为650米，温泉主泉泉口的平均温度为42.5℃，副泉泉口水温为41.1℃，水温会随着气温、降水量的变化而变化。温泉的流量原池昼夜最大流量为219.51吨，最小流量为145.23吨。

根据宋景佑《黄山图经》的记载，传说中华始祖轩辕黄帝曾在此沐浴后，皱纹消失，返老还童，因而使温泉的名声大振，被称为"灵泉"。

黄山温泉的水质中含有大量重碳酸，而且无硫，从唐代开始就颇受世人喜欢。黄山温泉有很大的医疗价值，在温泉中沐浴浸泡，有助于治疗消化、神经、心血管、运动等疾病。

314 白乳泉在什么地方？

白乳泉，位于安徽省怀远县城南郊荆山北麓，因其"泉水甘白如乳"而得名，对于嗜茶之人是上等的饮茶用水。

白乳泉水质富含矿物质，水体表面的张力很强，当水注满杯时，水高出杯沿一点儿也不会外溢，将硬币放入也能浮起，这是泉水的独特之处。白乳泉甘冽清爽，烹茶香醇怡人，苏东坡游历路过时曾赞赏不已，被其誉为"天下第七泉"。

白乳泉是如何形成的呢？荆山是岩浆侵入而形成的，在冷凝形成过程中及形成后受内外地质应力的作用，产生了一系列节理和断裂，泉坑就是三组密集的节理交会形成的。大气降水顺着岩体的节理和风化裂隙渗入地下后，沿着断裂层汇入了泉坑，就形成了白乳泉。

白乳泉的泉水乳白，这是因周围花岗岩在风化后，地表会形成白色的高岭土，下雨时，细小的高岭土会汇入水中，因而使水呈现"牛乳"状。泉坑里的水一般都是清澈的，但是在下过雨后，泉水就会变为乳白色。泉水流量随着季节、气候的变化而变化，雨季时水量较大，旱季水量减少，甚至还有在大旱之时断流的情况时有发生。

▲图说

白乳泉原名"白龟泉"，泉水色白如牛乳，相传唐朝时泉水随白龟涌出而得名，郭沫若曾亲手为其题名。

315 谷帘泉在什么地方?

谷帘泉,位于庐山的主峰大汉阳峰南面的康王谷中,也被称为"天下第一泉"。谷帘泉发源于汉阳峰,中途被岩山阻拦,水流呈数百缕细水纷纷散落洒下,远远望去就好像一个晶莹亮丽的珠帘悬挂在谷中,因而得名谷帘泉。

唐代茶圣陆羽游遍了祖国的名山大川,品尝了各地的碧水清泉,将谷帘泉评为"天下第一泉"。谷帘泉经过陆羽评定后,吸引了大量的文人墨客前来品水,宋代学者王禹偁在《谷帘泉序》中说到:"其味不败,取茶煮之,浮云散雪之状,与井泉绝殊。"宋代名士王安石、朱熹等到过此地,并留下了赞美的诗词。白玉蟾在其诗词中提到:"紫岩素瀑展长霓,草木幽深雾雨凄。竹里一蝉闻竹外,溪东双鹭过溪西。步入青红紫翠间,仙翁朝斗有遗坛。竹梢露重书犹湿,松里云深复亦寒。"

316 胭脂井出产的泉水有什么特点?

胭脂井,位于天柱山下的潜山县城东郊1000 1500米处。这里曾有一座广教寺,在寺的后院有一口古井,这就是胭脂井。胭脂井的水终年呈粉红色,井水甘甜清香,如果向井中投石,井中会吐出一串美丽的桃花水泡。

胭脂井从东汉年间就存在了,至今已经有两千多年。关于这口井,还有一段美丽的传说。东汉末年时,广教寺住着大诸侯乔玄,他有两个女儿,分别叫作大乔、二乔。女儿长得如花似玉,聪慧贤淑,琴棋书画皆通,是远近闻名的佳人。她们二人从小在井边长大,每天都要到井边梳洗化妆,化完妆之后,就会将剩余的脂粉撒入井中,这样长年下来,井中水就被染成了粉红色。后来,她们分别嫁给了孙策和周瑜。出嫁前,她们来到井边梳洗,因为远嫁而伤心,就将胭脂全部倒入井中,决定从此不再梳妆。

317 陆游泉在什么地方?

陆游泉,位于湖北省宜昌市大约10千米的西陵峡西陵山腰上。泉水从岩壁石罅中流出,然后汇入长、宽各1.5米、深约1米的正方形泉坑中。泉水清澈透明,水质甘甜,一年四季不断,冬天也不会结冰,取用后会盈满,却不会溢出,因而有"神水"之称。

陆游泉的泉水是煮茶的上佳水品,煮出的茶,香味醇厚适口。吸引了很多爱茶之人前来取水。陆游泉早在唐代就被世人发现,当时白居易和其弟白行简、元稹来到此处,发现这个泉眼。白居易曾在《三游洞序》中记过此泉:"次见泉,如泻、如洒。其怪者如悬练,如不绝线……且水石相搏,嶙嶙凿凿,跳珠溅玉,惊动耳目,自未讫成,爱不能去。"

318 湖北玉泉在什么地方？

湖北玉泉，位于湖北省当阳城西南10千米的玉泉山。玉泉山下有一股清泉，从地下涌出，水质晶莹透彻，水泡似连珠涌出，因而得名珍珠泉，也称为玉泉。

玉泉山形似巨船覆地，又名覆船山。山上林木苍冥，四季青翠，山腰山顶，常有云雾缭绕，蔚为大观。玉泉寺为我国早期的佛教寺院之一，列入全国重点文物保护单位，经历代修葺增建。北宋天禧年间，寺院规模达到9楼、18殿、3700僧舍。后又经多次修建，现玉泉寺院占地5.3万平方米，建筑面积1.6万平方米。寺内古建筑群，造型古朴雄伟，结构美观严谨；花木峥嵘，古树参天，特别是唐代银杏、月月桂、千瓣莲，更是珍贵稀有。殿门前的大镬，铸于隋大业十一年（公元615年），重1500千克，还有元代铸的大钟、铁釜，以及清鼎炉和唐吴道子所绘观音像碑刻等，都具有重大的考古价值。

坐落在寺门外左侧的玉泉铁塔，是玉泉寺景区整个建筑的重要组成部分。铁塔铸于宋嘉祐六年（公元1061年），高17.9米，13层，重53.3吨，全部用生铁铸成，每层均有八角棱头，故称"棱金铁塔"。整座铁塔造型玲珑剔透，铸艺精巧，历经千年风雨霜雪，至今形态完好，纹饰清晰，光泽夺目。此乃我国古代铸造艺术之珍品。玉泉寺景区还有珠泉跳玉、画阁朝阳、邮亭夕照、关公显圣处等景观，都值得游人欣赏。

▲图说

玉泉寺因泉得名，始于东汉普净禅师结茅建寺，智者大师奉隋文帝之命亲自修缮，时至唐时与山东灵岩寺、江苏栖霞寺、浙江国清寺并称"天下四绝"。

319 白沙井在什么地方?

白沙井,位于湖南省长沙市城南白沙街,为江南名泉之一,有着"长沙第一泉"的美称,和济南趵突泉、杭州虎跑泉、江苏中冷泉并称为四大名泉。白沙井有四口泉眼,终年不溢不竭,泉水清澈甘甜,是泡茶的佳水,泡出的茶口感甘醇、色泽诱人,用泉水酿酒,则酒香浓郁。有则民谣中这样写道:"无锡锡山山无锡,平湖湖水水平湖,常德德山山有德,长沙沙水水无沙。"其中的沙水就是指白沙井之水。

从古至今,白沙井深受文人墨客爱戴,很多诗词中都有赞美白沙井的诗句。例如:晋代谢惠的"饮湘美之醇酵"之赋;唐代杜甫诗作中的"夜醉长沙酒,晓行湘水春";毛泽东曾写过"才饮长沙水,又食武昌鱼"。

320 玉液泉在什么地方?

玉液泉,位于四川省峨眉山金顶之下万定桥边、神水阁前,素有"神水第一泉"的美誉。玉液泉的泉水清澈晶莹,久旱不干涸,是一等一的上佳水品,入口后,有荡气回肠的感觉,如同琼浆玉液一般,自古被称为"天上的神水""地下的甘泉"。

在玉液泉的周围,是峨眉极品茶的产地,用玉液泉冲泡峨眉茶,很得爱茶人的喜爱。经过考证,玉液泉中含有微量的氡、二氧化硅等多种矿物质,泉水不但口感佳,对人体还有保健作用,是一种极为难得的优质饮用矿泉水。

从古到今,许多文人墨客到此,留下了众多赞美之词。泉旁石碑上镌刻的"玉液泉"和"神水通楚"的碑文,是出自明代龚廷试之手;泉旁石崖上题写的"神水"两字,是明代御史张仲贤的作品。

321 碧玉泉在什么地方?

碧玉泉,现称为安宁温泉,位于云南省昆明市西南安宁城西北7千米处,在螳螂川峡谷间,有"天下第一汤"的美称。

碧玉泉有九个泉眼,从螳螂川东岸石灰岩壁流出,泉在山腰,犹如玉带一般揽在山腰。水温保持在42~45℃,水质属弱碳酸盐型,可以直接当作饮料饮用,还能有助于治疗多种疾病。

碧玉泉最早的记载是在元代,元代赵琏著有一首《温泉漱玉》诗:"泉出安宁最,潜阳溢至和。盎温深在沼,清泚浒盈科。下土丹沙伏,傍崖碧玉磨。气暄移火井,色莹转银河。洗濯空炎瘴,径行入雅歌。远人沾惠旧,此去足恩波。"从诗中可以看出碧玉泉的特点以及它的医疗价值。

碧玉泉四周的景色秀丽,自古有温泉八景:冰壶濯玉、龙窟乘凉、春圃桃霞、晴江晚棹、烟堤听莺、山楼看雨、云岩御风、溪亭醉月。如今,除了"晴江晚棹"与"春圃桃霞"之外,其余六景依然存在。

第七章

煮茶的器具

古人云，工欲善其事，必先利其器。可见，对于讲求感悟茶中细微之处与烹饮之妙的茶人来说，得心应手的煮茶器具有多么的重要。中国的茶具种类繁多，制作精湛，功用各具特色，本章着重介绍我国历史上的各类茶具、茶具分类、现代茶具特点与功用，以及茶饮生活中所常见的茶具选配、选购、养护与鉴赏知识，古董、名品、大师……其实这些离我们并不遥远。

322 茶具的起源是什么？

中国最早关于茶的记录是在周朝，当时并没有茶具的记载。而茶具是茶文化不可分割的重要组成部分，汉代王褒的《僮约》中，就有"烹茶尽具，酺已盖藏"之说，这是我国最早提到"茶具"的史料。此后历代文学作品及文献多提到茶具、茶器、茗器。

到了唐代，皮日休的《茶具十咏》中列出茶坞、茶人、茶笋、茶籝、茶舍、茶灶、茶焙、茶鼎、茶瓯、煮茶等十种茶具，"茶圣"陆羽在其著作《茶经》的"四之器"中先后共涉及多达24种不同的煮茶、碾茶、饮茶、贮茶器具。

中国的茶具种类繁多，制作精湛，从最初的陶制到之后的釉陶、陶瓷、青瓷、彩瓷、紫砂、漆器、竹木、玻璃、金属，无论是茶具材质还是制作工艺，茶具都经历了由粗渐精的发展过程。

口小而圆滑。

▶图说
　　根据考古研究推论，多数人认为最古老的茶具原型取自可兼作食器或酒器，陶土制成的瓦器——缶。

可供固定或悬挂的把手和拉环。

浑圆的缶体可盛食物或酒浆。

平底内收的底部便于火力均匀、高效加热。

323 唐代的茶具有什么特点？

唐代的茶饮及茶文化已发展成熟，人们以饼茶水煮作饮。湖南长沙窑遗址出土的一批唐朝茶碗，是我国迄今所能确定的最早茶碗。

茶业兴盛带动了制瓷业的发展，当时享有盛名的瓷器有越窑、鼎州窑、婺州窑、岳州窑、寿州窑、洪州窑和邢州窑，其中产量和质量最好的当数越窑产品。越窑是我国著名的青瓷窑，其青瓷茶

◀图说
白瓷瓷碗
　　碗作为唐时最流行的茶具，造型有花瓣形、直腹式、弧腹式等。

碗深受茶圣陆羽和众多诗人的喜爱，陆羽评其"类玉""类冰"。当时茶具主要有碗、瓯、执壶、杯、釜、罐、盏、盏托、茶碾等。瓯是中唐时期风靡一时的越窑茶具新品种，是一种体积较小的茶盏。

◀图说
三彩陶杯盘
　　以黄、赭、绿为基本色调，色彩斑斓。

▶图说
青瓷执壶
　　执壶是中唐以后才出现的器形，通常刻有各类纹饰。

324 宋代的茶具有什么特点?

　　承唐人遗风,宋代茶饮更加普及,品饮和茶具的发展已进入了鼎盛时期,茶成了人们日常生活中的必需品。

　　宋代的茶为茶饼,饮时须碾为粉末。饮茶的茶具盛行茶盏,使用盏托也更为普遍。其形似小碗,敞口、细足厚壁,适用于斗茶技艺,其中著名的有龙泉窑青釉碗、定窑黑白瓷碗、耀州窑内瓷碗。由于宋代瓷窑的竞争,技术的提高,使得茶具种类增加,出产的茶盏、茶壶、茶杯等品种繁多,式样各异,色彩雅丽,风格大不相同。全国著名的窑口共有五处,即官窑、哥窑、定窑、汝窑和钧窑。

▼图说

青白瓷盖托(北宋),景德镇窑出产。

茶盏外沿精薄。

外口开阔,内底较浅。

下有盏托。

瓷盒内有各式茶具。

盒盖刻有典雅的花纹。

▲图说
青釉剔花瓷盒(宋)

壶盖、壶口处装有银饰,壶盖更以扣环结于把手之上,简洁实用。

壶体光洁圆润,外形简约,壶腹宽敞。

▶图说
青釉银扣执壶(宋)

325 元代的茶具有什么特点?

　　元代时期,茶饼逐渐被散茶取代。此时绿茶的制作只经过适当揉捻,不用捣碎碾磨,保存了茶的色、香、味。茶具也有了脱胎换骨之势,从宋人的崇金贵银、夸豪斗富的误区进入了一种崇尚自然、返璞归真的茶具艺术境界,对茶具去粗存精、删繁就简,为陶瓷茶具成为品饮场中的主导潮流开辟了历史性的通道。尤其是白瓷茶具不凡的艺术成就,把茶饮文化及茶具艺术的发展推向了全新的历史阶段,直到今天,元朝的白瓷茶具依然还有着势不可挡的魅力。

罐盖如荷叶般宽平,边缘微翘。

罐体上部宽圆,罐脚内收。

▶图说
青釉荷叶盖罐(元),可作贮茶器具。

326 明代的茶具有什么特点？

明代饮用的茶是与现代炒青绿茶相似的芽茶，"茶以青翠为胜，陶以蓝白为佳，黄黑红昏，俱不入品"，人们在饮绿茶时，喜欢用洁白如玉的白瓷茶盏来衬托，以显清新雅致。

自明代中期开始，人们不再注重茶具与茶汤颜色的对比，转而追求茶具的造型、图案、纹饰等所体现的"雅趣"上来。明代制瓷业在原有青白瓷的基础上，先后创造了各种彩瓷，钧红、祭红和郎窑红等名贵色釉，使造型小巧、胎质细腻、色彩艳丽的茶具成了珍贵之极的艺术品。名噪天下的景德镇瓷器甚至为中国博得了"瓷器王国"的美誉。

明朝人的饮茶习惯与前代不同，在饮茶过程中多了一项内容，就是洗茶。因此，茶洗工具也成了茶具的一个组成部分。茶盏在明代也出现了重大的改进，就是在盏上加盖。加盖的作用一是为了保温，二是出于清洁卫生。自此以后，一盏、一托、一盖的三合一茶盏，就成了人们饮茶不可缺少的茶具，这种茶具被称为盖碗。

外侧浮刻有螭龙纹，螭龙传说是龙子之一，有防火之能。

▲图说 螭纹白玉水盂（明）

▲图说 蓝釉执壶（明）

327 清代的茶具有什么特点？

清代的饮茶习惯基本上仍然继承明代人的传统风格，淡雅仍然是这一时期的主格调。

紫砂茶具的发展经历了明供春始创、"四名家"及"三妙手"的成就过程终于达到巅峰。茶具以淡、雅为宗旨，以"宛然古人"为最高原则的紫砂茶具形成了泾渭分明的三大风格——讲究壶内在朴素气质的传统文人审美风格、施以华美绘画或釉彩的市民情趣风格以及镶金包银专供贸易的外销风格。

一贯领先的瓷具也不甘寂寞，制作手法、施釉技术不断翻新，到清代已形成了陶瓷争艳、比肩前进的局面。而文人对茶具艺术的参与，则直接促进了其艺术含量的提高，使这一时期的作品，成了传世精品。

以海龟科动物的背甲制成。质地半透明，光润圆滑，有黄、黑、褐色的斑纹。

▲图说 玳瑁镶银里盖碗（清）

绿、黄、紫三色交相辉映。造型栩栩如生，极富表现力。

▲图说 素三彩鸭形壶（清）

328 茶具按照用途怎样分类?

1.**制茶用具**　如古代的茶碾、罗合，现代的炙茶罐。

2.**贮物器具**　如古代的具列、都篮，现代的茶具柜、茶车、茶包。

3.**贮水用具**　即贮水类器物，如古代的水方，现代的水缸。

4.**生火用具**　即燃具类，如古代的风炉，现代的电炉、酒精炉等。

5.**量辅用具**　即置茶类物品，如茶匙、茶则。

6.**煮茶用具**　即煮水类茶具，如古代的茶铛、茶釜、茶铫，现代的随手泡、玻璃壶、陶瓷壶、铜茶壶。

7.**泡茶用具**　如紫砂壶、盖碗杯、玻璃杯等。

8.**调味器具**　如古代的盛盐罐，现代英式红茶中的糖缸、奶盅。

9.**饮茶用具**　如茶碗、茶盅、茶杯等。

10.**清洁用具**　如古代的滓方、涤方、茶帚，现代的茶巾、消毒锅等。

茶海：用来均匀茶汤色泽与滋味的贮水器具。

茶壶：用来冲泡茶叶的煮茶器具。

茶杯：用来装茶水的饮茶器具。

329 陶质茶具有什么特点?

陶质茶具是指用黏土烧制而成的饮茶用具，分为泥质和夹砂两大类。由于黏土所含各种金属氧化物的不同百分比，以及烧成环境与条件的差异，可呈红、褐、黑、白、灰、青、黄等不同颜色。陶器成形，最早用捏塑法，再用泥条盘筑法，特殊器形用模制法，后用轮制成形法。

7000年前的新石器时代已有陶器，但陶质粗糙松散。公元前3000年至公元前1世纪，出现了有图案花纹装饰的彩陶。商代，开始出现胎质较细洁的印纹硬陶。战国时期盛行彩绘陶，汉代创制铅釉陶，为唐代唐三彩的制作工艺打下基础。

至唐代，茶具逐渐从酒食具中完全分离，《茶经》中记载的陶质茶具有熟盂等。北宋时，江苏宜兴采用紫泥烧制成紫砂陶器，使陶质茶具的发展在明代走向高峰，成为中国茶具的主要品种之一。

质地略显粗糙，呈黄褐色。

通常涂上彩色的颜色或花纹以装饰。

▶图说

相对其他器具来说，陶器易碎、易裂，不宜温差过大。

330 瓷质茶具有什么特点？

在陶器烧结过程中，含有石英、绢云母、长石等矿物质的瓷土经过高温焙烧后，会在陶器的表面结成薄釉，釉色也会根据烧制温度的变化而呈现出不同的效果，从而诞生出胎质细密、光泽莹润、色彩斑斓的精美瓷器。瓷器食器质地坚硬、不易洇染、便于清洁、经久耐用、成本低廉。

可以绘上各色精美的颜色或图案。

质地坚硬致密。

◀图说 形态各异、精薄温润、流光溢美的瓷器更兼具着一定的艺术价值。

瓷器始于商周，成熟于东汉，发展于唐代。瓷脱胎于陶，初期称原始瓷，至东汉才烧制成真正的瓷器。瓷分为硬瓷和软瓷两大类，硬瓷者如景德镇所产白瓷，软瓷如北方窑产的骨灰瓷。瓷茶具有碗、盏、杯、托、壶、匙等，中国南北各瓷窑所产瓷器茶具有青瓷茶具、白瓷茶具、黑瓷茶具和青花瓷茶具等。

青瓷是在坯体上施含有铁成分的釉，烧制后呈青色，发现于浙江上虞一带的东汉瓷窑。白瓷是以含铁量低的瓷坯，施以纯净的透明釉烧制而成，成熟于隋代。唐代民间使用的茶器以越窑青瓷和邢窑白瓷为主，形成了陶瓷史上著名的南青北白对峙格局。

331 青瓷茶具有什么特点？

青瓷茶具胎薄质坚，造型优美，釉层饱满，有玉质感。明代中期传入欧洲，在法国引起轰动，人们找不到恰当的词汇称呼它，便将它比作名剧《牧羊女》中女主角雪拉同穿的青袍，而称之为"雪拉同"，至今世界许多博物馆内都有收藏。

在瓷器茶具中，青瓷茶具出现得最早。在东汉时，浙江的上虞已经烧制出青瓷茶具，后经历了唐、宋、元代的兴盛期，至明、清时期略受冷落。

胎质圆滑细腻。

▲图说 龙泉窑瓷碗（元）

青瓷茶具主要产于浙江、四川等地，其中浙江龙泉县的龙泉窑生产的青瓷茶具以造型古朴挺健，釉色翠青如玉著称于世，被世人誉为"瓷器之花"。南宋时，质地优良的龙泉青瓷不但在民间广为流传，也成为皇朝对外贸易交换的主要商品。

线条流畅，造型典雅。

▲图说 龙泉窑豆青釉盖罐（明）

332 白瓷茶具有什么特点？

　　白瓷，以其色白如玉而得名。白居易曾盛赞四川大邑生产的白瓷茶碗："大邑烧瓷轻且坚，扣如哀玉锦城传。君家白碗胜霜雪，急送茅斋也可怜。"

　　白瓷的主要产地有江西景德镇、湖南醴陵、四川大邑、河北唐山、安徽祁门等，其中以江西景德镇产品最为著名，这里所产的白瓷茶具胎色洁白细密坚致，釉色光莹如玉，被称为"假白玉"。明代以来，人们转而追求茶具的造型、图案、纹饰等，白瓷造型的千姿百态正符合人们的审美需求。

▶图说

白瓷双螭耳瓶（唐）
白瓷茶具约始于公元6世纪的北朝晚期，至唐代已发展成熟，早在唐代就有"假玉器"之称。

333 黑瓷茶具有什么特点？

　　黑瓷茶盏古朴雅致，风格独特，瓷质厚重，保温良好，是宋朝斗茶行家的最爱。斗茶者认为黑瓷茶盏用来斗茶最为适宜，因而驰名。据北宋文献《茶录》记载："茶色白（茶汤色），宜黑盏，建安（今福建）所造者绀黑，纹如兔毫，其坯微厚，……其青白盏，斗试家自不用。"

　　黑瓷茶具产于浙江、四川、福建等地，其中四川广元窑的黑瓷茶盏，其造型、瓷质、釉色和兔毫纹与建瓷也不相上下。

茶壶的嘴呈鸡头状。

▶图说

黑釉盘口鸡首壶
浙江余姚、德清一带也生产过漆黑光亮、美观实用的黑釉瓷茶具，其中最流行的是这种鸡头壶。

334 青花瓷茶具有什么特点？

　　青花瓷茶具蓝白相映，色彩淡雅宜人，华而不艳，令人赏心悦目，是现代中国人心中瓷器的代名词。

　　青花瓷茶具是在器物的瓷胎上以氧化钴为呈色剂描绘纹饰图案，再涂上透明釉，经高温烧制而成。它始于唐代，盛于元、明、清，曾是那一时期茶具品种的主流。北宋时，景德镇窑生产的瓷器，质薄光润，白里泛青，雅致悦目，并有影青刻花、印花和褐色点彩装饰。元代出现的青花瓷茶具，幽靓典雅，不仅受到国人的珍爱，而且还远销海外。

纹饰繁杂、典雅。

胎质薄润。

▲图说 **宣德款青花缠枝莲纹瓷碗（明）**

335 玻璃茶具有什么特点？

　　玻璃茶具是指用玻璃制成的茶具，玻璃质地硬脆而透明，玻璃茶具的加工分为两种：价廉物美的普通浇铸玻璃茶具和价昂华丽的水晶玻璃。

▲图说

　　玻璃茶具可以作为茶水的盛器或贮水器，由于其制品透明，是品饮绿茶时的最佳选择。

　　玻璃，古人称之为琉璃，我国的琉璃制作技术虽然起步较早，但直到唐代，随着中外文化交流的增多，西方琉璃器的不断传入，我国才开始烧制琉璃茶具。近代，随着玻璃工业的崛起，玻璃茶具很快兴起，这是因为，玻璃质地透明，光泽夺目，可塑性大，因此，用它制成的茶具，形态各异，用途广泛，加之价格低廉，购买方便，而受到茶人好评。在众多的玻璃茶具中，以玻璃茶杯最为常见，也最宜泡绿茶，杯中茶汤的色泽，茶叶的姿色，以及茶叶在冲泡过程中的沉浮移动尽收眼底。但玻璃茶杯质脆，易破碎，比陶瓷烫手，是美中不足。

336 搪瓷茶具有什么特点？

▲图说

　　由于搪瓷茶具导热快，容易烫手，因此真正讲究茶趣的人较少使用它泡茶。

　　搪瓷茶具是指涂有搪瓷的饮茶用具。这种器具制法由国外传来，人们利用石英、长石、硝石、碳酸钠等烧制成的珐琅，然后将珐琅浆涂在铁皮制成的茶具坯上，烧制后即形成搪瓷茶具。

　　搪瓷茶具安全无毒，有着一定的坚硬、耐磨、耐高温、耐腐蚀的特征，表面光滑洁白，也便于清洗，是家庭日常生活中所常见的器具。搪瓷可烧制不同色彩，更可以拓字或图案，也能刻字。搪瓷茶具种类较少，大多数为杯、碟、盘、壶等。

337 不锈钢茶具有什么特点？

　　不锈钢茶具是指用不锈钢制成的饮茶用具。不锈钢茶具耐热、耐腐蚀、便于清洁的特性，外表光洁明亮，造型规整，极富有现代元素的外表让其深受年轻人的喜爱。由于不锈钢茶具传热快、不透气，因此大多用来作旅游用品，如带盖茶缸、行军壶以及双层保温杯等。讲究品茶质量的茶人，一般不使用不锈钢茶具。

◀图说

　　由于不锈钢茶具相对其他茶具在泡茶过程中优势不明显，加之不透光，因而某些时候可能还不如玻璃茶具。

338 漆器茶具有什么特点?

漆器茶具是以竹木或他物雕制,并经涂漆的饮茶器具。虽具有实用价值,但人们还是多将其作为工艺品陈设于室内。

漆器的起源甚早,在六七千年前的河姆渡文化遗址中发现有漆碗。唐代瓷业发达,漆器开始向工艺品方向发展。河南偃师杏园李归厚墓出土的漆器中发现有一贮茶漆盒,宋元时将漆器分成两大类:一类以髹黑、酱色为主,光素无纹,造型简朴,制作粗放,多为民众所用;另一类为精雕细作的产品,有雕漆、金漆、犀皮、螺钿镶嵌诸种,工艺奇巧,镂镂精细,还有的以金银作胎,如浙江瑞安仙岩出土的北宋泥金漆器。明朝时期,髹漆有新发展,名匠时大彬的"六方壶"髹以朱漆,名为"紫砂胎剔红山水人物执壶",为宫廷用茶具,是漆与紫砂合一的绝品。清乾隆年间,福州名匠沈绍安创制脱胎漆工艺,所制茶具乌黑清润轻巧,成为中国"三宝"之一。

漆器茶具表面晶莹光洁,质轻且坚,散热缓慢。

图说 彩绘云凤纹漆盂(西汉)

部分漆器嵌金填银,绘以人物花鸟,具有很高的艺术收藏价值。

图说 镶螺钿漆盒(清)

339 金银茶具有什么特点?

金银茶具按质地分为金茶具和银茶具,以银为质地者称银茶具,以金为质地者称金茶具,银质而外饰金箔或鎏金称饰金茶具。金银茶具大多以锤成型或浇铸焊接,再以刻饰或镂饰。金银延展性强,耐腐蚀,又有美丽色彩和光泽,故制作极为精致,价值高,多为帝王富贵之家使用,或作供奉之品。

中国自商代始用黄金作饰品,春秋战国时期金银器技术有所进步。据考证,茶具从金银器皿中分化出来约在中唐前后,陕西扶风县法门寺塔基地宫出土的大量金银茶具可为佐证。从唐代藏身帝王富贵之家,到宋代的崇尚金银风气,时至明清时期的金银茶具使用更为普遍,工艺精美。

杯体雕有胡人乐伎八人,形态各异,惟妙惟肖。

图说 伎乐纹八棱金杯(唐)

器形圆滑规整,光润如新。

图说 罐形单环柄银杯(唐)

340 锡茶具有什么特点？

锡茶具是用锡制成的饮茶用具，采用高纯精锡，经焙化、下料、车光、绘图、刻字雕花、打磨等多道工序制成。精锡刚中带柔，早在我国古代人们就使用锡与其他金属炼成合金来制作器具。由于密封性能好，所制茶具多为贮茶用的茶叶罐。茶叶罐形式多样，有鼎币形、长方形、圆筒形及其他异形，大多产自中国云南、江西、江苏等地。

优秀的密封性令其能较好地保持茶香与滋味。

锡对人体安全无害。

图说 锡提梁壶（明）

341 镶锡茶具有什么特点？

镶锡茶具是清代康熙年间由山东烟台民间艺匠创制，通常作为工艺茶具使用。其装饰图案多为松竹梅花、飞禽走兽，金属光泽的锡浮雕与深色的器坯对比强烈，富有民族工艺特色。镶锡茶具大多为组合型，由一壶四杯和一茶盘组成。壶的镶锡外表装饰考究，流、把的锡饰华丽富贵。

342 铜茶具有什么特点？

铜茶具是指铜制成的饮茶用具。以白铜为上品，少锈味，器形以壶为主，少数民族使用较多。四川等地的茶馆里即可见到长嘴铜壶，云南哈尼族人将茶投入铜壶，煮好的茶称"铜壶茶"。藏族茶具中的紫铜釜、铜壶、紫铜勺等均为铜制品。蒙古族、哈萨克族、维吾尔族等民族的茶具中也有数量不等、用途各异的铜茶具。

图说

提梁铜盉（战国）
中国在三千年前已有铜器，但因铜器生锈气、损茶味，故很少应用。

343 景泰蓝茶具有什么特点？

景泰蓝茶具实际是铜胎掐丝珐琅茶具，是北京著名的特种工艺品，用铜胎制成。其经过制胎、掐丝、点蓝、烧蓝、磨光、镀金等八道工序，因以蓝色珐琅烧制而著名，且流行于明代景泰年间，故得名景泰蓝。此类茶具大多为盖碗、盏托，内壁光洁，具有浓厚的民族特色。

344 玉石茶具有什么特点?

玉石茶具是用玉石雕制的饮茶用具，玉石包括硬玉、软玉、蛇纹石、绿松石、孔雀石、玛瑙、水晶、琥珀、红绿宝石等，这些都可以做玉石茶具的原料。

玉石茶具质地坚韧、光泽晶润、色彩绚丽、细密透明。

中国玉器工艺历史悠久，玉石茶具最早出现于唐朝，河南偃师杏园李归厚墓中出土的玉石杯为证。明神宗御用玉茶具由玉碗、金碗盖和金托盘组成，玉碗底部有一圈玉，玉色青白，洁润透明，壁薄如纸，光素无纹，工艺精致。清代皇室亦用玉杯、玉盏作茶具。当代中国仍生产玉茶具，如河北产黄玉盖碗茶具通身透黄而光润，纹理清晰。

▲图说

青玉灵芝耳寿字乳丁纹杯（明）

345 石茶具有什么特点?

石茶具是用石头制成的茶具。石茶具的特点是，石料丰富，富有天然纹理，色泽光润美丽，质地厚实沉重，保温性好，有较高的艺术价值。在制作石茶具时，先选料，选料要符合"安全卫生，易于加工，色泽光彩"的要求，而后经过人工精雕细琢、磨光等多道工序而成。产品多为盏、托、壶和杯，以小型茶具为主。石茶具根据原料命名产品，有大理石茶具、磐石茶具、木鱼石茶具等。

346 果壳茶具有什么特点?

果壳茶具是用果壳制成的茶具，其工艺以雕琢为主。主要原料是葫芦和椰子壳，将其加工成茶具，大多为水瓢、贮茶盒等用具。水瓢主要产自北方，椰壳茶具主产海南。果壳茶具虽然很少，但唐明时期已经开始使用，并沿用至今，《茶经》中有用葫芦制瓢的记载。椰壳茶具主要是工艺品，外形黝黑，雕刻山水或字画，内衬锡胆，能贮藏茶叶。

▶图说

在中国葫芦寓意吉祥美满、福禄绵长而深受人们喜爱。

347 塑料茶具有什么特点?

塑料茶具是用塑料压制的茶具，其主要成分是树脂等高分子化合物与配料。塑料茶具色彩鲜艳，形式多样，质地轻，耐腐耐摔耐磨，成本低廉，导热性较差，耐热性较差，容易变形。在现实生活中，塑料茶具的种类不多，多数为水壶或水杯，尤其以儿童用具居多。

▶图说

塑料茶壶材质紧密不透气，会影响茶质。

348 当代茶具都包括哪些？

饮茶离不开茶具，茶具就是指泡饮茶叶的专门器具。我国地域辽阔，茶类繁多，又因民族众多，民俗也有差异，饮茶习惯便各有特点，所用器具更是精彩纷呈，很难做出一个模式的规定。随着饮茶之风的兴盛以及各个时代饮茶风俗的演变，茶具的品种越来越多，质地越来越精美。

当代茶具主要分为六部分：

1.主茶具 是泡茶、饮茶的主要用具，包括茶壶、茶船、茶盅、小茶杯、闻香杯、杯托、盖置、茶碗、盖碗、大茶杯、同心杯、冲泡盅。

2.辅助用品 泡茶、饮茶时所需的各种器具，以增加美感，方便操作，包括桌布、泡茶巾、茶盘、茶巾、茶巾盘、奉茶盘、茶匙、茶荷、茶针、茶箸、渣匙、箸匙筒、茶拂、计时器、茶食盘、茶叉、餐巾纸、消毒柜。

3.备水器 包括净水器、贮水缸、煮水器、保温瓶、水方、水注、水盂。

4.备茶器 包括茶样罐、贮茶罐（瓶）、茶瓮（箱）。

5.盛运器 包括提柜、都篮、提袋、包壶巾、杯套。

6.泡茶席 包括茶车、茶桌、茶席、茶凳、坐垫。

另外还有茶室用品，包括屏风、茶挂、花器。

茶夹
茶则
茶筒
茶海
茶壶
茶荷
茶杯

349 煮水器的用途是什么？

煮水器由烧水壶和热源两部分组成，热源可用电炉、酒精炉、炭炉等。

为了茶艺表演的需要，港台茶艺馆中经常备有一种"茗炉"。炉身为陶器，可与陶水壶配套，中间置酒精灯，点燃后，将装好开水的水壶放在"茗炉"上，可保持水温，便于表演。

现代使用较多的是电水壶，电水壶以不锈钢材料制成，表面呈颜色有光亮的银白色和深赭色两种。人们还给此种电水壶取名为"随手泡"，取其方便之意。

上部为内置电热盘的盛水壶。

下部为盘状通电的承座。

▲图说

电水壶通常由上、下两部分组成，位于上部的水壶可方便自如地取用。

350 开水壶的用途是什么？

开水壶是用于煮水并暂时贮存沸水的水壶。水壶，古代称注子，现在随着国学的盛行，又有人称之为水注的。开水壶的材质以古朴厚重的陶质水壶最好，通常讲究茶道的人不会选用金属水壶，而对陶质水壶情有独钟。

▶图说
金属水壶虽然传热快，坚固耐用，但是煮水时所产生的金属离子会影响茶香茶味。

351 茶叶罐的用途是什么？

茶叶罐是专门用来保存茶叶的器具，为密封起见，应用双层盖或防潮盖。锡罐是最好的储茶罐，只是价格昂贵。其次为陶瓷制罐为佳，不宜用塑料和玻璃罐子贮茶，因为塑料会产生异味，而玻璃透光容易使茶叶氧化变色。

密封遮光、隔味隔潮。

▶图说
茶叶罐以纸罐外套密封袋最方便实惠。

352 茶则的用途是什么？

茶则是一种从茶叶罐中取茶叶放入壶盏内的器具，通常以竹子、优质木材制成，还有以陶、瓷、锡等制成的。在茶艺表演中，茶则除了用来量取茶叶以外，另一种用途是用以观看干茶样和置茶分样。

量置茶叶　　手柄

◀图说
茶则的主要功用是衡量茶叶用量，确保投茶量的准确。

353 茶漏的用途是什么？

茶漏是一种圆形小漏斗，用小茶壶泡茶时，把它放在壶口，茶叶从中漏进壶中，以免干茶叶撒到壶外。

内凹形设计

▶图说
茶漏常用于冲泡乌龙茶时，借以其遮挡、汇拢的作用防止茶叶外撒。

354 茶匙的用途是什么？

茶匙是一种细长的小耙子，其尾端尖细可自壶内掏出茶渣，用来清理壶嘴淤塞，茶匙多为竹质，也有黄杨木质和骨、角制成的。

匙面　　　　手柄

◀图说 茶匙可帮助将茶则中的茶叶耙入茶壶、茶盏。

355 茶壶的用途是什么?

茶壶是用以泡茶的器具。泡茶时,将茶叶放入壶中,再注入开水,将壶盖盖好即可。茶壶由壶盖、壶身、壶底和圈足四部分组成。壶盖有孔、钮、座、盖等细部。壶身有口、延、嘴、流、腹、肩、把等细部。由于壶的把、盖、底、形的细微部分的不同,壶的基本形态就有近200种。茶壶的材质一般选用陶瓷。壶之大小视饮茶人数而定,泡功夫茶多用小壶。

▶图说

唐代的茶壶又称"茶注",壶嘴称"流子",形式短小。

356 茶盅的用途是什么?

茶盅又称茶盅,是一种小型瓷质茶碗,可以用它代替茶壶泡茶,再将茶汤倒入茶杯供客人饮用。茶盅的应用很符合科学道理,如果茶杯过大,不仅香味易散,且注入开水多,载热量大,容易烫熟茶叶,使茶汤失去鲜爽味。

茶盅可分为三种:一是壶形盅:以代替茶壶用之;二是无把盅:将壶把省略,为区别于无把壶,常将壶口向外延拉成一翻边,以代替把手提着倒水;三是简式盅:无盖,从盅身拉出一个简单的倒水口,有把或无把。

◀图说

茶盅可以泡任何茶类,有利发挥和保持茶叶的香气滋味。

357 品茗杯的用途是什么?

品茗杯俗称茶杯,是用于品尝茶汤的杯子。可因茶叶的品种不同,而选用不同的杯子。茶杯有大小之分,小杯用来品饮乌龙茶等浓度较高的茶,大杯可泛用于绿茶、花茶和普洱茶等。

▶图说

一般品茶以白色瓷杯为佳,以便于观赏茶汤的色泽。

358 闻香杯的用途是什么?

闻香杯,顾名思义,是一种专门用于嗅闻茶汤在杯底留香的茶具。它与饮杯配套,再加一茶托则成为一套闻香组杯。闻香杯是乌龙茶特有的茶具。

> 茶香挥发慢

> 保湿效果好

▶图说

闻香杯外形较品茗杯略微细长,很少单独使用,多与品茗杯搭配使用。

359 茶荷的用途是什么?

茶荷又称"茶碟",是用来放置已量定的备泡茶叶,同时兼可放置观赏用样茶的茶具,瓷质或竹质,好瓷质茶荷本身就是一件高雅的工艺品。

> 引口

> 半球状凹面容器。

▲图说

茶荷的形状多为有引口的半球形,供人赏茶之用。

360 茶针的用途是什么?

茶针用于清理疏通壶嘴,以免茶渣阻塞,造成出水不畅。一般在泡功夫茶时,因壶小易造成壶嘴阻塞而备用的。

> 较细的一端用以疏导之用。

▲图说

茶针形状为一根细头针,在茶渣堵塞壶嘴时用以疏导,使水流通畅。

361 公道杯的用途是什么?

公道杯,又称茶海,多用于冲泡乌龙茶时,可将冲泡出的茶汤滋味均匀,色泽一致,同时较好地令茶汤中的茶渣、茶末得以沉淀。常见的材质有陶瓷、玻璃、紫砂等,少数还带有过滤网。

> 引口

> 较大的容纳量,近似茶壶。

> 手柄

> 白瓷材质

▶图说

公道杯外形类似于一个敞口茶壶,有无把柄、有把柄两类。

362 茶盘的用途是什么？

茶盘，也叫茶船，是放置茶具、端捧茗杯、承接冲泡过程中溢出茶汤的托盘。有单层、双层两类，以双层可蓄水的茶盘为适用。以前还有专门的壶盘，用来放置冲茶的开水壶，以防开水壶烫坏桌面的茶盘；还有茶巾盘、奉茶盘等，现在一般只有一个茶盘，与壶具或杯具相协调配套使用。

排水性好的栅栏

▲图说

茶盘的质地可为竹子、瓷质、紫砂、金属、原木，形状有规则形、自然形、排水形等多种。

363 茶池的用途是什么？

茶池是用于存放弃水较多的一种盛器。泡茶时将茶壶或茶盏置于上面，多余的水便可流入池中，材质多为瓷器。

▶图说

茶池是一种扁腹的圆形罐子，上面有一个盖，盖上带孔。

364 水盂的用途是什么？

水盂是存放弃水的茶具，其容量小于茶池，通常以竹制、木制、不锈钢制居多，共有两层，上层设有筛漏可过滤、隔离废水中的茶渣。

深腹敞口用于盛放废弃用水或茶潭。

▶图说

水盂是一种小型瓷缸，用来贮放废弃之水或茶渣。

365 汤滤的用途是什么？

汤滤就像滤网，是用于过滤茶汤用的器物，多由金属、陶瓷、竹木或葫芦瓢制成。使用时常架设在公道杯或茶杯杯口，发挥过滤茶渣的作用；不用时则安置在滤网架上。

敞口内凹的漏斗形外观

手柄

▶图说

内网常由不锈钢、棉线或纤维网制成。

内置滤网

366 盖置的用途是什么?

盖置是用来放置茶壶盖的茶具,以减少茶壶盖上的茶汤水滴在茶桌上,更能保持茶壶盖的卫生、清洁,其外形有木墩形、盘形、小莲花台形等。

三点固定、收集壶盖上的水滴。

▶图说

盖置通常被设置成具有一定集水功能的器形,以快速收集壶盖上的水滴。

367 茶巾的用途是什么?

茶巾又称"涤方",以棉麻等纤维制成,主要作为揩抹溅溢茶水的清洁用具来擦拭茶具上的水渍、茶渍,吸干或拭去茶壶、茶杯等茶具的侧面、底部的残水,还可以托垫在壶底。

以吸水性强的棉麻材质为佳。

▲图说

需注意的是茶巾只能擦拭茶具溢出或溅出的水渍,不能用来擦净茶桌或其他脏渍。

368 怎样根据茶叶品种来选配茶具?

"器为茶之父",可见要想泡好茶,就要根据不同的茶叶用不同的茶具。

一般来说,泡花茶时,为保香可选用有盖的杯、碗或壶;饮乌龙茶,重在闻香啜味,宜用紫砂茶具冲泡;饮用红碎茶或功夫茶,可用瓷壶或紫砂壶冲泡,然后倒入白瓷杯中饮用;冲泡西湖龙井、洞庭碧螺春、黄山毛峰、庐山云雾茶等细嫩的绿茶,以保持茶叶自身的嫩绿为贵,可用玻璃杯直接冲泡,也可用白瓷杯冲泡,杯子宜小不宜大,其中玻璃材料密度高,硬度好,具有很高的透光性,更可以看到杯中轻雾缥缈,茶汤澄清碧绿,芽叶亭亭玉立,上下浮动;此外,冲泡红茶、绿茶、乌龙茶、白茶、黄茶,使用盖碗也是可取的。

从工艺花茶的特性出发,可以选择适宜绿茶、花茶沏泡的玻璃茶具,如西式高脚杯。选用这种杯子取其大径、深壁与收底的特征,使花茶在杯内有良好的稳定性,并适合冲泡后花朵展开距离较长的工艺花茶。选用透明度极高、晶莹剔透的优质大口径短壁玻璃杯,其造型上矮胖一些,适宜冲泡后花朵在横向展开的工艺花茶。

白瓷质地可较好衬托其红艳的汤色。

▶图说

红茶红汤红叶,香气持久,味浓汤艳。宜用紫砂茶具或瓷质盖碗杯。

369 怎样根据饮茶风俗来选配茶具？

　　藏族饮用酥油茶，其酥油茶茶具由打茶筒、勺、碗、紫铜釜、木桶、壶等组成。打茶筒由杵和筒组成，木杵一端圆球形，插入茶筒。筒亦木制，外圈裹上铜箍，增加牢度。筒口有盖，留有圆孔便于杵插入。紫铜釜专供贮浓茶用，常为铝壶或铜壶烧水。木桶盛酥油，使用时将茶熬成浓汁放在釜中备用。勺为紫铜质，装有铜丝网能过滤茶渣。茶碗与身份地位相关，不同阶层使用不同茶碗，活佛等显赫要人常用黄底描龙绣凤，八瓣莲花座碗。僧侣、年长者则用浅蓝底色并刻有雄狮或半透明花纹的茶碗。一般牧民则用白底、刻有折枝牡丹的茶碗。

　　闽南、潮汕地区饮用功夫茶，其功夫茶茶具亦称"烹茶四宝"。在演进过程中，功夫茶具由十件简化到现时实用的四件，由罐、壶、杯、炉四件组成，即孟臣壶、若琛杯、玉书茶碾、汕头风炉。质地主要是陶质和瓷器两种，外观古朴雅致，其形各异。

灵兽装饰。

口沿处僧帽状边。

筒形器形，共分三层。

遍布精美、繁杂的花纹。

▲图说
　　嵌珐琅多穆壶 "多穆"在藏语中意为盛酥油的桶，多穆壶是藏人制作、盛放酥油茶的器皿。

370 怎样根据饮茶场合来选配茶具？

　　茶具的选配一般有"特别配置""全配""常配"和"简配"四个层次：

　　参与国际性茶艺交流、参与全国性茶艺比赛、应邀进行茶艺表演时，茶具的选配要求是最高的，称为"特别配置"。这种配置讲究茶具的精美、齐全、高品位。根据茶艺的表演需要，必备的茶具件数多、分工细，求完备不求简捷，求高雅不粗俗，文化品位极高。

　　某些场合的茶具配置以齐全、满足各种茶的泡饮需要为目标，只是在器件的精美、质地要求上较"特别配置"略微低些，这种配置通常称为"全配"。如昆明九道茶是云南昆明书香门第接待宾客的饮茶习俗，所用茶具包括一壶、一盘、一罐和四个小杯，这七件套茶具亦称"九道茶茶具"。

　　台湾沏泡功夫茶一般选配紫砂小壶、品茗杯、闻香杯组合、茶池、茶海、茶荷、开水壶、水方、茶则、茶叶罐、茶盘和茶巾，这属于"常配"。如果在家里招待客人或自己饮用，用"简配"就可以。

▲图说
　　为了适应不同场合、不同条件、不同目的的茶饮过程，茶具的组合和选配要求是各不相同的。

371 怎样根据个人爱好来选配茶具？

茶具的选配在很大程度上反映了主人或饮茶者的不同地位和身份。大文豪苏东坡曾自己设计了一种提梁紫砂壶，至今仍为茶人推崇。慈禧太后喜欢用白玉作杯、黄金作托的茶杯饮茶。现代人饮茶对茶具的要求虽没有如此严格，但由于每个茶人的学历、经历、环境、兴趣、爱好以及饮茶习惯的不同，对茶具的选配也有各自的要求。

用于冲泡和品饮茶汤的茶具，从材质上主要分为玻璃茶具、瓷质茶具和紫砂茶具。玻璃茶具透光性好，有利于观赏杯中茶叶、茶汤的变化，但导热快，易烫手，易碎，无透气性；瓷质茶具的硬度、透光度低于玻璃但高于紫砂，瓷具质地细腻、光洁，能充分表达茶汤之美，保温性高于玻璃材质；紫砂茶具的硬度、密度低于瓷器，不透光，但具有一定的透气性、吸水性、保温性，这对滋育茶汤大有益处，并能用来冲泡粗老的茶。

> 紫砂材质的透气性、吸水性、保温性令茶汤更加出色。

> 壶体精妙的诗词与绘画。

▲图说
> 紫砂壶融诗词书画篆刻于一炉，赋予茶品更多的韵味与艺术性，颇受许多茶友的青睐。

▲图说
> 简朴的竹制茶具则使品饮者返璞归真，茶的恬淡、优雅之情顿然而生。

372 怎样选购茶具？

茶文化在我国可谓历史悠久、源远流长，集沏茶良器与欣赏佳品于一身的各式茶具，更可以给人带来独特的文化享受。历代茶人对茶器具提出的要求和规定，归纳起来主要有五点：一是具有保温性；二是有助于育茶发香；三是有助于茶汤滋味醇厚；四是方便茶艺表演过程的操作和观赏；五是具有工艺特色，可供观赏把玩。

北方人喜欢的花茶，一般常用瓷壶冲泡，用瓷杯饮用；南方人喜欢炒青或烘青的绿茶，多用有盖瓷壶冲泡；乌龙茶宜用紫砂茶具冲泡；功夫红茶和红碎茶一般用瓷壶或紫砂壶冲泡。品饮西湖龙井、君山银针等茶中珍品，选用无色透明的玻璃杯最为理想。

▶图说
> 茶具的材质、品种、器形众多，常让人眼花缭乱，因而应参照所品饮茶叶的种类、人数多少以及饮用习惯综合选定。

373 怎样选用紫砂壶？

选购紫砂壶时，可以从七个方面入手：一是看颜色，在基本颜色紫色、红色、黄色、绿色中，绛紫色和墨绿色紫砂壶为上品；二是看外形，质地坚实，造型别致，色泽华润，无明显划痕、破损，壶嘴、壶钮、壶把应"三点成一线"；三是看壶内，要无明显损伤，无异味；四是听声音，用壶盖轻轻敲击壶把2/3处，声音如金属般清脆悦耳者为佳；五是密封性，壶盖与壶身的紧密程度要好，否则茶香易散；六看"走水"，倾壶倒水，出水流畅，水柱无拧麻花状者为上；七看"挂珠"，壶"走水"时突然将其持平，壶嘴下沿不挂水珠者为好壶。

此外，轻轻转动壶盖，壶盖与壶身嵌合严实，阻力小者为好；在壶中装满水，用手指压住壶盖上的气孔，倾壶倒水，壶嘴不出水者表示精密度高。壶的出水跟流水工艺设计最有关系，倾壶倒水能使壶中滚水不存者为佳；出水水束的集束段长短也可比较，长者为佳。喜欢冲泡乌龙茶、红茶、花茶、普洱茶的茶人，可选择壶身较高的紫砂壶，喜欢冲泡绿茶的茶人可选择壶身较低的紫砂壶。

听音 **密封** **色泽** **走水、挂珠** **外形**

▲图说
购买紫砂壶要注意壶的形制、质地与完整性，还要注意壶的烧制火候及水色。

374 怎样养护紫砂壶？

紫砂壶贵在养护，好壶是花时间、用心血养出来的。简单地说，养壶有三种基本方法：一是手养护法：经常用手抚摸紫砂壶；二是茶巾养护法：经常用茶巾沾上茶水擦拭紫砂壶；三是养壶刷养护法：用养壶刷沾上茶水，轻轻刷洗紫砂壶细微处。这三种方法宜配合使用，并注意用力均匀。

另外，紫砂壶在每个时期的养护方法也不同。新壶启用之前，应先用旧砂布将茶壶外表通身仔细打磨一遍，洗净内外的泥粉砂屑，再将新壶置于一容器中，在壶底和容器之间垫一块毛巾，将容器加满茶叶和清水；旺火煮开后，再用文火煮半小时，除去新壶的烟土味并洗除污垢，自然阴干后使用。每次用完后，用纱布吸干壶外面的水分，倒出壶内的2/3的茶叶，留下约1/3冲进沸水焖两三次，冲过的水留用，然后清理净所有的茶叶，将冲过的水浇匀壶上，再用布轻轻擦干。另外，要多备几个紫砂壶，喝某一种茶叶时用指定的一个壶。

▲图说
经常用干净的湿布揩拭壶身，每次喝完茶后，倒净茶渣，清洗并保持壶内干爽。

375 怎样鉴赏紫砂壶?

　　紫砂壶具有良好的透气性能，泡茶不走味，贮茶不变色，盛暑不易馊，为宜兴特有产品。紫砂茶具是指用宜兴紫泥烧制的饮茶用具。紫泥色泽紫红，质地细腻，可塑性强，渗透性好，成型后放1150℃高温下烧制。

　　宜兴紫砂茶具工艺技术是在东汉烧制陶器的"圈泥"法和制锡手工业的"镶身"法相结合的基础上发展而来。紫砂茶具成为人们的日常用品和珍贵的收藏品，按其外形可分为筋纹、几何和自然三类。筋纹类是紫砂艺人在长期生产实践中创造出来的一种壶式；几何类是指整个造型中不同形体部位，要求每个过程都要做到有骨有肉，如传统的掇球壶、竹鼓壶、汉君壶、合盘壶、四方壶、提壁壶等；自然类则直接模拟自然界固有物或人造物作壶的造型。

枝条上红叶舒展。

图说
以装饰的手法将雕刻或透雕某种典型的几何形象附贴上壶身。

犹如植物叶片的筋纹。

图说
以线条为主要装饰的筋纹类紫砂壶。

憨态可掬的熊猫外形

竹管

图说
直接将某一种对象的典型物演变成壶的形状。

376 怎样鉴别紫砂壶?

　　当代壶艺泰斗顾景舟提出，鉴定紫砂器具优劣标准可归纳为形、神、气、态四要素。"形"即形式的美，是指具体的面相，作品的外轮廓；"神"即神韵，需要有一种能令人意会体验出精神的韵味；"气"即气质，壶艺所有内涵的本质美；"态"即形态，作品的高、低、肥、瘦、刚、柔、方、圆的各种姿态。这四方面贯通一气的作品才是一件好作品。

　　具体来讲，评价一件紫砂壶的内涵须具备以下三个主要因素：

　　一是完美的形象结构，即壶的嘴、扳、盖、钮、足，应与壶身整体比例协调；二是精湛的制作技艺，除了它的形制、质地与完整性外，还应该注意壶的烧制火候及水色；三是优良的实用功能，指容积和重量的比例是否恰当，挡壶扳、执握、壶的周围合缝、壶嘴出水流畅，同时也要考虑图案的脱俗、和谐与否。

壶身光纹细润。

红梅怒放

图说
从不同的角度细察壶身所反射出来的光暗面，柔润细腻者为上品。

377 如何欣赏紫砂提梁壶?

紫砂提梁壶是一种古老而独特的款式。这种壶的把手不像通常那样安在壶身一侧,整个壶形气势高昂,古朴大气。提梁出现于早期紫砂壶上,是为了便于将壶悬于火上或置于炉上并利于提携之用。提梁的形式有方有圆,有拱形、海棠形等,此外还有各种象生形状,如松枝、梅枝、藤蔓等,多变的提梁造型为紫砂壶增添了许多神来意趣。

壶体浑圆。

壶把自壶肩部分凌空而起,以三股结于壶体正上方。

378 如何欣赏三足圆壶?

三足圆壶的壶身似球形,腹鼓似鬲,外形规整圆滑,壶身无纹饰,掌中把玩大小恰入掌心;三足略矮小,脚底稍稍上翘,精巧中悠然之态点缀其间;壶盖颈处为圆柱形,稍高出壶肩,壶把雕有兽首,壶嘴宛然而上,壶嘴尖略微扬起,整体感古朴大方,给人一种浑然天成的和谐之美。

壶嘴略扬　　兽首壶把

翘足

379 如何欣赏僧帽壶?

传说金沙寺中的老僧始创紫砂壶时,壶的造型仿的是自己的僧帽,做出来被称为僧帽壶。明代供春也制作过僧帽壶。明末时大彬制作的僧帽壶,现藏香港茶具文物馆,此壶高9.3厘米,阔9.4厘米。壶底四方形,壶颈不长,其线面明快,轮廓清晰,刚健挺拔,神韵清爽。

壶口口沿上翘,前低后高,形似僧帽。

鸭嘴形流

束颈

鼓腹

圈足

380 如何欣赏菊花八瓣壶?

菊花八瓣壶由李茂林制作,高9.6厘米,阔11.5厘米。壶以筋纹型为主,呈菊花自然型。壶型似一坛子,只加上把和流而已,整体看古朴秀逸,风格高雅,现藏香港茶具文物馆。

李茂林是明代紫砂壶走向成熟期间的一位名家,以朴致敦古闻名。他在紫砂壶史上的一大贡献是"另作瓦囊,闭入陶穴",瓦囊即匣钵。在他之前,壶坯烧制时不装匣,会沾缸坛油泪,自从他创新了瓦囊后,壶坯烧制时受到保护,不再沾染油泪釉斑。

381 如何欣赏扁圆壶?

扁圆壶由李仲芳制作,壶高6厘米。壶盖大而平,壶盖与壶口接触处弥合紧密,真可谓"其间不容发"。壶呈铁栗色,壶体轮廓分明,线条流畅,刚柔兼济,方圆互寓,挺拔中见端庄,潇洒中见稳重,现由私人收藏。

李仲芳,明万历至清初人,时人称他为时大彬门下第一高足。其父李茂林也是一位制壶高手,作品多古拙朴致,而李仲芳另辟蹊径,其壶形制以文巧相竞。

壶盖大面平

线条流畅

382 如何欣赏朱泥圆壶?

朱泥圆壶由惠孟臣制作,他是明代万历至清代康熙年间的制壶高手。他尤工小壶,名为赭石色,壶小如香橼,容水50毫升,器底刻有"孟臣"铭记。他的作品被称为孟臣壶,亦称"孟公壶""孟臣罐",主要用于冲泡乌龙茶,为功夫茶茶具之一。他所创作的梨形小壶传入欧洲引起世人竞相观赏,据说安尼皇后也特别喜欢惠孟臣的作品,她在定制银质茶具时,也要仿惠孟臣的梨形壶。

肩宽

短直流

平盖

壶身较矮,外形小巧可爱。

壁直

383 如何欣赏蚕桑壶?

蚕桑壶由陈鸣远制作,这是他仿自然形壶的力作。壶身扁圆折腹,腹下部素面,上部则雕蚕食桑叶状。壶盖是一片桑叶,上卧一条金蚕。壶身上的其他蚕均半藏半露在桑叶中,惟妙惟肖。壶泥白色微黝,调砂,使其更逼真似蚕。陈鸣远是清朝康熙、雍正年间的一位制壶大家。他继承了明人壶造型朴素高雅大方的民族形式,又加入了自然写实的元素,独具特色。

384 如何欣赏南瓜壶?

南瓜壶和蚕桑壶一样,由清朝陈鸣远制作,是自然元素在茶具中的独特体现。南瓜壶高10.7厘米,壶身为一个完整的南瓜形。顶小底大,造型自然,构思奇巧,刻画逼真,田园气息很浓。

瓜蒂为壶盖。

瓜藤为壶把,藤上显出丝丝筋脉。

瓜叶卷成壶嘴。

385 如何欣赏束柴三友壶？

束柴三友壶由当今上海的壶艺家许四海制作。他的作品令人爱不释手，名闻海内外。束柴三友壶是他的代表作之一。此壶的外形是一捆束着的柴爿，被束的20多根柴爿由松干、梅桩和竹枝混合而成。其中两段梅桩的自然衍生的枝干分别成了壶嘴和壶柄；束柴内中一段稍微突出的竹竿节头巧妙地被当作壶盖撮子；至于捆住柴爿的是一根细嫩弯曲得可以当绳使用的竹梢。仔细观看，那松干上的鳞皮、蛀痕巧夺天工，每根柴爿断面的锯迹、折痕乃至年轮都历历在目。最令人称奇的是在一根内心蛀空的松段上沿，一只机灵的小松鼠正在洞口窥察，给人无限的遐想空间。

386 如何欣赏紫砂竹节壶？

紫砂竹节壶中最有名的是明清时期宜兴窑陈曼生制作，于1977年在上海金山王坫鲎山墓出土。此壶紫中透红，腹部阴刻"单吴生作羊豆用享"八字铭，下署楷书"曼生"款。此壶造型庄重，纹饰清晰流畅，浮雕精细入微，给人以妙手天成之感，乃紫砂壶中珍品。

与器身连接处均以浮雕竹叶点缀。

圆口，腹、流、鋬、钮均仿竹而为之。

壶身呈竹节状。

387 如何欣赏梅雪壶？

梅雪壶，是清代制壶名家杨彭年制作的，上有陈曼生的题铭，现藏于南京博物馆。该壶造型很独特，是难得的佳品。壶身镌刻有"梅雪枝头活火煎，山中人兮仙乎仙"。"梅雪枝头"应该为"枝头梅雪"，意思就是用梅花枝头的雪水，用活火来煎水泡茶。古人喝茶很讲究用水，这里说的就是用雪水煮茶。

388 如何欣赏百果壶？

百果壶的代表作品有两把。一把是清代瞿应绍所制。此壶以石榴为身，藕为流，菱为把，香荸为盖。壶身上半部以各色砂土塑成花生、瓜子、豇豆、白扁豆、栗、枣、葵花子黏附。三足为核桃、百合、荸荠，合计十八件果品。壶身铭文"本是榴房结子多，菱腰藕口晶如何。一堆成颗皆秋色，万果园中次第歌。"瞿应绍工诗词书画，篆刻鉴古，尤爱制砂壶，以"壶公"自号，请邓奎为之制造。

389 如何欣赏鱼化龙壶？

鱼化龙壶是清朝邵大亨的代表作。壶高为9.3厘米，口径为7.5厘米，壶身呈圆球状，通身作海水波浪纹，线条流畅明快。龙头突然从海浪中伸出，张口睁目，耸耳伸须，吐出一颗宝珠，神情十分生动。壶盖上也是一片海浪，壶钮是从海浪中探首而出的龙头。壶把是一条弯曲的龙尾，颇有情趣。壶呈栗色，有清纯之感，与其海水波浪相应。

壶盖处安装的龙首可伸缩自如。

龙尾持柄。

海水、云雾间鱼龙吐珠的雕刻。

390 如何欣赏八卦束竹壶？

八卦束竹壶是出自清朝邵大亨之手。壶通高8厘米，口径为9.6厘米，由64根细竹围成，每根都是一般粗细，工整而光洁。腰中另用一根圆竹紧紧束缚，微瘦一点。壶底四周用4个由腹部伸出的8根竹子做足，上下一体，十分协调，更增强了壶身的稳定性。八卦束竹壶不仅造型古典，而且深得易学哲理。壶盖上有微微凸起的伏羲八卦方位图，盖钮也做成一个太极图式，壶把与壶嘴则饰以飞龙形象，壶的色泽呈蟹青色，有冷逸之感。

用64根竹子拼成的壶身。

用32根小竹做成的4个底足。

▲图说

壶中隐藏着"易有太极，是生两仪，两仪生四象，四象生八卦"的象征。

391 如何欣赏方斗壶？

方斗壶壶高6.5厘米，口径4.7厘米，壶身铺满金黄色的"桂花砂"。壶形仿古代农村用以量米的方斗。壶身上小下大，由四个梯形组成，正方形嵌盖，盖上有立方钮，壶流与把手均出四棱，整体刚正挺拔，坚硬利索，素面铺砂，浑穆莹洁，不仅方中见秀，而且清新别致。壶体两面刻有图文，一面刻有扬州八怪之一的黄慎的《采茶图》，一老者席地而坐，身旁一蓝青茶，并刻："采茶图，廉夫仿瘿瓢子。""廉夫"是近代著名画家陆恢，"瘿瓢子"就是黄慎。另一面刻有吴大澂书写的黄慎《采茶诗》："采茶深入鹿麋群，自葑荷衣渍绿云。寄我峰头三十六，消烦多谢武陵君。瘿瓢斋句，客斋。"这是黄玉麟与吴大澂合作最有代表性的一把壶。

392 如何欣赏孤菱壶?

孤菱壶是黄玉麟的壶品中堪称杰作的一把壶。壶高为8.9厘米，口径为5.8厘米，此壶泥色似沉香而略带青色，制技精巧，线面和谐。壶呈方形，四角圆转，上小下大，盖钮内孔圆，外呈三瓣弧形，壶把围成一圆，边沿棱角清晰。壶体稳重端庄，线条柔和圆润。整器造型有深奥莫测的方中寓圆、圆中见方的奇妙特点。孤菱壶更为名贵之处，是有书法篆刻艺术大师吴昌硕的壶铭"诵秋水篇，试中冷泉，青山白云吾周旋"。

393 如何欣赏掇球壶?

这里的"掇"有选取、连缀之意，掇球就是运用若干个球体、半球体以一定的规律结合在一起，使其整体带有一定节奏感与艺术性。三球重叠的整体造型丰润稳健，线条流畅、简洁、高雅，极富茶文化的神韵与脱俗，让人心生喜爱。掇球壶出自晚清宜兴紫砂壶名匠程寿珍之手，1915年在巴拿马国际赛会获奖。

盖钮为圆球。

壶盖为半球状。

壶体近似圆球。

394 如何欣赏提璧壶?

提璧壶由顾景舟创作，以盖面似一枚古雅玉璧而得名。壶体呈扁圆柱形，平盖，钮为扁圆形，扁提梁。从两个侧面看上去方正的璧形变成向里微凹的曲面。壶身底部利用外圆式的收拢方式，给人的感觉稳固而又牢靠。底部圈足支点缩小，托起壶身，壶底为玉璧底，显得壶身丰满活泼。壶流从底部弧线顺势延伸，修长微曲。此壶整体结构严谨，虚实节奏和谐。壶身的基本形态为古玉璧形状，寓变化于壶身之中。

395 如何欣赏石瓢壶?

石瓢壶由当代壶艺泰斗顾景舟创作。此壶呈扁圆，上窄下宽，线条流畅，造型朴拙。壶钮似一座缓坡的拱形桥，壶底有三只圆足，线条流畅，意境舒展。壶面画修篁数枝，款落"湖帆"。另一面是吴湖帆的行书壶铭："无客尽日静，有风终夜凉。药城兄属。"壶盖内有"景舟"篆书长方印，壶底钤"顾景舟"篆书方印。

梯形壶身。

桥钮

平盖

倒三角形持柄。

直流设计。

第八章

绚丽多彩的

茶文化

　　茶，是一种生命的存在，一种精神的延续。千古流传于民间的茶文化记录着茶的历史沉淀、人文思想与活跃印记。传神的绘画、俊逸的书法、玩味的篆刻、凝练的诗词、精妙的对联、隐晦的谜语、简练的谚语、多彩的歌舞戏剧、奇趣的掌故、悠远的传说、经典的收藏、纯粹的茶馆文化……准备好，一场奇妙的茶文化之旅即将启程！

396 茶与绘画有什么关系？

自古以来，文人雅士都喜欢饮茶，因此出现了很多以茶事为主题的绘画。历代茶画的内容大多是描绘煮茶、奉茶、品茶、采茶、以茶会友、饮茶用具等。从这些茶画中可以反映出当时的茶风茶俗，是茶文化的一部分，是研究茶文化的珍贵资料，可以说，这些茶画就是一部中国几千年茶文化历史图录，而且有很高的欣赏价值。

早在唐代时期，就出现了不少以茶为主题的绘画，例如阎立本的《萧翼赚兰亭图》，周昉的《调琴啜茗图》等。自此以后，各朝各代都出现很多这样的茶画，为后人留下宝贵的资料。

▶图说

自古文人墨客以茶为友、以茶为题、以茶抒情，茶为他们提供了丰富多彩的情趣与素材。

397 《萧翼赚兰亭图》是一幅什么样的作品？

《萧翼赚兰亭图》是唐初画家阎立本的著作。阎立本，唐代著名的画家，曾任工部尚书，在唐高宗总章元年时拜为宰相。他擅长绘画，作品中以故事画居多，体裁大多是宫廷、官宦、贵族的历史事件。《萧翼赚兰亭图》中所画的故事讲的是唐太宗李世民派萧翼智取王羲之《兰亭序》的故事。此图的主题虽不是茶事，可是图中却反映出了唐代的饮茶生活。

侍童双手端着茶托茶碗，静候着茶沸盛与宾主。

旁边的萧翼微微垂首，双手插在袖笼中，暗自算计着如何赚得《兰亭序》图。

老者蹲坐在风炉前搅动茶汤。

竹几上放着茶托、茶碗、茶轮、茶罐。

老僧辩才坐在禅椅中，正在和萧翼交谈，没有丝毫警戒。

398 《煎茶图》是一幅什么样的作品？

　　《煎茶图》是唐代著名画家张萱的代表作品。该画是横卷绢本画，现藏于美国波士顿美术馆。张萱，开元年间可能就任宫廷画职，尤擅长画人物侍女图。《煎茶图》是《捣练图》中的一组。《捣练图》共分三组，描绘的是贵族妇女捣练、络线、熨平、缝制等加工绢丝的劳动情景。画中人物搭配错落有致，动作优雅自然，神态细致、专注、逼真，具有浓郁的生活气息。

绢拉直

一女童蹲在茶炉前面，手中拿着蒲扇，一边挥着扇扇火，一边回头对着旁边忙碌的妇女欲言又止的样子。

捣丝

熨平

缝合

理丝

人物线条细致，体态丰满，服饰华丽。

399 《宫乐图》是一幅什么样的作品？

　　《宫乐图》大约成图于晚唐时期，当时正是饮茶之风昌盛时期。该画虽历经千年，但是画面色泽却依旧艳丽，纹理清晰可辨，实乃传世之精品。图中共有十余人，其中后宫嫔妃十人，分坐在一张大型的方桌周围，神态各异，栩栩如生，有的在品茗，有的在行酒令，中间的四人，则在吹乐助兴。其手中所拿乐器从右至左分别是筚篥、琵琶、古筝与笙，旁边站立的二名侍女中，还有一人轻敲着牙板，为她们打节拍。

一人正慢慢啜饮，身后有一侍女轻轻扶着她。

一人手执长柄茶勺从方桌中央的茶锅中取茶汤。

另一人端着茶碗，似在沉思，又似沉迷于乐曲中。

400 《调琴啜茗图》是一幅什么样的作品？

《调琴啜茗图》是唐代画家周昉的作品。周昉擅长画人物，作品中有很多贵族妇女形象，《调琴啜茗图》是他的代表作之一，横为75.3厘米，高为28厘米，现藏于美国密苏里州堪萨斯市纳尔逊·艾金斯艺术博物馆。

图中描绘的是唐代仕女弹琴饮茶的生活情景。图中共有五位仕女，其中三人为贵妇，另两人为侍女，三个贵妇坐在院中品茗、弹琴、听乐。整个图结构比较松散，正好和图中人物的闲散神态相吻合，从图中贵妇的神态可以看出她们慵懒寂寞的姿态，而图中的桂花树和梧桐树表示着秋日已来临，主题表现得更加鲜明。

一个侍女端着茶托随时侍奉。

一人坐在园中树边的石凳上调琴弹乐。

一个侍女拿着茶杯。

另两人一边品茗，一边欣赏乐曲。

401 《文会图》是一幅什么样的作品？

《文会图》是北宋徽宗赵佶的作品，描绘的是当时文人雅士品茗的场景。

图中的地点是在一个庭院中，院中池水清清，石脚显露，四周有栏楯围护，垂柳修竹，树木葱郁。在树下，八九个文士围着一个大案，案上摆着果盘、酒樽、杯盏等。他们有的端坐，有的谈论，有的持盏，有的私语，个个衣着儒雅，姿态优雅。垂柳后设有一石几，石几上有瑶琴、香炉。在大案前，有小桌、茶床，小桌上摆放着酒樽、菜肴等，一童子在桌边忙碌，装点食盘。

图的右上角有赵佶的亲笔题诗："题文会图：儒林华国古今同，吟咏飞毫醒醉中。多士作新知入彀，画图犹喜见文雄。"左上方有蔡京的题诗："臣京谨依韵和进：明时不与有唐同，八表人归大道中。可笑当年十八士，经纶谁是出群雄。"

茶床上摆放着各式茶具。

茶炉、茶箱等。

冲点、盛茶的童子。

402 《斗茶图卷》是一幅什么样的作品?

《斗茶图卷》是唐代著名画家阎立本的作品。他的画作中,有很多关于茶事的著作,这幅图是代表作之一。

《斗茶图卷》一图生动描绘了唐代民间斗茶的情景,真实地反映了当时的茶风茶俗。画中总共有6个人物,他们都是平民装束,从图中可以猜测出,他们大概以三个人一组。每组人都携带着自己的茶具、茶炉、茶叶,用来比试。左边的三个人中,一人正在炉上煎茶,一个将袖子卷起的人正提着茶壶将茶汤注入茶盏中,第三个人则提着茶壶貌似在向对方夸赞自己的茶叶。右边的三个人中有两个人在啜饮品茗,第三个人赤着脚,腰间有一个专门装茶叶的茶盒,并且手中拿着一个茶叶罐好像在研究茶叶。从三个人的神情中可以看出,他们正在听对方的介绍,同时也准备着发表自己的意见。这幅画整体结构严谨,人物性格、神情的刻画生动形象,是一幅很珍贵的茶事图。

403 《茗园赌市图》是一幅什么样的作品?

《茗园赌市图》是南宋画家刘松年的作品,他一生中创作了很多关于茶事的画作,尤其是“斗茶图”得到世人很高的评价,但是可惜的是流传下来的却不多,具有代表性的作品有《卢仝烹茶图》和《茗园赌市图》。《茗园赌市图》以人物为主,画中的人物很多,其中茶贩是重要焦点。驻足观看的人也都是兴致盎然、神态各异,男人、女人、老人、青年、儿童,每个人的神情姿势都各不相同,所有人都将目光聚集在茶贩们的“斗茶”之上。这幅图将宋代民间的街头茗园“赌市”斗茶情景细腻地展现了出来,反映出了当时的茶风茶俗。

一个茶贩正弯身注水点茶。

落败的茶贩心有不甘地回头张望战局。

胸有成竹的茶贩昂头等待着评判。

挑茶担卖茶小贩正驻足倾身观看。

路过的妇女一手拎着壶一手拉着孩子,微笑着边行边看斗茶。

404 《撵茶图》是一幅什么样的作品？

《撵茶图》是南宋著名画家刘松年的代表作品。现藏于台北故宫博物院。《撵茶图》描绘的是宋代从磨茶到烹点的具体过程和场面，充分反映出了宋代茶事的兴盛。

画中有一人跨坐在凳上推磨磨茶，磨出的末茶呈玉白色，应该是头纲芽茶，旁边的桌子上备有茶罗、茶盒等茶具。另有一个人站立在桌边，手中提着汤瓶正在点茶，他的左手边摆放着煮水的茶炉、茶壶和茶巾，右手边摆放着贮泉瓮，桌上有备用的茶筅、茶盏和盏托。从画中可以看出场景显得很安静，一切程序有条不紊地进行着，也可以看出贵族官宦之家对品茶的讲究。

405 《卢仝烹茶图》是一幅什么样的作品？

《卢仝烹茶图》是南宋著名画家刘松年又一代表作，是《茗园赌市图》的姐妹图。图中生动描绘了卢仝烹茶情景。画面上山石瘦削，松槐错落，树影婆娑，环抱茅屋，卢仝在屋中坐着看书，一个赤着脚的女婢手中拿着扇子对着茶鼎扇着，还有一个长着长胡须的仆人在用壶汲取泉水。此图是刘松年画作中的精品，艺术成就很高，后人多将其作为样板画临摹。

406 《博古图》是一幅什么样的作品？

《博古图》为南宋著名画家刘松年之作，现藏于台北故宫博物院。"博古图"取博古通今之意，后人将绘有铜、瓷、玉、石等古代器物的绘画统称为"博古图"。

画中在郁郁葱葱的松林之下，亭台楼阁之边，一群文人墨客正聚集在一起鉴赏古玩器物，每个人都神情专注，体态、动作各有不同。画家用简单的线条勾勒，着重辅以松柏与人物之间强烈的明暗对比，烘托出浓郁的清新、静雅、脱俗的艺术氛围，给人耳目一新之感。以精细的笔触、高超的构图描绘出宋时文人墨客优雅的品位与脱俗的生活情趣，将作者内心的恬淡与对美好生活的向往与追求跃然纸上。

远处的侍女正躬身执扇催火烹茶。

若有所思的人。

驻足把玩的人。

郁郁葱葱的水墨松林与线条细致的人物形成强烈的视觉反差。

倾身观看的人。

仔细端详的人。

407 《安处斋图卷》是一幅什么样的作品？

《安处斋图卷》，是元代倪瓒的代表作品，藏于台北故宫博物院。作者以擅长水墨山水为傲，所作多取材于太湖周边的优美景致。画中笔法简洁，山水意境悠远，野岸沙渚，疏林茅茨，柳树萧萧，颇有世外山野高人的遁世脱俗之感。画的右下角有作者的自题诗："湖上斋居处士家，淡烟疏柳望中赊。安时为善年年乐，处顺谋身事事佳。竹叶夜香缸面酒，菊苗春点磨头茶。幽栖不作红尘客，遮莫寒江卷浪花。"左上角是乾隆御览后的即兴题诗："是谁肥遁隐君家，家对湖山引兴赊。名取仲舒真可法，图成懒瓒亦云嘉。高眠不入客星梦，消渴常分谷雨茶，致我闲情频展玩，围炉听雪剪灯花。"

屋后土坡上稀疏、高傲的几株树木。　　　　薄雾中的远山、丛林。

避风的石木掩映下两间精舍。　　　　　　水波如镜的湖面。

408 《陆羽烹茶图》是一幅什么样的作品？

《陆羽烹茶图》是元代赵原的代表作品。该画是纸本水墨画，长78厘米，宽27厘米，现藏在台北博物馆。图中表现的是陆羽隐居在浙江时的生活，画中山水清幽，树木挺拔，茅屋朴实，环境清净，陆羽坐在屋内榻上，旁边有一个童子，正在茶炉前烹茶，画上有作者自提的字："陆羽烹茶图"。

409 《竹炉煮茶图》是一幅什么样的作品？

《竹炉煮茶图》，是明代王绂的代表作品。作者学识渊博，饱读诗书，善长吟诗作赋，写山木竹石，曾经供职于文渊阁。明朝无锡惠山寺高僧性海，在洪武二十八年时托湖州竹工制作一具烹茶烹水的竹炉，刚好当时王绂正在寺中养病，于是请他绘制了一幅《竹炉煮茶图》。

可惜的是，这幅画在清代时被一场火灾毁掉了。因为乾隆很喜欢这幅画，觉得很惋惜，于是命人仿王绂笔迹画了一幅《竹炉煮茶图》，并且在画上题诗"竹炉是处有山房，茗碗偏欣滋味长。梅韵松蕤重清晤，春风数典哪能忘。"

410 《煮茶图咏》是一幅什么样的作品？

《煮茶图咏》是明代画家姚绶的代表作品，作者擅长画山水、竹石。该画为素笺本设色，二幅，前图后咏。前幅的画中有一茅屋，茅屋中有两个人对坐，旁边有一个童子在茶炉前煮茶，上面书有"煮茶图"三个字。后幅有姚绶亲笔书写的《煮茶歌》，内容为："丹丘羽人轻玉食，采茶饮之生羽翼。名藏仙府世空知，骨化云宫人不识。雪山童子调金铛，楚人茶经空得名。霜天半夜芳草折，烂漫细花啜又生。赏君茶，祛我疾，使人胸中荡忧栗。日上香炉情未毕，乱踏虎溪云，高歌送君出。"诗的结尾写有："《煮茶图》成，复书此歌送靖之翁兄北上。倘遇佳山水处，不吝展卷，当勿忘水竹村煮茗夜话也。"

411 《事茗图》是一幅什么样的作品？

《事茗图》是明代著名画家唐寅的代表作品，现藏于北京故宫博物院。唐寅，字子畏、伯虎，号六如居士、桃花庵主，自称江南第一风流才子，是明代著名的画家，文学家，擅长画山水、人物、花鸟画。《事茗图》描绘的是文人雅士品茗的场景。这幅画形象地表现了文人雅士幽静的生活。整幅画卷笔工细致，线条流畅，墨色渲染精细，是唐寅具有代表性的作品。

卷左唐寅的自题诗：日长何所事，茗碗自赍持。料得南窗下，清风满鬓丝。

412 《惠山茶会图》是一幅什么样的作品?

　　《惠山茶会图》是明代画家文征明的代表作品,绘制于正德十三年。文征明,名壁,字征明,江苏长洲人,是"吴门"风格的大画家。《惠山茶会图》长67厘米,宽22厘米,现藏于北京故宫博物院。画中描绘的是文征明和友人在无锡惠山清幽之处品茗的场景。图中共有七个人,四个主人三个童子,童子在烹茶,布置茶具,亭子里的茶人正在坐着等童子上茶。

高耸的松树。　　林间的小亭。　　两人在曲径上交谈。

童子正架炉生火煮茶。　一人在观察井水。　一人在井栏边读书。　山石林立。

堂前高耸、苍翠的松树。　屋后茂密的竹林。　远处群山、薄暮间的飞瀑。　缓缓流淌着的溪流。

童子在隔壁烹茶。　主人坐在桌前看书。　屋外板桥上缓步而来的访客。　抱琴的小童。

413 《停琴啜茗图》是一幅什么样的作品?

《停琴啜茗图》是明代著名画家陈洪绶的代表作品。陈洪绶出身望族,仕途坎坷,命运遭遇不济,造就出他颓废落寂的绘画风格,他画中的人物造型都非常古怪离奇,冷峻而独特。

《停琴啜茗图》中有两位高人相对而坐,正面的人坐在巨大的芭蕉叶上,侧面的人坐在长方石案之后的珊瑚石上,两人边品茗边交谈,一会儿还会思考片刻。整幅画看上去清新淡雅,将环境渲染的很到位,充分展现了文士品茶的场景和习俗。

珊瑚石上放置着茶壶。

直柄上翅的茶锅。

黑色的茶炉中炭火微燃。

琴弦已然收起。

两人品茗坐谈。

远处侍奉的侍者。

414 《闲说听旧图》是一幅什么样的作品?

《闲说听旧图》是清代华岩的作品。华岩字秋岳,年少时就喜欢绘画,擅长绘制人物、山水,尤精花鸟、鱼虫、走兽等,他重视写生,构图新颖,形象生动多姿,时用枯笔干墨淡彩,赋色鲜嫩不腻,画风松秀明丽,独树一帜。

他的《闲说听旧图》通过饮茶者的不同形象生动地反映了社会贫与富的对比与差别。画中描绘了早稻收割季节,村民们在听书休闲之时的情景。体态臃肿的富人坐在长凳上,有专人服侍,神情傲慢而自得;旁边的老人独自一人,双手抱着茶碗在喝茶,鲜明的对比中反映了社会的不平等。

415 《紫砂壶》是一幅什么样的作品?

《紫砂壶》是清代边寿民的作品,边寿民字颐公,又字渐僧,号苇间居士,又自署六如居士、墨仙、绰绰老人等,江苏淮安人,晚年在扬州地区卖画,为扬州八怪之一,工诗词、书法、画山水、花鸟,尤其擅长画芦雁。《紫砂壶》一画的表现手法采用了一些近似西画中的素描方法,用干笔淡墨略加勾擦,边缘仍以线条勾勒,表现了茶壶的质朴之美,从中也可以看出画者对紫砂壶具的体察入微与深厚的感情投入。

416 《墨梅图》是一幅什么样的作品？

《墨梅图》是清代名家汪士慎的作品。汪士慎字近人，号巢林，是扬州八怪之中性情较为内敛的人，原籍安徽休宁，居江苏扬州。精篆刻和隶书，工画花卉，尤其擅长画梅，笔墨清劲。

长卷中画面为墨梅，似乎与茶没有关系，但是从画中的题诗可以看出，此画系为饮茶得意而作。画家以墨梅来抒发茶情，共只为一个"清"字。此画现藏于浙江省博物馆。

款识为"驻马清流香气吹，东风渐近落花时。可怜踯躅关山客，才见江南第一枝。近人汪士慎于七峰草堂。"

以倒挂梅花，绒绒点点，挥洒自然，抒发绘者一种伤春将去的心境。

417 《玉川先生煮茶图》是一幅什么样的作品？

《玉川先生煮茶图》是清代金农的代表作品。该画纵24.4厘米，横31厘米，先藏于北京故宫博物院，是金农《山水人物图册》的其中一幅。

画中的人物描绘的是卢仝的煮茶生活场景。卢仝头戴纱帽笼头，留着长须，双眼微微睁着，身上穿着布衣，手中握着蒲扇，正在看火候熬茶汤。他的神情悠闲，看上去飘逸潇洒，同时也能看出他对茶事的喜爱。在图的右角有题为："玉川先生煎茶图，宋人摹本也。昔耶居士。"

卢仝正在风炉前候汤烹茶。

众多茂盛的芭蕉树，宽大的叶片下一地树荫。

赤脚的侍婢正用吊桶在泉井边汲水。

418 《梅兰图》是一幅什么样的作品？

《梅兰图》是清代李方膺的代表作品。该画纵127.2厘米，横46.7厘米，现藏于浙江省博物馆。李方膺，字虬仲，号晴江，别号秋池、抑园、白衣山人，清代著名画家，是"扬州八怪"之一。他擅长画梅兰竹菊等，代表作有《风竹图》《游鱼图》《墨梅图》等。

《墨梅图》是他的经典画作之一，画面中的右侧花瓶中插着一枝梅花，梅影稀疏，孤傲冷艳。画面的左侧有一盆惠兰，造型婀娜，飘逸洒脱。梅兰前面有一个壶和一个杯，造型朴实笨拙，憨态可掬。在画的下边有一个长题，内容为："峒山秋片，茶烹惠泉。贮砂壶中，色香乃胜。光福梅花开时，折得一枝归，吃两壶，尤觉眼耳鼻舌俱游清虚世界，非烟人可梦见也。"

419 《茶熟菊开图》是一幅什么样的作品？

《茶熟菊开图》是清代画家浦作英的作品。《茶熟菊开图》一图展现的是清新闲雅的品茗环境。画的正中央是一柄大的东坡提梁壶，壶后有一块太湖石，该石大孔小穴、窝洞相套、上下贯穿、四面玲珑，看上去颇为别致。在太湖石后面有两朵盛放的菊花。在画的上方一角有一题款，内容为："茶以熟，菊正开，赏秋人，来不来。" 图字相配，相得益彰，意境悠远。

420 《烹茶洗砚图》是一幅什么样的作品？

《烹茶洗砚图》是中国清代画家钱慧安的代表作品。该画为立轴纸本设色画，纵62.1厘米，横59.2厘米，现藏于上海博物馆。钱慧安，初名贵昌，字吉生，号双管楼、清溪樵子，宝山人。擅长画人物、仕女和花鸟。代表作品有《听鹂图》《烹茶洗砚图》《簪花图》。《烹茶洗砚图》描绘的是烹茶洗砚台的场景，反映了文人的日常生活场景。整幅画表现出宁静和谐的意境，人物线条勾画细腻有力，笔锋硬健，是清末海上画派的风格代表。

手持蒲扇在茶炉前烹茶的侍童。

在水边洗砚的侍童。

水中金鱼向砚台游去。

依石而建的水榭雕阁。

挺拔的松树。

琴桌上摆放着茶具、书函。

一男子倚栏而坐。

421 《品茗图》是一幅什么样的作品?

《品茗图》是清代画家吴昌硕的代表作品。该画为纸本设色，纵42厘米，横44厘米。吴昌硕，初名俊，又名俊卿，字昌硕。晚清著名画家、书法家、篆刻家，是"后海派"的代表。《品茗图》的右边画着一把茶壶，看上去似乎是随意点染，更加突出壶的古色古香；壶的旁边有一个茶杯，笔墨清淡；画的上半部勾勒了几枝梅花，从右上一直延伸到左下，与下面的茶壶、茶杯交映成趣。

画的左上有题记，"梅梢春雪活火煎，山中人兮仙乎仙。禄甫先生正画丁巳年寒。"

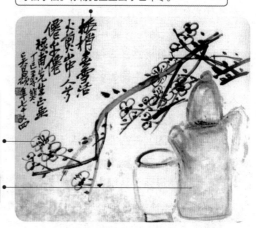

造型有俯仰、正侧、向背、交叠，生动活泼的梅花。

外形古朴典雅的茶壶。

422 《煮茗图》是一幅什么样的作品?

《煮茗图》是清代画家吴昌硕的代表作品。《煮茗图》和《品茗图》合称"双璧"。画面的右半边画着泥茶炉和砂壶，茶炉中的炭火正在燃烧着，左半边画着一枝梅花，花朵开得很灿烂。画下方正中央一个大大的芭蕉扇，一侧倚靠着泥茶炉，一侧倚靠着灿烂绽放的梅枝，似乎要把炉火扇旺。

423 《清茗红烛图》是一幅什么样的作品?

《清茗红烛图》作者是清末民初杰出的作家胡术。胡术，字仙锄，萧山人，工画山水、花卉、人物。他的《清茗红烛图》展示了文人墨客所崇尚的雅人之致，此图画面十分简洁，从左到右依次有：一枝红梅、一只茶壶、两只茶杯、一枝点燃的红烛。

424 《煮茶图》是一幅什么样的作品?

《煮茶图》是明代著名画家丁云鹏的代表作品，藏于无锡市博物馆。作者擅长画人物、佛像、山水。整幅画看上去生动真实，背景中的白玉兰花和假山石相映成趣，更加体现出画的意境。榻上的卢仝拿着蒲扇，坐着烹煮茶汤；榻前摆放着各式茶具；长须仆人提壶汲取泉水；一侍婢手端果盘。

▶图说

《煮茶图》描绘了卢仝《走笔谢孟谏议寄新茶》中的意境。

425 《梅花茶具图》是一幅什么样的作品？

《梅花茶具图》是著名画家齐白石的代表作品。该画创作于1952年，是齐白石花鸟写意画中的顶级杰作，艺术成就极高。齐白石，湖南湘潭人，20世纪中国著名的画艺大师，20世纪十大书法家之一，20世纪十大画家之一，世界文化名人。《梅花茶具图》一画非常简洁凝练，可谓雅俗共赏，整个画面意蕴深远，隐喻感很强，从画中可以看出画家的人生体验、智慧与哲理。《梅花茶具图》是齐白石送给毛泽东的画，画中的梅花表达了对毛泽东同志革命风骨的敬佩，茶具是对毛泽东为政清廉的赞美。

一枝苍劲有力的红梅傲然挺立。

下方搭配着一套拙朴脱俗的茶具。

"大匠之门"印章，齐白石老人时刻不忘自己木匠出身的过去而篆刻的印章。

426 《人散后》是一幅什么样的作品？

《人散后》是现代画家丰子恺的代表作品，是中国的第一幅漫画作品。丰子恺，原名丰润，名仁。浙江桐乡石门镇人。我国现代画家、散文家、美术教育家、音乐教育家和翻译家，是一位多才多艺的文艺大师。他的漫画风格独特，寓意深刻，很受人们的喜爱。

《人散后》的画面非常简单，一弯新月挂在天空，卷着帘子的屋子里，有一张方桌，桌子上放着茶壶、茶碗，茶依然在，可是人却已经散去了。虽只有寥寥数笔，可是整个画中却把那种寂静空虚的感觉诠释得很完美。在画的右边有题字，内容为："人散后，一钩新月天如水。"

427 《茶馆画旧》是一幅什么样的作品？

《茶馆画旧》是现代著名画家丁聪的代表作品。该画是一幅漫画，是一个以《茶馆画旧》为主题的组画，总共有四幅，分别是《沏开水》《一盅两件》《"吃讲茶"的"英雄"》和《"知音"》。丁聪，中国著名漫画家，上海人；擅长漫画、插图。

《沏开水》中描绘的是四川茶馆的堂倌正在冲水，表现出了他高超娴熟的冲水技艺；《一盅两件》是对往日广东早茶场景的真实描绘；《"吃讲茶"的"英雄"》中描绘的是旧时上海滩茶楼中的一个场景；《"知音"》一画中描绘的是北京茶客和鸟迷们。

428 茶与书法有什么关系?

茶与书法的联系更多是体现在本质的相似性,即以不同的形式,表现出共同的审美理想、审美趣味和艺术特性。宋代文学家、书法家苏东坡曾以精妙的语言概括茶与书法的关系:"上茶妙墨俱香,是其德也;皆坚,是其操也。譬如贤人君子黔皙美恶之不同,其德操一也"。

唐代是书法艺术的繁盛期,书法中有很多与茶相关的记载,其中比较有代表性的是唐代著名的狂草书家怀素和尚的《苦笋贴》:"苦笋及茗异常佳,乃可径来,怀素上",现藏于上海博物馆。宋代则是无论在茶业,还是书法史上,都是一个极为重要的时代,这一时期茶叶由饮用的实用性逐渐走向艺术化,因此涌现出很多著名的作品,如苏东坡的《一夜帖》、米芾的《苕溪诗》、汪巢林的《幼孚斋中试泾县茶》等。唐宋以后,茶与书法的关系更为密切,有茶叶内容的书法作品也更多。

书法家需要以静寂的心态进行创作,这与饮茶需要心平气和的境界是相通的。

429 《急就章》是一幅什么样的作品?

《急就章》,是西汉汉元帝时期黄门令史游以草书所作,"急就"取速成之意,是一本旨在让儿童识字、学习常识的启蒙读本。历代众多书家都曾书写过《急就章》,现存有元代邓文原临写本和明代宋克临写本。现存本共有34章,2144字,总共按照姓名、衣服、饮食、器用等分成三言、四言、七言的韵句。书中所曾提及到的"板柞所产谷口茶",即是在讲述茶事,而这是最早的一幅含有茶字的书法作品。

> 《急就章》是最早的一幅含有茶字的书法作品。

▶图说

《急就章》为西汉史游以草书所作,字字独立,笔势沉着凌厉,将隶书草写化,后人将其书体称之为"章草",历代书法家争相传摹,图为元代赵孟頫临摹之作。

247

430《苦笋帖》是一幅什么样的作品?

《苦笋帖》是唐代草书家怀素大师的代表作品,现藏于上海博物馆。其内容为:"苦笋及茗异常佳,乃可径来。怀素上。" 虽只有短短两行14个字,但其中运笔娴熟的功底与万变不离法度的神韵,无不令后人仰慕。后来其笔法被称为"狂草",与同时期另一位草书家张旭齐名,人称"张颠素狂"。

▶图说

运笔犹如行云施雨,奔流直下,飞动圆转,看似变化无常,实则法度具备,肥瘦相宜,轻重合度。

431《茶录书卷》是一幅什么样的作品?

《茶录书卷》是北宋蔡襄的作品。蔡襄著有《茶录》两篇,用楷体小字书写,大约有800字,是重要的茶典之一,更是稀世墨宝。这本书是为仁宗皇帝所作,后收藏入内府。

欧阳修曾为此书作跋,曰:"善为书者以真楷为难,而真楷又以小字为难……以此见前人于小楷难工,而传于世者少而难得也。君谟小字新出而传者二,《集古录目序》横逸飘发,而《茶录》劲实端严,为体虽殊,而各极其妙,盖学之至者。"

432《一夜帖》是一幅什么样的作品?

《一夜帖》,又称为《季常帖》,是北宋苏轼所写茶帖佳作,为书法著作,纵27.6厘米,横45.2厘米,现藏于台北故宫博物院。全帖总共70个字,是苏轼为他的好友陈季常所写的书札。

全帖的内容为:"一夜寻黄居审龙,不获,方悟半月前是曹光州借去摹揭,更须一两月方取得。恐王君疑是翻悔,且告子细说与,才取得,即纳去也。却寄团茶一饼与之,旋其好事也。轼白季常。廿三日。"

▶图说

帖中运笔自然流畅,笔势苍劲有力。

433 《茶宴》是一幅什么作品?

《茶宴》是北宋黄庭坚的作品。他擅长行书、草书,开始拜周越为师。后来又受到颜真卿和怀素的指点,他的作品侧险取势,纵横交错,自成一体,是"宋四家"之一。茶宴是文人雅士的一种集体活动,以茶为媒介来会友交流,在宋代很流行,最初提到"茶宴"这个词的是唐代诗人钱起的《与赵莒茶宴》。

在元祐四年时,黄庭坚写了《元祐四年正月初九日茶宴和御制元韵》的诗书,其中的"茶宴"二字是最早的"茶宴"手迹。

434 《苕溪诗卷》是一幅什么样的作品?

《苕溪诗卷》是北宋米芾所作的自书诗。该贴纵长30.3厘米,横长189.5厘米,现藏于北京故宫博物院。原帖在清乾隆时被收入内府,后来在清朝灭亡之后,被带到了长春伪满宫,之后散落民间,直到1963年才被北京故宫博物院重新收藏。

《苕溪诗卷》是米芾在苕溪游玩时所作的诗作,总共有三十五行,是米芾三十八岁时的作品,此帖书写得苍劲有力,但却不张扬,有着一种成熟之美。

▶图说

笔锋饱满,运笔潇洒,结构顺畅,行书自然,代表着米芾壮年时期的风格。

435 《夜坐》是一幅什么样的作品?

《夜坐》是明代唐寅所作的自书诗,先藏于上海博物馆。这首《夜坐》是在唐寅去世那年所写的,是他的《行书手卷》的其中一首。这首诗的内容为:"竹筹灯下纸窗前,伴手无聊展一编。茶罐汤鸣春蚓窍,乳炉香炙毒龙涎。细思寓世皆羁旅,坐尽寒更似老禅。筋力渐衰头渐白,江南风雪又残年。"

▶图说

《夜坐》笔法纯熟流利,无论是诗的内容还是笔法上来看都不失为一件佳作。

436 《煎茶七类卷》是一幅什么样的作品?

《煎茶七类卷》是明代徐渭所作,原文记载在《徐文长逸草》卷六,现藏于上虞曹娥庙。《煎茶七类卷》原文是卢仝所作。此帖为行书作品,徐渭擅长草书,但是行书亦佳。文后有作者后记曰:

▲图说

全卷文字笔锋饱满,雄健有力,姿态多变,行云流水。

"是七类乃卢仝作也,中鬏甚疾,余艋书稍改定之。"书后有小记所署时间为"壬辰秋仲",也就是万历二十年,当时徐渭已经71岁高龄,因而此帖是徐渭晚年的代表之作。

437 《致方士琯尺牍》是一幅什么样的作品?

《致方士琯尺牍》是《八大山人致方士琯尺牍》十三通的其中一通,为明末清初画家朱耷所作,其作品风格严谨,字形端正,坚挺而有力,现藏于故宫博物院。

全帖的内容为:"乳茶云可却暑,少佐茗碗,来日为敝寓试新之日也,至于八日,万不敢爽,西翁先生,八大山人顿首。稚老均此。" 文中的西翁先生即方士琯。"乳茶"是指嫩茶、新茶。从该帖的笔迹中可以看出应该是朱耷七十岁以后的作品,文中他邀请方士琯喝茶,可以反映出文士之间以茶相约,以茶会友的闲情雅趣。

▶图说

字体笔锋流畅有力,转折圆润,字形大小不一,行列长短不齐,整体看上去错落有致,别有一番韵味。

438 《七绝十五首》是一幅什么样的作品?

《七绝十五首》是清代郑燮所作,整幅皆分为六分半书的"乱石铺街体",挥洒自如,从容得体,现藏于扬州博物馆。原诗总共有十五首,其中《竹枝词》所描述的是茶事,全诗的内容为:"湓江江口是奴家,郎若闲时来吃茶。黄土筑墙茅盖屋,门前一树紫荆花。"在诗的最后,有落款为"板桥居士郑燮书于潍县"。

439 《角茶轩》是一幅什么样的作品?

　　《角茶轩》是清代吴昌硕的作品,是一个篆书横披,书写于1905年,应该是应友人的请求而作的。落款中写道:"礼堂孝谦藏金石甚富,用宋赵德父夫妇角茶趣事以名山居。……茶字不见许书,唐人于茶山诗刻石,茶字五见皆作茶。……"

△图说
左幅:落款用行草所写,篇幅很长,对"角茶"的典故、"茶"字的字形都作了叙述。

△图说
右幅:"角茶轩"三个字是典型的吴氏风格,无论是笔法还是气势都来自于石鼓文。

440 茶与篆刻有什么关系?

　　篆刻就是指镌刻印章的通称。篆刻的字体有大篆、小篆、汉篆、隶书、楷书、魏碑、行书等。我国的篆刻艺术历史很悠久,在春秋战国时期,印章就开始盛行。在汉代时,印章的艺术已经达到了一个很高的境界。元末开始使用石章,将书家篆印、刻工刻印的历史结束了。明清时,出现了很多篆刻人,篆刻蓬勃发展起来,也分了很多流派。

　　篆刻的内容很丰富,涉及很多方面,当然和茶也结下了不解之缘,很多篆刻人都将"茶"作为篆刻主题。文人雅士本身都喜爱饮茶,将对茶的喜爱寄托在篆刻上,同时留下了很多优秀的篆刻作品。

△图说
班禅印章的字体多为篆书,先写后刻,故称篆刻。

△图说
兽钮寿山石印章(清),传统印章用石之一,文人墨客的挚爱。

螭虎,传说中的一种龙,代表着权势与王者之风。

▶图说
"皇后之玺"玉印(西汉)

441 《赐衣传茶》是一方什么印章?

《赐衣传茶》是清代刘墉的作品。在《姜宸英草书刘墉真书合册》中，有一方刘墉的"赐衣传茶"红白相间印。

刘墉，字嵩如，号石庵，山东诸城人，乾隆时任仁阁大学士。在古代，臣子立了大功，皇帝用赐衣赐茶的方法来奖励，在清代一般都是赏赐黄马褂，对于臣子来说这是天大的荣耀。据考证，刘墉刻此印，可能是为了纪念乾隆十六年考中进士时皇帝的赐衣传茶，也可能是在任时受到皇帝恩宠而刻下的。"赐衣传茶"四字中，只有"衣"字是朱文，其余三字为白文。

"衣"字线条细匀、光滑、柔美。

▲图说

整个印章红白相映，古朴秀丽，别致有趣。

442 《一瓯香乳听调琴》是一方什么印章?

《一瓯香乳听调琴》是清代乾隆皇帝的一枚闲印。该印曾经钤在明代画家文伯仁的《金陵十八景册》。安徽省怀远县城有一个白乳泉，用此泉的水煮茶，茶味香浓醇厚，被苏东坡誉为天下第七名泉，印章中所指香茶就是此泉水所煮的茶。

印文中"香乳"指的即是香茶。

▶图说

"一瓯香乳听调琴"说的是文人雅士品茶听音、品茶、弄琴的闲情逸趣，和唐代的《听琴啜茗图》有同样的意境。

443 《茶梦轩》是一方什么印章?

《茶梦轩》是清代赵之谦的作品。该印为白文印，篆刻的字是减去一笔的现代"茶"字。另外有一则边款，内容为："说文无茶字，汉荼宣、荼宏、荼信印皆从木，与茶正同，疑荼之为茶由此生误。"边款中所说的三例汉印印蜕已经不存在了，但是根据考证，在《续汉印分韵》中记载的"茶"字和"茶梦轩"中的"茶"字很相像。

▲图说

该印章的刻法，虚实对比强烈，线条均匀，刻法沉稳，字体朴实，又有汉印的风格。

444 《家在江南第二泉》是一方什么印章？

《家在江南第二泉》是清代篆刻家徐三庚的作品。徐三庚的家乡是无锡惠山，那里的惠山泉水质甘甜清澈，被唐代陆羽评为"天下第二泉"。现在，元代大书法家赵孟頫为惠山书写的"天下第二泉"五个大字还完好地保留在泉亭的后壁上。而徐三庚镌刻该印，一是对家乡的纪念；二是为自己家乡有这样的泉水而感到自豪。

▲图说

篆刻中的"第二泉"是指无锡惠山泉。

445 茶与诗词有什么关系？

千百年来，数千首题材广泛和体裁多样的茶诗、茶词、茶联成了中国文学宝库中的一枝奇葩。诸多的茶诗，有的赞美茶的功效，有的以茶寄托诗人的感遇，还有的则表现对茶农生活的描述。这些茶诗表现了诗人们对茶的喜爱，反映出茶叶在人们文化生活中的地位，也显示了唐代茶诗的兴盛与繁荣。

唐代以前的茶诗较少。西晋左思的《娇女》也许是中国最早的茶诗："心为茶荈剧。吹嘘对鼎"。表现了左思的两位娇女，因急于品香茗，就用嘴对着烧水的"鼎"吹气的情景。

随着茶业的发展和人们饮茶风俗渐盛，至唐代，涌现了很多以茶为题的诗。如著名诗人皮日休与陆龟蒙都有爱茶雅好，经常作文和诗，他们写有《茶中杂咏》唱和诗各十首，内容包括《茶坞》《茶人》《茶笋》《茶籯》《茶舍》《茶灶》《茶焙》《茶鼎》《茶瓯》和《煮茶》等，不但应和了唐诗的繁荣，而且对茶的史料、茶乡风情、茶农疾苦、甚至茶具和煮茶都有具体的描述，堪称一份形象的茶叶文献。

宋代饮茶之风更盛，由于斗茶和茶宴的盛行，所以茶诗多表现出以茶会友、相互唱和，以及触景生情、抒怀寄兴的内容。苏轼的《次韵曹辅壑源试焙新茶》诗，其中的"从来佳茗似佳人"成了流传千古的茶名句。此外，还有范仲淹的《斗茶歌》、蔡襄的《北苑茶》，都表现了宋人对茶特殊的感情。黄庭坚的《品令》是茶词中的代表作，"凤舞团团饼，恨分破，教孤零。金渠体净，只轮慢碾，玉尘光莹。汤响松风，早减二分酒病。味浓香永，醉乡路，成佳境。恰如灯下故人，万里归来对影，口不能言，下快活自省。" 词的上篇写碾茶煮茶，下篇写饮茶时的惬意感受，用词细腻、轻快，读起来朗朗上口。

▶图说

诗仙李白的《答族侄僧中孚赠玉泉仙人掌茶》："茗生此中石，玉泉流不歇"。

446 为什么《娇女诗》成为陆羽《茶经》节录的第一首茶诗?

《娇女诗》是西晋左思所作的一首五言古诗。

这是陆羽《茶经》中记录的中国古代的第一首茶诗，也可能是有记载的我国最早的茶诗。诗中说姐妹两个聪明活泼，在嬉戏喧闹，她们安静下来，想要饮茶，因为心里焦急，不停地对着茶鼎使劲吹气，结果把白衫袖细布衣整脏了。诗中对两位娇女的描写细腻形象，一对小姐妹的形象跃然纸上，诗中提到煮茶的习俗，茶具等。

> **《娇女诗》**
>
> 吾家有娇女，皎皎颇白皙。
>
> 小字为纨素，口齿自清历。
>
> 其姊字惠芳，面目粲如画。
>
> 轻妆喜楼边，临镜忘纺绩。
>
> 心为茶荈剧，吹嘘对鼎锄。
>
> 脂腻漫白袖，烟熏染阿锡。
>
> 衣被皆重池，难与沉水碧。

447 《答族侄僧中孚赠玉泉仙人掌茶并序》是一首怎样的茶诗?

《答族侄僧中孚赠玉泉仙人掌茶并序》是唐代李白所作的一首五言古诗。

诗前有序为："余闻荆州玉泉寺近清溪诸山，山洞往往有乳窟，窟中多玉泉交流。其中有白蝙蝠，大如鸦。按仙经，蝙蝠一名仙鼠，千岁之后，体白如雪，栖则倒悬，盖饮乳水而长生也。其水边处处有茗草罗生，枝叶如碧玉。惟玉泉真公常采而饮之，年八十余岁，颜色如桃花。而此茗清香滑熟，异于他者，所以能还童振枯，扶人寿也。余游金陵，见宗僧中孚，示余茶数十片，拳然重叠，其状如手，号为'仙人掌'，盖新出乎玉泉之山，旷古未觌。因持之见遗，兼赠诗，要余答之，遂有此作。后之高僧大隐，知仙人掌茶发乎中孚禅子及青莲居士李白也。"

> **《答族侄僧中孚赠玉泉仙人掌茶并序》**
>
> 常闻玉泉山，山洞多乳窟。
>
> 仙鼠如白鸦，倒悬清溪月。
>
> 茗生此中石，玉泉流不歇。
>
> 根柯洒芳津，采服润肌骨。
>
> 丛老卷绿叶，枝枝相接连。
>
> 曝成仙人掌，似拍洪崖肩。
>
> 举世未见之，其名定谁传。
>
> 宗英乃禅伯，投赠有佳篇。
>
> 清镜烛无盐，顾惭西子妍。
>
> 朝坐有余兴，长吟播诸天。

此诗提到"仙人掌茶"，是诗词中最早记录名茶的诗。文中作者把"仙人掌茶"的出处、品质、功效等都做了详尽的描述，是重要的历史资料。

448 《饮茶个歌诮崔石使君》是一首怎样的茶诗？

《饮茶个歌诮崔石使君》是唐代诗人所作的一首五、七言诗歌。

这首诗大约作于德宗贞元初，是皎然和友人崔刺史一起品饮越州茶时所作的诗。诗中，皎然说了饮茶的好处，具有鲜明的艺术风格。他的诗对后代茶歌的创作有很大的影响，主要以探讨茶艺为主。这首诗的目的是号召大家以茶代酒，共同探讨饮茶的艺术。

> 标题中的"诮"字，暗含了几分嘲讽的意思，说明了全诗的诙谐轻松。

《饮茶个歌诮崔石使君》

越人遗我剡溪茗，采得金牙爨金鼎。
素瓷雪色缥沫香，何似诸仙琼蕊浆。
一饮涤昏寐，情来朗爽满天地。
再饮清我神，忽如飞雨洒轻尘。
三饮便得道，何须苦心破烦恼。
此物清高世莫知，世人饮酒多自欺。
愁看毕卓瓮间夜，笑向陶潜篱下时。
崔侯啜之意不已，狂歌一曲惊人耳。
孰知茶道全尔真，唯有丹丘得如此。

449 《西山兰若试茶歌》是一首怎样的茶诗？

《西山兰若试茶歌》是唐代诗人刘禹锡所作的一首七言古诗。

这首诗描述的是在西山寺中饮茶的场景，诗中写到采茶、制茶、煎茶、尝茶等场景，整个诗写得生动细致，将饮茶的乐趣写了出来，并且赞美了茶的种种优点，可见大家对饮茶的喜爱。

唐代人们饮茶虽多以蒸青团茶为主，但诗中"斯须炒成满室香"的描述，可见当时也出现了"炒青"技术。饮茶时多将团饼施以研磨煮泡，故茶汤表层有白色浮沫泛起，如"白云满盏花徘徊"般若隐若现、变幻如花。

《西山兰若试茶歌》

山僧后檐茶数丛，春来映竹抽新茸。
宛然为客振衣起，自傍芳丛摘鹰嘴。
斯须炒成满室香，便酌沏下金沙水。
骤雨松声入鼎来，白云满盏花徘徊。
悠扬喷鼻宿醒散，清峭彻骨烦襟开。
阳崖阴岭各殊气，未若竹下莓苔地。
炎帝虽尝未解煎，桐君有箓那知味。
新芽连拳半未舒，自摘至煎俄顷余。
木兰坠露香微似，瑶草临波色不如。
僧言灵味宜幽寂，采采翘英为嘉客。
不辞缄封寄郡斋，砖井铜炉损标格。
何况蒙山顾渚春，白泥赤印走风尘。
欲知花乳清冷味，须是眠云跂石人。

450 《喜园中茶生》是一首怎样的茶诗？

《喜园中茶生》是唐代诗人韦应物所作的一首五言古诗。

诗中描述的是诗人在工作之余的空闲时间里，在荒园中种植了一些茶树，诗人很享受这样的种植生活，看着茶树苗壮成长，诗人开心不已，也说明诗人在这样平静的生活中自得其乐。同时在诗中也赞美了茶的清洁，茶的香味，并提到常饮茶可以除去烦恼。

《喜园中茶生》

洁性不可污，为饮涤尘烦。

此物信灵味，本自出山原。

聊因理郡余，率尔植荒园。

喜随众草长，得与幽人言。

451 《琴茶》是一首怎样的茶诗？

《琴茶》是唐代诗人白居易所作的一首七律。

这首诗的主题是写琴和茶，诗人喜欢饮茶和弹琴，这也是他生活中的两大乐趣。诗中写到自己已经抛官而且不用读书，只是喜欢弹奏《渌水曲》和品尝蒙顶茶。诗人在自己的世界里，饮茶弹琴自娱自乐，同时也说明了诗人的"达则兼济天下，穷则独善其身"的观点。

《琴茶》

兀兀寄形群动内，陶陶任性一生间。

自抛官后春多醉，不读书来老更闲。

琴里知闻唯《渌水》，茶中故旧是蒙山。

穷通行止长相伴，谁道吾今无注还。

452 《夏昼偶作》是一首怎样的茶诗？

《夏昼偶作》是唐代诗人柳宗元所作的一首诗。

这首诗是诗人在夏日的白天睡醒之后的情景，诗中写出了在竹林中煮茶的悠闲和清静，富有禅意。诗中描绘出的一种清幽的环境，言语清新爽利，意境表达深远。诗中的"隔竹敲茶臼"五字，尤其受到世人的喜爱，在后来的诗歌中多次出现，宋人常常将此作为诗题或融入诗中。

《夏昼偶作》

南州溽暑醉如酒，隐几熟眠开北牖。

日午独觉无余声，山童隔竹敲茶臼。

453 《一字至七字诗》是一首怎样的茶诗？

《一字至七字诗》是唐代元稹的代表作品，是一首宝塔诗。

一般用"宝塔体"作诗的茶诗很少，这首诗的排列造型就像一座宝塔一样。这首诗叙述了茶的品质、人们对茶的喜爱、饮茶习惯以及茶叶的功用。

> **《一字至七字诗》**
>
> 山茶。
> 香叶，嫩芽。
> 慕诗客，爱僧家。
> 碾雕白玉，罗织红纱。
> 铫煎黄蕊色，碗转曲尘花。
> 夜后邀陪明月，晨前命对朝霞。
> 洗尽古今人不倦，将知醉后岂堪夸。

454 《汲江煎茶》是一首怎样的茶诗？

《汲江煎茶》是北宋文学家苏轼所作的一首七律。

这首诗写的是诗人在晚上独自取水，自斟自饮的场景。诗中描写的细腻，将夜的静谧和自己的孤寂写的入木三分，意境悠远，字字珠玑。

> **《汲江煎茶》**
>
> 活水还须活火烹，自临钓石取深清。
> 大瓢贮月归春瓮，小勺分江入夜瓶。
> 雪乳已翻煎处脚，松风忽作泻时声。
> 枯肠未易禁三碗，坐听荒城长短更。

455 《走笔谢孟谏议寄新茶》是一首怎样的茶诗？

《走笔谢孟谏议寄新茶》是唐代诗人卢仝所作的一首七言古诗，又称为《七碗茶歌》。

这首诗中将诗人对茶的感受细致地描述了出来，用词优美，意境深远，特别是后面对七碗茶的描述，更是传神。

> **《走笔谢孟谏议寄新茶》**
>
> 日高丈五睡正浓，军将打门惊周公。
> 口云谏议送书信，白绢斜封三道印。
> 开缄宛见谏议面，手阅月团三百片。
> 闻道新年入山里，蛰虫惊动春风起。
> 天子须尝阳羡茶，百草不敢先开花。
> 仁风暗结珠琲瓃，先春抽出黄金芽。
> 摘鲜焙芳旋封裹，至精至好且不奢。
> 至尊之馀合王公，何事便到山人家？
> 柴门反关无俗客，纱帽笼头自煎吃。
> 碧云引风吹不断，白花浮光凝碗面。
> 一碗喉吻润，两碗破孤闷。
> 三碗搜枯肠，惟有文字五千卷。
> 四碗发轻汗，平生不平事，尽向毛孔散。
> 五碗肌骨清，六碗通仙灵。
> 七碗吃不得也，唯觉两腋习习清风生。
> 蓬莱山，在何处？玉川子，乘此清风欲归去。
> 山上群仙司下土，地位清高隔风雨。
> 安得知百万亿苍生命，堕在颠崖受辛苦！
> 便为谏议问苍生，到头还得苏息否？

456 《题茶山》是一首怎样的茶诗?

《题茶山》是唐代诗人杜牧所作的一首五言排律。

这首诗是诗人奉诏来茶山监制贡茶时所作,诗中描述了作者为何来茶山、茶山修贡时的繁华景象、茶山的自然风景、紫笋茶的上贡。诗人写到自己监制贡茶时的场景,有很多船,岸上插着很多旗,山中采茶的人们欢声笑语,载歌载舞,场面欢乐和谐。山中的风景很美,贡茶已经制好,贡茶收完后大家依依惜别。

《题茶山》

山实东吴秀,茶称瑞草魁。
剖符虽俗吏,修贡亦仙才。
溪尽停蛮棹,旗张卓翠苔。
柳村穿窈窕,松涧渡喧豗。
等级云峰峻,宽平洞府开。
佛天闻笑语,特地见楼台。
泉嫩黄金涌,牙香紫璧裁。
拜章期沃日,轻骑疾奔雷。
舞袖岚侵涧,歌声谷答回。
磐音藏叶鸟,雪艳照潭梅。
好是全家到,兼为奉诏来。
树阴香作帐,花径落成堆。
景物残三月,登临怆一杯。
重游难自克,俯首入尘埃。

457 《和章岷从事斗茶歌》是一首怎样的茶诗?

《和章岷从事斗茶歌》是宋代文学家范仲淹所作的一首七言古诗。

这首诗中描述了斗茶的情景,诗中多处引用了典故。诗的开头讲了茶的采制过程,接着讲斗茶,斗茶有斗味和斗香,斗茶是在大家的注视下进行的,很公平。胜利的人很得意,而失败的人感到很羞辱。诗中还讲到了斗茶的茶品有很神奇的功效,虽然言语之中略显夸张,但仍不失为一首绝妙的茶诗。

《和章岷从事斗茶歌》

年年春自东南来,建溪先暖冰微开。
溪边奇茗冠天下,武夷仙人从古栽。
新雷昨夜发何处,家家嬉笑穿云去。
露芽错落一番荣,缀玉含珠散嘉树。
终朝采掇未盈襜,唯求精粹不敢贪。
研膏焙乳有雅制,方中圭兮圆中蟾。
北苑将期献天子,林下雄豪先斗美。
鼎磨云外首山铜,瓶携江上中泠水。
黄金碾畔绿尘飞,紫玉瓯心雪涛起。
斗余味兮轻醍醐,斗余香兮薄兰芷。
其间品第胡能欺,十目视而十手指。
胜若登仙不可攀,输同降将无穷耻。
吁嗟天产石上英,论功不愧阶前蓂。
众人之浊我可清,千日之醉我可醒。
屈原试与招魂魄,刘伶却得闻雷霆。
卢仝敢不歌,陆羽须作经。
森然万象中,焉知无茶星。
商山丈人休茹芝,首阳先生休采薇。
长安酒价减千万,成都药市无光辉。
不如仙山一啜好,泠然便欲乘风飞。
君莫羡花间女郎只斗草,
赢得珠玑满斗归。

458 《双井茶》是一首怎样的茶诗？

《双井茶》是北宋诗人欧阳修所作的一首七言古诗。

这首诗主要是在夸赞"双井茶"，并说到"一啜尤须三日夸"，意思就是喝一口就能让人夸奖三天。诗的前半部分主要描述了茶的各个方面，后来从茶引到人情世故，将境界提高了一个档次。诗人认为，做人要像建溪龙凤团茶那样，在时间的考验下，也不要改变自己的品性。

> **《双井茶》**
>
> 西江水清江石老，石上生茶如凤爪。
> 穷腊不寒春气早，双井芽生先百草。
> 白毛囊以红碧纱，十斤茶养一两芽。
> 长安富贵五侯家，一啜尤须三日夸。
> 宝云日注非不精，争新弃旧世人情。
> 岂知君子有常德，至宝不随时变易。
> 君不见建溪龙凤团，不改旧时香味色。

459 《三游洞》是一首怎样的茶诗？

《三游洞》是欧阳修的作品。

这首诗主要描写三游洞的景色，在美景中品饮清茶，别有一番情趣。

> **《三游洞》**
>
> 漾楫溯清川，舍舟缘翠岭。探奇冒层险，因以穷人境。
> 弄舟终日爱云山，浇见青苍杳霭间。谁知一室烟霞里，乳窦云腴凝石髓。
> 苍崖一泾横查渡，翠壁千寻当户起。昔人心赏为谁留，人去山阿迹更幽。
> 青萝绿桂何岑寂，山鸟嘤嘤不惊客。松鸣涧底自生风，月出林间来照席。
> 仙境难寻复易迷，山回路转几人知。惟应洞口春花落，流出岩前百丈溪。

460 《夔州竹枝歌》是一首怎样的茶诗？

《夔州竹枝歌》是南宋诗人范成大所作的一首七绝诗。

这首诗只有短短的四句，描述的是村妇采茶的情景，有着浓浓的乡土气息。诗中的白头发的老年妇女头上戴着红花，年轻的母亲背着熟睡中的孩子，她们的生活很繁忙，在采完桑叶后，还要上山采茶。整首诗都采用直接描写，使人物更加生动形象，也真实反映出了农村妇女的日常生活。

> **《夔州竹枝歌》**
>
> 白头老媪簪红花，
> 黑头女娘三髻丫。
> 背上儿眠上山去，
> 采桑已闲当采茶。

461 《以六一泉煮双井茶》是一首怎样的茶诗?

《以六一泉煮双井茶》是南宋诗人杨万里所作的一首七律。

这首诗中写的是诗人用六一泉水煮双井茶的场景。诗中用了大量的描写字眼,文字很优美。诗中的鹰爪,就是指细嫩的双井茶。松风鸣雪,指煮茶的声音以及茶汤上的茶沫。兔毫霜即茶芽上的白毛。诗中还指出口铸茶和建溪茶都比不上双井茶。在煮茶过程中,诗人想到了自己的家乡,希望有一天自己能在滕王阁上煮茶饮茶。

> 《以六一泉煮双井茶》
>
> 鹰爪新茶蟹眼汤,松风鸣雪兔毫霜。
> 细参六一泉中味,故有涪翁句子香。
> 日铸建溪当退舍,落霞秋水梦还乡。
> 何时归上滕王阁,自看风炉自煮尝。

462 《试虎丘茶》是一首怎样的茶诗?

《试虎丘茶》是明代诗人王世贞所作的一首七言古诗。

这首诗是诗人在煎饮虎丘茶时的所思所想,篇幅不长,可是其中却表现出开阔的眼界,引经据典颇多。诗中说虎丘茶的优秀品质,鹤岭茶、北苑茶、蒙顶茶都不如虎丘茶。就连惠山泉水也要凭借虎丘茶来提高身价。诗中有提到茶具,说河北定窑的红色瓷茶碗不如明朝宣德年间所制造的瓷茶碗。整首诗都体现了饮茶的美好心情。

诗中的词句颇为优美,这些词句充分展示出了饮茶的乐趣。例如松飙,是指煮茶水沸的声音;真珠,则指水沸时的水泡。

> 《试虎丘茶》
>
> 洪都鹤岭太麓生,北苑凤团先一鸣。
>
> 虎丘晚出谷雨候,百草斗品皆为轻。
>
> 惠水不肯甘第二,拟借春芽冠春意。
>
> 陆郎为我手自煎,松飙泻出真珠泉。
>
> 君不见蒙顶空劳荐巴蜀,定红输却宣瓷玉。
>
> 毡根麦粉填调饥,碧纱捧出双蛾眉。
>
> 掐筝炙管且未要,隐囊筇榻须相随。
>
> 最宜纤指就一吸,半醉倦读《离骚》时。

463 什么是茶联?

茶联是我国对联宝库中一颗璀璨的明珠，被广泛运用于茶叶店、茶馆、茶庄、茶座、茶艺、茶居、茶亭、茶汤、茶人之家等场合，内容广泛，意义深刻，雅俗共赏，既宣传了茶叶功效，又给人带来联想，烘托气氛，弘扬文化，更增添了品茗情趣。

明代童汉臣的茶联，一直流传至今，曰：扬子江中水；蒙山顶上茶。仅用10字，就说明了蒙山茶优异的品质。

清代乾隆年间，广东梅县叶新莲曾写对联：为人忙，为己忙，忙里偷闲，吃杯茶去；谋食苦，谋衣苦，苦中取乐，拿壶酒来。该联内容通俗易懂，辛酸中不乏谐趣。

清代广州著名茶楼陶陶居，有联曰：陶渊明善饮，易牙善烹，饮烹有度。陶侃惜分，夏禹惜寸，分寸无遗。此联将东晋名人陶渊明、陶侃嵌入其中，"陶陶"二字自然得体，又朗朗上口。

相对于古代"扫来竹叶烹茶叶；劈碎松根煮菜根"（郑板桥诗）的粗茶淡饭平民生活，今天的茶联更表现出一种浓厚的商业文化气息。如杭州"茶人之家"的正门上，挂有这样一副茶联：一杯春露暂留客；两腋清风几欲仙。既说明了以茶留客，又道出以茶清心和飘飘欲仙的美妙。上海"天然茶楼"的茶联更独具匠心，顺念倒念都成联，曰：客上天然居，居然天上客；人来交易所，所易交来人。还有赞美名茶的茶联：水汲龙脑液；茶烹雀舌春。不似广告，却比广告更引人，将其中的文化、商业气氛渲染得淋漓尽致。

我国许多旅游胜地，也常常以茶联吸引游客。如五岳衡山望岳门外有一茶联：红透夕阳，如趁余辉停马足；茶烹活水，须从前路汲龙泉。成都望江楼上的茶联，真个把望江楼写活了，曰：花笺茗碗香千载；云影波光活一楼。

▶图说

在茶馆、茶楼等以茶联谊的场所，那些以茶为题材的楹联、对联和匾额，称之为"茶联"。

464 我国名胜古迹都有哪些茶联?

福州新修贡院,有一则林则徐写的茶联,联曰:

攀桂天高,忆八百孤寒,到此莫忘修士苦;

煎茶胜地,看五千文字,个中谁是谪仙才。

焦山自然庵,有清代郑板桥的题联,联曰:

汲来江水烹新茗;买尽青山作画屏。

四川青城山常道观天师洞有一则茶联,联曰:

云带钟声采茶去;月移塔影啜茗来。

杭州茶人之家有一则茶联,联曰:

一杯春露暂留客;两腋清风几欲仙。

湖北英山古道有不少茶凉亭,其中一联曰:

后会有期,此后莫忘今日语;

前途无量,向前须问过来人。

四川省都江堰市青城山天师洞,有一则郑板桥写的茶联,联曰:

扫来竹叶烹茶叶;劈碎松根煮菜根。

图说
我国的许多名胜古迹中都留下和茶相关的茶联,这也构成了茶文化中的一部分。

465 著名茶馆有哪些茶联?

杭州西湖龙井"秀萃堂"茶室,有明代陈继儒写的茶联,联曰:

泉从石出情宜洌;茶自峰生味更圆。

杭州茶人之家迎客轩有一则茶联,联曰:

得与天下同其乐;不可一日无此君。

北京前门的"北京大茶馆"门楼挂有一副对联,联曰:

大碗茶广交九州宾客;老二分奉献一片丹心。

贵阳市图云关茶亭有一副茶联,联曰:

两脚不离大道,吃紧关头,须要认清岔道;

一亭俯看群山,站高地步,自然赶上前人。

福建泉州市一家茶馆,内有一副茶联,联曰:

小天地,大场合,让我一席;

论英雄,谈古今,喝它几杯。

图说
江南水乡的柔美,"八大古都"的余韵,得天独厚的条件令杭州名胜遍地、商贾云集,而栖身其中的茶馆、茶室虽看似平平,却多藏龙卧虎、妙篇迭出。

466 名人住宅有哪些茶联？

司空图撰，联曰：

茶爽添诗句；天道莹道心。

清代赵福撰，联曰：

焚香煮画；煮茗敲诗。

清代吴让之撰，联曰：

茗杯眠起味；书卷静中缘。

清代曹雪芹撰，联曰：

宝鼎茶闲烟尚绿；幽窗棋罢指犹凉。

清代诗人袁枚撰，联曰：

若能杯酒比名淡；应信村茶比酒香。

清代郑板桥撰，联曰：

白菜青盐糁子饭；瓦壶天水菊花茶。

图说

浙江绍兴鲁迅故居

　　鲁迅一生对茶格外偏爱，曾由衷感叹："有好茶喝，会喝好茶，是一种清福。"

467 古代名人都有哪些茶联？

清代郑燮曾写过一个茶联，联曰：

扫来竹叶烹茶叶；劈碎松根煮菜根。

清代郑篮写有一则茶联，联曰：

瀹茗夸阳美；论诗到建安。

清代杭世骏所写的一则行草书录，联曰：

作客思秋议图赤脚婢；品茶入室为仿长须奴。

明代洪应明著的《菜根谭》中有一联，联曰：

千载奇逢，无如好书良友；

一生清福，只在碗茗炉烟。

清代曹雪芹曾写过一个茶联，联曰：

宝鼎茶闲烟尚绿；幽窗棋罢指犹凉。

清代林则徐曾写过一个茶联挂在福州贡院，联曰：

攀桂天高，忆八百孤寒，到此莫忘修士苦；

煎茶地胜，看五千文字，个中谁是谪仙人。

宋代苏轼写过一个茶联，联曰：

欲把西湖比西子；从来佳茗似佳人。

明代陈继儒写过一个茶联，联曰：

泉从石出情宜冽；茶自峰生味更圆。

图说

　　作为以诗书画三绝著称于世的"扬州八怪"首席人物，郑板桥所作的茶联则充分地展现了其朴素、恬淡的人生境界与清雅、脱俗的精神追求。

468 古代茶联有哪些逸闻趣事?

关于古代茶联的逸闻趣事很多,下面就是关于这些的趣事。

1. 妙曲清茶

明代才子解缙出游至一个风景优美的地方,循着动听的古琴声偶遇一隐居山野的琴师。琴师想考考新科"解元"解缙,为他倒了一杯茶,并说出上联为:一杯清茶,解解解元之渴。此上联,虽然清新贴切,却很古怪。解缙思考片刻,说道:七弦妙曲,乐乐乐师的心。

联中虽有三字相同,却读作:

一杯清茶,解(jie)解(xie)解(jie)元之渴。

七弦妙曲,乐(le)乐(yue)乐(yue)师的心。

2. 拆字妙联

徐映璞一次路过浙江安吉山,与人品茗论茶时有人为"品泉茶室"向他征联,上联为:"品泉茶,三口白水"。徐映璞回答说:"根据本地的风光,下联应为'竹仙馆,两个山人'。"这个茶联写在一起为:

品泉茶,三口白水;

竹仙馆,两个山人。

这个茶联是一副拆字联,上联中"品"即为三口,"泉"即为白水,下联中的"竹"即为两个,"仙"即为山人。

469 茶与谜语有什么关系?

谜语是指暗藏事物或文字供人们猜测的隐语,属于一种智力游戏。在古代称为隐语、庾辞、灯虎、春灯、灯谜等。在春秋时期,就有了隐语的记载。

谜语通常由"谜面"和"谜底"组成,谜面是指猜谜语时供人做猜测线索的话,谜底就是谜语的答案。茶谜有很多种,有谜底为茶字的,有谜底为茶名的,有谜底为茶事的,有谜底为茶具的,谜面为茶谜底为其他物的。大致可以分为茶字谜、茶物谜和茶故事谜。

实则隐藏茶寓于后。

看似简单清晰的事物在前。

▶图说

茶谜是谜语的一个分支,是指以茶为题材的谜语,常取实在先,寓茶在后,趣味盎然。

470 我国有哪些著名的茶字谜?

我国著名的茶字谜有:

以下各打一个字,共成三句话:

（1）垂涎。（谜底:活）

银川。（谜底:泉）

外孙。（谜底:好）

热水袋。（谜底:泡）

草木人。（谜底:茶）

名列前茅。（谜底:茗）

因小失大。（谜底:口）

有水就活。（谜底:舌）

黎明前。（谜底:香）

分开是三个,合起来无数。（谜底:众）

巧夺天工。（谜底:人）

有口说假话,有水淹庄稼。（谜底:共）

两人团结紧,力量顶三人。（谜底:唱）

只要留心,便能知道。（谜底:采）

一树能栖二十人。（谜底:茶）

相貌长得恶,六口两只角。（谜底:曲）

（2）春到人间草木知。（谜底:茶）

（3）不惜赴汤蹈火。（谜底:茶）

（4）花冠伞盖半遮林。（谜底:茶）

（5）春到人挂念。（谜底:茶）

（6）金尖。（谜底:人）

（7）戒烟茶。（谜底:水火不容）

（8）一杯为品。（谜底:浅尝辄止）

►图说

汉字本属表意文字,再加上潜藏的茶意则更富内涵与趣味。

471 我国有哪些著名的茶物谜?

我国著名的茶物谜有:

（1）生在山上,卖到山下,一到水里,就会开花。（谜底:茶叶）

（2）生在青山叶儿蓬,死在湖中水染红。人爱请客先请我,我又不在酒席中。（谜底:茶叶）

（3）颈长嘴小肚子大,头戴圆帽身披花。（谜底:茶壶）

（4）一个坛子两个口,大口吃,小口吐。（谜底:茶壶）

（5）山中无老虎。（谜底:猴魁茶）

（6）武夷一枝春。（谜底:山茶）

（7）人间草木知多少。（谜底:茶几）

（8）植树种草多提倡。（谜底:宜兴绿茶）

（9）风满城。（谜底:雨前茶）

（10）犹记蒙山云雾中。（谜底:《茶录》）

►图说

茶物谜常取人们司空见惯之物,叙述几经变化,则令人颇为玩味。

472 我国有哪些著名的茶故事谜?

我国流传下来的茶故事谜:

1.和尚和茶

传说,江南有座寺庙住着一位嗜茶如命的老和尚,他和寺外的食杂店老板是谜友,平时他们总喜欢猜谜。

这天,老和尚突然茶瘾、谜兴大发,于是就让他的哑巴徒弟穿着木屐,戴着草帽去找店老板取一东西。店老板一看小和尚的装束,立刻明白了,拿过一包茶叶让他带走。

原来,小和尚本身就是一道"茶"谜。头戴草帽,即为草字头,脚下穿"木屐"为木字底,中间加上小和尚即为"人",合起来便是"茶"字。

头戴草帽,以"草"为头。

小和尚自成中间的"人"字。

脚穿木屐,以"木"为底。

▲图说

食杂店的老板心思敏捷,能够快速领悟小和尚装束中隐藏的茶谜,其必然也是一名茶学中人。

▲图说

俗语说"君子之交淡如水",清浅的杯盏之后是无数茶人豁达的胸襟,与彼此间心照不宣的相知、相惜。

2.唐伯虎猜谜

这天,祝枝山来拜访茶掌故唐伯虎,邀请他品茶猜谜。

唐伯虎笑吟吟地说:"我这里刚好有四个字谜,如果猜对了我就招待你,如果不对则恕不接待!谜面是这样的:言对青山青又青,两人土上说原因;三人牵牛缺只角,草木之中有一人。"

不一会儿,祝枝山就得意洋洋地说道:"倒茶来!"一看这情景,唐伯虎知道他已猜中,就让家童为他奉茶。

原来这个字谜的谜底是"请坐,奉茶。"

473 茶与谚语有什么关系？

　　谚语即是民间百姓之间口口相传的通俗易懂，又具有一定哲理或科学价值的俗语，其语言虽朴实、浅显，但具有极高的实用性与参考价值。茶谚语，是我国茶文化中的重要一部分，它反映了茶人在生活中积累下来的宝贵经验，很多茶人彼此传授下来的茶谚历经几代人，甚至数千年依然盛行不衰。

　　茶谚语，可以分为茶叶饮用和茶叶生产两大类。人们在日常生活中饮用茶叶和种植茶叶中，将亲身实践的经验用一句话的形式概括出来，并采取口传心记的方法流传了下来。这些谚语中包括茶树种植、茶园管理、茶叶采摘、茶叶制作、茶叶储存、茶叶饮用等各方面的茶叶知识。从文学角度来看，它也是我国民间文学的重要一部分。

▲图说

所谓的"谚语"，东汉文字学家、语言学家许慎在其《说文解字》中解释道，"谚：传言也。"

474 关于茶树种植有哪些谚语？

茶树种植谚语：

千茶万桐，一世不穷。

千茶万桑，万事兴旺。

正月栽茶用手捺。

向阳好种茶，背阳好插衫。

桑栽厚土扎根牢，茶种酸土呵呵笑。

槐树不开花，种茶不还家。

一年种，二年采。

　　唐人在开垦、深耕、平整后的土地上开挖一个直径、深度各尺许的坑，培以基肥后，播种四粒，并以此"穴播丛植法"栽种茶树。这与唐代之前北魏农学家贾思勰所著《齐民要术》

▲图说

法如种瓜。——出自唐代陆羽《茶经·一之源》

中的种瓜法"先卧锄，后掊坑……于堆旁向阳处"有着曲艺同工之妙。这里陆羽运用类比的方式向人们生动地阐释了种茶之法。

▲图说　高山出名茶。——多流行于浙江等地。

　　由于高山地势下多云雾，大量漫射光线中的蓝紫光利于茶产生多种氨基酸，以提高自身香气；空气湿度大，利于茶叶成长的持嫩性，以提高品质；昼夜温差大，茶树生长发育缓慢，更利于茶树从肥沃的土壤中充分吸取、积累养分。

475 关于茶园管理有哪些谚语？

茶园管理谚语：

七挖金，八挖银，九冬十月了人情。

三年不挖，茶树摘花。

若要春茶好，春山开得早。

若要茶树好，铺草不可少。

茶山不用粪，一年三届钉。

茶地晒得白，抵过小猪吃大麦。

要吃茶，二八挖。

栏肥壅肥三年青。

拱拱虫一拱，梅家坞人要喝西北风。

根底肥，芽上催。

锄头底下三分水。

一担春茶百担肥。

宁愿少施一次肥，不要多养一次草。

有收无收在于水，多收少收在于肥。

基肥足，春茶绿。

雪前冷，冻阴坡；雪后冷，冻阳坡。——多流行于浙江等地。

坡的阴与阳是从阳光照射的角度来决定的，向阳的一侧为阳坡，背阳的一侧为阴坡。通常情况下，气温骤降时种植在阴坡的茶树比种植在阳坡的茶树因相对缺少阳光照射而更易遭受冻害；而由于积雪间隙的空气能对雪下植被起到较好的保温作用，阳光照射较充足的阳坡因积雪易融化，在气温骤降时难以形成保护，茶树受冻明显，而阳光照射较差的阴坡则因积雪不易融化，在气温骤降时保温效果依旧，茶树反而不易遭受冻害。

476 关于茶叶采摘有哪些谚语？

头茶不采，二茶不发。——多流行于浙江绍兴等地。

由于植物植株顶端生长能力更为活跃，多种条件都令其更易、更充沛地获取由植物根、叶所提供的养分而获得更多的生长优势，植物生理学上称其为"顶端优势"。在茶叶采摘过程中，摘除掉了顶芽（采头茶），就会人为抑制顶芽的过快生长，间接地提升了侧芽（二茶）的活跃性，以一个顶芽来换取更多侧芽的形成，对单株茶树的产量无疑是一种巨大的提升。

茶叶采摘谚语：

叶卷上，叶舒次。

笋者上，芽者次。

小满熟了樱桃茶。

头茶荒，二茶光。

立夏茶，夜夜老，小满过后茶变草。

尖对尖，四十天，混茶当中间。

会采年年采，不会一年光。

谷雨前，嫌太早。

抢茶如抢宝，姑娘不嫁郎。

枣树发芽，上山采茶。

春茶一担，夏茶一头。

茶树三年破丫五年摘。

惊蛰过，茶脱壳。

477 关于茶叶制作有哪些谚语？

茶叶制作谚语：

茶之否臧，存于口诀。

大锅炒茶对锅保。

小锅脚，对锅腰，大锅帽。

抛闷结合，多抛少闷。

嫩叶老杀，老叶嫩杀。

高温杀青，先高后低。——多流行于浙江等地。

即是指茶叶杀青过程中，温度控制的先高后低原则。

鲜叶内水分的蒸发需要消耗一定的热能，而叶温达到85℃以上才可破坏酶的催化作用，如叶温上升速度较慢，会因酶促氧化多酚类化合物而发生红变，因而杀青初期需要利用高温来快速加温；而杀青温度过高易使茶叶叶缘过焦、叶色枯黄甚至过干破裂，茶叶内的化学成分转化不充分，致使茶香不足，整体品质下降。

因而杀青时应根据茶叶自身类型与实际情况，结合相应的技术手段掌控温度，在确保高温快速破坏酶的活性前提下，后期适度低温以获取更佳的茶叶品质。

478 关于茶叶储存有哪些谚语？

茶是草，箬是宝。——出自元代鲁明善《农桑衣食撮要》

箬竹，叶宽而大，多生长于我国南方地区，其叶片常作为茶叶储存时的内衬。箬叶清香而性凉，具有一定的隔湿效果，作为储茶之用能够较好地隔绝外部的湿气与异味，保留茶叶自身原有的香气。

479 关于喝茶有哪些谚语？

茶叶饮用谚语：

山水上，江水中，井水下。

茶瓶用瓦，如乘折脚骏登高。

水忌停，薪忌熏。

开门七件事，柴米油盐酱醋茶。

扬子江中水，蒙山顶上茶。

龙井茶，虎跑水。

白天皮包水，晚上水包皮。

宁可一日无粮，不可一日无茶。

早茶一盅，一天威风。

春茶苦，夏茶涩，要好喝，秋白露。——多流行于浙江等地。

这是对春、夏、秋季节茶的评价与对比。茶树一年分四季采制，其中谷雨至立夏的春季茶树休养时间较长，内含物质丰富，久泡偏苦；夏至至小暑的夏茶浸出物相对减少，口味偏涩；而秋分至寒露的秋茶内含物质相对减少，香高味淡。

480 茶与歌有什么关系?

在中国历史上,有些茶歌是根据文人的作品配曲而变成歌曲,流传于民间。根据皮日休《茶中杂咏序》记载:"昔晋杜育有荈赋,季疵有茶歌",最早茶歌是陆羽茶歌,但已失传。如今仅能找到唐代诗僧皎然的《茶歌》、卢仝的《走笔谢孟谏议寄新茶》及刘禹锡的《西山兰若试茶歌》等几首。另根据王观国《学林》、王十朋《会稽风俗赋》等著作可知,至少在宋代,卢仝的《走笔谢孟谏议寄新茶》就配以章曲、器乐而唱了。

还有一种茶歌是从民谣演化而来,如明清时杭州富阳一带流传的《贡茶鲥鱼歌》,就是正德九年(1514年)按察佥事韩邦奇根据《富阳谣》改编为歌的,歌中表现了富阳百姓为贡茶而受到的种种磨难。

茶与歌舞的融合也是伴随人们制茶、饮茶的过程中形成的中国独特茶文化。

481 我国茶歌主要有哪些来源?

茶歌是从茶叶生产、饮用中派生出来的一种茶文化现象。茶歌的来源,主要有三种:

第一种是由诗改编的歌,文人创作很多关于茶的诗,将这些诗直接谱上曲就成了茶歌。

第二种是民谣,民谣中有很多是关于茶事的,这些民谣经过文人的整理配曲就成了茶歌。

第三种是茶农和茶工自己创作的民歌或山歌,这种茶歌没有经过专门的人整理,原汁原味。

482 我国有哪些著名茶歌?

我国著名茶歌有:

《富阳江谣》《富阳茶鱼歌》《台湾茶歌》《冷水泡茶慢慢浓》《武夷茶歌》《安溪采茶歌》《江西婺源茶歌》《采茶调》《龙井谣》《茶谣》《倒采茶》《茶山情歌》《请茶歌》《茶山小调》《挑担茶叶上北京》《龙井茶,虎跑泉》《采茶舞曲》《想念乌龙茶》《大碗茶之歌》《前门情思大碗茶》等。

483 茶与舞蹈有什么关系？

舞蹈结合的另一个精粹就是采茶戏，这种小戏在中国南方产茶区尤其流行。每逢采茶季节或节日期间，茶农们将劳动动作稍做加工，伴之以茶歌，边歌边舞，好不热闹。

将茶文化融入舞蹈中，是我国劳动人民的宝贵成果，在实践中得到的艺术成就，也是我国民间文化的组成部分。

▶图说 劳动是茶歌舞的创意源泉。

484 茶与戏剧有什么关系？

茶和戏剧有着很深的渊源，戏曲中有一种以茶命名的剧种——采茶戏。

除了采茶戏之外，在其他的剧种中也有茶的渗入，例如南戏《寻亲记》第二十三出《茶坊》就是昆剧的传统剧目，昆剧的其他剧目中如《鸣凤记》《水浒记》《玉簪记》等剧中都有和茶相关的剧情。郭沫若创作的话剧《孔雀胆》将武夷功夫茶搬上了舞台，老舍的话剧《茶馆》就是以茶馆为背景，反映出了一个家族，一个时代的兴衰。

茶和戏曲的关系，还表现在剧作家、演员、观众都喜好饮茶，一般的茶楼都是和戏楼结合为一体，在品茶时看戏，在赏戏时品茶。明代时有一个剧本创作流派，叫"玉茗堂派"，这个名字就是因为剧作家汤显祖爱茶而得来的。

◀图说

采茶戏，就是指流行在江西、湖北、安徽、福建、广东、广西等省份的戏曲类别，结合了采茶歌和采茶舞发展变化而来的。

485 我国古代有哪些与茶有关的戏剧？

古代和茶有关的戏剧有：

(1)《水浒记·借茶》，明代计自昌编剧。

(2)《玉簪记·茶叙》，明代高濂编剧。

(3)《凤鸣记·吃茶》，明代王世贞编剧。

(4)《四婵娟·斗茗》，清代洪昇编剧。

(5)《败茶船》，元代王实甫编剧。

(6)《牡丹亭·劝农》，明代汤显祖编剧。

(7)《寻亲记·茶访昆剧》，作者不详。

(8)《龙井茶歌》，清代王文治编剧。

486 《孔雀胆》是一部什么样的话剧？

《孔雀胆》是郭沫若所作的一部历史话剧，此剧创作于抗日战争时期，是首部将福建武夷功夫茶搬上舞台的话剧。

《孔雀胆》讲述的是元朝末年朝廷之间的斗争，孔雀胆为传说中的一种毒药，并没有实物。其中的一场戏就是王妃忽的斤在后梁王宫后苑向宫女教授武夷岩茶冲泡方法。

王妃细致地一步一步教授宫女冲泡的方法，每一步都做了说明，细节描述也很详尽，生动地展示了武夷功夫茶的冲泡。

487 《茶馆》是一部什么样的话剧？

老舍是我国现代著名的作家、戏剧家，其自身深厚的社会生活基础以及对文学的热爱与对茶的独特领悟，造就出举世瞩目的话剧《茶馆》。

话剧《茶馆》以茶馆为社会缩影，70多个角色展现了社会各阶层人们生活方方面面，不但反映了旧北京茶馆的习俗，还浓缩了清末到民国近半个世纪内中国历史沧桑变化，是当代中国话剧舞台上最优秀的剧目之一，曾被西方人誉为"东方舞台上的奇迹"。

△图说
茶馆中社会各层人物鱼龙混杂，三教九流你方唱罢我登场，一个大茶馆往往就是一个小社会的缩影。

488 《北京人》是一部什么样的话剧？

《北京人》是曹禺创作的一部话剧，创作于1940年，1941年出版。该剧讲述的是一个处于没落腐朽的封建家庭——曾家，老太爷曾皓是个自私昏庸的人，管家婆曾思懿既虚伪又奸诈，她的丈夫曾文清懦弱无能。该剧中涉及很多茶事，尤其是对大少爷曾文清的刻画，不会种茶，不会经营茶庄，却对喝茶按部就班、十分讲究。折射出封建官宦世家的腐朽与虚伪，并终将走向衰败与没落的自然规律。

△图说
封建官宦人家客厅摆设中的古板与奢华。

489 什么是茶掌故?

"茶掌故"即是管理茶叶故事的官员。后来,"掌故"这个概念越来越广,凡是历朝的文人笔记,搜集的有关上层社会人士的轶事、朝野逸闻、民间传说也都归类为掌故。现代的"掌故",属于一种文体,是一种带典故性、趣味性、知识性的历史故事。

茶掌故可以分为三类:和茶相关的典故;诗文中引用的古代茶事故事;有来历出处并与茶有关的词语。

▶图说

> 在古代,"掌故"是一种官职,是太常所属太史令的官,专门掌管礼乐制度和记录国家的历史故事。

490 以茶代酒的起源是什么?

据《三国志·吴志·韦曜传》记载,吴国第四代皇帝孙皓(242—283),嗜酒好饮。每次设宴,客人都不得不陪着他喝酒,至少也得喝酒七升,"虽不尽入口,皆浇灌取尽"。但朝臣韦曜例外,他博学多闻,深得孙皓的器重,但就是酒量小。所以,孙皓常常为韦曜破例,一发现韦曜无法拒绝客人的敬酒,就"密赐茶,以代酒",这是我国历史记载中发现最早"以茶代酒"的案例。

▶图说

> 皇帝孙皓经常暗暗赐茶给韦曜,以喝茶代替喝酒。

491 谁第一个用茶果来待客?

晋朝的陆纳,虽然位居高官,可是却是一个勤俭朴素的人,传说中他也是第一个用茶果待客的人。

南朝宋《晋中兴书》中记载着这样一件事情:卫将军谢安前来拜访陆纳,谢安来到之后,陆纳仅拿出茶和果品招待他。陆傲看见叔叔并没有其他招待的东西,就将自己准备的筵席拿出来招待客人。陆纳当时没有说什么,等客人走后,立刻打了陆傲四十棍,并训斥他说:"汝既不能光益叔父,奈何秽吾素业。"陆纳不能容忍侄子的铺张浪费,认为他败坏了自己的名声。

▶图说

> 陆纳的侄子陆傲看见叔父没有做任何宴客的准备,于是就自作主张准备了丰盛的美味佳肴。

492 什么是献茶谋官?

北宋时期,斗茶活动十分兴盛,上至帝王大臣,下至平民百姓,无一不好斗茶者。为了满足宋徽宗的喜好,王公大臣更是以各种名目征收贡茶。据《苕溪渔隐丛话》记载,宣和二年(公元1120年),漕臣郑可简创制了一种以"银丝水芽"制成的"方寸新",此团茶色如白雪,故名为"龙园胜雪"。

宋徽宗一见果然大喜,重赏了郑可简,封他为福建路转运使。郑可简从好茶那里得到好处,便一发不可收拾,又命侄子到各地山谷去搜集名茶奇品,他的侄子发现名茶"朱草",郑可简便让自己的儿子拿着这种"朱草"进贡,儿子也因贡茶而得重赏。

▲图说

人们对献茶谋官的荒唐晋级法嗤之以鼻,讽刺其为"父贵因茶白,儿荣为草朱"。

493 吃茶去是什么掌故?

唐代时期赵州观音寺有一个高僧名叫从谂禅师,人称"赵州古佛",他喜爱饮茶,不仅自己爱茶成癖,还积极倡导饮茶之风,他每次在说话之前,都要说一句:"吃茶去"。

据《广群芳谱·茶谱》引《指月录》中记载:"有僧至赵州,从谂禅师问:'新近曾到此间么?'曰:'曾到。'师曰:'吃茶去。'又问僧,僧曰:'不曾到。'师曰:'吃茶去。'后院主问:'为甚么曾到也云吃茶去,不曾到也云吃茶去?'师召院主,主应喏,师曰:'吃茶去'"从此,人们认为吃茶能悟道,"吃茶去"也就成了禅语。

494 千里送惠泉是什么掌故?

李德裕是唐武宗时的宰相,善于鉴水,宋代唐庚的《斗茶记》中就记载了他嗜惠山泉而不惜代价的故事。

无锡惠山泉曾被茶圣陆羽列为天下第二泉。李德裕听说惠山泉的美名,就很想尝尝山泉水的甘甜,但无锡离长安远距千里,这个梦想很难实现。唐德宗贞元五年,宫廷为了喝到上等的吴兴紫笋茶,就下旨吴兴每年贡茶必须一日兼程,赶在清明节前送到长安,是为"急程茶"。于是,李德裕借机利用职权,传令在两地之间设置驿站,从惠山汲泉后,由驿骑站站传递,不得停息,人称"水递"。

495 陆羽鉴水是什么掌故?

据唐代张又新的《煎茶水记》中记载,唐代宗时,湖州刺史李季卿到维扬(今天扬州)会见陆羽。他见到神交已久的茶圣,对陆羽说:"陆君善于品茶是天下人皆知,扬子江南零水质也天下闻名,此乃两绝妙也,千载难逢,我们何不以扬子江水泡茶?"于是吩咐左右执瓶操舟,去取南零水。在取水的同时,陆羽也没闲着,将自己平生所用的各种茶具一一放置停顿。一会儿,军士取水回来,陆羽用杓在水面一扬,就说道:"这水是扬子江水不假,但不是南零段的,应该是临岸之水。"军士嘴硬,说道:"我确实乘舟深入南零,这是有目共睹的,我可不敢虚报功劳。"陆羽默不作声,只是端起水瓶,倒去一半水,又用水杓一扬,说:"这才是南零水。"军士大惊,这才据实以报:"我从南零取水回来,走到岸边时,船身晃荡了一下,整瓶水晃出半瓶,我怕水不够用,这才以岸边水填充,不想却逃不过大人你的法眼,小的知罪了。"

李季卿与同来数十个客人对陆羽鉴水技术的高超都十分佩服,纷纷向他讨教各种水的优劣,将陆羽鉴水的技巧一一记录下来,一时成为美谈。

496 饮茶十德是什么掌故?

唐代刘贞亮把前人颂茶的内容总共概括为饮茶"十德":一、以茶散郁气;二、以茶驱睡气;三、以茶养生气;四、以茶驱病气;五、以茶树礼仁;六、以茶表敬意;七、以茶尝滋味;八、以茶养身体;九、以茶可行道;十、以茶可雅志。

497 苦口师是什么掌故?

皮光业是唐代著名诗人皮日休之子,他自幼聪慧,能文善诗,有皮日休盛年的风范,吴越天福二年(公元937年)拜丞相。除了诗文,皮光业还嗜茶,善谈论,对茶颇有研究。一天,皮光业的表兄弟设宴待客,请他来品赏新柑。那天,宴席颇丰,当地的达官贵人云集。皮光业一进门,对表兄弟的新鲜甘美橙子视而不见,却急呼要茶喝。表兄弟急忙捧上一大瓯茶汤,皮光业手持茶碗,即兴吟道:"未见甘心氏,先迎苦口师"。由于皮光业的盛名,"苦口师"很快成了茶的雅号流传开来。

498 陆卢遗风是什么掌故？

陆卢遗风指的是要发扬陆羽和卢仝的茶道精神、品茶技艺、茶德茶风。陆卢遗风中的"陆"是指茶圣陆羽，他一生爱好研究茶，著作了第一本茶典《茶经》，对茶业作出了巨大的贡献，对后世的茶业有着很大影响，被世人誉为"茶仙""茶神"。"卢"是指唐代诗人卢仝，他一生爱茶，写过很多关于茶的诗歌、对联，流传至今，千年不衰。他的诗歌《走笔谢孟谏议寄新茶》，脍炙人口，是茶诗中的佳作。

499 驿库茶神是什么掌故？

唐代李肇的《国史补》中有一个这样的记载："江南有驿吏，以干事自任。典群者初至，吏白曰：'驿中已理，请一阅之。'刺史乃往，初见一室，署云酒库，诸酝毕熟，其外画一神，刺史问：'何也？'答曰：'杜康。'刺史曰：'公有余也。'又一室，署云茶库，诸茗毕贮，复有一神，问曰：'何？'曰：'陆鸿渐也。'刺史亦善之。又一室，署云菹库，诸菹必备，亦有一神，问曰：'何？'吏曰：'蔡伯喈。刺史大笑曰：'不必置此。'"

《国史补》中记载的这段话，说的是陆羽在驿库和茶店被供奉的事，这个故事被后人称为"驿库茶神"，从中可以看出唐代对茶神崇拜的民风民俗。

500 水厄是什么掌故？

水厄的原意是不幸的人遭遇溺死之灾。在历史中三国魏晋之后，上至帝王将相，下至黎民百姓，日常生活逐渐开始普及饮茶之道，而那些起初对饮茶知之甚少甚有些许排斥的人，常将饮茶的活动戏称遭到"水厄"。

"水厄"一词出自《世说新语》。晋代司徒长史王蒙嗜茶如命，不仅自己经常喝茶，还经常邀请客人陪着他一起饮茶。在当时，很多士大夫都不习惯饮茶，却又不好推脱，于是每次大家到王蒙家做客或是被邀前往时，都心中战战兢兢，并互称此次之行为"今日有水厄"。

501 乞赠密云龙是什么掌故?

宋代周辉在《清波杂志》中有一个这样的记载:"自熙宁后,始贡'密云龙'。每岁头纲修贡,奉宗庙及供玉食外,赍及臣下无几,戚里贵近乞赐尤繁。"

这段话中的"密云龙"是团茶中的极品,是每年朝廷的贡品,因为难得,朝廷把它赏赐给朝臣,来笼络他们的心。"密云龙"茶赏赐的对象不同,用的茶袋颜色也不相同,黄色茶袋是宫廷的专用,绯色茶袋才是臣僚所用。

502 师中宽茶税是什么掌故?

在《宋史·李师中传》有这样一个记载:"北宋熙宁初,李师中任洛川知县,时民负官茶直十万缗,追索甚重。师中为脱桎梏,语之曰:'公钱无不偿之理,宽与汝期,可乎?'皆感泣听命。"

这个记载讲的是李师中收茶税的掌故,李师中当时在洛川任知县,当地茶农欠缴茶税,但却不能一次付清,于是他命每乡设置一柜,让茶农每天分缴所欠,登记在账簿上,直到税赋交清为止,这种宽期完税、化整为零的方法,使茶农将所欠茶税全都缴清了。

503 蔡襄辨茶是什么掌故?

宋代彭乘的《墨客挥犀》中有这样的记载:"蔡君谟善辨茶,后人莫及。建安能仁院有茶生石缝间,寺僧采造,得茶八饼,号石岩白,以四饼遗君谟,以四饼密遣人走京师,遗王内翰禹玉。岁余,君谟被召还阙,访禹玉。禹玉命子弟于茶笥中,选取茶之精品者碾待君谟。君谟捧瓯未尝,辄曰:'此茶极似能仁石岩白,公何从得之?'禹玉未信,索茶贴验之,乃服。"

蔡襄是历史上有名的茶人,对茶品颇有研究。

蔡襄不仅能分辨出茶的品种产地,甚至相传其连差异很小的大小团茶泡在同一杯茶中也能辨别出来,可见其优秀辨茶能力。

504 晋公立茶法是什么掌故?

宋代魏泰的《东轩笔录》有这样的记载:"陈晋公为三司使。将立茶法……语副使宋太初曰:'吾观上等之说,取利太深,此可行于商贾,而不可行于朝廷;下等固减裂无取;唯中等之说,公私皆济,吾裁损之,可以经久,遂立三等之茶叶税法。行之数年,货财流通,公用足而民富实。"晋公将茶叶税分为三等,根据不同的茶叶征收不同的税款,后来所立的茶叶税,都不如晋公的税法。

505 茶墨之辩是什么掌故?

宋代张舜民的《画墁录》有这样的记载:"司马光云,茶墨正相反。茶欲白,墨欲黑;茶欲新,墨欲陈;茶欲重,墨欲轻。如君子小人不同。"

喜爱饮茶的司马光邀请好友斗茶品茗。席间,他和苏东坡茶品不相伯仲,只因苏东坡取用隔年的雪水烹茶而占了上风。苏东坡得意洋洋,司马光却不服气地说:"茶欲白,墨欲黑;茶欲新,墨欲陈;茶欲重,墨欲轻。君何以同爱两物?"苏东坡沉着地回答:"奇茶妙墨俱香,是其德同也;皆坚,是其操同也;譬如贤人君子,黔晳美恶不同,其德操一也。公以为然否?"众人听了都很佩服,从此茶墨之辩的故事就流传了开来。

506 东坡梦泉是什么掌故?

北宋苏东坡的《参寥泉铭》有这样的一段话:"真即是梦,梦即是真。石泉槐火,九年而信。"

这句话记述的就是东坡梦泉的故事。在熙宁四年到七年期间,苏东坡任杭州通判,和诗僧道潜交往甚深。元丰三年时苏东坡居住在黄州,有天晚上他梦见道潜拿着一首诗来见他,他醒来时只记得诗中的两句:"寒食清明都过了,石泉槐火一时新。"在梦中苏问道:"火故新矣,泉何故新?"道潜回答说:"俗以清明淘井。"九年后,苏东坡再次来到杭州,前去拜访道潜,道潜对他说道:"舍下旧有泉,出石间,是月又凿石得泉,加冽。参寥子撷新茶,钻火煮泉而瀹之。"这个情景和九年前的梦境一样,苏东坡很吃惊,就创作了《参寥泉铭》。

507 得茶三昧是什么掌故?

北宋杭州南屏山麓净慈寺中的谦师精于茶事,尤其对品评茶叶最拿手,人称"点茶三昧手"。苏东坡曾有一首诗《送南屏谦师》就是为他而作:"道人晓出南屏山,来试点茶三昧手。"明代韩奕的《白云泉煮茶》诗:"欲试点茶三昧手,上山亲汲云间泉。"

关于"茶三昧",各人的理解也略有不同。陆树声曾在《茶寮记》中说:"终南僧明亮者,近从天池来。飨余天池苦茶,授余烹点法甚细。……僧所烹茶,味绝清,乳面不夥,是具入清净味中三昧者,要之此一味,非眠云跂石人,未易领略。"

▶图说

茶三昧得之于心,应之于手,非可以言传学到。

508 唐庚失具是什么掌故?

北宋文人唐庚在茶具丢失后作了一篇《失茶具说》:"吾家失茶具,戒妇勿求。妇曰:'何也?'吾应之曰:'彼窃者必其所好也。心之所好则思得之,惧吾靳之不予也,而窃之。则斯人也得其所好矣。得其所好,则宝之,惧其泄而密之,惧其坏而安置之,则是物也得其所托矣。人得其所好,物得其所托,复何求哉!'妇曰:'嘻!焉得不贫?'"这里说的是唐庚在丢失茶具之后,将这件事情展开了议论,富有哲理,讽刺意味很深。

509 饮茶助学是什么掌故?

南宋李清照《金石录后序》:"李清照偕夫闲居青州,每获一书,即共同校勘,整集签题,得书画彝鼎,亦摩玩舒卷,指摘疵病。夜尽一烛为率。……余性偶强记,每饭罢,坐归来堂,烹茶,指堆积书史,占某事在某书某卷第几页第几行,以中否决胜负,为饮茶先后。"

当年,李清照和丈夫赵明诚回到青州故居,两人每天吃过饭后,就会做"饮茶助学"的游戏,赢了的人先品茶,以茶为彩头来促进学习,他们很喜欢这种游戏,每每玩得不亦乐乎。

▲图说

李清照偕夫常在一起读书钻研,并以茶为奖励促进学习,后被人传为美谈。

510 桑苎遗风是什么掌故?

南宋陆游《八十三吟》:"石帆山下白头人,八十三年见早春。自爱安闲忘寂寞,天将强健报清贫。枯桐已爨宁求识?弊帚当捐却自珍。桑苎家风君勿笑,他年犹得作茶神。"

大诗人陆游自名"老桑苎",他很崇敬陆纳的桑苎家风,并且将其作为自己的家风,传承延续;同时,陆游又很敬佩陆羽恬淡的志趣和简朴的风格。这种勤俭自持、鄙弃浮华、崇尚恬淡、喜好事茶,有着茶友的高洁情怀和雅士的操行,这些就是"桑苎家风",也被称为"桑苎遗风"。

▲图说

陆游在湖州苕溪隐居著书时,自称"桑苎翁",并将所住的草庐称为"桑苎庐"。

511 且吃茶是什么掌故?

元代蔡司沾的《寄园丛话》中有这样一段话:"余于白下获得一紫砂壶,镌有'且吃茶','清隐'草书五字,知为孙高士遗物。"

紫砂壶在以前只是一般的生活用品,并没有什么艺术性,人们对其也没有太多的研究。"且吃茶"是文人撰写壶名的发端,从此后,给紫砂壶命名也成为文人雅士的乐趣,后来还在紫砂壶上题诗作画,这也使紫砂茶壶从一般的日用品演变为艺术品。

512 佳茗佳人是什么掌故?

明代张大复《梅花草堂笔谈》:"冯开之先生喜饮茶,而好亲其事,人或问之,答曰:'此事如美人,如古法书画,岂宜落他人之手!'"在苏轼的《次韵曹辅寄壑源试焙新茶》中也诗曰:"戏作小诗君一笑,从来佳茗似佳人。"

对于爱茶之人,对茶都有一种特殊的感情,视茶为珍宝,因此常把"佳茗"比作"佳人",这也说明了文人雅士对茶的眷恋,并对茶的品性给予了很高的评价。旧时杭州涌金门外藕香居茶室有副对联就用了苏轼的诗句:"欲把西湖比西子,从来佳茗似佳人"。

513 品茶定交是什么掌故?

明代张岱《陶庵梦忆》: "周墨能向余道,闵汶水茶不置口。戊寅九月,至留都,抵岸,即访闵汶水于桃叶渡。"

这段话记述张岱和闵汶水品茶定交的故事。闵汶水擅长煮茶,被人称为闵老子。许多路过他家的人都会前去拜访,为的是欣赏他的茶艺。

张岱前去桃叶渡拜访闵汶水时,闵刚好外出,张岱就在那等了很久,闵汶水的家人问他为何不离开,张岱回答说: "慕闵老久,今日不畅饮闵老茶,决不去!"闵汶水回到家中,听到有客来访,赶紧"自起当炉。茶旋煮,急如风雨。导至一室,明窗净几,荆溪壶、成宣窑瓷瓯十余种,皆精绝。灯下视茶色,与瓷瓯无别,而香气逼人。"看到这样的茶艺,张岱连连叫好!品茶时,闵汶水说茶为"阆苑茶",水是"惠泉水"。张岱品尝过后,觉得不对劲,就说: "茶似阆苑制法而味小似,何其似罗岕甚也。水亦非普通惠泉。"闵汶水听后很是敬佩,就回道: "奇!奇!"然后将实情告诉了张。

张岱又说: "香朴烈,味甚浑厚,此春茶耶? 向瀹者的是秋茶。"汶水回答说: "余年七十,精赏鉴者无客比。"闵张二人在一起就茶的产地、制法和采制,水的新陈、老嫩等茶事展开了辩论,两人志同道合,最终成为至交,成就一段佳话。

514 休宁松萝是什么掌故?

休宁松萝产于安徽休宁城北松萝山一带,是一种条形炒青绿茶。明代沈周在《书岕茶别论后》有"新安之松萝"的记载。

清康熙十二年的《休宁县志》中记载: "茶,邑之镇山曰松萝,远麓为榔源,多种茶。僧得吴人郭第制法,遂名松萝,名噪一时,茶因踊贵。"

休宁松萝茶用的是炒青制法,质量远远好于唐宋时期的蒸青制法,因而各个茶区纷纷效仿这个制法,有的甚至借用松萝茶的名字。休宁松萝的条索紧实均匀,色泽鲜润,香气浓郁,略带点橄榄味,色重、香重、味重是休宁松萝的典型特征。休宁松萝还具有很高的药用价值,素有"药茶"的美称,在古医书中也有很多关于松萝茶入药的记载。

515 仁宗赐茶是什么掌故？

宋代王巩的《甲申杂记》中有这样的记载："初贡团茶及白羊酒，惟见任两府方赐之。仁宗朝，及前宰臣，岁赐茶一斤，酒二壶，后以为例。"

这段话说的是宋仁宗改革赐茶旧制的事情。宋仁宗将原先赐茶的制度改革，并将赏赐范围扩大，原先的前任宰臣是没有资格得到赏茶的，可是仁宗为了显示其皇恩浩荡，就将前任宰臣也包括在赐茶范围内，每年赐茶500克，赐酒两壶。

516 乾隆量水是什么掌故？

中国历代皇帝中，恐怕很少有人如清代的乾隆那样喜茶好饮，不仅嗜茶如命，为茶取名字，吟诗，作文，还自创了饮茶鉴水的方法。

众所周知，中国自唐代陆羽以来的各个品茗爱好者，都对全国各地的水作了专门的评定，许多泉水的排列似乎已成定论，各水与茶的组合也成为约定俗成。如谚语："龙井茶，虎跑水"，说明以杭州的虎跑泉水煮杭州的龙井茶是绝妙的搭配，二者相得益彰，天生一对。但乾隆却不以为意，而是用自己的方法再亲自做鉴定。

乾隆鉴定的方法也与众不同，用特制的银斗以水质的轻重来分上下，他认为水质轻的品质最好。用他的方法来测定，北京海淀镇西面的玉泉水为第一，镇江中泠泉次之，无锡的惠泉和杭州的虎跑又次之。

但是，由于路途上的颠簸，玉泉水味道不免有所改变。乾隆便以水洗水，制造出"再生"玉泉水。具体做法是，用一大器皿，放上玉泉水，做好刻度标记，再加入其他同量的泉水，二者搅拌，静置后，不洁之物沉入水底，上面清澈明亮的"轻水"便是玉泉水。据说，乾隆这种以水洗水使玉泉水"复活"的做法效果很不错，倒出之后还有一种新鲜感，几乎跟新鲜的玉泉水一样呢！

此外，乾隆还对雪水进行了测试，他认为雪水最轻，是上好的煮茶水，可与玉泉相媲美。但由于雪水不属于泉水，所以不在名水之列。

▶图说

经过其独特的得意之作——银斗测量法鉴别之后，评为第一的玉泉水便成为乾隆每次出行时必带的用水。

517 重华宫茶宴是什么掌故?

重华宫茶宴是清代的朝廷规礼之一,是从乾隆年间开始的。每年中元节过后三天,皇帝在重华宫设茶宴,邀请大臣中善于吟诗作赋的人,大家欢聚在一起,品茗作诗,是一种皇宫宴席。

在康熙二十一年正月,康熙在乾清宫大宴百官,93人仿照"柏梁体"依次联句。后来,在雍正四年,有99人在乾清宫宴会联句。到了乾隆年间,乾隆将酒宴改为以雪水、松实、梅花、佛手配的"三清茶"以及果品待客的"茶宴",并将地点改在重华宫,还制定了每次参与联句只有28人的制度,在乾隆在位年间,茶宴总共举办过43次。在嘉庆元年,乾隆将重华宫茶宴定为"家法",至到咸丰时期才停止。

518 才不如命是什么掌故?

"才不如命"出自"他才不如你,你命不如他"这句话,这是明朝开国皇帝朱元璋说的。明代文学家冯梦龙在《古今谭概》有记载:明太祖朱元璋到国子监视察,有个厨师为他送来一杯热茶。朱元璋喝了这茶后觉得很满意,于是就下诏,赐予那个厨师顶冠束带,封他为官。

国子监有个老生员看到了这个情景,心里很有感触,不禁仰天长叹,吟出两句诗:"十载寒窗下,何如一盏茶!"意思就是说自己寒窗苦读十年,可是也没有当上官,可以一个厨师因为一杯热茶,就被封了官,实在是太不公平了!朱元璋听见了老生员吟的诗,于是便说道:"他才不如你,你命不如他。"这就是才不如命的掌故。

519 板桥壶诗是什么掌故?

板桥壶诗说的是郑板桥曾做过的一首《咏壶》诗,诗的内容为:

嘴尖肚大耳偏高,才免饥寒便自豪;

量小不能容大物,两三寸水起波涛。

这是一首以物喻人的讽刺诗,郑板桥在诗中用茶壶讽刺那些眼高手低,自命不凡,却妒忌别人的人,这些人就像是半桶水,不能承受太多的事物,却还要造声势,空有其表,没有内涵。

520 敬茶得宠是什么掌故?

敬茶得宠的故事说的是清朝的慈禧太后,慈禧太后年轻时漂亮聪慧,擅长江南小曲,琴棋书画、茶道皆通,咸丰初年被选入圆明园当宫女,安排在桐荫深处侍奉。恰逢喜好游玩、寄情声色的咸丰帝,慈禧弹奏小曲引其探访,献以香茗令咸丰帝龙颜大悦,之后深得咸丰的宠爱,迁升贵妃,后来又升为皇后,直至成为太后。

521 三口白水是什么掌故?

徐映璞在一次路过浙江安吉山时,在一个名为"竹仙馆"的地方和人品茗论茶。

有人为"品泉茶室"向徐映璞征联,上联为:"品泉茶,三口白水"。徐映璞回答说:"根据本地的风光,下联应为'竹仙馆,两个山人'。"

这个茶联写在一起为:

    品泉茶,三口白水;

    竹仙馆,两个山人。

这个茶联是一副拆字联,上联中"品"即为三口,"泉"即为白水,下联中的"竹"即为两个,"仙"即为山人。

522 茶马交易是什么掌故?

"茶马互市"是中国古代以官茶换取青海、甘肃、四川、西藏等地少数民族马匹的政策和贸易制度。古代战争主力多是骑兵,马就成了战场上决定胜负的条件;而我国西北地区食肉饮酪的少数民族,将茶与粮看成同等重要的生活必需品,因此"茶马互市"就成了历代统治者维持经贸往来、边疆稳固,促进睦邻友好的重要措施。

茶马互市的雏形形成于南北朝时期,时至宋代政府还设置了专门管理茶马交易的机构"检举茶监司";历经元明两代的逐步发展与盛兴,一直沿用到清代中期。雍正帝胤禛十三年,官营茶马交易制度停止。在中国历史上活跃近700年的茶马交易政策逐渐废止。

523 六安瓜片有什么掌故?

在1905年前后,六安市的某茶行有一个评茶师,他收购过茶叶后,就会将上等茶叶中的嫩叶子摘下来,专门出售,结果大受好评,受到人们的追捧。后来,麻埠的茶行就学习他的这一方法出售茶叶,并将茶叶起名分为"峰翅",意思就是"毛峰"(蜂)之翅。

再后来,当地的一家茶行,直接将采回的茶叶去梗,将老叶和嫩叶分开炒,制成的茶从各个方面来看都比"峰翅"优秀很多。渐渐地,这种茶叶就成了当地的特产,因为这种茶的形状很像葵花子,就被称为"瓜子片",后来又直接称为"瓜片"。

524 云南普洱有什么掌故?

在三国时,军师诸葛亮带着士兵来到西双版纳,但是很多士兵因为水土不服眼睛失明了。诸葛亮知道后,就将自己的手杖插在了山上,结果那个手杖立刻就长出枝叶,变成了茶树。

诸葛亮用茶树上的茶叶泡成茶汤让士兵喝,士兵很快就恢复了视力。从此后,这里的人们便学会了制茶。现在,当地还有一种叫"孔明树"的茶树,孔明也被当地人称为"茶祖"。

525 都匀毛尖有什么掌故?

都匀毛尖,产于贵州黔南苗族布依族自治州都匀县。

都匀毛尖的特色是"三绿三黄",也就是"干茶绿中带黄,汤色绿中透黄,叶底绿中显黄",其品质都属于上佳,可以和碧螺春、信阳毛尖媲美。古人曾经说过:"雪芽芳香都匀生,不亚龙井碧螺春。"明代御史张鹤楼曾写诗赞美都匀毛尖:"六钻山头,远看青云密布,茶香蝶舞,似为翠竹茶松。"

图说

都匀毛尖的历史很久,在明代时都已经被列为"贡茶",还被崇祯皇帝赐名为"鱼钩茶"。

526 顾渚紫笋有什么掌故?

顾渚紫笋茶因为品质优良,在唐朝广德年间就成为贡茶,还被朝廷选为祭祀宗庙用茶。当时紫笋贡茶被朝廷分为五等,第一批必须确保"清明"前抵达京城,用来祭祀宗庙,因此这批贡茶就被称为"急程茶"。

为了不耽误"急程茶"的行程,湖州的当地官员,都要在立春前后到山上,全程监督,确保茶叶能够及时送到京城。

虽然朝廷对顾渚紫笋的重视,证明了顾渚紫笋的品质,但是每年的上贡,却动用了大量的人力财力,劳民伤财。曾经有一个叫斐充的湖州刺史,就因为没有按期送到急程茶而被撤职。

▶图说

湖州到京城的距离大约有2000千米,送茶人员须在清明前10天启程,以便在清明祭祀时快马准时送到。

527 仙人掌茶有什么掌故?

仙人掌茶的创始人是唐代玉泉寺的中孚禅师,该禅师俗姓李,是李白的族侄。中孚禅师很喜欢饮茶,而且还能制作一手好茶。

唐肃宗上元元年,中孚禅师在金陵巧遇叔叔李白,于是他将自己制作的茶送给叔叔。李白饮了此茶后,觉得风味独特,清香鲜爽。他得知是中孚自己采制的茶,就将茶命名为仙人掌茶。李白还对此赞道,"丛老卷绿叶,枝枝相接连。曝成仙人掌,似拍洪崖肩。"

528 狗牯脑茶有什么掌故?

狗牯脑茶产于狗牯脑山,据说此茶产生在明朝末年。

当时遂川一位名叫梁传谥的农民,他从广东带回一些茶叶种子,就将种子种在了狗牯脑山坳。他精心培育茶树,并将茶芽制作成茶叶。他制作出来的茶,色、香、味、形都很别致,很受人们的喜爱,于是大家都开始种植,种植面积扩大,逐渐流传开来。到清朝嘉庆时,地方官将该茶奉献给朝廷,朝廷将其作为贡品,正式命名为"狗牯脑茶"。

529 华顶云雾茶有什么掌故?

华顶云雾茶,产于天台山顶,又名天台山云雾茶。根据文献记载,从汉代开始,这里就已经开始产茶了。传说,隋炀帝杨广曾在江都生病,于是天台山和尚就带着天台山茶为他治病,结果没过多久就痊愈了,从此后该茶叶才传入北方。

日本高僧最澄在公元804年来到天台寺学佛,归国时带回了很多茶子,并在日本试种,从此该茶传入日本。到了北宋时,华顶云雾茶被列为贡品,名扬天下。

530 神农尝百草有什么传说?

茶最早起源于神农氏,据唐代陆羽的《茶经》说:"茶之为饮,发乎神农氏"。还有说:"神农尝百草,日遇七十二毒,得茶而解之。"

传说神农氏是原始农业、医药、历法的发明者。他在三湘四水播种五谷,以为民食;制作耒耜,以利耕耘;遍尝百草,以医民恙;治麻为布,以御民寒;陶冶器物,以储民用;削桐为琴,以怡民情;首辟市场,以利民生;剡木为矢,以安民居,完成了从游牧到定居,从渔猎到田耕的历史转变,实践了从蒙昧到文明的过渡,率领众先民战胜饥荒和疾病,脱离了颠沛流离的苦日子,过上吃、穿、住、医、娱俱全的好日子。

图说

神农氏是继伏羲以后对中华民族贡献较多的神话传说人物,也有一说认为神农氏即炎帝。

神农氏对中华文明贡献最大之一就是尝遍百草,发现中草药。传说神农氏的肚子是透明的,能看见肠胃和吃进去的食物,这就为他尝百草提供了便利。他每发现一种草,都吃下去,然后观察它在肚子里的变化。有一次,神农氏找到一种树叶,吃进肚子以后,觉得一股舒服的感觉在肚子里上下左右乱窜,到处流动洗涤,好像在检查什么,一会儿,就觉得整个肠胃像洗过一样,干净清爽,精神大振。于是他将这片绿叶取名为"查",后来被人们改为"茶"。此后,神农氏每吃进有毒的东西,便吃点茶,让它"搜查搜查",以达到消毒的目的。不幸的是,神农氏有一次吃了断肠草,还没来得及吃茶就毒发身亡。

图说

为了纪念神农氏,人们将他曾尝百草的地方命名为"神农架",并修建神农坛来纪念他。

531 为什么说孔明是茶祖？

中国有六大茶山，其中之一就是公明山，又叫孔明山。当地的人们还把茶树叫作"孔明树"，把孔明（即诸葛亮）封为"茶祖"，并每年在诸葛亮诞辰的那天举行祭茶仪式——"茶祖会"，赏月歌舞，放孔明灯，祭拜诸葛亮。

至于人们为什么在祭茶仪式上祭奠孔明，还要从诸葛亮的茶事说起。

诸葛亮祭茶 刘备三顾茅庐后，诸葛亮出山帮助刘备辅助汉室。当时天下大乱，群雄割据边关。头顶光复汉室的大业，诸葛亮身为丞相，事无巨细都要亲自过问，不久便积劳成疾，累出痨病。由于政务繁忙，诸葛亮也无心养病，身体就一天天衰弱下去。一晚，诸葛亮梦见一神秘老人，他为自己指明治病良方，即取定军山千年古茶树之嫩叶焙制泡饮。诸葛亮按照梦中指示泡茶，几天后痨疾渐愈，大脑反应更快，变得更聪明，操劳政务也不觉得劳累。为了感谢茶树的恩德，诸葛亮亲往茶山设坛，拜祭茶树除疾迪智之功。

煎茶岭 诸葛亮一生志在伐魏，因此对周边民族的安抚就显得尤为重要。为了团结周围各族共同对付曹魏大军，诸葛亮在勉县去略阳的一座山上设坊煮茶，经常派使者邀军力强大的驻宁羌兴州的羌氏族首领上山品茶议事。在茶坊中，诸葛亮与羌氏族首领谈茶论道，借谈茶性和中的特点，谋求合作之道。羌氏族首领在品茶中享受到人生之快，同时又佩服诸葛亮的人品与才干，于是一同合作，还亲自率领数十万大军归蜀汉，共同北伐。为了庆祝合作的成功，诸葛亮赐其山名为"煎茶岭"，一直流传至今，成为诸葛亮以茶睦邻的见证。

▲图说

诸葛亮识茶、兴茶不但扩大了茶饮的传播，而且在中国历史上也有重大的影响。

手杖生根 西南地区是我国很多少数民族的聚居地。为了稳定政局，诸葛亮亲自到少数民族聚居地治乱安民。西南地区评定之后，诸葛亮大喜，以手中拐杖顿地感叹，不料手杖定根不拔。一年后，拐杖发枝萌芽，长出叶片。诸葛亮叫士兵采叶煮水喝，士兵的眼疾就好了。由于西南地区生存环境恶劣，诸葛亮从庆甸王处购得8驮茶子随军运回蜀地播种，并嘱托驻守西南的士兵兴茶、种茶、靠种茶、卖茶维持生活。茶叶就这样成为汉人与少数民族商品交换、文化交流的媒介，百姓也从种茶、饮茶中悟出道和文明。西南夷蛮正是在茶的熏陶下，得以教化和进步，治安开始稳定。经过世代的教诲，至今当地人仍认为，汉中才是世界茶叶之源。

532 蒙顶茶有什么传说?

蒙山是古代祭祀名山之一,相传大禹治水成功,曾致祭于此,后来成为佛教圣地。蒙山顶上终年云雾缭绕,山茶饱受天地日月之精华,也造就了蒙顶山茶的美名。早在唐代时,蒙顶山茶就被列为贡茶,据说用扬子江水冲泡后,可称为人间难觅的妙品。

相传很久之前,青衣江的鱼仙经千年修炼,幻化成一个美丽的仙女,扮成村姑,到蒙山附近玩耍,拾到几颗茶子。游玩途中,鱼仙邂逅一个叫作吴理真的采花青年,两人一见钟情。鱼仙将随身的茶子送给吴理真,作为定情信物,并约定两年后茶子发芽时,两人再相见。鱼仙走后,吴理真将茶子种在蒙山顶上。到了第二年春天,茶子发芽,村姑果然如约出现。两人拜过天地,结为夫妻,彼此相亲相爱,日子过得平淡而温馨。鱼仙以肩上的白色披纱化作蒙山顶上浓浓的雾气,仙雾滋润的茶苗越长越旺,鱼仙一家人就每年采茶制茶,并以此为生。

好景不长,鱼仙私自与凡人婚配的事被河神发现。河神命她立刻回宫,否则天条伺候。鱼仙忍痛离去,临行前,她将那块能变云化雾的白纱留下,并嘱咐一双儿女,好好帮父亲培植好满山茶树。蒙顶山茶在吴理真父子的精心照顾和白雾的滋润下,苗壮成长,所制茶叶也越来越受人们欢迎。皇帝因吴理真种茶有功,追封他为"甘露普慧妙济禅师"。

533 蒙顶玉叶有什么传说?

很久以前,有位老和尚身患眼疾重病,忽然有一天一个老翁来访,告诉他说:"春分时节采得蒙山玉叶,用山泉煎服,可治宿疾。"老和尚依法照做,重病痊愈。于是他在蒙山顶上住下来,并找来一位老汉专门培育和采制茶叶。老汉有一个女儿,美若天仙,取名玉叶。某日,玉叶下山购物,遭遇几个恶少调戏,大呼救命,恰被砍柴青年王虎救下。两人互生情愫,期待再次相逢。王虎家中清贫,与患有眼疾的母亲相依为命,在得知蒙顶山上的"玉叶"可以治疗母亲的病之后,王虎决定上山采摘玉叶。找寻数日未果,却在泉边喝水之际听到林中优美的歌声,发现了自己曾经搭救过的民女玉叶。再次偶遇令二人内心激动,在得知王虎的难处后,恰巧种植玉叶的民女玉叶欣然前往救治心上人的母亲。很快,王虎母亲的眼疾得以痊愈,王虎和玉叶感情也更深了,之后二人结为夫妻,将"玉叶"的种植面积扩大,专门给人治病。蒙山玉叶自此变得家喻户晓,人称"圣扬花""吉祥蕊"。

534 碧螺春有什么传说?

很久以前，西洞庭山上住着一位名叫碧螺的姑娘，她美丽、勤劳、善良，还能歌善舞，乡亲们都很喜欢她。东洞庭山上有位叫作阿祥的小伙子，他魁梧壮实、武艺高强，为人正直又乐于助人，周围的百姓也都很爱戴他。碧螺常在湖边结网唱歌，阿祥老在湖中撑船打鱼，两人早已互生爱慕之心，乡亲们也都很看好两人的未来。

天有不测风云。太湖中突然出现一条凶残的恶龙，它在当地兴妖作怪，致使狂风暴雨不断，给人们生活带来很大的灾难。不仅如此，恶龙还扬言要碧螺做它的"太湖夫人"，为了乡亲们和心爱姑娘的安全，阿祥决心与恶龙决一死战。一个月黑风高夜，阿祥拿着一把大渔叉，悄悄潜到西洞庭山。趁恶龙不注意，阿祥猛窜上前，用尽全身力气，将渔叉直刺恶龙背脊。恶龙受此重创，愤怒地张开血盆大口，凶狠地向阿祥扑来。经过一天一夜的恶斗，阿祥终于杀死了恶龙，自己却也身受重伤，晕倒在血泊中。乡亲们将阿祥抬回来之后，为了报答阿祥的救命之恩，碧螺姑娘亲自照顾他。虽然有碧螺姑娘的歌声为阿祥减轻病痛，有碧螺姑娘细心的照顾为阿祥宽心，但阿祥的伤势仍在一天天地恶化，到后来，竟然都说不出话来，只有满腹深情凝视自己心爱的姑娘。

碧螺为阿祥的伤势焦急万分，她在乡亲们的帮助下，四处寻医问药。一天，碧螺在阿祥与恶龙搏斗的地方，发现一棵小茶树长势良好。她想：这棵树是阿祥与恶龙搏斗的见证，为了使人们牢记来之不易的幸福生活，我一定要把这棵树照顾好。从此，碧螺经常为这棵树浇水、施肥、培土，小树也在她的照料下快速成长。第二年惊蛰刚过，树上就长出很多芽苞，非常可爱。碧螺怕芽苞被春寒冻伤，就每天早晨用嘴含住芽苞一会儿。至清明前后，小树的芽苞初放，伸出片片嫩叶。为了表达对阿祥的敬意，碧螺采摘了一把嫩梢，回家泡了杯茶端给阿祥。没想到，一股纯正而清馥的高香直沁心脾，阿祥一口气将茶汤喝光，觉得自己身上每个毛孔都说不出的舒坦。阿祥试着抬抬手，伸腿，发现自己竟然能动了。

碧螺见此情景，飞奔到茶树边，一口气又采了一把嫩芽，揣入胸前，用自己的体温使芽叶萎蔫，拿到家中再取出轻轻搓揉，然后泡给阿祥喝。如此这般数日，阿祥居然一天天好起来了！正当两人陶醉在爱情的甜蜜中时，碧螺姑娘却因长期的劳累而病倒了，从此再也没有起来。阿祥悲痛欲绝，他把心爱的人埋在洞庭山的茶树旁，从此，他一直照料碧螺的茶树，努力繁殖培育名茶。为了纪念碧螺姑娘，人们就为这棵茶树取名为"碧螺春"。

◀ 图说

在碧螺姑娘的用心呵护下，这株见证他们爱情的茶树苗壮成长，吐露新芽。

535 黄山毛峰有什么传说?

据说明朝天启年间，江南黟县新任县官熊开元带书童来黄山春游。两人对黄山迷人的景色流连忘返，不知不觉竟迷了路。夜色将黑时，在深山中幸遇一位腰挎竹篓的老和尚，得以借宿于寺院中。

老和尚为熊开元二人泡茶压惊。冲茶时，杯中有一朵白莲升起，满室清香，知县对此大为好奇，经和尚介绍，才知道这是黄山毛峰。喝一口尝尝，果然浓香无比，熊开元连声叫好。次日临别时，老和尚送他一包黄山毛峰茶和一葫芦黄山泉水，并嘱咐道："一定要用此泉水泡此茶，才能出现白莲奇景。"

后来，熊开元旧时的同窗好友太平知县来访，熊开元将平日珍藏的黄山毛峰取出，依法冲泡，所显奇景令太平知县惊喜异常。太平知县到京城献仙茶邀功，却演不出白莲花的奇景。龙颜大怒，太平知县只好说是黟县知县熊开元所献。熊开元无奈只得再登黄山拜见老和尚，讨来一葫芦黄山泉水，在皇帝面前冲泡黄山毛峰，显现出白莲奇景。皇帝大悦之际，册封熊开元江南巡抚，以表其功。

熊开元感慨万千：一杯茶就可得到别人十年寒窗辛苦才得到的功名，而一杯好茶却要好水才绽放她的奇观。茶且品质清高，人却不如，于是毅然辞官到黄山出家为僧，法名正志。

536 小兰花茶有什么传说?

小兰花茶又名齐山云雾，产于安徽大别山区齐云山，茶叶品质极佳。

据说，很久以前，齐云山脚下有一恶霸李占山，他见侍女兰花美貌，便想占为己有。兰花宁死不从，并在姐妹们的帮助下得以逃脱，躲在蝙蝠洞。洞外的绝壁石缝中长着一棵茶树，在蝙蝠粪的滋润下长得枝繁叶茂，才清明时节就抽出了新芽，于是兰花就以卖茶为生。此茶浓郁醇香，受到很多茶客的欢迎。李占山听说后，派家丁四处搜查，发现卖茶的姑娘原来是兰花，便抢占了蝙蝠洞的茶树，并把兰花推下悬崖。李占山将茶献给皇帝，皇帝品茶后龙颜大悦，御笔亲书"齐山云雾"四字，册封李占山为齐云山七品制茶监官。孰料，第二年春天，蝙蝠洞那棵茶树枯死了，李占山无茶进贡，就以假乱真，事发后被以欺君之罪灭族。不过香茶却并未真的灭绝，在兰花坠岩的石缝中，又长出一片新的茶林。

图说

齐云山当地人相传是兰花姑娘化身为茶，故将此茶取名"小兰花"茶。

537 信阳毛尖有什么传说？

信阳毛尖产于河南省大别山区的信阳市。据说，这里很久以前并不产茶。当地官府及财主经常欺压人民，很多人为此不但吃不好、穿不暖，还得了一种叫作"疲劳痧"的瘟病。

有个叫作春姑的姑娘，看着乡亲们一天天死去，万分焦急，她四处奔走寻访名医。一位采药老人告诉她，往西南方向翻过九十九座大山，有一种宝树能为人消除疾病。春姑不畏艰难，走了九九八十一天，爬过九十九座大山，累得筋疲力尽，染上了瘟疫，但是还没找到采药老人所说的宝树，便晕倒在一条小溪边。

微风吹过，一片树叶飘来，春姑勉强捡起，含在嘴里，没想到马上神清气爽，精神振作。春姑顺着泉水向上找，果然找到了长满这种树叶的大树。看管茶树的神农氏送给春姑一颗宝树种子，并将春姑变成画眉鸟及时地赶回家乡播种。

小画眉依照神农氏的要求，将树子种下。一场春雨过后，嫩绿的树苗就从泥土中探出头。小画眉终于舒了一口气，耗尽心力的她在茶树旁化成了一块鸟形的石头。茶树长大后，山上飞出了一群小画眉，她们用自己尖尖的嘴巴啄下一片片茶叶，放进病人的嘴里，病人便马上好了。

538 都匀毛尖有什么传说？

很久以前，都匀曾是蛮王的国土。一天，蛮王得了伤寒，病倒在床。他对自己的九个儿子和九个女儿说："谁能找到药治好我的病，谁就能继承我的王位。" 九个儿子找来了九种药，都没治好；九个女儿找来了一样药——茶叶，却医好了父王的病。蛮王问："你们从哪里找来这么好的药材啊？"九个女儿一起回答道："从云雾山上采来，绿仙雀给的。"蛮王将王位传给了九个女儿，并希望她们能找到茶种，为百姓谋福。

姑娘们第二天又去云雾山，却没看见绿仙雀，她们就在一株高大的茶树王下求拜了三天三夜，终于感动天神，于是天神派来绿仙雀和百鸟从云中飞来，它们不停地叫着："毛尖……茶，毛尖……茶。"绿仙雀变成美貌的茶姐教会九个姑娘种茶、采茶、制茶的方法。

姑娘们学会种茶后，回到家乡，经过数年的精心栽培与细心管理，终于在蟒山脚下建起了一座茂盛的茶园。

539 君山银针有什么传说?

湖南省洞庭湖的君山出产银针名茶，根据传说，君山银针茶的第一颗种子还是四千多年前娥皇、女英播下的。

传说，后唐的第二个皇帝明宗李嗣源在第一回上朝的时候，他的侍臣为他沏了杯茶。当开水一倒入杯子里，就看见一团白雾升腾而起，一只白鹤从白雾中隐现出来。明宗好奇地看着白鹤，那只白鹤对着明宗点了三下头，接着便展翅飞向了天空。

看着白鹤展翅飞去后，明宗看向杯子，发现杯子中的茶叶一根根地悬空竖立了起来，就像是一群破土而出的雨后春笋。片刻后，茶叶就像雪片一样缓缓地沉入了杯子底。

明宗看到这一幕，觉得非常奇怪，不明白这是怎么一回事，于是就问侍臣这是什么原因。

侍臣回答说："这是因为泡茶的水取用的君山的白鹤泉，茶叶用的是黄翎毛（也就是银针茶）的缘故。"

明宗听了心里十分高兴，认为这是个吉祥的预兆，于是立刻下旨将君山银针定为"贡茶"。

540 乌龙茶有什么传说?

据说，乌龙茶最早发源于福建省安溪县，因创始人而得名。相传清朝雍正年间，安溪的深山里住着一位叫作胡良的猎人。一天，胡良在打猎的时候，看见山上长着一丛丛小树，枝叶墨绿葱茏，他就随手摘下一枝放在背篓中遮盖猎物。天黑回家点火烧水时，胡良忽然闻得一阵清香，寻根究源，他发现正是白天随手摘的树叶发出来的香气。胡良好奇心大增，他试着摘下几片叶子，用开水冲泡，喝下去后发现，不但味道香醇，而且口舌生津，尽消烦躁。第二天，胡良到山里采了这样的树枝一大捆，专门用来泡茶喝。没想到，这次泡的茶却又苦又涩。一琢磨，胡良就想起了：上次采的枝叶经过大半天晒萎，这才能散发出清香。经过反复的试验，胡良终于发明晾晒、搓擦、炒烘等制作香茶的过程。

从此，胡良就以卖茶为生，他的茶香气四溢、沁人肺腑，远近闻名。由于安溪方言中"胡良"与"乌龙"发音相近，随着长期的流传，"胡良茶"就成了闻名世界的"乌龙茶"了。也有说法为，此猎人是名退隐的将军，名叫"乌龙"，他发明的茶就被成为"乌龙茶"，为了纪念他造茶的功劳，安溪西坪山岩上至今还有乡亲们为之修建的"打猎将军庙"。

541 铁观音有什么传说?

铁观音是乌龙茶中的精品，沉重匀整，冲泡后汤色多黄浓艳似琥珀，散发出天然馥郁的兰花香，滋味醇厚甘鲜。有人说，铁观音"茶形美似观音，茶体重如铁，故名铁观音"。

据说，清朝乾隆年间，安溪西坪上尧茶农魏饮制得一手好茶，此人敬神礼佛，每天晨昏泡茶三杯供奉观音菩萨，十几年从未间断。一天晚上，魏饮梦见观音菩萨引领自己到一处山崖，他发现有一株散发兰花香味的茶树，见此好茶，魏饮就忍不住去采摘，却被村中犬吠声惊醒。魏饮心有不甘，第二天，魏饮向着梦中的地方去，果然在崖石上发现了梦中所见的茶树。魏饮大喜，就采下一些芽叶，

带回家中，精心制作。制成的茶果然甘醇鲜爽，令人精神大振。魏饮就将这株茶挖回家培植。几年后，此茶树枝叶茂盛，为魏饮提供了很多好茶叶。因为茶重如铁，又是观音菩萨托梦所得，魏饮就为它取名为"铁观音"。

还有一种传说是，乾隆年间，安溪松林头乡有位叫魏欣的樵夫。一天，魏欣劳动了一天后，卧在观音庙旁山岩间隙休息。他在此发现了一株奇异的茶树：茶叶能在阳光下闪烁着乌润砂绿铁色之光，魏欣想，这肯定是茶中之王，于是就将此株茶树挖出，拿回家，用插枝法在自己的院内培植起来，采摘其叶制作茶，经过发酵后的茶，茶色如铁，泡出来的茶汤香醇，回味良久。由于是在观音庙发现的茶树，茶叶又能发出乌润砂绿铁色，所以取名为"铁观音"。

542 冻顶乌龙有什么传说?

台湾名茶冻顶乌龙也有一个动人的故事。清朝道光年间，台湾人林凤池听说祖籍福建要举行科举考试，却苦于没有盘缠。乡亲们为他捐款支持他参加科举，临行前，乡亲们对他说："你到了老家福建，就向家乡的亲人们问好，就说大家都很惦念他们。"

林凤池中举后，回台湾探亲，就从老家带了36棵乌龙茶苗过去，种在冻顶山上。经过人们细心地培育，冻顶山已经形成一片大茶园，所采之茶与家乡的乌龙茶一样清香可口。后来，林凤池奉旨进京，他把这种茶进献给道光皇帝，受到皇帝的称赞。因此茶苗源于福建乌龙茶，生长在台湾冻顶山，所以取名为"冻顶乌龙"。

543 水仙茶有什么传说?

水仙茶是一种历史悠久的乌龙茶，产于福建武夷山。泡一杯水仙茶，品饮舌根留芳、香回九肠的同时，也将人带入一个飘飘欲仙的神仙世界。

某年夏天，武夷山奇热无比。樵夫建瓯热得头昏脑涨，唇焦口燥，实在无法干活，就来到附近的祝仙洞找个阴凉的地方歇息。刚进洞里，就觉得一阵凉风裹着一股清香扑面而来。抬头看见头上一株茶树绿叶又厚又大，开满了小白花，散发着阵阵香气。建瓯摘了几片叶子含在嘴里，凉丝丝的，嚼了一会儿，头不昏，胸不闷，顿觉精神大振。休息片刻，便随手从树上折了一根小枝，挑起柴回家了。

当天晚上，风雨交加，建瓯家的土墙被雷雨击塌。次日早上发现昨天折回来的树枝被压在墙土下，枝头却伸了出来，并很快生根发芽、长出叶子，长成小树。用这些芽叶泡水，喝了清香甘甜，解渴提神。此事传开后，村里人纷纷来采叶子泡水喝。由于此树是在祝仙洞发现的，当地人说"祝"与崇安话的"水"字发音一样，崇安人就把此树叫作"水仙树"，并仿照建瓯插枝种树，并逐渐成为地方名品。

544 大红袍有什么传说?

传说很久以前，一穷秀才上京赶考，途经福建武夷山时，病倒在地。幸好被天心庙老方丈遇到，见秀才脸色苍白，体瘦腹胀，就为他泡了一碗茶。病愈后的秀才临行时，谢过老方丈的救命之恩，并承诺如金榜题名必重返拜谢。结果京城之行高中状元，被招为驸马的新科状元向皇上禀明了实情，皇上特准他以钦差大人的身份回武夷山拜谢恩公。

秀才衣锦还乡，谈起当日之事，方丈坦言有一种可治百病的茶树。于是在方丈的陪同下，状元郎一行来到武夷山九龙窠，只见山崖峭壁上长着三株高大的茶树，枝叶繁茂。状元郎采制一盒茶叶返回京城后，恰遇皇后肚疼鼓胀，卧床不起，服用此茶后大病痊愈。大喜过望的皇上特赐大红袍一件，状元将皇上赐的大红袍披在九龙窠峭壁的茶树上，红袍之下三株茶树的芽叶在阳光下发出闪烁的红光。

545 白毫银针有什么传说？

白毫银针产于福建政和县，因满披白毫，色白如银，其形如针而得名。

据说很久以前，福建政和一带久旱不雨，引起大瘟疫，病死很多人。当地人听说洞宫山上一口老井旁长着几株仙草，草汁能治百病，于是很多身强力壮的年轻人纷纷上山寻找这种仙草，但却都有去无回，杳无音信。

有一户人家，也在找寻仙草大军的行列。家中志刚、志诚和志玉兄妹三人商量，为了避免能去不能回的悲剧，三人轮流去找仙草。老大志刚先行，他到了洞宫山，碰到一位白胡子老翁。老翁告诉他，仙草就在山上的龙井旁，你上去取即可，但要记得上山只能向前，不能回头看，否则采不到仙草。志刚一口气爬到半山腰，却见山上满山乱石，阴森恐怖，忽听一声大吼："你敢往上闯！"志刚大惊，一回头，立刻变成了乱石岗上一块新石头。老二志诚也去找仙草，他同大哥的命运一样，爬到半山腰时也回头变成了一块巨石。老三志玉沿着两位大哥的足迹继续找仙草，她也遇见了白胡子老翁，听了同样的忠告。志玉谢过老翁，继续往前走，她来到乱石岗，怪声四起，她就用糍粑塞住耳朵，坚持上山，坚决不回头，终于爬上山顶，找到龙井，采下仙草芽叶，并用龙井水浇灌仙草。仙草很快开花结子，志玉采下仙草种子，下山回家。志玉将种子种满家乡的山坡，救了当地的百姓。这里的仙草就是白毫银针。

546 白牡丹有什么传说？

传说，在西汉时期，有一位太守叫作毛义，他为官清廉，为人正直。当时有很多官员不顾百姓民生，只为自己的利益着想，搜刮民财，贪污受贿。毛义无法忍受贪官当道，于是辞官回家，决定带着老母亲前往山林深处隐居。

这日，母子俩来到一座山前，忽然觉得有一股奇异的香味迎面远远扑来，请教了当地的一位老者后，才知香味是来自莲花池畔的十八棵白牡丹。母子俩来到莲花池畔，看见这里景色优美，环境幽静，仿入仙境一般，于是便在此定居下来。刚在这里居住不久，毛义的老母亲因为旅途劳累，病倒了。毛义心急如焚，四处寻药，始终未有所获。直到一位满头白发留着长银须的仙翁在毛义的梦中对他点化说："你母亲的病，必须用新茶煮茶喝才能完全治愈。"毛义醒来后，正苦于严冬没有新茶之时，他在莲花池边发现那十八棵牡丹竟然就是十八棵茶树，树上正长满着嫩绿的新芽……赶紧采制的新茶果然治好了母亲的病，此后，福建一带这类茶就被人们称为"白牡丹茶"。

547 碣滩茶有什么传说？

传说很久以前，碣滩山下住着一对父女，老爹已经78岁了，但身板硬朗。女儿仅年方十八，长得很漂亮。女儿是老爹60岁时捡的，于是起名为"捡妹"。

老爹在碣滩码头以摆渡为生，家中日子并不宽裕。家中没有茶，只得把米炒焦冲水喝。这天夜里，捡妹在梦里来到碣滩山坡，发现山顶上有一块坪，坪里长着些很奇怪的树，有几个姑娘在树中走动说笑。捡妹正要上前打招呼，可是一团云烟飘过，姑娘们便不见了。次日早上，捡妹来到山上，她走到小溪的尽头，爬上了山坡，正在发愁无路可走，忽然，一只兔子从刺蓬里钻出，朝前方跑去，捡妹跟着白兔跑进了一个洞穴，出洞后，她发现自己竟然来到了梦中的草坪。一棵棵翠绿的小树长着鲜嫩的小芽，捡妹高兴地采摘了起来。

采摘完后，她开心地回到了家。她将这些嫩芽炒焙后制成茶叶，泡出的茶香味浓郁，整个屋子都飘着茶香。财主见茶起意，想从捡妹手中夺走这些茶，不愿好茶落入歹人之手的捡妹带着茶逃进了深山。后来，碣滩的百姓都学会了制茶，就将这种茶称为碣滩茶。

548 六安瓜片茶有什么传说？

六安瓜片是国家级历史名茶，产于安徽六安齐头山蝙蝠洞一带，又名"齐山云雾"。

从前，齐头山山清水秀，人丁兴旺，就是缺少花朵。当地人正打算栽种一些花朵时，来了一个身穿灰黑色衣衫的妖艳女人，告诉村民花多妖艳，不利于庄稼生长、人畜发育。老实的村民们信以为真，不再有种花之想。后来这个女人在村子安住下来，一见花就面目狰狞，所到之处，花朵残败。可自她住下后，村子便整日黑雾弥漫，庄稼减收，人丁消瘦。

后来，人们发现这个女人是齐头山山洞里的蝙蝠女妖，请来的几个法师、道士也都被女妖打得落荒而逃。眼看生活就要过不下去了，来了一位银发如雪的婆婆，她带来各种花子、茶子，并让人们播种在村子周围。春天将至，茶苗长势旺盛，叶子像切开的瓜皮，老婆婆称之为"瓜片"。女妖与老婆婆在山洞口斗法，妖气都化作白雾、露珠，滋润着山间的植物。经过一番恶战，老婆婆变成身披白花的美丽仙女将女妖打败，而她自己也中毒受伤。村民在仙女的授意下，用采摘的茶芽制成茶叶解除了百花仙女所中之毒。

为了感谢百花仙子舍身为民除害，乡亲们将将仙子留下的茶树扩大栽种，由于这里白雾缭绕，温差大，加上百花的芳香，所以那瓜片叶子肥厚，泡出来的茶醇香，成了驰名中外的好茶。

549 白鸡冠有什么传说?

白鸡冠是武夷山四大名枞之一，因叶色淡绿，绿中带白，芽儿弯弯又毛茸茸的，如白锦鸡头上的鸡冠，故名白鸡冠。

很久以前，武夷山有位茶农。岳父生日那天，他抱着家里的大公鸡去祝寿。一路上，太阳火辣辣的炙烤着大地，也把茶农晒得喘不过气来。走到慧苑岩附近，茶农热得实在受不了了，便把公鸡放在一棵树下，自己找了个阴凉的地方休息。一会儿，只听得公鸡一声惨叫，跑过去一看，一条拇指粗的青蛇正从公鸡身边爬过，殷红的血从鸡冠上一滴一滴往下流，正落在旁边的一棵茶树根上。茶农吓出一身冷汗，只好在茶树下扒了个坑将大公鸡埋了，然后赶紧到岳父家祝寿。

令人惊奇的是，这棵茶树此后却长势特别旺盛，不但枝繁叶茂，还一个劲地往上蹿，比周围的茶树明显高一截。树上的茶叶也一天天由墨绿变成淡绿，由淡绿变成淡白，几丈外就能闻到茶叶浓郁的清香。制成的茶叶也与众不同，别的茶叶色带褐色，它却是米黄中呈现出乳白色，形似鸡冠泡出来的茶水还亮晶晶的，茶香扑鼻，呷一口，清凉甘美。人们就为它取名为"白鸡冠"。

550 庐山云雾有什么传说?

庐山云雾茶产于江西庐山，是绿茶类名茶，中国十大名茶之一。庐山云雾古称"闻林茶"，从明代起，始称"庐山云雾"。

相传，庐山种茶始于汉代，佛教传入中国后，众多佛教徒便结舍于庐山。他们攀崖登峰，种茶采茗。东晋时期，庐山已经成为佛教中心之一，山中茶树也日益著名。唐代文人墨客多有赞颂当地茶业盛世，如白居易的"药圃茶园为产业，野麋林鹳是交游"，白居易还亲自在庐山香庐峰结庐而居，亲辟园圃，植花种茶。

关于庐山云雾茶的由来，据说是孙悟空在花果山当美猴王时，吃腻了仙桃、瓜果、美酒。一天，他突然想尝尝玉皇大帝和王母娘娘喝过的仙茶，于是一个跟头翻上天，踩着祥云往下一看，只见九州南国一片碧绿，原来是一片茶林。此时虽然是茶树结子的金秋季节，但孙悟空不知道怎么采种。天空恰有一群多情鸟飞过，美猴王让鸟们帮助采得茶子带回花果山。从南国茶园衔了茶子的众鸟们在飞往花果山的途中，被庐山胜景所吸引，不禁唱起歌来，茶子从嘴中掉落，坠入庐山群峰的岩隙之中。从此，云雾缭绕的庐山便长出一棵棵茶树，在丰富的云雾滋润下，成了清香袭人的云雾茶。

551 安吉白茶有什么传说?

安吉白茶是浙江名茶，之所以称为白茶，是因为加工原料采自一种嫩叶全为白色的茶树。安吉县溪龙乡的白茶广场，矗立着一个白茶仙女塑像，塑像四周有一组石雕，上面镌刻着传说中白娘子与白茶的故事。

白娘子原是一条修炼千年的白蛇妖，为了报恩，她幻化成美丽的少女来到人间寻找自己恩人后代。在观音菩萨的指点下，白蛇在美丽的西湖终于找到恩人许仙。二人一见钟情，不久便结为夫妻。婚后白蛇和许仙十分恩爱，两人还开了家药铺，经常免费为百姓看病、抓药。

一年端午节，白娘子误饮雄黄酒，现出原形，吓死了许仙。白娘子醒后，自然心疼不已，只好冒死上仙山盗仙果，用仙果来挽救许仙的生命。但在返回的路上，白娘子不小心将仙果遗落在安吉的高山峻岭上。到家才发现仙果遗失的白娘子返身一路寻至安吉的崇山峻岭上，仙果已经长成枝繁叶茂的白茶树。白娘子于是居山修道，日夜呵护白茶树，待白茶树结果才赶回去救活了许仙，从而又过上快乐幸福的生活。

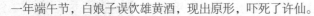

552 水金龟有什么传说?

水金龟是福建武夷山四大名茶之一，因茶叶浓密，色泽青褐润亮，闪光时宛如金色之龟，因此得名。关于水金龟的由来，这里也有一个美丽的神话传说。

武夷山历来产名茶，有祭茶的习俗。一年，御茶园里热闹的祭茶活动惊动了天庭仙茶园里专门为茶树浇水的金龟。被人间祭茶的盛况所吸引，金龟决定从天庭返回人间作一株受人敬奉的茶树。于是选好九曲溪畔至山北牛栏坑一带的上佳之地，施法运功，口吐神水，武夷山顿时暴雨淋漓，雨水顺着峰崖沟壑，带着泥沙碎石，向山下奔去。金龟顺势变成一棵茶树，顺着暴雨落到了武夷山北。

第二天一早，出来巡山的磊石寺和尚发现牛栏坑杜葛赛兰谷岩的半崖上，有一个绿蓬蓬、亮晶晶的东西正顺着雨水冲刷出的山沟泥路慢慢地向下爬，爬到半岩石凹处就斜着身子不动了。远远望去，像一个爬累了的大金龟趴在坑边喝水。和尚走近一看，原来是一棵从山上流下来的茶树，枝干、叶子厚实、油光发亮，张开的枝条错落有致，像一条条的龟纹。凭着多年的经验，和尚知道这一定是名贵的好茶树，赶紧回寺院里报喜，闻信而来的和尚们众星捧月般围着茶树祷告、参拜，精心采制成就一方名茶。

553 铁罗汉有什么传说?

铁罗汉是武夷山四大名枞之一,不但香气馥郁悠长,还有治疗热病的功效。关于铁罗汉的由来,有很多种传说。

传说之一:武夷山慧苑寺有个积慧和尚,他对茶叶采制技艺很擅长,经他采制的茶叶,清香扑鼻,醇厚甘爽,四邻八方的人都喜欢喝他采制的茶。由于积慧身体庞大魁梧,又黝黑健壮,人们都亲切地叫他"铁罗汉"。一天,积慧在蜂窠坑的岩壁隙间,发现一棵新茶树。这茶树冠高挺拔,枝条粗壮,芽叶毛绒又柔软如绵,散发出一股诱人的清香。积慧采些嫩叶带回寺中制成岩茶,请附近乡亲一起品茶,结果此茶味香皆佳。给茶命名时,乡亲们说,这茶既是积慧发现并采制的,就以他的名字命名,叫"铁罗汉"吧。

传说之二:王母娘娘召开蟠桃会,五百罗汉开怀畅饮,喝得酩酊大醉。其中以掌管茶的罗汉醉得更深,走路都踉踉跄跄的,在回家的路上,途经慧苑坑上空,失手将手中茶折断,落在慧苑坑里,被一老农捡回家。老农当天做一个梦,掌管茶的罗汉对他说将茶枝栽在坑中,制成茶,能喝好饮,还能治百病。老农依照嘱托制成茶,果然与罗汉梦中所说相符,于是为茶取名为"铁罗汉"。

554 不知春有什么传说?

不知春也是福建武夷山名茶,传说是清代才子寒秀堂为其命名。

寒秀堂平生最喜茶,读《茶经》,吟茶诗,作茶赋,喝山茶,可以说他的生活充满了茶,由此可见他对茶的喜好。一天,他听说武夷山山美水甜,更重要的是茶香。于是,寒秀堂彻夜不停地赶到武夷山,要亲自尝一下武夷山名枞。不巧的是,等他赶到的时候,清明、谷雨已过,武夷山春茶采摘已毕。寒秀堂甚为扫兴,好在武夷山水光山色优美,总算不枉此行了。

寒秀堂走到天游峰下的一块大石旁,忽然闻到一股奇香:似兰,似桂,清甜浓郁。他顺着香味往前走,一直走到一个阴暗冰凉的岩洞,这才发现石头堆里长着一株大茶树,茶叶肥厚,满树郁郁葱葱,随风摇曳,散发出醉人的芳香。寒秀堂忍不住感叹地说:"春过始发芽,真是不知春哪。"话音刚落,就传来一阵笑声,回头一看,原来是采茶姑娘。她正笑吟吟站在洞口,对他说:"'不知春'这茶名起得真好,真是谢谢先生了。"原来这姑娘是武夷山的茶姑,每年此时都到武夷山来采此茶,但始终不知这茶树的名字。后来,这种茶树便被人称为"不知春"。

555 白瑞香有什么传说？

白瑞香是武夷山十大名茶之一，所泡之茶很有层次感，或淡然，或炽烈，香气朦胧缠绵，似传说中仙子的芳香。

据说一年夏天，武夷山久旱不雨，天干物燥，人们纷纷设坛求雨，也未奏效。一天凌晨，早起的樵夫上山砍柴，发现远方有一白衣少女，正挑水上山。樵夫很是奇怪，这么大清早，怎么会有如此可人的女子挑水在这深山里走动？于是樵夫悄无声息地跟踪，想探究竟。樵夫一直跟踪到慧苑岩谷处，却见那女子浇起茶树，樵夫感叹少女的勤快贤惠，正想走近搭讪，那白衣女子却不见了。细看那株茶树，在久旱的季节竟长得枝叶繁茂，碧绿如同宝石，身白如白蜡，整棵茶树又像亭亭玉立的白衣少女，还散发出阵阵清香。樵夫以为自己一定遇见了仙女，是祥瑞之兆，于是为茶树取名为"白瑞香"。

556 良马换《茶经》是讲什么的传说？

唐末时期，我国的茶马交易已经很盛行。这年，唐使按照往年惯例，在边关囤积了一千多担上等的茶叶，准备和别国换取急需的战马。

回纥的使者也按照每年的惯例带着马匹来到边关交易，可是他却拒绝了原来的贸易交易品，要求换取一本《茶经》。唐使虽然从来没有见过《茶经》这本书，但是用一本书换一千匹马，是很合算的，于是和对方签订了合约。唐使签了合约后，连夜奔波赶回朝廷，将此事报告给朝廷。可是满朝文武却都不知道《茶经》这本书，将书库翻遍了也找不到此书。

这时，太师忽然想起江南有位品茶名士，或许《茶经》就是他所写的。于是皇帝派人快马前往江南寻找那位高人，但是眼看两国约定的期限就快到了，还是没有找到陆羽和《茶经》。朝廷上下都在为此事焦急着，忽有一日，一个秀才拦住朝廷使者的马，大声喊说："我乃竟陵皮日休，特向朝廷献宝。"使者问："你有何宝要献啊？"皮日休当即捧出《茶经》三卷。

使者看见后心中惊喜不已，赶忙下马跪接道谢，并说道："有此宝书，换得战马千匹，平叛宁国有望矣！"从此以后，陆羽的《茶经》名扬海内，成为种茶、品茶的珍贵书籍。

557 袁枚品茶有什么传说?

　　袁枚生活在清代乾隆年间，号简斋，著有《随园诗话》一书。他一生嗜茶如命，特别喜欢品尝各地名茶。他听说武夷岩茶很有名，于是想要品尝。他来到武夷山，但是尝遍了武夷岩茶，却没有一个中意的滋味，因此他失望地说道："徒有虚名，不过如此。"

　　他得知武夷宫道长对品茶颇有研究，于是便登门拜访。见了道长之后，袁枚问道："陆羽被世人称为茶圣，可是在《茶经》中却没有写到武夷岩茶，这是为什么呢?"道长笑笑没有回答，只是把范仲淹的《斗茶歌》拿给他看。袁枚读过这本书，可是觉得词写得很夸张，心中有些不以为然。道长明白他的心思，因而说道："根据蔡襄的考证，陆羽并没有来过武夷，因而没有提到武夷岩茶。从这点可以说明陆羽的严谨态度。您是爱茶之人，不妨试试老朽的茶，不知怎样?"

　　袁枚按照道长的指示，慢慢品尝着茶，茶一入口，他感到一股清香，所有的疲劳都消失了。这杯茶和以前所喝的都不相同，于是他连饮五杯，并大声叫道"好茶"!袁枚很感谢道长，对道长说道："天下名茶，龙井味太薄，阳羡少余味，武夷岩茶真是名不虚传啊!"

558 雪芹辨泉有什么传说?

　　传说《红楼梦》的作者曹雪芹，是个爱泉嗜茶的人，曾经有很长时间他都居住在香山白旗村。曹雪芹和鄂比是好朋友，经常在一起散步，还会一并上法泉寺南的品香泉打水回家泡茶。

　　这天，外面下雨了，鄂比就劝曹雪芹到双清泉取水，但是曹雪芹却不肯。鄂比很不理解，就问他为什么。曹雪芹回答说："我将香山的七个泉水都品尝过了，只有品香泉的水质最清澈、最香甜，泡出的茶味道最好。"鄂比对此并不相信，颇有怀疑。

　　又一次，鄂比来邀请曹雪芹，可是曹雪芹正在创作，因而鄂比只好自己上山取水。鄂比想试一下他辨泉水的能力，于是在水源头装了半壶水，然后在品香泉将其加满。回到住处，他将茶沏好，两人举杯啜饮。曹雪芹刚喝几口，他就问道："你是从哪里打的水? 壶里怎么是两股泉水，一股是水源头的水，一股是品香泉的水，对不对?"

　　鄂比听到后，大吃一惊，惊奇地看着曹雪芹。曹雪芹又说道："这茶的上半碗水味道很纯正，是品香泉的水，但是下半碗就差多了，应该是水源头的泉水。"鄂比听了他的话，对他敬佩不已，也相信了他的辨泉能力。

559 邮票上有哪些茶文化?

《宜兴紫砂陶》,当代王虎鸣设计。以紫砂名壶为题材的纪念邮票,共四枚,发行于1994年。底色为灰色,打有中式信笺的线框,邮票上有行草书写的梅尧臣、欧阳修、汪森、汪文伯关于紫砂壶的名句。图的上方有女篆刻家骆苋苋的四方印章:圆不一相、方非一式、泥中泥、艺中艺。

《茶》这套邮票发行于1997年4月8日,全套共分茶树、茶圣、茶器、茶会四枚。

图说
云南千年大茶树

图说
"茶圣"陆羽

槽身
碾槽
碾轮轴,中间厚、边缘薄而有齿。
槽座
辖板

图说
鎏金银茶碾,古时煎茶之前把茶饼碾压成末的工具,陕西法门寺出土。

图说
《惠山茶会图》,明代画家文征明所作。

圆不一相
明代大彬的三足圆壶
人间珠玉安足取,岂如阳羡溪头一泥土。
——汪文伯(清)

方非一式
清初陈鸣远的四足方壶
茶山之英,含土之精,饮其德者,心怡神宁。
——汪森(清)

泥中泥
清代邵大亨的八卦束竹壶
小石冷泉留早味,紫泥新品泛春华。
——梅尧臣(北宋)

艺中艺
当代顾景舟的提璧壶
喜共紫瓯吟且酌,羡君潇洒有余清。
——欧阳修(宋)

560 火花上有哪些茶文化?

火花,就是火柴的商标,俗称为贴画。火花具有收藏价值,火花上的茶文化表现在火花的内容为茶事。

(1)《金陵十二钗》,麻城火柴厂出品,全套共12枚。其中有一枚为"妙玉奉茶",画面中表现了妙玉奉茶的场景。

(2)《中国——茶的故乡》,长沙火柴厂出品,全套共98张。

火花的内容有"中国古茶树分布图""四川蒙山仙茶遗址""法门寺出土唐代宫廷茶具""宋朝径山寺"以及历代的茶具等。

561 钱币上有哪些茶文化?

我国钱币上的茶文化有:

(1)丝茶银行代茶币。1925年,"中国丝茶银行"发行了5元的代茶币,该茶币为红黄色,镂空花边,4个角都印有"伍"字。上面自右至左着"中国丝茶银行",中间印有采茶图。

(2)"协升昌"号茶庄票。福建福安的茶庄票,发行于1928年。

(3)"怡和祥茶号"代用纸币。安徽省祁西高塘"怡和茶号"印制代用纸币,发行于1932年。面值分别为壹元和伍元。

"宝塔风景图"。

> **图说**
> 此类代用纸币多在茶叶收购旺季时发放,以缓解茶号资金不足。

伍圆。　怡和祥茶号。

凭票如期即兑大洋伍元。

562 门票上有哪些茶文化?

门票,是一种有价证券,是人们参观游览时的一种缴款凭证。门票上都有很多漂亮的图画,其中不乏用茶作为主题的。

(1)"中国茶叶博物馆"的门票。长方形横式,以银灰色为背景,左上角有绿色的圆形馆标,正中是绿色馆名,馆名上方有"喫茶去"三个绿色的邀请语。

(2)"景德镇陶瓷馆"的门票。长方形横式,为白底蓝字,左侧有"青花龙纹僧帽壶"的图案。

(3)"中国宜兴陶瓷博物馆"的门票。横排式,以天蓝色为背景,主图是博物馆彩色全景。

(4)"中国苏州紫砂博览苑"的门票。为长方形横式,票面正中为展览馆全景,右侧上方是"东坡提梁壶",左侧下方是"曼生半瓜壶"。票面上有一副茶联"汇中国陶艺之精华,集华夏紫砂之大全"。

563 烟标上有哪些茶文化?

烟标,就是香烟纸。香烟的烟标,印刷精美,烫银,很具有收藏价值。在我国茶文化也体现在烟标上,很多烟标都用茶事为主题设计制作。如福建龙岩卷烟厂的"采茶灯"烟标,颜色鲜艳,人物翩翩起舞,生动形象;中国沈阳卷烟厂的"古瓷"牌香烟,烟标为瓷质彩色骏马和青花瓷茶壶组成;宜兴市烟草公司的"东陶"牌香烟,烟标为一把"东坡提梁壶"。上有为陶瓷艺术节特制的"献给中国宜兴陶瓷艺术节"和"陶都香烟"的字样。

花蝶剪纸。

手执折扇翩翩起舞的女子。

▲图说

作为我国东南沿海广为流行的艺术形式,龙岩"采茶灯"是人们以歌舞的形式来展现民间采茶场景。

564 信封上有哪些茶文化?

随着茶文化的升温,信封也成了茶文化的载体,因此许多设计精美,茶文化含量高的信封也成了人们的收藏品。

(1)中国茶叶博物馆的工作专用信封。发行于1997年1月,左下方为馆名、通信地址、电话号码,馆名的左上方印有绿色圆形的馆徽。

(2)《中国茶文化》首日纪念封,共四枚,发行于1997年6月13日,是上海市茶叶学会四届一次大会,赠送给与会代表的信封。

(3)上海国际茶文化节组织委员会印制的工作专用信封,发行于1997年10月,信封上印有茶圣陆羽的坐像,为上海闸北公园茶文化公园的组成部分之一。

565 明信片上有哪些茶文化?

明信片上的茶文化有:

(1)2000年3月1日,我国发行了一套特种邮资明信片,邮资图案和邮资片背面为一部线装的《茶经》和紫砂壶。

(2)2002年11月25日,国家邮政局在福建安溪发行了《安溪茶艺》邮资明信片。

(3)2004年9月,国家邮政局发行了一套特种邮资明信片,共两张。这套明信片是为祝贺上海市茶业职业培训中心成立、祝贺上海市茶叶学会荣获中国科协授予"全国自然科学省级学会之星三连冠"称号。

(4)2005年4月,国家邮政局发行了一枚明信片,纪念《吴觉农纪念馆》开馆。

566 磁卡上有哪些茶文化？

　　磁卡是现代社会不可或缺的物品，磁卡的种类有电话磁卡、门票磁卡、交通磁卡、金融磁卡、会员磁卡、集邮预定磁卡等。

　　（1）《茶文化》电话磁卡，发行于1996年7月25日，全套共4枚。其中金额为20元的画面是"采茶"，金额为30元的画面是"制茶"，金额为50元的画面是"烹茶"，金额为100元的画面是"品茶"。

图说 采茶。

采摘细嫩的茶芽。

燕子寓意所采的是春茶。

图说 制茶。

生火炒青。

将制好的新茶集中储存。

图说 烹茶。

煮水。

点茶。

图说 品茶。

闻香观色。

细细品味。

　　（2）1996年4月，上海国际茶文化节组织委员会发行的一套磁卡，共两枚图案，为"壶王迎客"和"宋园茶艺馆"，面值分别是30元和50元。

　　（3）《宜兴紫砂》电话磁卡，发行于1996年11月，全套共4枚。其中金额为20元的画面是《提壁茶具》；金额为30元的画面是《竹筒茶具》；金额为50元的画面是《游仙茶具》；金额为100元的画面是《独此一族茶具》。

　　（4）江苏发行的《金陵十二钗》电话磁卡，分为甲版和乙版两套，每套为12枚，其中有一张为"妙玉奉茶"。

　　（5）2000年，第三届中国国际茶博览交易会推出一套六张以茶山风光为图案的磁卡门票。

　　（6）2001年10月，第四节中国国际茶博览交易会，推出一套新的磁卡门票，图案分别是王寅仙的心手相印壶，蒋蓉的牡丹壶，徐汉棠的四方壶，吕尧臣的玉带壶，徐秀棠的雕塑"供春"和谭泉海的博古百寿盘。

567 茶具中有哪些茶文化?

茶具,是茶文化的另一个表现,从茶具中可以看出茶文化的变迁,茶具中也渗透着茶文化。

茶具中最著名的当数紫砂壶,紫砂壶不仅样式多种多样,而且品质也是一流的。紫砂壶的造型有素色、筋瓢与浮雕三种。在紫砂壶上有各种各样

俯倒弓起的青松枝。

小松鼠

扭曲的竹管上几叶翠竹。

怒放的寒梅。

◀图说　岁寒三友。

的书法,还有诗、画、印章等,从紫砂壶中可以充分领略到中国博大精深的茶文化。紫砂壶,已经不再是单纯的茶壶,它还是一件艺术品,具有很高的欣赏和收藏价值。

▲图说

紫砂壶上镌刻的诗歌《将进酒》是"诗仙"李白的巅峰之作。

568 茶罐上有哪些茶文化?

茶罐,是用来储存茶叶用的器具。自古,茶罐就是茶文化的一部分,从古代流传下来的茶罐,不仅材料多样,而且制作精美,具有很高的欣赏价值和收藏价值,从这些茶罐中可以反映出茶历史的变迁和人们对茶的认识,也是研究茶文化的主要依据。

茶罐的材料有瓷质、铁质、陶质、木质、竹质、搪瓷等。茶罐的造型多样,有很多别致喜人的造型,都深得收藏人的喜爱。

很多茶罐的外表,都有关于茶方面的书法、画、印章、诗词等。

▶图说

青花山水人物罐(清)。

569 藏书票上有哪些茶文化?

藏书票,是藏书的附属物,也是藏者的信物,具有知识性和趣味性。

藏书票在创作时,有很多题材,可以根据自己的爱好来确定风格,近年来,有很多藏书票在创作时也加入了茶文化的题材。例如,在画面上用茶具、香茶、品茶等,历代的茶画,既古朴又典雅,文化气味浓郁,很适合做藏书票的图画。在藏书票上还有关于茶的文字,例如"茶可清心""茶能助思""茶人精神"等。

570 为什么说茶馆是一个古老而又新兴的行业？

中国各地茶馆遍布，形成了独具特色的茶馆文化。人们可以在茶馆里听书、看戏、交友、品茶、尝小吃、赏花赛鸟、谈天说地、打牌、下棋、读书看报等，旧社会时，人们还在茶馆调解社会纠纷，洽谈生意、了解行情、看货交易；黑社会的枪支买卖、鸦片交易也常在茶馆进行，总之七十二行，行行都把茶馆当作结交聚会的好去处。

俗话说："四川茶馆甲天下，成都茶馆甲四川。"漫步于成都的大街小巷，总能发现林立的高中低档的茶铺、茶楼、茶坊，给整座城市增添了几分雅致闲适。

▶图说

茶馆是一个多功能的社交场合，是反映社会生活的一面镜子，老舍的《茶馆》描述的就是这样的情景。

571 茶馆具有哪些交际功能？

现在的茶馆除了人们喝茶之外，还有一个重要的功能就是交际功能。

现代人在商务上的来往要比以前频繁很多，人们在谈生意时，喜欢到饭店餐厅这些场所，边用餐边谈生意。如今，人们也将这种方式转移到茶楼，在茶楼中品茗、吃茶点，在轻松的氛围中谈生意。在茶楼安静、轻松的氛围中洽谈生意已经得到很多商务人士的认同，并逐渐普及开来。

很多茶馆中都有表演，这里是戏剧爱好者的聚集地，因此戏剧爱好者可以在这里认识到志同道合的人，共同探讨。

572 茶馆具有哪些信息功能？

信息是指"音信"和"消息"，茶馆的信息功能主要表现在信息的传递。

茶馆从古到今都是信息的集散地，能为茶客们提供最有价值的信息。茶馆要及时获取茶科技、茶经济和茶文化的最新信息，充分发挥自身信息功能。在日常的经营中，茶馆会将自己得到的信息及时传递给顾客，茶客之间的相互交流也促进了信息的交流，此外，茶馆还会不定期地举行茶会，茶会的目的就是为爱茶之人提供一个交流的场地。

茶馆提供给茶客茶产品、茶服务、茶文化等信息。

茶客之间社会信息互通有无。

573 茶馆具有哪些休闲功能?

现代茶馆的一个重要功能就是休闲功能,人们的生活压力越来越大,在茶馆中可以放松身心,缓解压力,保持活力。

在品茶时,人们抛却生活和工作中的烦恼,补充自己的体力,使自己精力充沛。在茶馆里,大家可以尽情放松,展示真实的自我。茶馆中还是人和人交流的场所,在这里大家互相交流,可以扩大眼界,增加知识。

▲图说

茶馆的休闲功能主要是可以调整人们的体力和精力,增长文化知识。

574 茶馆具有哪些审美功能?

审美功能是人们的精神需求,茶馆的审美包括自然之美、建筑之美、格调之美、香茗之美、壶具之美、茶艺之美。

自然之美,很多茶馆都设在风景优美的地方,室内装饰时也常运用到自然风景;建筑之美,茶馆建筑华丽古朴,令人赏心悦目;格调之美,每一个茶馆都有独特的格调以吸引顾客;香茗之美,品质上佳的香茗,使人身心愉悦;壶具之美,高雅精美的茶具可为饮茶徒增乐趣;茶艺之美,茶馆中的茶艺表演可使人净化心灵,陶冶情操。

▲图说

茶楼通常选在草木清雅、风景秀丽的地方,建筑风格也别有韵味。

575 茶馆具有哪些展示功能?

展示,也是茶馆的一个重要功能。许多茶馆中经常举办茶叶展览、书画展览、茶具展览等展示活动。因为茶馆的场地很适合举办这些文化气息浓重的活动,所以很多展览的主办人就把目光放在了茶馆,也让茶馆成了展示的平台,人们交流的场所。

还有另外一种就是在日常的经营中展示产品,比如DM(直接邮递广告)杂志、小饰品等,可以放在茶馆中展示,或者免费送给客人,也能起到一个展示的作用。

▲图说

浓郁的文化艺术氛围让茶馆在茶叶、书画、茶具展览方面有着得天独厚的优势。

576 茶馆具有哪些教化功能?

教化功能，就是指教育感化的功能。在茶楼的茶文化氛围中，可以让人们修身养性，陶冶情操。

人的心灵美不是抽象的，包括人的思想、品德、情感、志趣、学识和性格等，这些方面外显为具体的行动，就成为心灵的反映。心灵美，可以创造和谐的社会关系，社会的进步也会促进人与人之间的交往。茶馆文化中的教化功能能够满足人们对心灵的追求，茶文化是一种快乐教育，在人们享受茶饮美味时，心灵得到净化，情操在潜移默化中得到陶冶。

577 茶馆具有哪些餐饮功能?

茶和饮食是息息相关的，茶是人们日常生活中不可缺少的饮品，而"民以食为天"，饮食更是人们生存下去的条件。

现在的茶馆，不仅包括茶饮，还为顾客提供各种精美的菜食、茶点、茶食等，让顾客在品茶的同时，还能品尝到美食，将茶文化和饮食文化很融洽地结合在了一起。

▶图说

茶馆的餐饮功能不仅丰富了其原有内涵，也是新经营模式的一种探索。

578 当代茶馆有哪些类型?

按照文化特征来说，当代茶馆可以分为传统型、艺能型、复合型、时尚型等。

传统型茶馆，都是一些有名望的茶馆，它们在历史的沉淀下和地域的优势上形成一种茶文化现象。这些茶馆一般历史都较长，有自己的品牌。

▲图说

时尚型茶馆一般格调淡雅，具有很高的文化情调和文化特色。

艺能型茶馆，是指茶与艺相结合的一种茶馆。这些茶馆以表演艺术为主，将品茶和表演结合，在品茶时可以欣赏艺术表演。

复合型茶馆，这些茶馆将饮茶、餐饮、娱乐等融合在一起，服务比较全面，例如饭店、宾馆、餐厅中设的茶座、音乐茶座、戏曲茶座、书场茶座、影院茶座、舞厅茶座、商场茶座、书店茶座等。

时尚型茶馆，是指将茶文化和时尚文化相结合的一种茶馆。

第九章

茶与民俗

自古以来，纷繁复杂的茶文化即与民俗文化有着如影随形般的关联。茶意，精行简德，是人们祭祖拜神的首选；茶品，性情坚贞，是新婚佳偶的良伴；茶行，静雅寄思，是寄托哀思的载体；茶风，贴近生活，是民风民俗的体现；茶饮，多姿多情，是各地风情的渲染……人们亲茶、爱茶，用茶扫除着心灵的尘迹，装点着世界的橱窗。

579 清宫祭祖时为何要用茶叶?

茶,自古以来寓意精行简德、清雅超凡,古人以茶为祭,有表明自身内心虔诚谦恭、清洁素雅之意。用茶作祭有三种方式:以茶水为祭;以干茶为祭;以茶具象征为祭。

在我国民间习俗中,茶与丧祭的关系十分密切。《南齐书》中有这样的记载,齐武帝萧颐在遗诏中称:"我灵上慎勿以牲为祭,唯设饼果、茶饮、干饭、酒脯而已。"从长沙马王堆西汉古墓的发掘中已经知道,我国早在2100多年前已将茶叶作为随葬物品。皆因古人认为茶叶有"洁净、干燥"之功用,有利于吸收异味、保存遗体。

▲图说

皇穹宇
　　位于北京天坛,此处供奉着清朝皇室祭天大典中所供的神位以及帝王列位祖先的牌位,不论功效或是寓意,茶都是古人祭祀中最佳、最得体的用品。

无论是皇宫贵族,还是庶民百姓,在祭祀中都离不开清香芬芳的茶叶。许多民族都保留着以茶祭祖、陪丧的风俗。清代的宫廷,在祭祀祖陵时必用茶叶,同治十年(1871)冬至大祭时祭品中就有"松罗茶叶十三两"记载。

580 民间为什么用"三茶六酒"来做丧葬祭品?

在我国民间,百姓们常用"清茶四果"或"三茶六酒"来祭天祀地,期望能得到神灵的保佑。他们把茶看作是一种"神物",用茶敬神即为最大的虔诚。因此,在中国古老的禅院中,常备有"寺院茶",并将最好的茶叶用来供佛。

浙江绍兴、宁波等地在供奉神灵和祭祀祖先时,祭桌上除鸡、鸭、鱼、肉外,还要放置九个杯子,其中三杯是茶,六杯是酒。九为奇数之终,以此代表多的含义,象征祭祀隆重、祭品丰富。

▶图说

古时人们将茶视为可沟通凡间与天界的灵物,以茶敬神是最大的虔诚。

供奉的神龛。

在空地搭建起的神坛。

跪倒在地,祈求神灵保佑来年风调雨顺的百姓。

581 湘西苗族怎样祭茶神？

以前的时候，湘西苗族有祭祀茶神的习俗。

祭茶神的仪式极为严肃安静，据说茶神穿戴褴褛，若听到嘻笑声，就不愿降临。因此，白天在室内祭祀时，不准闲人进入，甚至会用布围起来。若在夜晚祭祀，也要熄灯才行。

祭祀茶神 ──┬── 早晨 ── 早茶神
　　　　　├── 正午 ── 日茶神
　　　　　└── 夜晚 ── 晚茶神

祭品以茶为主，辅以钱纸、米粑等物品。

582 云南傣族怎样祭茶树？

傣族在云南的大部分地区均有分布，他们喜欢聚居在大河流域、坝区和热带地区，大多数人信仰南传上座部佛教。傣族先民出自我国云南西南傣族聚居区，东南亚各国傣族都来源于此，如缅甸的掸族、老挝的佬族和泰国的泰族。"傣"，意为酷爱自由与和平的人。

云南西双版纳傣族自治州基诺山区有祭祀茶树的习俗。祭祀仪式在每年夏历正月间进行，由各家男主人在清早带公鸡一只到茶树下宰杀，拔下鸡毛连血贴在树干上，边贴边说一些吉利话，以期来年茶树有好的收成。

▶图说

生活在云南地区的傣族人有祭茶树的习俗，在夏历正月间进行，祭茶树的目的是期望来年茶树能带来好的收成。

583 台湾茶工怎样拜祭茶郊妈祖？

妈祖娘娘，被奉为海神，是港、澳、台一带航海者心目中的保护神。清代之时，台湾的制茶师傅多从福建聘请。每年春季，大批制茶工从福建渡海去台湾，他们用茶祈求妈祖保佑平安，并将妈祖香火带到台湾后寄挂在茶郊永和兴的回春所内，秋季带回家乡。

后来，从福建迎去神祖，就被称为"茶郊妈祖"，供在台湾回春所内。每年农历九月二十二日，当地茶人举行祭典仪式。祭典方式依照茶郊永和兴主事惯例，轮流担任炉主。

除了每年定期的祭祀活动，台北市茶商业同业公会每月第2、4周的周六上午举办大稻埕找茶趣的活动，免费带民众了解台北茶叶发展史，活动内容有影片欣赏、茶叶景点实地探访、拜访茶庄及买茶、品茶等。

584 道教与茶有什么关系?

道教与茶早就有联系，在早期的道教经典《抱朴子》中已有记载，"盖竹山，有仙翁茶园，旧传葛元植茗于此。"葛元是汉代炼丹士，相传他师从左慈，在浙江临海盖竹山苦炼金丹术，研究养生之道。辟山种茶是为养生之用。

南朝道教领袖陶弘景，著有《神农本草经集注》七卷。在《杂录》中说："苦茶轻身换骨，昔丹丘子、黄山君日常服用。"意思是说，汉代道人丹丘子、黄山君因饮茶而得道。

相传南朝道教奠基人陆修静曾"话茶吟诗"通宵达旦。历代道教名士，无不钟情于茶，以茶招待来客，向人推介名茶，将茶作为养生之道，为茶著书立说……凡此种种，无不对饮茶风尚的传播起到积极的作用。

唐代道家茶人的代表是女道士李冶，即李季兰。她与"茶祖"陆羽交情深厚，曾与陆羽、皎然在苕溪组织茶诗会。有学者认为：正是这"一僧、一道、一儒"三人，共同开创了盛唐的茶道格局。

📷图说

道家崇尚自然，常从茶道中的顿悟来寻求养生、得道之法。

585 佛教与茶有什么关系?

佛教在汉朝传入我国，从此便与茶结下了不解之缘。茶与佛教修身养性时的要求极为契合，因此，僧人饮茶可助其静心除杂，当然会倍加喜爱。

唐宋时期，佛教盛行，寺必有茶。南方的寺庙，几乎庙庙种茶。据《茶经》记载，僧人在两晋时即以敬茶作为寺院待客之礼仪。到了唐朝，随着禅宗的盛行，佛门尚茶之风更加普及。佛教提倡饮茶，在我国的很多寺院中还专门设有"茶堂"，用来品茶、专心论佛之用。寺院茶礼包括供养三宝、招待香客两方面。中晚唐时百丈怀海和尚创立《百丈清规》，从此寺院的茶礼已趋于规范。

自古名寺出名茶，我国的不少名山寺庙都种有茶树，出产名茶。无论在茶的种植、饮茶习俗的推广、茶宴形式、茶文化对外传播方面，佛教都有巨大贡献。

📷图说

茶可使人感到宁静、平和、自在、喜悦，从而荡除尘世之杂念。

佛教认为，茶有"三德"。
（1）坐禅时可提神不眠；
（2）满腹时可帮助消化；
（3）有欲望时可平心静气。

586 基督教与茶有什么关系?

　　16世纪时，在马丁·路德和加尔文等人的领导下，北欧和英国等地相继发生宗教改革运动，基督教新教脱离天主教而独立。此时，中国属于元代统治时期。

　　公元1556年，葡萄牙神父克鲁士(Cruz)到中国传播天主教。四年之后他回国时，将中国的茶叶以及饮茶知识传入欧洲，"凡上等人家，习以献茶敬客，此物味略苦，呈红色，可以煎成液汁，作为一种药草用于治病。"

　　在他之后，意大利牧师利赛(Ricci)等人相继来中国传教，回国后都曾介绍我国的饮茶风俗。如勃脱洛的《都市繁盛原因考》中说："中国人用一种药草煎汁，用以代酒，可以保健而防疾病，并可免饮酒之害"。葡萄牙神父Pantoia谈到中国饮茶习俗时说："主客见面，互通寒暄，即敬献一种沸水冲泡之草汁，名之为茶，颇为名贵，必须喝两三口"。

▲图说

基督教远涉重洋，在世界范围内传播教义过程中，对中国的饮茶之道、饮茶风俗有着相当细致和全面的宣传。

587 伊斯兰教与茶有什么关系?

> **伊斯兰教饮茶习俗**
> 凡有客进门，必以茶相待;
> 凡有重大节庆，必以茶代酒相敬;
> 日常生活更是不可一日无茶。

　　伊斯兰教大约在7世纪中叶传入中国，主要在西北边疆地区的少数民族中传播。伊斯兰教禁酒，但却提倡茶。他们认为茶能使人和睦相处，更不会乱性。在伊斯兰教生活中，他们把茶看作是一种道德的修炼，可使人宁静清心，与人为善，同心同德，符合教义的旨意。

　　在伊斯兰教徒居住地区，居民们少吃蔬菜，多食牛羊肉，饮茶有利于中和脂肪，正好满足了生理健康的需求。所以，尽管很多地方并不产茶，但咸奶茶、奶子茶、香料茶等各种茶饮料，却蔚然成风，进而在一定程度上造就了茶马古道的繁荣。

▲图说

信仰伊斯兰教的地区，大多是在高寒或沙漠地区，可解渴消暑、消食去腻的茶是同粮食同样重要的必需品。

588 为什么在我国茶与婚俗有密切的关系？

我国各民族地区婚俗中都有用茶的习惯，不同的民族有不同的茶婚俗，形成多姿多彩的茶文化。云南的拉祜族，男方去女方家求婚时，必须带一包茶叶、两只茶罐及两套茶具。女方则根据男方送来的"求婚茶"质量的优劣，判断男方劳动本领的高低。

贵州侗族，若姑娘不愿意父母包办的婚姻，可以用退茶的方式退婚：她悄悄包好一包茶叶，选择一个适当的机会亲自送到男方家中，对男方的父母说："舅舅、舅娘，我没有福分来服待两位老人家，请另找好媳妇吧！"然后把茶叶放在堂屋的桌子上，然后离开，此亲事就这样退掉了。

辽宁、内蒙古一带的撒拉族，男方要派媒人向女方家送"订婚茶"，订婚茶一般是2千克，分成两包，另外，还要加一对耳坠以及其他礼品。

藏族人把茶叶看作是珍贵的礼品。结婚时，主人必须熬出大量色泽红艳的酥油茶来招待宾客，并且由新娘亲自斟茶，以此象征幸福美满、恩爱情深。

▲图说

古人误以为茶树栽种下即不可移植，因而风俗上多以"吃茶"作为下聘定礼的必用程序或信物。

云南西双版纳的布朗族，举行婚礼的当天，男方派一对夫妇接亲，女方则派一对夫妇送亲。女方父母给女儿的嫁妆中有茶树、竹篷、铁锅、红布、公鸡、母鸡等。但不管穷富人家，在给女儿的嫁妆中，茶树是必不能少的。

589 什么是"走茶包"婚俗？

青海回族地区有"走茶包"的婚嫁风俗，到现在仍在流行。凡是上女主家里提亲说媒的媒人，必须要带上红纸包的茶叶，这叫作"提话茶包"。如果女方认为可以考虑，则由媒人送去正式的茶叶包若干份，每份两包，分送给女方的主要亲属，如舅舅、伯伯、叔叔等，这叫"二回茶包"。此后，若女方同意亲事，则可送去"三回茶包"，用红纸包成两大包，并用红丝线连在一起，外贴双喜字，其中还包有桂圆、核桃、红枣等，称之为"桃果茶包"。待男女双方择定订婚吉日，男方家除了送其他聘礼之外，必定带上两个茶叶包；次日，则由双方媒人代表女家向男方回礼，除一方羊肉外，也必须有茶叶两包，称为"回酒"。

红色寓意吉祥。　　茶叶作为信物。

▲图说

茶作为人们相互信息沟通、传递的信物，有着不可替代的作用。

590 什么是"说茶"婚俗?

在云南省西北部的独龙族，在提亲时有"说茶"的风俗。若小伙子喜欢上了一个姑娘，就会请一个有口才且有威望的本寨已婚男子去说亲。媒人去提亲时要提一只茶壶，背着五彩袋子，袋子里装着茶叶、香烟和一个茶缸。到了姑娘家后，无论女方态度如何，媒人要麻利地把茶壶灌上水，把炉火烧旺，泡好茶水。这时，女方家人会围到火塘边。媒人依照顺序为大家斟茶，接着谈婚事。

肩负重任的媒人必须能说会道。

被说动的人则会喝光茶水。

女方没有喝茶的人表明仍没被说动。

若在谈论的过程中，女方家人喝光了茶水，说明亲事说成了。如果说到深夜，茶水一直没人动，那么第二天晚上媒人还会再来。若接连三个晚上，依然没人喝茶，男方只能放弃。若还不死心，也只能等到一年以后再提亲。

591 什么是以茶为媒?

生活在滇西深山区的德昂族，是以茶叶为图腾的民族。德昂族的传统习俗，14岁时会举行"成年礼"，之后便可以谈恋爱"串姑娘"了。

德昂族的未婚男女是分开的，他们有各自的组织。男性团体的头目称为"叟色离"，女性团体的头目叫"叟色别"。头目的职责是负责组织未婚男女的社交活动，通常是利用节日、婚礼或公共活动时，组织一群少男与一群少女集体对歌，寻找意中人。

若某小伙子钟情某姑娘时，便会在月色之夜到姑娘家的竹楼前，弹拨小三弦，低声吟唱。如两人情投意合，姑娘的家人会避开，留下这对有情人，直到鸡啼方散，这便是以茶为媒。

姑娘若无意，便不搭理；反之便会打开门，请小伙子进屋喝茶、嚼烟。

年轻男子在心上人的窗前低唱以示爱慕。

592 什么是"三茶礼"？

旧时，在江南扬州一带的婚嫁风俗中，有"三茶礼"之说。双方定亲之后，男方会到女方家去"催妆"，女方也会送嫁妆到男方家"铺房"。"催妆"，即请媒人到女方家催促姑娘置妆，以便及时迎娶。"铺房"，即女方把妆奁送到男方家里，逐一布置安顿。这两项仪式是互访性质，有相互视看的意思在内，多为大户人家所为。普通百姓平时走动多，相互情况早已了解。

媒人带新郎前往女方家接嫁妆，是在婚期的前一天。接嫁妆时，女方家中要行"三茶礼"。其中前两道茶，新郎不能吃下去，只要嘴唇轻触汤水即可。第三道茶，新郎才可以随意饮用。

古时扬州的"三茶礼"分为三道茶

第一道	"果子茶"，茶中有枣子、莲子、百果等；红枣寓意婚姻甜蜜，莲子寓意子孙满堂，百果寓意吉祥多福。
第二道	"甜点茶"，是四喜汤圆；四喜取福禄寿喜，汤圆寓意美满团圆。
第三道	"清心茶"，是龙井、碧螺春等绿茶；绿茶有表明新郎心正专一之意。

593 什么是"吃蛋茶"？

浙南地区的畲族，在娶亲日有"吃蛋茶"的风俗。新娘到了男家，鸣放鞭炮，并派"接姑"二人将新娘接入中堂。这时，婆家会挑选一位父母健在的姑娘，端上一碗甜蛋茶递给新娘吃。

按照习俗，新娘只能低头饮茶，不能吃蛋。若吃了蛋，则认为不稳重，会受到丈夫和他人的歧视。等陪送之人都吃过蛋茶后，新娘会把事先备好的红包放到盘上，这称为"蛋茶包"，是对端茶人的一种谢意。

蛋茶主要是以加糖的茶汤、鸡蛋、莲子熬煮而成。

▲图说

每逢贵客登门，畲族人也会奉上甜润的以糖水煮制的蛋茶。

注意事项：具体吃蛋茶时，吃的人不能将碗中的蛋全部吃光，这里有祝愿主人家"有吃有存，好事成双"之意。

594 什么是"喝宝塔茶"?

福建福安一带的畲族，在婚嫁礼仪之中，有"宝塔茶"的风俗。

畲族青年在结婚的前两天，男方必须挑选一位能歌善舞的男子作为亲家伯，他全权代表男方，要挑上猪肉和禽蛋等聘礼前往女方迎亲。女方看到"亲家伯"，会鸣炮迎接。"亲家嫂"会搬一张板凳放在厅堂的左首请他入座，而"亲家伯"须懂得谦让，把板凳挪到右边就座。接着，"亲家嫂"向他敬烟，而"亲家伯"要拿出自己的烟，先敬"亲家嫂"及在场各人。若礼节不当，会被视为无礼，会扔鞭炮到他脚边，取笑于他。

压上最上的一碗。

中间三碗围成梅花状。

一碗垫底。

层层垒砌的茶碗代表着女方对喜日登门的深切盼望。

男方送来的礼品要摆在桌上展示，"亲家嫂"会把猪肉和禽蛋一一过秤，亲家伯一语双关地问道："亲家嫂，有称（有亲）无？"亲家嫂连声答道："有称（有亲）！有称（有亲）！"

接着，"亲家嫂"用樟木红漆八角茶盘捧出5碗热茶，呈宝塔形，请"亲家伯"品饮。"亲家伯"品饮时，要用牙齿咬住宝塔顶上的那碗茶，以双手挟住中间那3碗茶，连同底层的那碗茶，分别递给4位轿夫，他自己则一口饮干咬着的那碗热茶。这种高难度的表演，若出现失误，还会遭到"亲家嫂"的奚落。

在敬宝塔茶时，通常会有对歌习俗，由"亲家嫂"和"亲家伯"以歌相对。对歌完毕，才会接饮宝塔茶。

595 什么是"合枕茶"?

古人认为，茶树不能移植，把它当作坚贞不移的象征，象征爱情之纯洁；茶树多子，象征子孙繁盛；茶树四季常青，寓意爱情常青，白头偕老。因此，古人婚俗离不开茶。

在我国某些地方，有"合枕茶"的婚俗。一对新人在临睡之前，夫妇要共饮"合枕茶"。由新郎捧着一杯清茶，双手递给新娘喝一口，然后自己再喝一口，这就完成了人生大礼。

婚后第二天，新郎新娘要捧着盛满香茶的茶盘，向长辈们"献茶"行拜见礼。长辈们喝了茶，就会拿出红包放在茶盘上作为"见面礼"。

同房之前的合枕茶预示新人爱情如茶般坚贞不移、长青多福。

319

596 什么是"婚房闹茶"?

婚房闹茶，指的是婚茶习俗中最热闹的"闹茶"，旧时在我国鄂南地区要连续上演三夜。

当主婚人宣布"闹茶"开始时，新人一起抬一茶盘，盘中有一支红烛和四杯香茶。茶抬到谁面前，他就必须说一段茶令才能喝茶。村里年轻人的茶令往往不雅而荤，多是有关性的隐语。通过三个大半夜的抬茶闹茶，不但让新娘认识了村中大多数男青年，也让新人之间增进了解和交流，对日后夫妻感情有很大帮助。

旧时，湖南安化有"吃闹房擂茶"的习俗。在新婚之夜闹洞房正高兴时，大伙会嚷着要打擂茶。大嫂们把擂钵端出来，塞到新娘手里，又把她按坐在椅子上。小伙子们则抓住新郎，塞给他一个擂槌，公爹把茶叶、花生、红枣等放进擂钵里，大家七手八脚推揉着新郎让他把擂槌伸进擂钵里去擂，有的人还不时往擂钵里添水。只见新郎双手握擂槌，在众人的捉弄下，东一槌西一槌地一顿乱戳，水浆四溅，非常滑稽，引起一阵又一阵的哄笑。等嬉闹完毕，婆婆会把擂钵抱进厨房，加工好擂茶，请大伙吃个畅快。

▲图说

闹茶是在闹新房时所行的茶礼，在此期间新人双方可增进了解，并将婚礼的气氛推向高潮。

597 什么是"新媳妇油茶"?

在广西三江林溪河一带，侗家人往往在春节前后办婚事。新娘过门后，要在婆家住上三五夜（住单不住双）再转回娘家。在回门前一天要吃喜酒，还有"闹新媳妇油茶"的习俗。

当天晚上，村里的年轻人纷纷到新娘屋。与同辈宾客说一些诙谐的笑话，羞得新娘躲进洞房。宾客们便要新郎一次次去叫开洞房门，民间认为洞房门难开，使新郎为难，夫妻恩爱便深厚。新娘出洞房门后，献茶正式开始，长辈们届时出席。爱逗乐的宾客要等新娘说出敬的是"新娘茶"，才肯接受。新娘也设法取乐宾客，如：用茶水米花盖着大块的糯粑和整条香肠，使吃者无从下口，狼狈不堪，引得哄堂大笑。双方的逗趣，不会也不能生气，从而增添了婚礼的欢乐气氛。

后生们会用各种办法使躲入洞房的新媳妇走出来，如踏楼板、放鞭炮、烧干锅等。

新媳妇会以热油茶"报复"调皮的后生。

滚烫的油茶。

598 什么是"喝喜茶"?

在一些地区,婚后第二天有"吃喜茶"的习俗。比如:在四川西部,旧时的"吃喜茶"习俗是这样的:婚后第二天,新娘要拿出从娘家带过来的甜食、糖果、瓜子、咸菜、茶叶等,招待男方的亲友和来客,这俗称"摆茶宴"。

云南大理白族的吃喜茶又有所不同,新郎与新娘第二天早上,先向长辈敬茶,接着拜父母、祖宗,然后夫妻共吃团圆饭,至此才撤去婚棚,宣告婚礼的结束。

陕南巴山地区,新婚第二天清晨,要摆出嫁妆菜,沏上巴山香茶,让宾客围桌而坐,一起品茶,并唱歌助兴。

甘肃肃南裕固族婚后第二天,新娘要在天亮前到厨房点燃灶火,俗称"生新火"。然后用新锅熬一锅新茶,称为"烧新茶"。茶烧好后,由新郎请来全家老少,新娘则为全家每人舀一碗茶。若怀中有婴儿者,新娘须喂一小块酥油,以示新娘的贤惠。

▲图说

在我国,各地敬献喜茶的方式虽有不同,但其内涵都是为了表达新人对长辈的尊敬以及对宾朋的谢意。

599 什么是"挂壶认亲"?

挂壶认亲,实际上是青年男女在追求幸福的过程中,通过自由恋爱打破旧有习俗而做出的无奈之举。

传说,以前我国南方某山区的农历三月三晚上,青年男女都燃起篝火上山对歌,对上后女的便跟随去男家睡一夜再返家,次年三月三可抱着孩子到男家成婚。如不怀孕,第二年三月三要再找另外男子对歌。若连续对歌三年还没有生子的,只能进寡女村,终身不能再嫁。

有个茶姑既美貌又聪明,她爱上了小伙子夯宝,对上了歌,却不肯进男家门。她担心万一不能怀孕,就可能一辈子受苦。于是她与夯宝订下了计策。一天,艳阳高照,采茶姑娘们又渴又累,茶姑说:"现在有壶茶该多好!"众人笑她异想天开,说除非神仙下凡!说笑着,茶姑忽叫有水了,果见树上有壶。姑娘们高兴地聚拢起来,"大家快来尝尝茶姑的喜茶!"茶姑故意说:"喝吧,神仙敢来娶,我就嫁给他。"说罢,夯宝就从树林里走了出来,大叫道:"谁拿我的壶,吃了我的茶?"大家都说:"这是天意,夯哥快娶茶姑吧!"老人们也认为这是老天做媒,就让他俩结了婚,婚后两人过上了幸福的生活。

预先藏在树上的茶壶。

▲图说

夯宝的适时出现成就了一起"天定"情缘。

600 什么是"退茶"?

以前，在我国贵州三穗、天柱和剑河一带，侗族姑娘有一种退婚方式，叫作"退谢"。据说，这是旧时女孩子们反抗父母包办婚姻的一种方式。传说具体做法是：姑娘用纸包一包普通的干茶叶，选择一个适当的机会，亲自带着茶叶到男方家去，跟男方父母说："舅舅、舅娘啊！我没有福分来服侍你们老人家，你们另找一个好媳妇吧！"说完，将茶叶包放在堂屋桌子上，转身就走。如果在男方家里不顺利，如被男子或其他族人碰到且被抓住，男方就可以马上举行婚宴，而对于那些"退茶"成功的姑娘，是被众人所敬佩的。

女子要具备一定的勇气和智慧。

▲图说

"退茶"女子要做好周详的计划，并只能选在对方父母独自在家时前往。

601 茶与丧俗有什么关系?

在我国的民间习俗中，茶与丧祭之事关系密切，可谓"无茶不成丧"。史书上最早关于祭祀用茶的记载，是在《南齐书》中，齐武帝萧颐在遗诏中要求祭祀只设饼果、茶饮等素食。自古以来，我国都有在死者手中放置茶叶的习俗。无论是汉族，还是少数民族，都有以茶祭祀、陪丧的古老风俗。

地 区	风 俗	传 说
安徽寿县地区	茶叶拌以土灰置于死者手中	让灵魂在过孟婆亭时不饮孟婆汤
浙江地区	死者衔银锭，陪以甘露叶和茶叶	灵魂口渴时不会饮下孟婆汤
湖南某些地区	棺木土葬时，死者要以茶叶枕头	让灵魂免饮孟婆汤，更可消除异味
江苏某些地区	死者入殓时在棺底撒上一层碎茶	起干燥、除味作用

602 中国古代有哪些墓葬茶画?

中国古人认为，人的肉体死后，灵魂将以鬼神的形式继续生活。于是，专门为死者修建地下墓室，里面摆放生活器具，以供鬼神享用。因此，墓葬茶画的出现也不意外。

1972年，长沙马王堆出土的西汉墓葬茶画《仕女敬茶图》，为我国古代饮茶文化之久远提供了新的依据。宣化辽墓茶画，画中对碾茶、煮浆、点茶工序和各种茶事用具都有详细刻画，对研究中华茶文化很有助益。

▲图说

古代墓葬茶画生动地再现了各段历史时期的饮茶文化。

603 宋人举丧时怎样以茶待客？

茶叶有一股清香沁人心脾，具有提神清心、清热止渴、降火明目之功效，因此古人把它作为祭品，祭天、祭地、祭祖宗。中国以茶为祭，以茶待客，大约是在两晋以后才逐渐兴起的。在一些正式的庆典，如婚丧仪式之中，也会用到茶叶。在宋代，丧事期间以茶待客，但是不能用茶托，茶托即用来衬垫茶杯的碟子。《齐东野语》中说："有丧不举茶托"，就是此意。

朱红色的漆器难免有喜庆之嫌，故不宜用于丧事。

▲图说

宋时举丧以茶待客从不用垫杯的茶托，主要是因其材质多为红木漆器。

604 古代人用茶叶随葬吗？

中国以茶待客，以茶为礼品相赠，最初流行于三国两晋时期的江南地区。南朝统治者齐武帝萧颐崇尚节俭，其遗嘱中嘱咐祭祀时只设饼、茶之类即可。真正在丧事中用茶作祭品，应当首创于民间。唐代时，北方饮茶之风盛行，而专门进奉宫廷御用的茶叶，有一部分就是用于祭祀的。

古时福建福安一带丧葬之时，坟穴里要铺红毯，撒上茶叶、麦豆、芝麻、钱币等物；湖南丧葬之时，为死者做茶枕，里面塞满粗茶，随死者放入棺木；云南德昂族在安葬亡者时，用竹子编制三所小竹房，称为"合帕"，内放茶叶、烟草等供物。

▲图说

以茶为祭品的正式记载最早见于《南齐书》。

605 什么是龙籽袋？

在中国丧葬习俗中，陪葬所用的茶叶，通常为死者而备，随死者下葬土中。而在我国福建福安地区，丧葬所有的茶叶却为活人而备，称之为"龙籽袋"。

在旧时福安地区，死者墓穴选定并开挖完毕后，棺木入穴前，风水先生会在地穴里铺上地毯，作法一番，将茶叶、豆子、谷子、芝麻及竹钉、钱币等撒在地毯上。然后由亡者家属将撒在地毯上的东西收集起来，用布袋封好，悬挂在家中楼梁式木仓内长久保存，取名为"龙籽袋"。

龙籽袋象征死者留给家属的财富

茶叶	吉祥之物，能保佑子孙兴旺。
谷物	象征五谷丰登、六畜兴旺。
钱币	象征财源茂盛。

606 什么是畲族茶枝?

畲族老人去世后,要经过洗浴、更衣的程序,然后停放于后厅。在举行告别仪式时,死者右手中要拿一根茶枝,以供他魂归阴府时开路之用。茶枝一拂,能使黑暗变成光明,可让逝者快速通过阴府归途,得以早日投胎转世。亲人为死者的坟墓破土奠基时,也要用茶叶与铜钱、大米、小麦、稻秆、灯芯等"七宝"埋到墓基底下,意为"地能生财"。

▶图说

畲族人相传神龙幻化为茶枝,能帮死者趋利避害。

607 为什么死者要枕茶叶枕头下葬?

在我国湖南地区,旧时盛行棺木葬时,死者的枕头要用茶叶作为填充料,称为"茶叶枕头"。死者枕茶叶枕头,有几种寓意:一是死者到阴曹地府要喝茶时,可随时取出泡茶;一是茶叶放置棺木内,可消除异味。在我国江苏的有些地区,则在死者入殓时,先在棺材底撒上一层茶叶、米粒。至出殡盖棺时再撒上一层茶叶、米粒,其用意也是起干燥和除味作用,有利于遗体的保存。

◀图说

茶叶枕头的作用主要是干燥和除味。

608 纳西族怎样"纱撒坑"?

纳西族,主要聚居地在云南丽江一带,人口为30万左右。纳西族与我国古代游牧民族氏羌支系有渊源关系,古文中的"牦牛夷""摩些蛮""摩沙夷"就是纳西族的先民。

纳西族有一种含殓丧葬习俗,流行于云南丽江地区,纳西语称之为"纱撒坑"。纳西族人即将去世时,由其子将包有少量茶叶、碎银和米粒的小红布包放置病者口内,边放边嘱咐:"您老安心去吧,不要牵挂家里。"病人去世后,则将红布包取出挂于死者胸前,寄托家人的哀思。

茶叶,寓意有茶喝。

碎银,寓意有钱花。

米粒,寓意有饭吃。

◀图说

纳西族人认为,死者的灵魂要送还给祖先,而爱茶的他们更是将茶与钱粮一同作为死者回归故土的必备物资。

609 纳西族怎样 "鸡鸣祭"？

鸡鸣祭，是纳西族一种丧俗，流行于云南丽江纳西族聚居区。

吊唁时，家人准备好米粥、糕点等食物供于灵桌前。由近亲中较擅长哭灵的妇女主祭，叙述死者生前的功德。死者的子女还要用茶罐泡茶，再倒入茶盅中，来祭祀亡者。纳西人有喝早茶的习惯，尤其是年老者，不可一日无茶，"鸡鸣祭"正是通过茶祭表达家人对逝者的怀念。

▶图说

当地办丧事通常是在吊唁当天的五更鸡叫时分进行，因此得名。

610 什么是德昂族葬礼茶？

德昂族，原名崩龙族，1985年正式改名为德昂族，是西南边疆最古老的民族之一，主要聚居于亚热带雨林山区。相传自远古时期即开始种茶、饮茶，这种谷茶味酸涩而回甘，能解暑清毒。

德昂族在丧葬之时有"葬礼茶"之说。在安葬死者时，家人用竹子编制三所小竹房，称为"合帕"，上面用五种颜色加一涂饰。其中一个合帕罩在棺木上，里面放有茶叶、烟草、芭蕉、米粒、水酒等供物，以及死者生前用过的部分用具。合帕中的食物可多可少，但茶叶是必须的。

草排覆顶。

上层居住、生活、贮藏。

干栏式竹木结构。

下层圈养牲畜。

▲图说

典型的德昂族民居。

611 什么是土族 "格茶"？

格茶，是土族一种丧葬习俗，流行于青海一带。土族的葬俗因地而异，有天葬、火葬、土葬、水葬等多种形式；但丧葬仪式则大同小异。老人去世后，当天即派人去向喇嘛或本本子占卜葬期。

灵堂设在堂屋里，一般在家停放5～7天。要请喇嘛诵经超度，并由喇嘛主持；每晚请本家老少集体念"嘛呢"。一般是每户请一人，每晚念毕"嘛尼"（超度），丧家都要请吃一顿饭。先敬馒头、油炸馍，后敬茶，然后，每人一碗"托斯塔力嘎"油炒面，最后才吃饭。

饭后仪式即告结束。由于西北地区不产茶，因此茶叶在当地是贵重之物。土族语把这种茶饭形式称作"格茶"，汉字意思为"善茶""舍施茶"。

612 古代陕西有哪些丧事茶礼?

旧时,陕西汉中地区的百姓热情好客,待人厚道。无论是过生日、满月,还是结婚、丧葬等事,都要设宴待客。其中办丧葬宴席时,讲究饭菜从简,还不备酒。他们认为,家有丧事为不幸,不宜饮酒。

陕西渭北等地,大凡会将丧葬之事择于吉日,每月的三六九被认为是吉日。渭北丧事很有讲究,亲人去世之后,家人要委托好友前往亲戚家去报丧。死者去世三天后即开始吊唁,村人和亲戚好友陆续前去吊丧。吊唁者到达后,主人会盛情款待,除每晚招呼烟茶外,午夜后仍要提供饭菜。

旧时,出殡之前还要有"三献礼"的习俗,由死者的众位亲属按照辈分、年龄依次将祭品献于死者的灵前,并诵读献文,而三献之首礼均为茶。

"三献礼"的次序与内容

初献礼	孝子进献菜品、饭食与香楮。
亚献礼	侄儿进献玉帛、三牲。
终献礼	孙辈进献茶品、水果。

613 什么是江南清饮品绿茶?

清饮,即饮用单纯的茶汤,这是古时流传下来的饮茶的一种方式。古代人们饮茶时,最初会加入许多作料加以煮煎,如食糖、柠檬、薄荷、芝麻、葱、姜等。到了后来,才发展出用沸水冲泡茶叶,然后加以清饮品味的方式,为历代清闲的上层阶级所推崇。而在许多少数民族地区,仍保留着煮茶而食的习惯。

炎夏暑热。

▲图说
品茶以自娱自乐为目的。

▲图说
鉴别茶香与滋味,欣赏茶姿与茶汤,观察茶色与茶形,这谓之品茶。

清饮有喝茶和品茶之分。喝茶无情趣,品茶有意境。凡品茶者,细啜缓咽,注重精神享受。清饮最能保持茶之本色,人们常说"品龙井、啜乌龙、吃盖碗茶、泡九道茶和喝大碗茶",均为清饮。

清饮绿茶,多用玻璃杯。泡饮前,先赏茶,看茶叶色泽,或碧绿、或深绿、或黄绿、或多毫;再闻香气,有奶油香、板栗香或锅炒香;最后观形,或条索状、或针状、或螺状、扁状等。观赏茶在水中的缓慢伸展、游动、变幻过程,叫"茶舞"。品饮绿茶以三杯为度,之后如续泡,茶汤淡薄无味。

以清凉、消暑、解渴为目的。

▲图说
汗流浃背的人在炎热的夏日饮用凉茶是为了消暑解渴。

614 什么是闽粤功夫茶？

闽粤功夫茶，起源于宋代，盛行于闽粤相接之处，特别在潮汕地区最为流行。功夫茶，并非一种茶叶品种，而是一种泡茶方式。

功夫茶对茶具、茶叶、水质、沏茶、斟茶、饮茶都有讲究。功夫茶壶很小，只有拳头那么大，薄胎瓷，半透明，隐约能见壶内茶叶。杯子则只有半个乒乓球大小。茶叶选用色香味俱全的乌龙茶。茶叶要把壶里塞满，用手指压实。水要经过沉淀，将刚烧沸的水灌进壶里，头一两次要倒掉。斟茶时，几个茶杯放在一起，轮流来回斟，以免前浓后淡。饮时是用舌尖慢慢品，边品茶边谈天说地，这叫功夫。

功夫茶的浓度非常高，初尝微感苦涩，饮到后来会觉得苦香甜甜，回味无穷。功夫茶所采用茶叶，多为半发酵乌龙茶，如铁观音、凤凰水仙等。只有这类茶才能冲出功夫茶所要求的浓厚风格。

🔴图说

功夫茶的泡茶方式极为讲究，共需流程十八道，操作起来需要一定的功夫。

功夫茶里的"功夫"

耗费时间　技法娴熟　品饮有道

---

615 什么是成都盖碗茶？

盖碗茶，是由成都最先创制的一种特产茶饮，又称盖碗或三炮台。

茶船子，又叫茶舟，即承受茶碗的茶托。相传是唐代西川节度使崔宁之女所发明，原来的茶杯没有衬底，常会烫到手指，她就巧思发明了木盘子来承托茶杯。为了防止喝茶时杯易倾倒，她用蜡将木盘中央环上一圈，使杯子便于固定。后来，茶船改用漆环来代替蜡环。这种特有的饮茶方式诞生之后，就逐步向四周地区浸润发展，后世遍及于整个南方。

旧时，川人饮用盖碗茶很有讲究。品茶之时，以托盘托起茶碗，用盖子轻刮半覆，吸吮而啜饮。若把茶盖置于桌面，则表示茶杯已空，茶博士即会将水续满；若临时离开，只需将茶盖扣置于竹椅之上，即不会有人侵占座位。茶博士斟茶也很有技巧，水柱临空而降，泻入茶碗，翻腾有声；须臾之间，戛然而止，茶水恰与碗口平齐，无一滴溢出，简直是一种艺术享受。

茶碗　茶盖

茶船子（茶托）

🔴图说

人们通常将所有以有盖的茶碗沏出的茶统称为盖碗茶。

616 什么是湖南六合茶?

　　六合茶,又称岳飞茶、姜盐豆子茶,是一种传统茶饮,流行于湖南湘阴、汨罗一带。它是用姜、盐、黄豆、芝麻、茶叶以及开水混合制成。

　　制茶之时,先将清水注入瓦罐,在柴火灶的火灰中烧开;同时,把黄豆和芝麻在铁皮小铲上炒熟;把老姜用器具制成姜渣与姜汁;泡茶之时,先将茶在瓦罐里泡开,然后把盐、姜汁、姜渣倒入瓦罐里均匀,倒入放有炒熟的黄豆和芝麻的茶杯里即成,滋味咸香,极为独特。

▲图说

　　相传此茶为南宋岳飞所创,曾用于治疗军中患病将士,后流传至民间。

617 什么是昆明九道茶?

　　在云南昆明一带,非常流行一种称为"九道茶"的茶俗,因饮茶时有九道程序,故名。泡九道茶一般以普洱茶最为常见,多用于书香门第接待宾客,又称迎客茶,温文尔雅是饮九道茶的基本礼仪。

云南"九道茶"流程图

一是赏茶,将珍品普洱茶置于小盘,请宾客观形、察色、闻香。

二是洁具,茶具以紫砂为上品,用开水冲洗。

三是置茶,将普洱茶投入壶中待泡。

四是泡茶,用沸水迅速冲入壶内至三四分满。

五是浸茶,加盖后稍加摇动,再静置五分钟左右,使茶与水相浸。

六是匀茶,开盖向壶内再冲入开水,令茶汤浓淡相宜。

七是斟茶,将茶汤分别斟入半圆形排列的茶杯中,从左到右,这样才能保证各杯茶汤浓淡一致,来回斟茶,至八分满为止。

八是敬茶,由主人手捧茶盘,按长幼辈分,依次敬茶。

九是品茶,先闻茶香清心,再将茶汤徐徐送入口中,细细品味。

618 什么是兰州三炮台？

在甘肃一些地区，流行一种称为"三炮台"的药茶饮。三炮台源于盛唐，明清之时传入西北地区，与当地穆斯林饮茶习俗相结合，形成一种具有地方特色的茶品。

茶具小巧玲珑，由茶盖、茶碗、茶托三部分组成，故称为"三炮台"或盖碗茶。该茶是用上等的菊花、福建桂圆、新疆葡萄干、甘肃临泽小枣、荔枝干、优质冰糖为佐料配制而成，有茶的清香、干果的甜香、冰糖的爽甜，饮之沁人心脾。

饮用三炮台时，一手提碗，一手握盖，用碗盖顺碗口由里向外刮几下，一来可以刮去茶汤面上的漂浮物，二来可以使茶叶和添加物的汁水相融；然后以盖半覆，吸吮而饮。

盖碗取"天盖之，茶盖；地载之，茶船；人育之，茶碗"的寓意。

619 什么是藏族酥油茶？

藏民并不好吃蔬菜，但却不缺少维生素，这是常年饮酥油茶的缘故。酥油茶主要的用料是酥油（又称黄油），茶用砖茶。制作时，将砖茶用水煮好，加入酥油，放到一个细长的木桶中，用一根搅棒用力搅打，使其成为乳浊液。或将酥油和茶放到一个皮袋中，扎紧袋口，用木棒用力敲打。藏民喝酥油茶还经常与吃连在一起，一是与肉类搭配，有全羊、手抓肉、杂碎肉、清汤肉、烤肉等等；另一类与藏粑和蕨麻包等面食搭配，放炒面、酥油入碗，边拌边吃。

620 什么是蒙古族奶茶？

蒙古牧民非常喜爱喝茶，旧时一块砖茶可换一头羊或一头牛，草原上有"以茶代羊"馈赠朋友的风俗。牧民们日常饮用的茶有三种：酥油茶、奶茶、面茶。

蒙古奶茶，蒙古语称为"乌古台措"。这种奶茶是在煮好的红茶中，加入鲜奶制成。蒙古族人不但自己爱喝奶茶，而且还用奶茶招待宾客。到蒙古族牧民家中做客时，要遵循当地的习俗。主客的座位按照男左女右排列，贵客和长辈要按主人的安排在主位上就座；然后，主人用茶碗斟上奶茶，放入少许炒米，恭敬地捧起，先向贵客和长辈各敬一碗，客人则须用右手接碗，否则视为不敬。若客人不想再喝茶，可用碗边轻轻地碰一下勺子或壶嘴即可。

图说

过着游牧生活的蒙古族人体力消耗较大，肉食、奶酪和茶是其饮食生活的重要部分。

621 什么是维吾尔族香茶?

居住于新疆天山以南的维吾尔族,主食面粉烤制的馕饼,又香又脆,常与香茶伴食。他们认为,香茶有养胃提神的作用,是一种营养价值极高的饮料。

制作香茶时,先将茯砖茶敲碎成小块状;同时在长颈壶内加水七八分满,加热至沸腾时,抓一把碎块砖茶投入壶中,再次沸腾约5分钟,将准备好的姜、桂皮、胡椒、芘等细末香料放进茶水中,轻轻搅拌3~5分钟即成。为防止倒茶时茶渣、香料混入茶汤,长颈壶上套有一个过滤网。南疆维族喝香茶,与早、中、晚三餐同时进行,通常是一边吃馕,一边喝茶,这种饮茶方式,不仅把它当成饮料,更把它当成一种配食的汤水。

▲图说
南疆维吾尔族人煮香茶时,使用的多是铜制的长颈茶壶,喝茶时则用的是小茶碗。

622 什么是哈萨克族奶茶?

主要居住在新疆天山以北的哈萨克族,以及维吾尔族、回族人们,有煮奶茶的习惯。哈萨克族人饮食中牛羊肉和奶制品的比重较大,茶在他们生活中占有很重要的位置,把它看成与吃饭一样重要。

哈萨克族煮奶茶使用的器具,通常是铝锅或铜壶,喝茶用的大茶碗。煮奶时,先将茯砖茶打碎成小块状,盛半锅或半壶水加热沸腾,抓一把碎砖茶入内,待煮沸5分钟左右,加入鲜奶,用量约为茶汤的五分之一。轻轻搅动几下,使茶汤与奶混合,然后投入适量盐巴,再煮沸5~6分钟即成,也可不加盐巴而加食糖和核桃仁。煮茶的长颈壶上套有过滤网,以免茶汤中带渣。

▲图说
以茯砖茶、牛(羊)奶、盐巴煮制的奶茶有消食化腻、驱寒解乏的功效。

623 什么是傣族烤茶?

傣族人,主要聚居于云南的南部和西南部地区,烤茶是当地别具风味的一种茶饮。

傣族喝的烤茶,又称为竹筒香。将采摘细嫩、再经初加工而成的毛茶,放在生长期为1年左右的嫩香竹筒中,分层陆续装实。然后将装满茶的竹筒放在火边烘烤,使筒内茶叶受热均匀,每隔4~5分钟翻滚竹筒一次;待竹筒色泽由绿转黄时,即可停止烘烤;用刀劈开竹筒,便可取得清香扑鼻、形似长筒的竹筒香茶。

▲图说
居住地附近竹子清雅的特质赋予了傣族烤茶更优异的品质。

624 什么是侗族油茶？

主要居住在湘、黔、桂毗邻地区的侗族人，爱喝一种类似菜肴的油茶，据说可充饥强身、祛邪去湿、开胃生津、预防感冒。若侗族地区有人请你喝油茶，不能推辞不就，否则是对主人的不尊敬。喝茶时，主人会给你一根筷子，若你不想再喝，便将这根筷子架到碗上，不然，主人就会陪你一直喝下去。

油茶制作程序

配料，通常有花生米、黄豆、芝麻、糯粑等。

选茶，一种经烘炒的末茶，一种是新采的幼嫩新梢，根据各人口味而定。

备茶，将准备好的食料炒熟后放入茶碗中备用，然后将经油炒、水煮而成的茶汤捞出茶渣，趁热倒入茶碗中，即可食用。

煮茶

625 什么是拉祜族烤茶？

拉祜族主要分布在我国云南思茅、临沧、西双版纳地区，这里是我国重要的产茶基地之一，茶在拉祜族人生活中占有很重要的地位。拉祜族喜欢喝香气足，味道浓的热茶，因此以火烤茶就是拉祜常见的饮茶方式。

"火焯茶"是拉祜人最喜爱的饮茶方法。当地人将一把大叶茶放在瓢内，用灼燃的火炭放入瓢中，快速摇动。待瓢中的茶叶烤得发出香味时，再把火炭拣掉。这时候的茶叶焦香扑鼻，放入茶壶中或者放在杯中，冲上沸水，几分钟就可饮用。火焯茶茶色浓黄、清凉，香味浓郁扑鼻，是拉祜族最好的饮品。

竹，是拉祜族人最亲密的伙伴，生产、生活到处都有竹的影子，如建筑用材、器具、燃火等。

◀图说
拉祜族茶舞

626 什么是回族罐罐茶？

居住于宁夏南部和甘肃东部六盘山一带的回族人们，除了与汉族相同的"盖碗茶""八宝茶"饮俗以外，还有与苗族、彝族、羌族相似的喝罐罐茶的习俗。

在当地，每户农家的堂屋地上，都挖有一只火塘（坑），上置一把水壶，或烧木柴，或点炭火，将罐子放水半罐，待水煮沸时放入茶叶，在茶汁充分浸出时，再向罐内加水至八分满，直至茶叶又一次煮沸时，才算将罐罐茶煮好了，即可倾茶汤入杯开饮。罐罐茶，以清茶为主，有先将茶油炒后再煮的，也有在茶中加花椒、核桃仁、食盐之类的。

627 什么是陇中人罐罐茶?

旧时,居于甘肃陇中地区的人们有饮罐罐茶的风俗。在隆冬季节农事不忙时,人们经常会聚坐于火塘边,一边烤火,一边喝着罐罐茶,谈天说地。

在气候温和之时饮罐罐茶,则要用黄泥垒成小火炉,在称作"催催"的小砂罐里放入茶叶,注水后放在火炉上反复熬煎,在茶汤变得浓酽、满屋飘香时,便提罐离火,将茶叶汁倒入小盅里细细品饮;一罐饮完,往砂罐里加茶续水,在火炉上煎第二遍茶。陇中罐罐茶非常讲究汤色浓酽和滋味苦涩。

茶汤渐沸,热气升腾。

简单、小巧的金属茶罐。

▶图说
煮杯罐罐茶是人们农闲或休息时常见的茶事活动,遍布田间村头。

628 什么是傈僳族雷响茶?

傈僳族,主要聚居在云南怒江一带,雷响茶是酥油茶的一种,喝雷响茶是傈僳族的风尚,也是当地人招待来客的重要礼节。

傈僳族雷响茶的制作流程

(1)先用一个大瓦罐将水烧开,再把饼茶放在小瓦罐里烤香;

(2)将大瓦罐里的沸水冲入小瓦罐中煮熬,5分钟后滤出茶叶渣;

(3)将茶汁倒入酥油筒内,再加入酥油以及炒熟碾碎的核桃仁、花生米、盐巴(或糖)、鸡蛋等;

(4)最后将一块上面有孔且在火中烧红的鹅卵石,放入酥油筒内以提高桶内的茶温并融化酥油;此时,筒内茶汁轰轰作响,犹如雷鸣一般;

(5)响声过后,使劲用木杵上下抽打,使酥油成为雾状,均匀溶于茶汁中,打好后即可倒出;宜趁热饮用,才不减香味与浓度。

629 什么是土家族擂茶?

土家族,主要居住于湘、鄂、川、黔一带的武陵山区。在当地,至今还保留着一种古老的吃茶习惯——喝擂茶。

擂茶,又名三生汤,因为旧时制法是把新鲜茶叶、生姜和生米仁等三种原料混合、研碎、加水,烹煮成汤。如今的擂茶,除了茶叶外,还配以炒熟的花生、芝麻、米花;调料有生姜、食盐、胡椒粉等,把这些原料放在特制的陶制擂钵内,然后用硬木擂棍用力旋转,使各种原料相互混合,再取出一一倾入碗中,用沸水冲泡,用调匙轻轻搅动几下,即调成擂茶。

擂杵多为山楂木所制。

陶制擂钵敞口内收。

内壁布满竖条的纹沟可加强摩擦效果。

630 什么是白族三道茶？

无论是逢年过节、生辰寿诞，还是男婚女嫁、拜师学艺等喜庆日子里，白族人都喜欢以"一苦、二甜、三回味"三道茶招待亲朋好友。这三道茶，每道茶的制作方法、所用原料及蕴含意义都是不一样的。

白族三道茶

白族人的三道茶反映了白族人的热情好客和聪明智慧，具有很深的哲理。

第一道茶为"清苦之茶"，意思是做人做事要先吃苦。
将茶叶放入烤热的砂罐中，茶叶色泽由绿转黄、且发出焦香时，注入烧沸的开水，随即取浓茶汤饮用。由于这道茶经烘烤、煮沸而成，看上去色如琥珀，闻起来焦香扑鼻，喝下去滋味苦涩，因此称"苦茶"。苦茶通常只有半杯，客人接过主人的茶盅，应一饮而尽。

第二道茶为"甜茶"，意思是"人生在世，做什么事，只有吃得了苦，才会有甜香来"。
客人喝完第一道茶后，主人重新用小砂罐置茶、烤茶、煮茶，与第一道有所不同的是，这次茶盅中放入少许红糖，因此沏好的茶才香中带甜，非常可口。

第三道茶为"回味茶"，意思是人们凡事要多"回味"，尤其记得"先苦后甜"的哲理。
第三道茶与前两次的煮茶方法相同，只是茶中新加了适量蜂蜜、少许炒米花，若干粒花椒，一撮核桃仁。客人喝这第三道茶时，要边晃动茶盅，使茶汤和作料均匀混合；口中边"呼呼"作响，趁热饮下。这道茶喝起来甜、酸、苦、辣，各味俱全，回味无穷，象征着人生百态。

631 什么是纳西族"龙虎斗"？

生活在云南玉龙雪山下丽江一带的纳西族人，也是一个好饮茶的民族，他们制作的"龙虎斗茶"尤其独具民族特色。

饮用之前，将熬好的茶汁冲入盛小半盅白酒的茶盅中（切忌将白酒倒入茶水内，只许将茶水倒入白酒中），发出"啪啪"的响声，这就是纳西族人认为的吉祥之音，响声越大，人们越高兴。响声过后，茶香四溢，"香飘十里外，味酽一杯中"即是对其香气的赞美。人们在茶水里加上一个辣椒，喝起来更是辣香美味，睡前喝一杯，全身热乎乎的，醒来后精神抖擞，浑身有力。纳西人还把"龙虎斗"作为治感冒、解表散寒的良药，趁热喝下，出一身汗，病就好了。

> **纳西族"龙虎斗茶"制作流程**
>
> 1.将茶叶放在土陶罐中烘烤，不断地簸动陶罐使茶叶受热均匀；
>
> 2.闻到芳香的茶香、且茶叶变黄后，向土陶罐中注入开水，熬出浓浓的茶汁即可。

632 什么是布朗族酸茶?

布朗族人吃酸茶非常普遍,一般是早、晚各吃一次。燃起火塘,焖上一锅饭,烧上一些辣椒,全家老少围坐在一起,边吃饭边从竹筒中取出酸茶,慢慢咀嚼,细细品味,也是人生一快事。

制作酸茶也很简单。一般在五六月份,布朗人采回新鲜嫩茶叶,蒸或煮熟,放在通风、干燥处7 10天,令其自然发酵,然后再装入粗长的竹筒,压实、封口,再埋入房前屋后地下干燥处,以土盖实,一个多月后即可取出食用。吃酸茶时,取出茶叶拌上辣椒、撒上盐巴,茶叶放在口中嚼细咽下,茶叶酸涩、清香,喉舌清凉甘甜,有助于消化和解渴,还有提神、健身和消除疲劳等功效,是美食与保健食品,成为布朗人互相馈赠的佳品。

▲ 图说

云南布朗族是我国最早种茶的民族之一,擅长制作和饮用酸茶。

633 什么是布朗族青竹茶?

布朗族,主要居住在云南西双版纳以及临沧、澜沧、双江、景东等地。布朗族的青竹茶,是一种简便实用又特殊的饮茶方法。一般在出远门、到野外劳作或进山狩猎时采用此法。

青竹茶做法简便,通常是就地取材,砍一节碗口粗的鲜竹筒,把一端削尖,插入地下,再向筒内注入山泉,放于火堆上烧烤,当筒内的水煮沸时,放入茶叶,煮成茶汤后倒入短小的饮茶竹筒内喝饮。青竹茶将泉水的甘甜、青竹的清香、茶叶的浓醇融为一体,喝起来香醇爽口,回味无穷。

削尖的一端竹筒深插入火堆旁边烧烤

竹筒内煮沸的泉水。

634 什么是撒拉族碗子茶?

撒拉族,聚居于青海高原东部的黄河沿岸,热情好客的当地人总会拿出最好的东西来款待客人,"刮碗子"就是其中最为常见的一种。

刮碗子,又叫三炮台茶,指下有碗托、中有茶碗、上有碗盖的三件一套的盖碗,形如炮台。冲泡三炮台碗子茶时,茶叶多为晒青绿茶,加入冰糖、桂圆、枸杞、苹果、葡萄干、红枣、白菊花、芝麻等。喝三炮台时,一手提碗,一手握盖,并用碗盖随手顺碗口由里向外刮几下,一则可以刮去茶汤面上的漂浮物;二则可以使茶叶和添加物汁水相融。

茶味评鉴

由于配料在茶汤中的浸出速度不一致,因此每泡茶汤的滋味不同。

第一泡以茶味为主,清香甘醇。

第二泡因糖溶化,浓甜透香。

从第三泡开始,各种干花果之味浸透出来。

635 什么是裕固族摆头茶?

居住于我国西北部巴丹吉林沙漠南沿的裕固族人,有饮用摆头茶的习惯。这种茶又称为酥油炒面茶,既不同于藏族的酥油茶,也不同于蒙古族的奶茶。

瓷碗中会放有酥油、炒面、奶酪皮等。

滚热的茶汤和牛奶能补充热量。

由于这种茶要在非常烫口时食用,人们在从左到右不停转动茶碗的同时,还要用嘴有节奏地往碗里吹气,开始是吹几口喝一口,后来是吹一口喝一口,因为一吹一摆头,故名摆头茶。摆头茶所用的茶叶多为湖南茯砖茶。

裕固族摆头茶的制作流程

(1)以铁锅把茶水烧开;

(2)把捣碎的茯砖茶倒入锅中;

(3)熬煮到非常浓稠后再调入牛奶、食盐;

(4)用勺子反复搅匀后,倒入备好配料的茶碗即成。

636 什么是基诺族凉拌茶?

凉拌茶是基诺族常见的饮茶方式,具有千年以上的历史。

基诺人将现采的茶树鲜嫩新梢为主料,用手揉碎嫩梢,放入干净的碗内,然后再配以揉碎的黄果叶、切碎的辣椒、适量食盐等佐料,最后加上少许泉水,用筷子搅拌,凉拌茶就做好了。不同的人还可以根据自己的口味,添加酸笋、酸蚂蚁、白生等作料。将凉拌茶作为糯米饭佐餐,清香甘甜,余味悠长,满口甘醇,甜润回肠,不但增加了人们的食欲,还有振奋精神、夏食消毒、冬食驱寒等作用。

637 什么是苗家万花茶?

在湘西绥宁的苗家山寨,有一种传统茶品,早在明代已有制作,称为"万花茶",其滋味别具一格,清香鲜甜,余香经久。

雕刻工艺精巧。

秋天之时,苗家姑娘把冬瓜和未老的柚子皮,切成手指大小、形状各异的条片,在片上精心雕刻各种花草、鸟兽、虫鱼等吉祥图案;将之浸泡于稀稀的石花水之中3—5天,让它去掉生涩苦味,接着与明矾、青铜一起用文水煮沸返青的方法,使之仍然脆嫩、新鲜。然后再把水沥干,添加等量的白糖、桂花香精或少量的蜂蜜细心地搅拌均匀,再反复暴晒,达到透亮若白玉,即成万花茶。

▲图说

将万花茶放入杯中,以沸水冲泡,香浓甜润。

638 什么是布依族姑娘茶?

布依族是云贵高原东南部的土著居民,早在石器时代就在这里劳动生息。布依人用的茶叶都是自采自制,有时加入金银花,制成混合茶叶。布依族另有一种茶叶很有特色,称之为姑娘茶。它是布依族未出嫁的姑娘精心制作而成,据说是姑娘送给情人的信物,以茶叶的性情,来象征姑娘的贞操和纯洁的爱情。

每当清明节前,未出嫁的姑娘们就上茶山去采摘茶枝上刚冒出来的嫩尖叶,采回来的嫩叶通过热炒,使之保持一定的温度后,就把一片一片的茶叶叠整成圆锥体,然后拿出去晒干,再经过一定的技术处理后,就制成一卷一卷圆锥体的"姑娘茶"了。

这种圆锥形的"姑娘茶",每卷50~100克重,形状整齐优美,质量也格外优良,是布依地区的民族特色精致产品。

图说

布依族姑娘茶只作为亲友之间互赠礼物或者姑娘谈恋爱、定亲时作为信物使用,从不出售。

639 什么是哈尼族土锅茶?

哈尼族,主要聚居在云南红河和澜沧江之间的山地。其民族历史悠久,与彝族、纳西族、拉祜族等同源于古代的羌人。

哈尼族的土锅茶,其渊源据说是远古茶树的树叶意外落入煮水的土锅而致,哈尼语称"绘兰老泼","老泼"即是茶的意思,是一种古老而简便的饮茶方法。一般有客人上门时,主妇先用大土锅将山泉水烧开,随即在沸水中加入适量茶叶,待锅中茶水再次煮沸3~5分钟后,将茶水倾入用竹制的茶盅内,敬奉给客人。这种茶水汤色绿黄,清香润喉,回味无穷。

图说

至今哈尼族人仍用这种简单的大土锅烹茶款待远方的来客。

640 什么是景颇族竹筒茶?

景颇族,主要聚居于云南的德宏州。他们与云南的拉祜族、傣族一样,也有用竹筒制茶的习俗。由于茶叶吸收了竹筒的清香之气,以及久积在内的酒香,因此饮用时有一股特别的醇香之气,令人心旷神怡。

 将鲜茶叶用锅煮或蒸的方式使之变软。

 倒置竹筒,滤出水分。

 两天后用灰泥封口,存放二三十天。

在竹帘上搓揉,装入竹筒,并用木棒舂紧,筒口用竹叶堵塞。

剖开竹筒,取出茶叶晾干后即成。

641 什么是傣族竹筒茶?

与拉祜族、布朗族一样,云南傣族人也喜欢饮用竹筒茶,但其制作和饮用方式尤其奇特。

制作傣族竹筒茶首先要将采摘细嫩的茶芽经过铁锅杀青、揉捻等初加工,成为毛茶。

烤茶: 将装有茶叶的竹筒,放在火塘三脚架上烘烤,每隔4~5分钟翻滚竹筒一次。待竹筒颜色由绿转黄时,筒内茶叶也已达到烘烤适宜的程度,即可停止烘烤。

装茶: 将毛茶放在生长期为一年左右的嫩香竹筒中,分层陆续装实。

取茶: 待茶叶烘烤完毕,用刀劈开竹筒,取出清香扑鼻、形似长筒的竹筒香茶。

泡茶: 掰少许竹筒茶叶置于碗中,用刚沸腾的开水冲泡,约5分钟后即可饮用。

喝茶: 竹筒香茶喝起来,既有茶的醇厚芳香,又有竹的浓郁清香,喝起来别有风味。

642 什么是拉祜族竹筒茶?

拉祜族竹筒茶,是流行于澜沧江流域拉祜族聚居区的一种民俗茶饮。它与傣族、佤族的竹筒茶制法饮法相似,把采集的西双版纳香竹按竹节分切成段,把干青毛茶装入香竹筒内,用橄榄树做成的木棒在竹筒内舂压,一边舂一边放入茶叶,直到将竹筒填满舂紧为止,然后把填满茶叶的竹筒放置在火塘上用微火烘烤,边烤边翻动,待闻到阵阵香味时,将竹筒取出,竹筒冷却后用刀剖开,就制成了圆柱形的筒茶;可加入少量盐巴,滋味更香。

拉祜族在田间劳动或进原始森林打猎时,常常带上制好的竹筒茶。在休息时,他们砍上一节甜竹,上部削尖,灌入泉水在火上烧开,然后放入竹筒茶再烧沸数分钟,待竹筒稍凉后慢慢品饮。边吃野餐,边饮竹筒茶,别有一番情趣。饮用竹筒茶,既解渴,又去乏,令人神清目爽而舒坦。

填满压实的干青毛茶

香竹筒

保留一头的竹节为底

▲图说 拉祜族竹筒茶

643 什么是佤族竹筒茶?

在云南的佤族聚居区，流行一种叫作"竹筒茶"的民俗茶饮。把晒干的青茶装入刚砍回的香竹筒内，放入火塘的三脚架上烘烤，6~7分钟后筒内茶便软化，用木棒将竹筒内的茶冲压紧后，这样边烤、边舂、边填，直至竹筒填满舂紧为止，待茶烤干后，破开竹筒取出圆柱形的茶叶，掰下少许放入碗中，冲入沸水，即可饮用。竹筒茶久储不变味，便于携带储存。

茶叶遇热软化，水分蒸发。

晒干的青茶。

边烤边填充新茶，以木棒舂实。

青茶在高温中受竹气的蒸熏，使竹筒茶既有竹子的清香，又有茶叶的芬芳。在制作过程中，可加少量盐巴，其滋味别致。饮后可止渴解乏，祛热解暑，明目化滞。

644 什么是佤族苦茶?

中国佤族主要分布在云南省的沧源佤族自治县、西盟佤族自治县及双江、耿马、澜沧、孟连等县，喝苦茶是他们保留至今的古老茶俗。

冲泡苦茶时，先用茶壶将水煮开，同时将适量茶叶放在一块整洁的薄铁板上，移到烧水的火塘边烘烤。在烘烤茶叶的时候，还要轻轻抖动铁板，以使茶叶受热均匀。等到铁板上茶叶发出清香、叶片转黄时，将此茶叶倾入开水壶中，进行煮茶。茶水沸腾3 5分钟后，再将茶置入茶盅，随时可饮用。由于茶叶经过烤煮，喝起来焦中带香，苦中带涩，苦茶因此得名。

要不时抖动铁板，使茶受热均匀。

烧水的茶壶

火塘边烘烤的薄铁板。

645 什么是崩龙族水茶?

崩龙族，即现在的德昂族，居住在云南西部。他们喜吃酸辣食品，嗜饮浓茶，亦善于种茶，素有"古老的茶农"之称。

德昂族有一种水茶，又称为腌茶或嚼茶，是将茶树上采下来的新鲜叶子，经过日晒稍微萎凋以后，拌上盐巴，再装入小竹篓里，一层层压紧，一周之后即可取出。食用时，直接把水茶放进嘴里嚼食。这种茶清香可口，又带有咸味，能解渴生津。

646 什么是景颇族腌茶?

腌茶主要流行于云南少数民族地区,是一种原始的以茶当菜的食茶方式,景颇族、德昂族将其完整地保存下来,富有浓郁的民族风情。

一般来说,腌茶一般在雨季进行。腌茶的制作方法并不复杂,同腌菜的制法大同小异。由于当地气候炎热、空气多湿,腌制好的茶叶从灰泥缸中取出后,晾干,装入瓦缸封存,可随食随取。腌茶更可以与香油、蒜泥或其他作料混合着吃,像吃菜一样细嚼,吃起来清凉可口、齿颊留香。

图说 景颇族腌茶制法

新茶洗净晾干 → 加盐轻揉拌匀 → 装满灰泥缸压实 → 密封静置等茶叶色泽转黄（两三个月后）

647 什么是彝族腌茶?

居住在云南山区的部分彝族人,至今仍保持着一种以茶做菜的食茶方法。腌茶一般在雨季进行,所用的茶叶是不经加工的鲜叶。先将从茶树上采回的鲜叶,用清水洗净,沥去鲜叶表面的附着水后待用。

腌茶时,先用竹箅将鲜叶摊晾,失去少许水分,而后稍加搓揉,再加上辣椒、食盐适量拌匀,放入罐或竹筒内,层层用木棒舂紧,将罐(筒)口盖紧或用竹叶塞紧。静置三个月后,待茶叶色泽转黄,茶即腌好。也有把新鲜茶叶层层压紧置于灰泥缸中,以重盖压紧,三月之后,即成腌茶。

648 什么是彝族谢客茶?

生活在云南临沧地区的彝族支系俐伋人,曾经有一个传说:很久以前,从一个叫阿古米的地方,一对年轻人从那里逃婚出来,一路上靠茶叶解渴充饥,走了整整七七四十九天,才在一个叫窝索洼的地方定居下来,他们就是俐伋人的祖先。

因此,俐伋人对茶极为重视,也有许多茶俗,谢客茶就是在喜庆之日答谢客人的一种茶礼。谢客茶通常伴随着一整套喜庆舞蹈进行,主人会邀请客人一起喝茶起舞,以表欢迎和祝福,在茶礼中还要唱祝福歌和敬茶歌。

谢客茶通常是用核桃、米花加茶叶冲泡而成。

核桃可以增加茶的香味。

649 什么是商榻"阿婆茶"？

在江苏淀山湖西畔的周庄旁边，有一水乡小镇商榻，相传这里是旧时商人下榻休息的地方。自古以来，沿袭着一种民间习俗——阿婆茶。

当地的农家人，大家搬几张桌椅围坐在一起，桌上放有咸菜苋、瓜干、盐豆等自制的土特产，边喝茶边聊天，手中还做着针线活，其乐融融。久而久之，自然形成了江南水乡一种特有的民俗风情。

▶图说

阿婆茶即是商榻民间沿袭的一种带有群体性、休闲性特征的茶事形式。

650 什么是大年初一元宝茶？

大年初一元宝茶，源自绍兴旧时茶馆的一种习俗。茶馆老板每逢大年初一在茶中添加金橘或橄榄讨个新春吉祥，以吸引茶客，后渐渐在民间普及并一直传承下来。

在旧时期，绍兴的茶楼、茶室遍及大街小巷，多为人们交流、休息、娱乐的场所。解放前花巷里的"遁庐"茶室，宝珠桥堍的"宝珠茶楼"，上大路的"天香阁"，都是上档次的茶肆，内设雅坐，兼售香烟点心。至于街坊小茶店，往往是劳动者和老年人休息、娱乐场所。通常半夜生火，五更天就供应茶水。一些老年人睡不着觉，很早就去茶店消闲解闷；一些赶早市的商贩，因尚未到上市时分，也就近入茶店等待开市。这些都是"老茶客"，喝的是"茶缸满碗茶"，不求茶叶上乘，只求浓汁浓厚，如有事起身，还要来喝，则把碗盖盖住，"茶博士"（服务员或老板）是不会撤去的；如不准备再来喝了，则茶缸盖翻转，茶博士就会撤去。在大年初一时，这些老茶客会得到"元宝茶"的优惠。而所谓的"元宝茶"，一是茶叶比平常提高一个档次，此外就是在茶缸中多一颗金橘或青橄榄。

▶图说

人们把金橘比作"元宝"，取招财进宝之意。

651 什么是震泽百果茶？

在江苏太湖之畔的震泽小镇，至今仍保留着古代的吃茶风俗。在当地，吃百果茶是一种隆重的礼节，只有在婚丧大事或是逢年过节之时，才能得以品尝。百果茶的制作并不复杂，茶色红褐，为黏糊状，果香四溢，酥甜可口，要趁热食用。

震泽百果茶制作流程

（1）将普通花茶切成细末。

（2）加入去核的蜜枣、桂圆肉、花生仁、青豆粒、莲子等配料，加入适量的红糖。

（3）一起捣成泥状后，冲入沸水冲和，然后在茶水中滴上几滴香油即成。

652 什么是湖州熏豆茶?

在长江三角洲的太湖之滨，农家有熏制烘豆、制作熏豆茶的传统习惯。当地待客之时，向来以此茶相迎。目前，仍有部分地区保持着这一习俗。

熏豆茶是由少量嫩绿茶叶和大量的"茶里果"调配而成。茶里果通常由熏青豆、炒芝麻、炒紫苏、橙皮、丁香萝卜干丝等五种原料制成。根据各自的喜好，还可加入扁尖笋干、香豆腐干、咸桂花、腌姜片等作料。冲泡熏豆茶时，先在茶碗中放入茶里果，再放上几片嫩绿的茶叶，以沸水冲泡后，即可食用。茶汤绿中呈黄，嫩茶的清香和熏豆的鲜味混为一体，提神暖胃，滋养身体。

湖州熏豆茶配置表

原料	制法
嫩毛豆	经剥、煮、淘、烘等工序制成，干燥后贮藏
芝麻	炒制
野生紫苏	炒制
橙皮	经煮、刮、切、腌、晒等工序加工
胡萝卜	洗净切丝后，腌制，晾干

653 什么是菊花豆子茶?

在湖北省崇阳县某些地区，有饮用菊花豆子茶的习惯。它其实与茶叶无关，相当于一种茶点，常用在未到开饭时食用，既美味又解饿。

在秋末立冬之前，采摘山间路边白色的野山小雏菊花朵，捻去花蒂，然后一层层放于透明罐头瓶里，每放一层花朵就撒上一层粗盐粒。这样的盐菊花，耐久贮藏，几年不坏。

制作菊花豆子茶时，需要用到黄豆和芝麻，先分别把它们炒熟，拌在一起。食用之时，用一勺盐菊花和几勺芝麻黄豆放于碗中，用沸水冲拌，稍等片刻后，即可食用，其滋味咸香浓郁，清香四溢。

图说

野菊花性微寒，味苦、辛，有清热解毒的功效。

654 日本茶道有什么特色？

　　日本人把茶道视为一种修身养性、提高素养的方式，它同时还有交谊、社交的功能。日本茶道非常讲究，品茶场所要幽雅，茶叶要碾得精细，茶具要擦得干净，主持人的动作要规范，既要有舞蹈般的节奏感和飘逸感，又要准确到位。接待宾客时，待客人入座后，由主持仪式的茶师按规定动作点炭火、煮开水、冲茶或抹茶，然后依次献给宾客。客人要恭敬地双手接茶，先致谢，尔后三转茶碗，轻品、慢饮、奉还。

▲图说

日本茶道，是一种通过品茶艺术来接待宾客的特殊礼节。

　　饮茶完毕，客人要对各种茶具进行鉴赏和赞美一番。最后，客人向主人跪拜告别，主人热情相送。

◀图说

十六世纪末，千利休继承历代茶道精神，创立了日本正宗茶道。

日本茶道的"和敬清寂"

千利休提出的"和敬清寂"，剔除了之前日本茶道的繁琐庸杂，用字简洁而内涵丰富。

"和敬清寂"	"和、敬"表示对来宾的尊重。 "清、寂"是指清洁、恬淡、闲寂的审美观。

655 韩国茶礼有什么特色？

　　古代朝鲜的茶礼源于中国，但融合禅宗、儒家、道教文化和本地传统礼仪而形成。早在一千多年前的新罗时期，朝廷的宗庙祭礼和佛教仪式中就运用了茶礼。高丽时期，朝廷举办的茶礼有九种之多。在阴历的每月初一、十五等节日和祖先诞辰之时，会在白天举行的简单祭礼，有昼茶小盘果、夜茶小盘果等摆茶活动，称之为茶礼。

　　韩国的茶礼侧重于礼仪，强调茶的亲和、礼敬、欢快，把茶礼贯彻于各阶层之中，以茶作为团结全民族的力量。所以，茶礼的整个过程，从环境、茶室陈设、书画、茶具造型与排列，到投茶、注茶、茶点、吃茶等均有严格的规范与程序，力求给人以清静、悠闲、高雅、文明之感。

▲图说

现代韩国提倡以和、静为根本精神的茶礼，其含义可泛化："和、敬、俭、真"四个字。

和，是要求人们心地善良，和平共处，互相尊敬，互相帮助。
敬，是要有正确的礼仪，尊重别人，以礼待人。
俭，是指俭朴廉正，提倡朴素的生活。
真，是要有真诚的心意，为人正派。

656 新加坡肉骨茶有什么特色?

严格地说，新加坡的肉骨茶其实并不是茶饮。排骨药材汇集于一碗，汤色如茶，对于人们来说边吃排骨边饮茶，也是一件乐事。

肉骨是选用上等新鲜猪排骨，加上各种作料和滋补药材，炖得熟烂入味。肉骨茶要用的药材，有淮山、杞子、桂圆肉、当归、川芎、党参等，香料有陈皮、白胡椒、甘草、桂皮、八角等。

肉骨茶食用之时，可根据个人喜好加入胡椒粉、酱油、盐、醋等；在吃肉骨的同时，通常要饮茶。一般选用福建产的乌龙茶，如水仙、铁观音等，茶具精巧，饮法为功夫茶方式。

▶图说
新加坡肉骨茶是一道当地人日常生活中所常见的地方特色饮食。

657 马来西亚茶有什么特色?

马来西亚是一个多民族国家，公民主体由马来人、华人、印度人构成。马来人和印度人大多喜欢喝红茶，当地华人多喜欢喝乌龙茶或绿茶。华人的饮茶大多是清饮，印度和马来人多饮加奶的拉茶。有闲阶层还保留有英国人喝下午茶的习俗。

拉茶是马来西亚特有的饮茶习俗，首先将红茶泡好，滤出茶渣，将茶汤与炼乳混合，倒入带柄的不锈钢罐或玻璃杯内，然后一手持空罐，一手持盛有茶汤的罐子，将茶汤倒入空罐。由于茶汤在倒入过程中，两手持罐距离由近到远，像是将茶汤拉长，故名"拉茶"。地道的拉茶需要反复交替"拉"7次以上，通常的小饭馆中，往往只拉两次。

使茶汤与牛奶更为充分地融合、乳化。

▲图说
"拉"的奥秘
人为反复地"拉"制，不仅提升了口感，而且也让茶香、奶香四溢。

奶香丝滑，兼具茶韵。

▲图说
马来西亚拉茶是以红茶为原料通过特殊工艺制成的奶茶。

658 印度马萨拉茶有什么特色?

马萨拉茶是印度独有的一种香料茶,香气强烈而刺激,茶汤中充满了香料和红茶的香味。该茶冬夏皆宜,冬天饭后热饮,有助于暖身;初春阴冷潮湿,有开胃祛湿寒之功效。

> **马萨拉茶制作流程**
>
> (1)先把水烧热。
> (2)加入茶叶和姜片。
> (3)等水沸腾后加入牛奶。
> (4)最后放入马萨拉调料。

马萨拉茶的茶叶,采自印度东北阿萨姆喜马拉雅山麓的阿萨姆溪谷一带,所制成的红茶,茶汤深红,稍带褐色;带有淡淡麦芽香和玫瑰香,常用于泡煮奶茶。

之所以香味独特,是因为制作时所添加的各种香料,调料是由豆蔻子、桂皮、丁香、八角等制成,其中最著名的是马萨拉调料,这是一种不分地域与等级的随意性香料,每个人的调配习惯不同将赋予马萨拉茶完全不同的风格特色。豆蔻子产自印度,味道辛辣,与胡椒相似。

🔺图说

印度马萨拉茶以浓郁的红茶,加上奶、多种香料或糖或蜂蜜来调制。

---

659 不丹酥油茶有什么特色?

不丹族和尼泊尔族均属于喜马拉雅山地民族,具有谦和温顺的民族性格。由于不丹人长期在闭关自守的国度里生活,且受宗教影响较深,其风俗有较重的宗教色彩,生活方式较简单,生活习惯与我国藏族相近,如:献哈达、磕头、馈赠、鞠躬以及敬酒敬茶。

🔺图说

酥油茶色泽淡黄,浓纯可口,香气扑鼻。

不丹人爱喝酥油茶和青稞酒,其酥油茶类似于西藏,将砖茶用水煮好,加入酥油(牦牛的黄油),放到一个细长的木桶中,用一根搅棒用力搅打,使其成为乳浊液。做好的茶便会倒入热水瓶里保温。

🔺图说

不丹人正在用搅棒搅打细长木桶中的茶汤与酥油,制作当地极具特色的酥油茶。

不丹人习惯以茶待客,即使是不喜欢的人,也会招待茶水;招待朋友时传统为连续两杯茶,客人不宜拒绝其好意。

660 阿富汗茶饮有什么特色?

阿富汗,古称大月氏国,地处亚洲西南部,是一个多民族国家,绝大部分信奉伊斯兰教,笃信教义,提倡禁酒饮茶。阿富汗的饮食以牛、羊肉为主,少吃蔬菜,而饮茶有助于消化,又能补充维生素的不足,因此,茶是阿富汗人民的生活必需品。尤其是在炎夏,天天离不开茶。

阿富汗街头的茶馆里,常座无虚席。饮茶与卖茶兼营的茶店。传统的茶店和家庭,使用当地人称之为"萨玛瓦勒"的茶灶煮茶。茶灶多用铜制而成,圆形有盖,与中国传统火锅相似。当有亲朋好友聚会时,大家围着茶炊,饮茶聊天,富含情趣。

◯图说
夏季通常以喝绿茶为主,而冬季则多喝红茶。

• 中部有烟囱。

• 筒形外观,底部收窄。下层可烧炭,且装有水龙头。

◀图说
萨玛瓦勒茶灶

在阿富汗的一些乡村牧区,还有喝奶茶的习俗。这种奶茶,类似于蒙古咸奶茶。沸水煮好茶叶后,滤去茶渣;然后另开一锅,用微火将牛奶熬成稠厚状,取牛奶约茶汤的四分之一量,与茶水混合重新煮开,再加上适量盐即可饮用。

---

661 伊朗红茶有什么特色?

伊朗是世界上主要产茶国之一,也是主要的茶叶进口和消费国之一。

伊朗人喝茶,不能有茶叶渣滓,茶汤须是热的,具有茶香。因此,他们在泡茶时,把小茶壶放在一个巨型的水壶顶部,大水壶产生的湿热蒸汽,温暖着茶壶底部,可使茶汤保温,并溢出茶香。

由于新沏浓红茶略带苦涩味,外国人多加方糖或牛奶,以冲淡苦味。伊朗人为防止失去茶香,不加牛奶和方糖,而是先把方糖放在嘴里,然后才喝茶。

伊朗人将品茶与民间工艺结合在一起,让饮茶更加平民化和艺术化。在伊朗,经常可看到散发着浓郁传统文化味的茶馆,里面有风情壁画、民族音乐、手工印染制品和工艺品。在首都德黑兰还有露天的茶馆,里面种着花草树木和中央喷泉,人们称之为花园宾馆。

茶室,对于大部分伊朗人来说,是以茶会友的地方。几乎每间茶室都出租水烟,抽一会儿水烟,喝几口茶,怡然自得。

◯图说
伊朗人多饮红茶,红色的茶汤与茶杯相映成趣,艳丽十足。

662 巴基斯坦牛奶红茶有什么特色？

巴基斯坦位于南亚次大陆，是一个崇尚饮茶的国家。巴基斯坦是伊斯兰国家，绝大部分为穆斯林，禁止饮酒，但可饮茶。当地气候炎热，居民多食用牛、羊肉和乳制品，缺少蔬菜，因此，长期以来，养成了以茶代酒、以茶消腻、以茶解暑、以茶为乐的饮茶习俗，茶成了巴基斯坦国内最大众化的饮料。

图说 巴基斯坦原为英属印度的一部分，因此饮茶带有英国色彩，习惯于饮红茶。

在饮茶方式上，除机关、工厂、商店等采用冲泡法外，大多采用烹煮法，即将水煮沸，然后放入红茶再烹煮3～5分钟，再用滤器滤去茶渣，再将茶汤注入茶杯，再加入牛奶和糖调匀，即可饮用。也有少数不加牛奶而加柠檬片，称为柠檬红茶。饮茶通常在三餐之后、起床后、睡觉前各有一次。

图说 招待亲朋好友时，多用烹煮的牛奶红茶。

在巴基斯坦的西北高地，以及靠近阿富汗边境的牧民，也饮绿茶，大多会配以白糖，并加几粒小豆蔻，以增强清凉之味。

663 伊拉克红茶有什么特色？

伊拉克位于西亚阿拉伯半岛东北部，多为阿拉伯人、库尔德人和土耳其人。绝大多数居民信伊斯兰教。大部分地区属亚热带沙漠气候。由于宗教禁酒以及气候干燥的缘故，当地人非常喜爱饮茶。茶叶完全依靠进口，是世界主要茶叶消费国之一，但由于长期战乱，茶叶消费情况很不稳定。

敞口

束腰

茶具的雕花细密而华丽。

伊拉克人普遍有饮茶习惯，饮茶是传统生活的一部分。凡在人流涌动之处，如机场、宾馆、饭店和餐厅等地，都随时有茶供应。就算走在小街深巷中，也可以看到身穿大袍头缠白巾的老人，手提托放茶具的铜盘，穿梭往来，叫卖茶水。伊拉克人喜欢热饮，把茶叶和糖放在一起煮。在政府机关和公司之中，均配备有专职的煮茶工。坐在办公室里，只需按一下电铃，即有茶工端茶进来。

图说 街头随处可见的茶馆和茶摊是人们社交、休闲的主要场所。

在平民生活中，煮茶也是每个家庭主妇的必学手艺。当有客拜访时，主人必然会奉上一杯香喷喷的热茶。

664 土耳其红茶有什么特色?

土耳其,地跨亚欧两洲,大部分领土在小亚细亚半岛上,自然资源丰富。由于举国信奉伊斯兰教,不饮酒,因此茶风盛行,茶可说人民生活的必需品。全国各地茶馆随处可见,甚至小吃店也兼卖茶。

土耳其人煮茶,以"色泽红艳透明,香气扑鼻,滋味甘醇可口"为上品。在一些旅游胜地的茶室里设有煮茶高手,专教游客学煮茶。

◤图说
土耳其人喝红茶讲究用的是玻璃杯、小匙、小碟。

煮茶时,使用一大一小两把铜茶壶,大茶壶放在木炭火炉上煮水,小茶壶则放在大茶壶上。待大茶壶中的水煮沸后,就将沸水冲入放有茶的小茶壶中,泡3~5分钟后,将茶汁按各人对茶浓淡的喜好,分别在小玻璃杯中倾入分量不同的浓茶汁。然后,再将大茶壶中的沸水加入冲和。加水至七八分满,加上一些白糖,用小匙搅拌至匀和,即可饮用。土耳其人喜欢甜食,即使是在喝茶的时候,也要加入足够的糖。土耳其东部,更喜欢把硬方糖含在口中喝茶。

665 摩洛哥薄荷茶有什么特色?

摩洛哥王国,位于非洲西北部,东接阿尔及利亚,南邻撒哈拉沙漠,西临大西洋,北隔地中海与西班牙相望。摩洛哥的居民多为阿拉伯人,少数是柏柏尔人,他们大多是逊尼派教徒,不喝酒,茶风甚盛,因此人人都爱喝茶,逐渐成为社会习俗。

摩洛哥人饮茶历史悠久,一日三餐不离茶,清晨起床即冲一杯香的绿茶,然后才开始吃早餐;中餐和晚餐也要喝煮好的清茶;人均用茶量非常大。逢年过节,摩洛哥政府必以甜茶招待外国宾客。在社交鸡尾酒会上,饭后须饮三道茶。三道茶是三杯甜茶,用茶叶加白糖熬煮而成,比例为1:10。而当地人招待亲朋好友时,多用薄荷香茶。

薄荷可促消化,解疲劳,提神醒脑。

▶图说
多食肉奶类食物的摩洛哥人常以饮用绿茶来辅助消化。

薄荷香茶的制法:把绿茶和鲜薄荷叶放在特制的铁壶里煮,待汤汁煮浓时,加入方糖,待糖溶化即可。该茶清香甘甜,香气扑鼻,沁人心脾。

666 毛里塔尼亚甜茶有什么特色？

　　非洲西部地区，人们普遍信仰伊斯兰教。由于教规禁酒，而饮茶有提神清心、驱睡生津之效，因此以茶代酒，蔚然成风。许多国家的人民，每天第一件事就是喝茶。毛里塔尼亚人以饮绿茶为主，绿茶具有怡神、止渴、解暑、消食等功能，在西非特殊的生活条件下很适合。

　　毛里塔尼亚在撒哈拉大沙漠周围，常年天气炎热，气候干燥，而茶能解干热，消暑热，补充水分和营养。当地人以食牛、羊肉为主，少食蔬菜，而饮茶能去腻消食，又可以补充维生素。因此，这里的人民不但好饮茶，而且嗜茶成癖，不可或缺。

　　当地的饮茶风俗，以"面广、次频、汁浓、掺加作料"为特点。浓度要足，每天饮茶三次以上，一次多杯。当地茶肆林立，饮者甚多。薄荷糖茶非常受欢迎，多在浓茶中加白糖，并以薄荷叶佐味。饮茶是待客佳品，客人来访时，见面"三杯茶"。客人应当着主人的面一饮而尽，否则视为失礼。

图说
毛里塔尼亚人以茶、糖、薄荷三者相溶，清香甘美，清凉解暑。

---

667 荷兰茶饮有什么特色？

　　早在17世纪初期，荷兰商人就凭借航海的便利，远涉重洋从中国装运绿茶至爪哇，再辗转运至欧洲。最初，茶只是宫廷社交礼仪中的一种奢侈饮品。之后，逐渐风行于上流社会，人们以茶为尊贵和风雅的象征。

　　饮茶成为荷兰的时尚，茶室应运而生，兴起早茶、午茶、晚茶，礼仪十分讲究。曾有一段时期，富有的贵妇们以拥有别致的茶室、珍贵的茶叶和精美的茶具而自豪，对饮茶达到狂热的程度，终日陶醉于饮茶活动，以致受到社会舆论的抨击。现在的荷兰人，尚茶之风犹在，经常以茶会友。上等家庭都有一间茶室，待客时会请客人挑选心爱的茶叶，通常一人一壶。饮茶时，客人为了表示对主妇泡茶技艺的赞赏，通常会发出"啧啧"之声。

图说
荷兰气候宜人、景色优美，有着"风车之国"的称誉。

图说
荷兰人多喜欢饮用加糖、加奶的红茶。

　　现时期，其国内市场中也有少量绿茶、花茶和香料茶销售，供旅居荷兰的华人、阿拉伯人和非洲人饮用，所销售的茶叶70%以上是袋泡茶。

668 英国午后茶有什么特色?

1607年,荷兰海船从爪哇来我国澳门贩茶转运欧洲,从此,茶叶在欧洲传播开来。最初运往欧洲的茶叶多为绿茶,其后多为武夷茶、红茶。1662年,爱喝茶的葡萄牙凯瑟琳公主嫁给英皇查理二世,把饮茶风气带入英国宫廷。在英国以外的欧美国家,咖啡都是第一饮料,唯独在英国,几乎人人都爱喝红茶。英国水质较硬,呈弱碱性,饮用起来口感很差,但当此水与红茶混溶时,味道变得格外芳香。

▲图说

午后茶既可以消除疲劳,又可以充饥解闷,深受人们的认可。

18世纪中叶,英国人早餐比较丰盛,午餐则比较简单,类似野餐,而晚餐最为丰盛,是最讲究的。晚餐通常安排在晚上七点半或八点进行,午餐则在中午一点左右。由于午餐与晚餐之间相隔较长,斐德福公爵夫人安娜常在下午五时请大家喝茶,吃些糕点。

许多贵族妇女纷纷仿效,下午茶逐渐成了一种时兴的礼仪,成为英国人的一种休闲活动。

▲图说

有着三百多年历史的贵族品牌川宁(TWININGS)茶是英国皇室的御用茶之一。

669 法国茶有什么特色?

法国人最爱饮的是红茶、绿茶、花茶和沱茶。饮红茶时,习惯于采用冲泡或烹煮法,类似英国人饮红茶习俗。通常取一小撮红茶或一小包袋泡红茶放入杯内,冲上沸水,再配以糖或牛奶和糖;有的地方,也有在茶中拌以新鲜鸡蛋,再加糖冲饮的;还曾流行瓶装茶水加柠檬汁或橘子汁;还有的茶水中掺入杜松子酒或威士忌酒,制成清凉的鸡尾酒。

法国的花茶,多供应于中餐馆和华人。饮花茶的方式,与中国北方人饮花茶的方式相同,用茶壶加沸水冲泡,推崇清

▲图说

法国人在香榭丽舍大街边,细细品味加香红茶成为一种时尚。

饮。而沱茶产于中国西南地区,因有特殊的药理功能,深受法国一些养生者青睐,每年从中国进口量达2000吨,有袋泡沱茶和山沱茶等种类。

670 德国茶有什么特色?

德国的茶叶消费量并不低,但德国自身并不生产茶叶,全部依赖进口。中国是德国茶叶进口的主要来源国之一,尤其是绿茶。

▲图说

随着茶叶医学价值的发现,高品质茶叶才开始在德国咖啡馆供应。

多年前,德国很少人饮茶。即使喝茶,也多为菊花茶、薄荷茶等。并且德国人多饮泡茶,不喜欢看到茶叶末留在杯底的,茶的色泽以浓深为上佳。红茶的色调是一种淡咖啡的替代品。绿茶因为茶色青翠,又有些苦味,饮用者很少。如今,医生们已开始建议病人喝茶,尤其是绿茶和药茶,它是健身保养的理想饮料。德国人还饮用花茶,是用各种花瓣加上苹果、山楂等水果干制成的,并没有茶叶在内。中国的花茶讲究花味之香远,德国花茶讲究花瓣的真实。

671 波兰茶有什么特色?

波兰是一个不适宜茶树生长的国家,茶叶全部依靠进口,但是每年的茶叶消费能达到4万吨,在欧洲仅次于英国。波兰人开始饮茶始于18世纪初,但是茶叶的普及速度十分快,18世纪的很多著名诗人在自己的作品中都提到过茶。

波兰人喜欢茶与他们的饮食结构有关,在波兰人的饮食结构中,肉食的比重比较大,喝茶可以帮助消化,而且物美价廉,所以茶成为波兰人的首选。到波兰人家中做客,主人通常都会用茶来招待客人。

▲图说

波兰人喝茶,一般只泡一次,可根据自己口味自行加糖。

672 意大利茶有什么特色?

意大利人以喝咖啡为主,但也有饮茶的习惯。与欧洲一样,过去多饮用红茶,现在逐渐兴起绿茶、乌龙茶等品种。意大利人饮用中国的绿茶或薄荷茶时,不加任何东西;若饮用印度茶、黑茶或英国红茶时,则可加少量的奶和糖。做客时,要注意将茶杯和茶匙及时放回小碟上。

图说

在意大利,茶水多为餐后饮料,与咖啡一起呈上餐桌。

673 大洋洲茶有什么特色?

大洋洲地处南半球，茶是当地人民喜爱的饮料。大约19世纪初期，一些传教士和商船把茶带到新西兰等地。之后，饮茶的习惯在大洋洲逐渐兴旺起来。在澳大利亚、斐济等国还进行了种茶的尝试，其中，在斐济种茶获得成功。

大洋洲的澳大利亚、新西兰等国，居民多数是欧洲移民的后裔，因此深受英国饮茶风习的影响，喜欢饮用牛奶红茶或柠檬红茶，还要加糖。大洋洲人饮的是调味茶，多为一次性冲泡，饮用时要滤去茶渣。

大洋洲人除饮早茶外，还饮午茶和晚茶，茶室和茶会等场所遍及全国各地。尤其是新西兰，人均茶叶消费量位列世界第三。新西兰人最重视晚餐，而晚餐称为"茶多"，可见茶的地位。新西兰人的茶室供应牛奶红茶、柠檬红茶、甜红茶等，通常作为餐后饮料。

红碎茶颗粒紧实，色泽乌润。茶汤鲜艳、茶味浓厚。

▲图说
在国际茶品市场上，红碎茶是大洋洲人的最爱。

674 美国冰茶有什么特色?

美国不产茶叶，是世界上主要的茶叶进口国家之一，多数都是由我国进口，其中以红茶、绿茶、乌龙茶、花茶居多，近些年，绿茶所占比重呈现逐年上升趋势。

随着人们保健意识的逐步增强，茶类饮品逐渐取代了咖啡、可乐等产品，其中以家喻户晓的冰茶在美国家庭中占据着无可取代的位置。冰茶的制作简单，糖、柠檬或其他香料可根据个人口味添加，其中的茶多为袋装茶或速溶茶，制作快捷、方便。将茶冲泡好，待冷却后，过滤茶渣，添加适量糖、蜂蜜、柠檬片或新鲜果汁调味，储存在容器中放入冰箱或冰柜冷藏。待需要取用时，倒入杯中，添加适量的清水稀释，最后加入备好的冰块或刨冰即可。冰茶一年四季皆可饮用，尤其是烈日炎炎的夏天，更是人们消暑解渴、恢复体力的最佳选择。

▲图说
崇尚自由与激情的美国人对冷饮情有独钟。

▲图说
美国快速的城市生活节奏与人们对健康的诉求是冰茶盛行的根源。

675 加拿大红茶有什么特色？

在茶水饮料上，加拿大人大多喜爱英式热饮高档红茶，但也有人饮用美式冰茶。英式热饮红茶，是采用清饮茶汤的方式。茶叶用沸水冲泡后，不添加任何调料，品尝茶叶的真香本味。有的浓饮——如小壶乌龙茶；有的淡饮——如大壶或茶杯冲泡。

泡沫红茶是利用鸡尾酒用的摇茶器，将传统的红茶、绿茶或是乌龙茶，拌上各式果汁、香料后，经摇拌调制而成。在加拿大英属哥伦比亚的温哥华，泡沫红茶不但受到华裔学生的喜爱，也被当地人所关注，甚至比华人还更爱喝。加拿大人有较强的保健观念，近年来选择有机茶的人数越来越多。虽然红茶受到欢迎，但绿茶也逐渐受到人们的关注。

◢图说
泡沫红茶甜润的口感是普通百姓的最爱。

676 阿根廷马黛茶有什么特色？

马黛茶是由南美洲一种常绿灌木的叶子采制而成。阿根廷温润潮湿，非常适于生长这种灌木，因此成为最大的马黛茶生产国，主要出口北美、西欧和日本等国家。

阿根廷人传统的喝茶方式很特别，茶壶里插有一根吸管，家人或朋友们围坐一圈，轮流传着吸茶，边吸边聊。茶水快用光时，再续上热开水，一直到大家尽兴而散。

◢图说
翠绿的粉末状马黛茶。马黛茶初尝苦涩，过后芳香爽口。

阿根廷人非常重视茶壶，平民百姓通常使用竹筒或葫芦制成的茶壶。高档的茶壶则像是艺术品，有金属模压的，有硬木雕琢的，有葫芦镶边的，也有皮革包裹的。壶的表层还刻有人物、山水、花鸟等图案，并镶嵌着各种各样的宝石。吸嘴有镀银的，也有艺术性装饰。

◢图说
金属制吸管，椭圆形镂空管头可过滤茶叶。

每年11月的第二周是马黛茶节，是阿根廷全国性的节日。节日期间，首都街头有许多着装漂亮的少年向行人赠送小包马黛茶，人们举行游行、聚会、宴会、民族舞会等形式来欢度节日。

第十章

茶与旅游

行者踏遍天下的步履剪碎沿途绝美的风景，茶友遍赏天下的佳茗徒叹茶亦无疆的心情。人如飞鸟一样向往宽广与自由，更如热恋中的情人一般期待着每一次异域茶旅的守望相拥。寻访传说中"茶圣"的故乡，鉴赏青山碧水间的天下第一名茶，傲视江南的"龙井之巅"，奇峰秀水的武夷风采，热情神奇的西双版纳，四大名镇之一的"瓷都"景德镇……让我们出发吧！

677 天门文学泉有什么旅游特色？

文学泉俗称三眼井，位于湖北天门市北门外西塔寺内，据史料记载，是晋代高僧支道林开凿。天门市，在唐代被称为竟陵县，是茶圣陆羽的故乡。

陆羽在游历江南时，一直用文学泉的水为智积禅师煮香茗，智积禅师圆寂后，龙盖寺改名为西塔寺。陆羽曾被授予"太子文学"的职位，人们为纪念陆羽，于是将三眼泉改名为文学泉，又叫作陆子井。文学泉的口径大约有一米，上方有八方形巨石，总共开凿三个孔，呈"品"字形。在井后有一碑亭，为木结构六角尖顶重檐建筑。碑亭后面有一小庙，庙内墙壁嵌有片石，上面雕刻着陆羽画像，画像旁边有很多名人诗词。现在的天门文学泉，和附近的陆公祠、古雁桥等，成为茶人寻找茶源的游览胜地。

陆羽			
朝代	唐朝	籍贯	复州竟陵（今湖北省天门市）人
称号	茶圣、茶仙、茶神等	师承	竟陵龙盖寺智积禅师
所作	《六羡歌》："不羡黄金罍，不羡白玉杯。不羡朝入省，不羡暮登台。千羡万羡西江水，曾向竟陵城下来。"		

678 顾渚山有什么旅游特色？

顾渚山，位于浙江长兴县西北45千米处的太湖西岸，是著名的茶山。春天时，茶山上一片片的茶园碧绿鲜翠，一座座茶山相连，漫山的映山红和茶山的碧绿相映，采茶姑娘穿梭在其中，仿如人间仙境。

顾渚山出产的紫笋茶，颜色呈紫色，叶芽似笋状，冲泡后的茶汤，色泽亮丽，茶香怡人，味道鲜爽醇厚，被陆羽评为天下第一名茶，历来都是朝廷的贡茶。顾渚山中有一个明月峡，那里悬崖峭壁，瀑布倾泻，此地所产的茶叶品质最佳。山中有一个金沙泉，是煮茶的上佳水品，历来有"顾渚茶，金沙水"的说法。

顾渚山南麓的乌头山后面有一个长兴贡茶院，是唐代制作顾渚笋茶的作坊，被称为"顾渚贡焙"，现在，顾渚贡焙只留有残迹，只有一块碑作为纪念。

顾渚紫笋（又称"急程茶"）			
定位	宫廷贡茶	产地	浙江省湖州市长兴顾渚山
缘起	"茶圣"陆羽推荐为天下第一名茶		
起始	从唐广德年间至明洪武年间，共计876年		
特点	茶叶相抱似笋，形似兰花；茶芽挺，嫩叶稍长，色泽翠绿，银毫明显		
评价	中国历代贡茶中，历史最久、规模最大、品质最好的贡茶，有着"青翠芳馨，嗅之醉人，啜之赏心"之誉		

679 狮峰山有什么旅游特色？

狮峰山是西湖龙井茶的主要产区，西湖龙井茶素有"狮、龙、云、虎"之别，其中尤以"狮峰龙井"最佳。

西湖龙井茶区以狮峰山为中心，方圆有3000米左右，海拔为200～300米。狮峰山森林茂密，气候温和，四季分明，雨量充沛。在春天，茶叶吐芽时，这里总是细雨霏霏，云雾缭绕，很适合茶叶的生长。

狮峰山原有一个胡公庙，庙前有18棵树，被乾隆封为"御茶"。现在，胡公庙已经没有，取而代之的是茶楼"狮峰楼"，但是楼前"御茶"遗址仍然存在。

"御茶园"中，有一些仿古的建筑可以欣赏，如归隐桥、御茶阁、明公亭等。除外，还有一些古物，如龙井居东侧的一株宋梅。在一个山壁下，有一水池，池壁上有"老龙进"三字，是宋代苏轼所写，其他的遗址还有辨才法师塔、胡公墓等。

狮峰龙井			
级别	国宴级名茶	产地	浙江省杭州市西湖狮峰山
特点	色泽嫩黄，香高持久，滋味香醇		
评价	狮峰龙井是众多龙井茶中的上品，业内有"龙井之巅"的赞誉		
掌故	乾隆皇帝下江南时，曾将狮峰山下胡宫庙前的十八棵龙井茶树特封为"御树"，之后每年专供皇宫内院		

680 中泠泉有什么旅游特色？

中泠泉，又称为南泠泉，被誉为"天下第一泉"，位于镇江金山西约500米处的一泉公园塔影湖畔。

中泠泉四周筑有正方形的池子，边长约有10米，四周立有石栏，池南边的墙壁上镶嵌着一块2.15米宽，0.63米长的白石，上面刻有"天下第一泉"五个大字。池南有一座八角亭，叫作"鉴亭"，意思是以水为镜，以泉为鉴。

中泠泉的北边有一个两层建筑，是一个茶楼，楼下的前壁左侧，有一块"中泠泉"三字的石刻。中泠泉的东边有一座芙蓉楼，建成于1992年。

如今，中泠泉、鉴亭、茶楼、芙蓉楼互成风景，将古代和现代建筑融为一体，不但不显突兀，反而别有一番情趣。

中泠泉	
位置	江苏省镇江市金山寺外
特点	泉水绿如翡翠，甘洌异常，盈杯而不溢
评价	唐代品泉名家刘伯刍评鉴其为"天下第一泉"
掌故	据史书记载，原泉眼位于扬子江心，受山势所制，三泠中间的水曲之下称为中泠，故而得名。古时江水湍急，汲水极为不易

681 武夷山茶洞有什么旅游特色？

位于福建省与江西省接壤的武夷山因产岩茶而闻名天下，如今已成为国际旅游胜地。

人说"武夷山，三件宝，山奇、水秀、岩茶好。"早在唐代时，就以"武夷春暖月初圆，采摘新芽献地仙"的诗句，一千多年来，这里沉淀了深厚的茶文化，不但"四大名枞"大红袍、铁罗汉、白鸡冠、水金龟具有风趣的茶故事，而且武夷山中的茶洞、庞公吃茶去、武夷茶观、御茶园、喊山台、通仙井等景点都是有关茶的人文景观。所以，武夷山不愧是充满茶文化气息的旅游胜地。

武夷山	
位置	福建省西北部
特点	典型的丹霞地貌，奇峰秀水极富灵气
评价	自然、文化资源丰富，1999年被联合国教科文组织列入《世界遗产名录》
掌故	武夷山中生息着各类珍稀名种的动植物，盛产香浓、醇厚的武夷岩茶。相传茶洞是武夷山岩茶的发源地，武夷先人把茶洞当作圣洞来朝拜

682 琅琊古寺有什么旅游特色？

琅琊山，位于安徽省滁州市西南约5千米处，是著名的风景名胜区。琅琊山中有一座寺庙，名曰琅琊寺，原名为宝应寺，是唐代大历年间淮南路刺史李幼卿与法琛和尚所建。

琅琊寺建在山林之间，气魄雄伟。寺内的大雄宝殿高14米，深15米，建造十分精美，殿内有如来佛、观世音、十八罗汉塑像。寺内还有藏经阁、无梁殿、明月观、念佛楼、祇园、悟经堂等建筑，这些建筑构造别具匠心，交相辉映，整个寺庙看上去颇有气势。

琅琊山的自然景观也很秀丽，著名的景点有归云洞、雪鸿洞、濯缨泉、石上松等。琅琊山盛产滁菊，滁菊是菊花的独特品种，不仅欣赏价值极高，也是上佳的饮品。来到此地的游人，都喜欢用濯缨泉水泡滁菊茶，色香味俱全，颇受爱茶人喜爱。

滁菊	
产地	安徽省滁州
特点	花瓣白色或类白色，排列紧密，气味清香宜人，可入药，有清凉镇静之效
评价	我国四大名菊之首，有"金心玉瓣，翠蒂天香"的赞誉

683 玉泉寺有什么旅游特色?

玉泉山,发脉于湖北省房县景山,山高约400米。山上风景优美,森林茂盛,山腰上有一"幻霞洞",风景尤为突出。玉泉山上的玉泉寺,在隋唐时就具有很大的规模了,它和南京的栖霞寺、天台国清寺、山东灵岩寺并称为"天下四绝"。

玉泉寺中有很多质朴雄伟的殿、舍、堂、亭、楼、台、厅、阁、钟、鼎、馨、釜、镬、塔、碑、碣以及宏大的释迦群体塑像,这些不仅受到佛家弟子的敬拜,也成为广大民众的游览胜地。

来到玉泉寺,一定要品尝一下仙人掌茶。仙人掌茶是玉泉山的特产,这里独特的地理环境,很适宜茶树的生长,仙人掌茶是茶树中的精品。用玉泉水冲泡仙人掌茶,是玉泉寺的旅游特色。

▲ 图说

李白
　　字太白,唐朝人,祖籍甘肃,有着"诗仙"之誉,喜好游历山水,擅长诗歌、书法、剑术,民间传说甚多。

仙人掌茶

又名	玉泉仙人掌
产地	湖北省当阳市玉泉山
创始人	玉泉寺中孚禅师
特点	色泽翠绿,白毫披露,外形扁平似掌
掌故	相传,唐肃宗年间,中孚禅师在江南偶遇李白,相赠春茶,李白尝后赞赏不已,观其形命名为"仙人掌茶"

684 蒙顶山有什么旅游特色?

蒙顶山横亘于"丽城"雅安与名山之间,这里云多、雾多、雨多,是茶树生长的温床。蒙顶山以产蒙顶山茶而闻名,有"扬子江中水,蒙顶山上茶"的美誉。蒙顶山上清峰下的"皇茶园"还是我国有文字记载的最早人工栽培茶园,其旁的古蒙泉,用它冲泡蒙顶茶,更是色香味俱佳。玉女峰右侧的甘露石室,还有中国最早的种茶者——汉代吴理真的塑像。

蒙顶山

位置	四川省雅安市
特点	以雨雾众多而闻名,有"西蜀漏天"之称
评价	自古以来,就有着悠久的种茶历史,是中华茶文化的发祥地,与峨眉山、青城山并称四川"三大名山"

685 龙井有什么旅游特色?

龙井位于杭州西湖边的凤凰岭上,山石遍布,古木参天,藤萝弥漫,风景秀丽,是著名的旅游胜地。龙井本名为龙泓,又名龙湫,龙井水水质甘美,清澈剔透,古人认为此井和海相通,其中有龙,因而叫作"龙井"。

龙井茶从明代开始就名声远播,自古都是茶中的佳品。龙井茶形似雀舌、扁平挺秀,泡制后有色翠、香郁、味醇、形美等几大特点。

从龙井泉沿着山势向下,没有几步便走到"听涛石"。在这里可以听见汩汩泉水流动。"听涛石"上面有一块五六丈高的石头,叫作"神运石"。沿着"神运石"的丛林山道向上,就能到达"湖山第一佳",而沿着神运石向下,可以到达"江湖一勺亭"。龙井旁有一个茶室叫作"秀萃堂",堂上有一对楹联:"泉从石出情宜洌,茶自峰生味更圆。"

图说

龙井是西湖著名五泉之一,以水质清洌、甘美而闻名,而且无论天多么干旱也不会枯竭。

686 洞庭东西二山有什么旅游特色?

洞庭山位于江苏省苏州市西南的太湖之滨,取神仙洞府之意而得名,景色秀美,物产丰富,文化遗迹众多,以产历史名茶洞庭碧螺春而名扬神州大地。洞庭东山是一个宛如巨舟伸进太湖的半岛;洞庭西山是屹立在太湖中的一个小岛,相传是吴王夫差和越国西施避暑之地。

图说

洞庭山,随着碧螺春声名鹊起,八百里洞庭的美名更是天下皆知。

687 婺源茶乡有什么旅游特色?

婺源,位于江西省东北部,徽州文化的发祥地,有着"书乡""茶乡"之名,处于黄山、庐山、三清山和景德镇的旅游金三角区。婺源的最大特色就是它的村庄,无论从哪方面看,都渗透着古朴和幽静,到处都是古树和竹林,山水起伏连绵,民居质朴,一派祥和宁静。

婺源自古就是茶叶的重要产区,婺源产的"茗眉"选用上好的鲜叶为原料,细加工而成,茶叶优质匀称,喝起来入口醇厚,香气扑鼻,鲜爽可口。

688 洞庭君山有什么旅游特色?

　　洞庭君山，位于湖南岳阳西南洞庭湖中，君山的地形独特，是洞庭湖中最大的岛屿，岛上有36亭，48庙，秦始皇封山印，汉武帝"射蛟台"等珍贵文物遗址。

　　君山是清代贡茶君山银针的产地。在清代江昱的《潇湘听雨录》中有这样额记载："湘中产茶，不一其地。而洞庭君山之毛尖，当推第一，虽与银针、雀舌诸品校较，未见高下。但所产不多，不足供四方尔。" 君山银针的芽头肥硕挺直、均匀整齐，茶叶上有茸毛，色泽金黄光亮，气味清香。

▲图说
洞庭君山所产的君山银针冲泡后在杯中悬空直立，犹如破土而出的竹笋。

689 西双版纳有什么旅游特色?

　　西双版纳，位于云南省东南端，一般是指以景洪为中心的西双版纳傣族自治州景洪、勐海、勐腊三县地域，多种民族聚集生活。这里有很多热带雨林景观和少数民族民俗，有着很多珍奇的动植物，当然也是重要的普洱茶产区。素有 "植物王国" "植物基因库" "药材之乡" "动物王国" 的美誉。这里是 "普洱茶" 的重要产区，普洱是云南省南部的一个县名，本来不产茶，是茶叶出口的重要的贸易地，后来扩大了产区，所以以 "普洱" 命名。

西双版纳	
位置	云南省东南部
地理特点	地处热带季风气候区，气候温暖，四季常青。
命名	古代傣语中的 "理想而神奇的乐土"
著名景点	橄榄坝、景镇八角亭、曼阁佛寺、曼飞龙塔等

690 阿里山有什么旅游特色?

　　阿里山，位于台湾岛，是台湾的主要风景区之一，景色很优美。有着"不到阿里山，不知阿里山之美，不知阿里山之富，更不知阿里山之伟大"的说法。

　　阿里山也是盛产茶叶的地方，著名的茶叶有阿里山珠露茶、阿里山高山乌龙茶等。阿里山珠露茶产于台湾嘉义县竹崎乡。该茶风味独特，清香甘醇，颇受大家的喜爱。阿里山高山乌龙茶产地在台湾嘉义竹崎乡的高山上，这里终年云雾缭绕，该茶的芽叶柔软，叶肉厚实，果胶质含量高，茶汤为蜜绿色，有着高山茶特有的香郁和甘润。

▲图说
阿里山云海 阿里山的气候温和，是人们理想的避暑胜地。凉爽的气温，充沛的水汽和日照令这里的高山茶口味极佳。

691 陶都宜兴有什么旅游特色？

　　宜兴，位于江苏省南部，素有"陶都""陶的古都"美称。宜兴从北宋就开始生产紫砂陶器。明代开始，紫砂陶茶具的技艺进一步发展，还出现了一大批制壶名人。清代时，紫砂壶的制作达到鼎盛时期，各个方面的技艺都逐渐成熟。

　　宜兴紫砂陶的品种有壶、杯、碟、瓶、盆、文具雅玩，但是最有代表的还是茶壶。宜兴紫砂壶的特点是透气性好，泡茶不变味，储茶不变色，使用时间越长，茶壶的色泽就越圆润，泡出的茶滋味也就更加醇厚。其造型众多，有仿古器物，有植物造型，有几何图形，也有很多特别的造型。

▲图说
宜兴紫砂壶原料优质，色泽自然，手艺精湛，造型别致，每一件都巧夺天工。

692 瓷都景德镇有什么旅游特色？

　　景德镇，位于江西省东北部，是中国著名的瓷都，和湖北的汉口镇、广东的佛山镇、河南的朱仙镇并称为中国四大名镇。

　　在战国时代，景德镇就有了制陶业，到唐代时制瓷业已经发展得很成熟，宋代时就成了我国重要的瓷器产地，元代时成为全国最好的制瓷窑场，明清时，景德镇成为全国的瓷业中心。

　　景德镇瓷历史博物馆是景德镇的一个旅游景点，不仅陈列有各种景德镇的古代瓷器，还有著名的建筑"名园"和"清园"。不仅可以欣赏到古代景德镇各种优美的瓷器，还可以看见制作瓷器的过程。这里的建筑有民宅、故居、官员的住宅、商店以及古窑作坊群等。

声如磬。

明如镜。

薄如纸。

白如玉。

▲图说
青白瓷莲瓣纹温碗（宋），景德镇窑出产。

693 杭州官窑古迹有什么旅游特色？

　　杭州官窑，是为宋代朝廷专门生产瓷器的。杭州官窑是宋代五大名窑之首。杭州官窑烧制的瓷器造型端庄，釉色晶莹，是瓷器中的精品。

　　杭州南宋官窑博物馆，是我国第一座以遗址为基础建立的陶瓷博物馆。该馆位于西湖风景区的南部，建筑古朴、馆中摆设精致典雅，置身其中，可以充分感受到我国的陶瓷文化。该馆以南宋官窑为中心题材，共有五个部分，分别是第一展厅《历代陶瓷》、第二展厅《南宋官窑》、第三展厅《古瓷新葩》、作坊遗址保护展示大厅、龙窑遗址保护展厅廊。

694 福建泉州有什么旅游特色?

福建泉州,位于福建东南沿海,海岸线曲折绵长,很早就成为我国重要的港口,还曾被国外旅行家誉为世界第一大港。泉州所处沿海地带在元代明代进入全盛时期,是"海上丝绸之路"的起点。当时,我国和许多国家的货品都通过这里进行交易,泉州成了中外友好往来的重要桥梁。

泉州的山川秀美宜人,在古代就被称为江南之最,名胜古迹众多,如清源山、老君岩、开元寺、清净寺、灵山圣墓等。泉州海外交通史博物馆中馆藏着唐、宋、元、明、清各个朝代外销陶瓷精品300余件,其中包括很多茶具,从中可以看出我国茶具的变迁。

图说 元明时期,众多精美的青花瓷茶具曾从泉州通过海路运往世界各地。

695 天池有什么旅游特色?

天池,位于乌鲁木齐市东北90千米的阜康县境内的天山博格达峰。天池海拔1980米,水面面积约4.9平方千米。到天池旅游观光,一定会喝到当地的特色茶汤——奶茶。

天池是哈萨克族的聚集区,哈萨克族人过着游牧生活,饮食主要是肉、奶,蔬菜吃得很少,所以奶茶不仅有助消化,还能补充缺少的维生素。当地的奶茶所用的茶叶大多是茯茶,才能煮出他们特有的奶茶味道。

图说 哈萨克族人在煮好的茯茶汤中兑入牛奶制成甜美的奶茶。

696 鄂西鹤峰山有什么旅游特色?

到鄂西鹤峰山旅游,不仅可以欣赏到秀丽的风景,还能品尝到美味的土家"四道茶"。土家"四道茶",分别是容美绿肥茶、泡儿茶、油茶汤、鸡蛋茶。容美绿肥茶香味醇厚、茶汤鲜绿、耐冲泡,入口微苦而后甜;泡儿茶并不算是真正的茶,而是土家人待客的一种传统食品;油茶汤是将茶叶、花生米、核桃仁、芝麻、玉米子儿、瘦肉丝等过油后用香油调和、掺拌,再以沸水冲,是土家茶礼风俗中最贵重的礼仪;鸡蛋茶是在小茶碗中放3个煮熟的剥壳鸡蛋,再加蜂蜜沸水冲泡。

697 布朗村有什么旅游特色?

布朗村是布朗族的聚集地,集中在云南省西双版纳勐海县的布朗山、西定、巴达等地。布朗族是我国的少数民族之一,他们有着自己特有的信仰,来到布朗村旅游的人们都可以体验到他们的风俗习惯。其中,在每年的阳历4月14日、15日或16日,布朗族人都会举行隆重的"迎接太阳"仪式,人们在村东头搭彩棚,举彩旗,准备各种美食,载歌载舞迎接太阳的到来。

布朗族妇女擅长制茶,有散茶、竹筒茶、酸茶,他们尤其喜爱酸茶,常常用来招待客人。"酸茶"是布朗族传统饮料之一。茶叶成熟时,他们将茶叶煮熟,然后装入罐中,在阴暗处放置10天左右,然后埋到地下,经过一个月的发酵,再晾干即可。

698 扬州有什么旅游特色?

扬州,位于江苏省中部,南临长江,北接淮河,大运河从中穿过。扬州有很多名胜古迹,著名的有蜀冈唐城遗址、扬州八怪纪念馆、大明寺、瘦西湖、史可法祠墓、隋炀帝陵、个园、何园等。

扬州有一个著名的茶社,叫作富春茶社。该茶社是在清代光绪十一年由陈霭亭创办的。富春茶社历经百年,形成了自己的一套体系。茶社将花、茶、点、菜结合在一起,环境高雅清净,颇得人们的喜爱。富春茶社中以茶品为主,茶饮都为上等茶,一般为每人一壶一杯,可以尽情享用。在品茶的同时,富春社还有很多美味的茶点,千层糕、三丁包、翡翠烧卖、鸡汤煮干丝等都是这里远近驰名的美食。

▲图说

扬州瘦西湖极富清瘦神韵,有"湖上园林"之称。

699 兰州有什么旅游特色?

兰州位于甘肃省中部、黄河上游的河谷地带,自古这里就是一个民族杂居的地方,曾是丝绸之路的交通要道。兰州有很多名胜古迹,著名的有五泉山、白塔山等,另外兰州有一个很具有地方特色的茶饮——刮碗子。

在兰州,"刮碗子"是待客的一种高级礼仪,在正式的宴会,待客的场合,都是不可或缺的。"刮碗子"用的碗子必须是优等瓷碗,例如景德镇瓷器、透着亮的蓝山水、夜光杯玉等;所用茶叶,也是上等的云南绿茶,茶叶醇香又带着些苦味。

"刮碗子"的讲究

单泡茶	………	"苦茶"
加入桂圆和冰糖	………	"三香茶"
加入杏干、大枣	………	"五香茶"
加枸杞子、葡萄干等	………	"八宝茶"

第十一章

茶 与 保健

千古奇书《神农本草经》上记载"神农尝百草，日遇七十二毒，得茶而解之"。我国传统中医认为，茶性凉，味甘微苦，有着清热解毒、提神醒脑、生津止渴、消食化积的功效。随着物质生活与精神生活的逐步丰富，健康日益成为人们茶余饭后所格外关注的话题。古人以茶修身养性，以茶强体祛疾，本章将为你一一揭开茶营养保健的奥秘、养生食忌背后的科学。

700 茶叶中有哪些营养成分？

茶叶一直以来被大家所推崇，有"健康的护卫者"之誉。茶叶中含有丰富的营养成分，能够提供给人体所需要的各种营养。新鲜的茶叶中含有80%的水分及20%的干物质，所有的营养成分都集中于干物质中。这些营养元素包括蛋白质、氨基酸、维生素、各种矿物质、碳水化合物、生物碱、有机酸、脂类化合物、天然水色素、茶多酚等。

茶叶不仅为人体提供多种营养物质，而且还经常运用于药理，对人体保健有很重要的作用，对心血管疾病和病毒菌方面的预防和治疗有着很明显的效果。

93%～96.5%为碳水化合物、蛋白质、脂类、氨基酸等有机物。

3.5%～7%为磷、钾、硫、镁、氟、钠、钙、铜等无机物。

701 茶叶中有哪些蛋白质？

蛋白质是生命攸关的物质，关系到人体成长和能量的供给。茶叶中的蛋白质含量很多，包括谷蛋白、球蛋白、精蛋白、白蛋白等。茶叶中的蛋白质占茶叶干量的20%左右，但在茶叶制作过程中蛋白质与茶多酚结合，加热后会凝固，剩下直接能溶解于水的不到2%。所以茶叶中蛋白质的含量不是很高，但这部分水溶性蛋白质是形成茶汤滋味的成分之一。如果一个人每天饮茶5～6杯，从中摄取的蛋白质也只有70毫克，对人体所需大量的蛋白质只能起到一点补充作用。

牛奶与茶多酚可生成酪朊复合物。

▶图说

我国少数民族和欧美人在茶汤中混入牛奶，不仅降低了茶的涩味，也能更多地摄取优质蛋白。

702 茶叶中有哪些脂肪？

脂肪在茶叶中的比重大约占2%，用开水冲泡茶叶时，浮在水面的泡沫和水表面的有形物质就是被热水溶解的脂肪。茶叶中的脂肪包括磷脂、甘油酯、糖脂和硫酯等，其中磷脂是最主要的成分。绿茶的脂肪含量为1.1%，乌龙茶中的脂肪含量为2.4%。每天饮茶对人体十分有利。茶叶中的类脂类物质，对形成茶叶的香气有着积极作用。另外，这些脂类还能促进脂溶性维生素的吸收，防止维生素缺乏病的产生。

茶叶中的脂肪含量占干物质总量的8%左右。

干物质

▶图说

医学研究证实，茶叶中的脂肪虽然含量很少，但是有抗癌、提高免疫力的功效。

703 茶叶中有哪些碳水化合物?

茶叶中的碳水化合物也就是糖类,包括葡萄糖、果糖、蔗糖、麦芽糖、淀粉、纤维素、果胶等很多种,其含量占干物质总量的20%以上。

茶叶的各种营养成分中,碳水化合物的含量很高,其中的单糖、双糖是组成茶叶滋味的物质之一。茶叶的老嫩主要取决于茶叶中的多糖类化合物,即纤维素、淀粉等,茶叶越嫩,多糖类化合物含量越高。茶叶中的果胶等物质是糖的代谢产物,含量占干物质总量的4%左右。

茶叶中的碳水化合物是茶汤中甜味的主要呈味物质。

茶叶中的果胶是形成茶汤和外形光泽度的主要成分之一。

704 茶叶中有哪些维生素?

维生素是茶叶中的重要营养成分,其种类有维生素A、维生素B_1、维生素B_2、维生素B_3、维生素B_{11}、维生素B_5、维生素B_{12}、维生素C、维生素D、维生素E、维生素K、维生素U、生物素、肌醇等。

由于茶叶中维生素含量丰富,历来被人们认为是养生饮品。能维持上皮组织正常机能,防止角化的维生素A,还有对人体神经、消化及心脏系统有帮助的B族维生素,作为一种氧化剂的维生素C,在人体内参与糖的代谢及氧化还原过程,广泛应用于增加机体对传染病的抵抗能力,维生素E能防衰老、抗瘤、抑制动脉硬化,而维生素K则能够降血压、强化血管,维生素U有预防消化道溃疡的功效。

 图说

维生素的种类很多,主要按其溶解性分为两大类,即脂溶性维生素和水溶性维生素。

茶叶中的水溶性维生素易于浸出。

茶叶中的脂溶性维生素则难溶于水。

705 茶叶中有哪些矿物质?

茶叶中含有丰富的矿物质元素，种类繁多，其中含量较多的是钾，其次就是磷、钠、硫、钙、镁、锰、铅，微量元素有铜、锌、钼、镍、硼、硒、氟等，这些元素大部分是人体所必需的。

茶叶中的矿物质对人体十分有利：氟对牙齿的保健有益；铁是血液中交换和输送氧气所必需的一种元素；铜能调节心搏，同时还对骨骼形成、脑功能有益；所以茶经常被应用于药理调节人体，通过饮茶补充人体所需要的各种微量元素，比如夏天饮茶能补充人体因出汗过多而流失的钾元素。茶叶中的矿物质元素对人体内某些激素的合成，能量转换以及人类的生殖、生长、发育等都有着很重要的作用。

钾有助于脑部供氧。

大量的纳、钾元素随汗液排出体外。

▲图说

高强度运动后适量饮茶是人体快速补钾的首选手段。

706 茶叶中有哪些药用成分?

茶叶中不仅含有丰富的营养成分，还有很多药用成分，最重要的是咖啡碱、茶多酚。这些药用成分对人体的健康有着十分重要的作用。

咖啡碱，茶叶中一种含量很高的生物碱，占3%左右，用于药中，具有提神醒脑的作用。茶多酚，茶叶中的可溶性化合物，主要由儿茶素类、黄酮类化合物、花青素和酚酸组成，以儿茶素类化合物含量最高，约占茶多酚总量的70%。儿茶素是茶叶药效的主要活性成分，具有防治血管硬化、防治动脉粥样硬化、降血脂、消炎抑菌、防辐射、抗癌等功效。

▲图说

人体在正常饮用剂量下摄取咖啡碱，无致癌和突变作用。

707 茶叶中的生物碱对人体有什么保健作用?

茶叶里所含的生物碱主要是由咖啡碱、茶叶碱、可可碱、腺嘌呤等组成，其中咖啡碱含量最多。咖啡碱是一种兴奋剂，对中枢神经系统起作用，能帮助人们振奋精神、消除疲劳、提高工作效率；而且能消解烟碱、吗啡等药物的麻醉与毒害；另外，还有利尿、消浮肿、解酒精毒害、强心解痉、平喘、扩张血管壁等功效。

茶叶碱是一种药物，在红茶和绿茶中较多。茶叶碱对呼吸系统疾病有保健作用，能放松支气管的平滑肌，降低血压。可可碱也是茶叶中的一种重要的生物碱，具有利尿、心肌兴奋、血管舒张等功效。

708 茶叶中的茶多酚对人体有什么保健作用?

茶叶中的茶多酚已经被证实是一种强效、低毒的抗菌药，能够有效地防治耐抗生素的葡萄球菌感染，尤其对肠道致病菌具有抑制和杀伤作用。茶多酚和蛋白质结合起来可以缓和肠胃紧张，消炎止泻。

茶多酚中的儿茶素是抗辐射性物质，有利于人体造血功能的恢复，能够明显地提高白细胞的总数，增强身体的抵抗力。另外还可以活血化瘀，促进血液循环，对人体机能调节有着重要的作用。

茶多酚的功效

防癌、抗癌、抗突变。	治疗糖尿病、高血压。
预防和治疗食道癌、胃癌、肝癌、肠癌等疾病。	节制微血管的渗透性，增强其弹性。

709 茶叶中的芳香类物质对人体有什么保健作用?

茶叶中含有芳香类物质，可以使茶叶挥发出香气。在茶叶化学成分的总含量中，芳香物质含量很少，但种类却很复杂。一般茶叶含有的香气成分化合物达五百余种。组成茶叶芳香物质的主要成分有醇、酚、醛、酮、酸、酯、内酯类、含氮化合物、含硫化合物、碳氢化合物、氧化物等十多类。

其中，茶黄烷醇能够抗辐射；醛类含有甲醛、丁醛、戊醛、己醛等；酸类化合物有抑制和杀灭酶菌和细菌的作用，对于黏膜、皮肤及伤口有刺激作用，并有溶解角质的作用；茶叶中的叶酸有补血的作用，特别是经过发酵及类似过程的茶叶，治疗贫血症有一定效果。

对中枢神经有先兴奋后抑制的作用。

△图说

酚类物质可沉淀蛋白质，杀死病原菌，兼具镇痛效果。

茶叶中的芳香类物质所挥发出的香气，不仅能使人心旷神怡，还能带走一部分热量，使得口腔感觉清新凉爽，可以从内部控制体温、调节中枢神经，达到解渴的目的。

△图说

芳香类物质能溶解油脂，降低胆固醇，使人体减肥健美。

710 茶叶中的脂多糖类对人体有什么保健作用？

茶叶中的脂多糖，含量很低，但脂多糖具有独特的药效。中国民间有采用粗老茶治疗糖尿病的传统，现代研究得知，粗老茶中具有降血糖作用的有效成分是茶叶多糖。茶叶中多糖化合物的含量只占5%左右，粗老茶比细嫩茶含量高。茶多糖主要由葡萄糖、阿拉伯糖、核糖、半乳糖等所组成。脂多糖有降低血糖的作用，对糖尿病有很好的预防和治疗作用。

保护视力

吸附和捕捉电脑辐射。

▲图说

茶叶的细胞壁中含有3%的脂多糖，对于常坐电脑前工作的人具有一定的保健功效。

711 茶叶中的皂苷类物质对人体有什么保健作用？

茶叶和茶子中都含有皂苷化合物。茶皂素是一种天然非离子型表面活性剂。茶皂素具有良好的消炎、镇痛、抗渗透等药理作用。茶叶中的皂苷类物质含量很少，但其保健功效不可轻视，它能提高人体的免疫功能，并且能起到抗菌抗氧化、消炎、抗病毒、抗过敏的作用。经常饮茶，能吸收皂苷类物质，对人体的保健很有利。

茶叶中的皂苷类物质与其他营养元素在水中很快结合，能够很好地促进消化吸收，排毒止泻，对一些肠胃疾病有辅助治疗的功效。

712 为什么茶叶具有保健功能？

茶叶中含有多种营养成分，能够补充人体所需的各种营养。

生物碱能够起到提神醒脑的作用；茶多酚可以抗癌，预防癌细胞扩散；氨基酸能够降低血氨；蛋氨酸能调整脂肪代谢；脂多糖能减低血糖。茶叶中富含维生素，能够提供给人体所需要的各种维生素，维生素B族可以预防癫皮病，维持神经、心脏和消化系统的正常功能，参与脂肪代谢。维生素E还能阻止人体中脂质的过氧化过程，具有抗衰老的功效。还可以促进肝脏合成凝血素。维生素C还可降低眼睛晶体浑浊度，对减少眼部疾病，护眼明目有积极的作用。矿物质元素更为丰富，氟元素能坚固牙齿，可以防止龋齿，并且对防止老年骨质疏松症有明显的效果。

▲图说

茶叶中丰富的营养素和多种药用成分使茶叶具有保健功能。

生物碱
茶多酚
氨基酸
蛋氨酸
脂多糖
维生素
矿物质

713 为什么茶叶能生津止渴？

茶叶中的茶多酚、脂多糖、果胶以及氨基酸等能与口中涎液发生化学变化，能够滋润口腔，使人感觉口腔清凉。喝热茶可刺激口腔黏膜，促进口内回甘生津，并加速胃壁收缩，促进胃的幽门启开，使水加快流入小肠被人体吸收，满足各组织和器官的需要。茶内的芳香类物质还能从人体内部控制体温，调节中枢神经，从而达到解渴的目的。

茶内的芳香类物质也能带走一部分热量，使得口腔感觉清新凉爽。

714 为什么茶叶能消暑？

茶叶中的生物碱有调节人体体温的作用，在炎热的夏季，饮用热茶，能够起到消暑的作用，这是因为茶叶内的咖啡碱可以带走皮肤表面的热量。此外，茶叶含有较多的茶单宁、糖类、果胶和氨基酸等成分，这些物质可以加快排泄体内的大量余热，保持人体的正常体温，从而达到消暑的目的，给人爽身醒目之感。

▶图说

人们在喝热茶时还能促进汗腺排汗，从而有效地将体内积攒的暑热释放出去。

715 为什么茶叶具有清热功能？

茶叶，特别是绿茶，是一种清热去火的凉性食品。用于清热的药茶方，大多数有抗感染作用，包括抗病毒、抗菌、抗原虫等，可以杀灭和抑制各种感染因子。如药茶方中的银花、连翘、大青叶、板蓝根、贯众等，对病毒均有抑制作用，大黄、蒲公英等有广谱的抗菌作用。

其次，茶叶是一种寒性食品，其中的茶多酚类化合物、脂多糖的游离分子、氨基酸、维生素C和皂苷化合物都具有清热的功能，因此茶叶具有清热的功能。但是要注意，胃寒的人不适宜多饮茶，特别是绿茶。

▶图说

李时珍认为："茶苦而寒，阴中之阴，沉也，降也，最能降火。"

716 为什么喝茶能提神?

茶叶中有一种生物碱,是一种兴奋剂,能促使人体的中枢神经系统兴奋,增强大脑皮质的兴奋过程,使人感觉大脑清醒,还能加快血液循环,促进新陈代谢。另外,茶叶中特有的儿茶素类及其氧化缩和物可使咖啡因的兴奋作用减缓并且持续时间增长,所以,开长途车或者需要长时间持续工作的人可以喝茶以保持头脑清醒,也能保持和恢复耐力。所以喝茶能够起到提神益思、清心的效果。

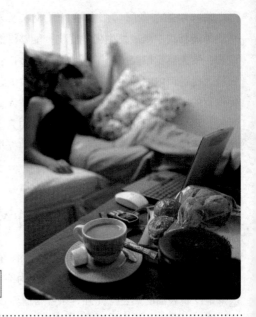

▶图说

夏日人体耗气伤津,容易倦怠,一杯热茶往往能起到快速提神解乏之效。

717 为什么喝茶能解毒?

明代《本草通元》中记载有茶能"解酒毒""解诸中毒"。茶水中的茶多酚可以与水质中含有的一些重金属元素如铅、锌、锑、汞等发生化学反应,产生沉淀,在饮入人体后通过排尿排出体外,这样就减少了毒素在人体内的存留时间。茶叶中的其他元素还能促进人体消

化系统的循环,也能帮助加快体内的毒素排出。所以喝茶有解毒的功效。

718 为什么喝茶能止泻?

茶叶中含有的脂肪酸和芳香酸等有机酸具有杀菌的作用,而且茶内的鞣质类成分也具有抗病菌的作用,这样就能达到止泻的目的。而且茶叶中的茶多酚能与细菌蛋白结合,使细菌的蛋白质凝固变性导致细菌死亡,进而达到消除炎症的目的。一般来说腹泻都是由于体内有病菌而导致的,所以喝茶可通过杀菌来止泻,对单纯性腹泻等病有较好的辅助疗效。

719 为什么喝茶能通便?

茶叶中的茶多酚具有促进胃肠蠕动、促进胃液分泌、增加食欲的功效,茶叶经冲泡后,茶多酚被人体吸收,能达到通便的目的,使人体的有害物质及时地排出体外,对人体健康非常有利。

对于当前生活往往过于紧张的现代人而言,生活状态很紧张,生活不规律,很容易造成便秘。继而引发很多对身体不利的因素,如经常喝茶则能摆脱这些困扰。如今喝茶已成为一剂通便的良药,既简单又方便。

▶图说
茶叶中的茶多酚不仅能加快肠胃的蠕动,还能将人体内的废弃物及时地排出体外。

720 为什么喝茶能减肥?

唐代的《本草拾遗》中记载有"茶久食令人瘦,去人脂。"很久之前,我们的祖先就发现茶叶有减肥作用。茶叶中的咖啡碱、黄烷醇类、叶酸和芳香类物质等多种化合物,不仅能增强胃液的分泌,调节脂肪代谢,而且能够促使脂肪氧化,除去人体内的多余的脂肪。

茶叶中含有大量的维生素以及纤维化合物,食物纤维不能被人体吸收,喝茶后,这些食物会停留在腹中,给人以饱足感,这样就会减少进食。维生素B_1则能促使脂肪充分燃烧,转化为人体所需的热能,这样就会达到减肥的效果。

▶图说
常饮乌龙茶能够提高人体胰脏脂肪分解酵素的活性,降低糖与脂肪的吸收,加快脂肪燃烧。

721 为什么喝茶能利尿?

茶叶中的咖啡碱不仅是一种兴奋剂,它还可起到刺激肾脏的作用。喝茶后,咖啡碱进入体内,刺激肾脏,促使尿液迅速排出人体。此外,咖啡碱还能排除尿液中的过量乳酸,有助于消除人体疲劳。茶叶中的茶多酚被称为"人体器官最佳清洁卫士",它在促进肠道和胃的蠕动时也能达到利尿的目的,帮助肾脏及时将体内的有毒、有害物质及时地排出体外。

▶图说
茶叶中的咖啡碱能提高肾脏的滤出率,减少有害物质在肾脏中的滞留时间。

722 为什么喝茶能帮助消化？

由于茶含有茶单宁酸成分，它具有促进胃液分泌的功能，并有提升胃肠蠕动作用，故能有效帮助消化。茶叶中的咖啡碱也能提高胃液的分泌量，可以帮助消化。

饮茶后，胃蛋白酶活力会明显增强，加强胃肠对蛋白质的消化吸收。而且茶叶中的咖啡碱和黄烷醇类还有松弛消化道的功能，这样对消化非常有利，并且能预防消化器官疾病的发生。

乌龙茶的促消化功能最好。

▶图说

饭后喝茶，可去除油腻，清洁口腔，帮助消化。

723 为什么喝茶能预防高血脂？

血脂是指血液中的脂类，如果人体内的血脂升高，会引起许多疾病，例如肥胖症、冠心病、糖尿病等。而茶叶具有降低血脂，改善血管的作用。茶叶还能预防肥胖，提高机体的免疫能力。尤其是绿茶可以降低血脂，并且还有预防高脂血症的作用。

▶图说

过量的脂肪、胆固醇类食物摄入是造成人们罹患高血脂的主因。

724 为什么喝茶能防治高血压？

茶叶中富含多种矿物质元素，其中的钾、钙、镁和锌都有预防高血压的作用。现代医学研究表明，膳食中的钾、钙、镁与血压的升高呈负相关关系。所以经常喝茶，就能摄入更多的钾、钙和镁，这样血压就不容易升高。茶叶中的锌元素也能有效地预防高血压。

茶叶中含有的茶多酚能降低血液中胆固醇、甘油三酯及低密度脂蛋白，还能降低胆固醇与磷脂的比例，对高血压的治疗有很大的帮助。

但是，茶叶中含有的咖啡碱，是一种兴奋剂，会促使心率加快，心脏负担加重，饮过浓的茶水有可能引起这些副作用，对高血压病人不利。所以，最好喝绿茶，因为在各类茶叶中，绿茶所含咖啡碱较少，茶多酚较多。

▶图说

高血压患者既要控制血压过高，又要避免副作用，就应多加注意茶类的选择与饮用量。

725 为什么喝茶能防治脂肪肝?

茶叶中的儿茶素可以降低胆固醇的吸收,具有很好的降血脂及抑制脂肪肝的功能,对于高脂的人来说,经常喝茶可通过儿茶素有效地抑制体脂肪与肝脂肪在体内积聚,从而降低血脂含量,达到保健效果。对于患有脂肪肝的病人来说,茶叶中多种营养成分也对人体有很好的保健作用。红茶、绿茶、乌龙茶、白茶、黑茶和黄茶均有降脂的效果,其中以绿茶最佳,绿茶的茶多酚含量最高。

▲图说
长期饮酒者是易发脂肪肝的重点人群,经常喝绿茶能够有效地防治脂肪肝。

726 为什么喝茶能防治糖尿病?

茶叶中的复合多糖具有降低人体中血糖的功效,而茶叶中的脂多糖又有改善造血功能、保护血象的作用,因此可增强机体的非特异性免疫能力,对提高机体的抵抗力作用很强。综合两者的功能就能达到防治糖尿病的功效。

另外茶叶中还含有儿茶素化合物和二苯胺等多种降血糖成分,这也是能降低血糖的原因。绿茶比红茶的降血糖效果好,但是要注意,绿茶性寒,身体较虚弱的人不适宜多喝。患有糖尿病的患者可以多喝绿茶来预防产生失明的后遗症。

▶图说
茶叶中的维生素B$_1$、维生素C具有促进体内糖分代谢的作用,所以喝茶有治疗和预防糖尿病的作用。

727 为什么喝茶能防癌抗癌?

茶中的茶多酚能够抑制和阻断人体内致癌物亚硝基化合物的形成。经科学研究证实,茶叶中的茶多酚协同茶叶中其他微量元素,有很好的防癌抗癌功效。

茶叶中的茶多酚是最主要的抗癌物质,各种维生素以及茶叶中的皂素也能起到防癌抗癌的作用。除了具有较强防癌抗癌能力的绿茶以外,花茶、乌龙茶和红茶的阻断能力也不逊色多少。因此人们在饭后喝一杯茶水,对身体百利而无一害。

抗癌症阻断作用高达90%以上。

◀图说
绿茶能控制恶性肿瘤繁殖,起到配合、增强其他抗癌药物的效果。

728 为什么喝茶能补硒？

硒是人体必需微量元素之一。茶叶内含有硒元素，而且茶叶中的硒为有机硒，很容易被人体吸收，所以喝茶补硒是最简单最理想的办法。茶叶内的茶多酚等物质能够有效地控制体内自由基，各种矿物质元素还能增强身体的免疫能力，对人体的健康十分有利。

人体缺硒会导致免疫功能下降，以及外界不良因素易引发癌症或其他疾病。

硒的作用
（1）减少头皮屑及预防某些皮肤疾病。
（2）维护心血管的健康，保护肝脏功能。
（3）维持组织的柔软性，保护细胞膜免遭自由基侵害，维持红细胞和白细胞的功能，减弱某些致癌物质的活性。

729 为什么喝茶能杀菌消炎？

茶叶中含有的多种成分可以起到杀菌消炎的作用。现代科学研究发现，茶叶中的醇类、醛类、酯类、酚类等为有机化合物，对人体的各种病菌都有抑制和杀灭的功效，而且杀菌的作用机理各不相同。茶叶中的硫、碘、氯和氯化物等有机化合物，也有杀菌消炎的功效，且多为水溶性。茶叶经浸泡后，这些化合物都溶于水中，喝茶后就能将这些物质吸收入体内，从而达到杀菌消炎的功效。茶叶中还有少量的皂苷化合物，具有抗炎症的功效。

▲图说

人们远足探险或是深入沙漠地带常备茶叶，不仅为消暑解渴，必要时也可应急处理伤口。

730 为什么喝茶能改善心血管功能？

茶叶中的茶单宁具有抑制动脉平滑肌细胞的增殖、明显具有抗凝血及促进纤维蛋白溶解、抗血液斑块的形成、降低毛细血管脆性和血液黏度等作用。此外，喝茶能防止坏血病和动脉硬化，降低胆固醇，增加抗凝血，促进纤维蛋白溶化，使人体处于兴奋状态，这样能减少心脏病患者的痛苦。

茶叶含有丰富的矿物质，若每天适度冲泡饮用，能补充人体所不足的碱性矿物质，降低血液酸性值，净化酸性血液，促进血液循环，对改善心血管疾病也大有裨益。

▲图说

茶叶中含有的维生素和路丁可增强血管韧性，对改善老年人心血管功能很有帮助。

731 为什么喝茶能消除口臭?

日常生活中如果不注意口腔卫生,口腔内残留的食物就会发酵,产生酸性物质,这些酸性物质不仅会带来细菌,引发口腔炎症,还会对牙齿产生腐蚀作用。口腔内的细菌和食物发酵会导致口臭,另外,患有消化不良时也会发生口臭。

茶叶中的生物碱和黄酮醇可消除口臭。

喝茶在抑制细菌的同时还可除臭,特别是对酒臭、烟臭、蒜臭效果很好。饭后用茶水漱口,可以清洁口腔内的残留物质,除了可以消除饭后食物渣屑所引起的口臭外,同时也能够去除因胃肠障碍所引起的口臭。因此,在饭后喝茶能有效地除口臭。

叶绿素中的芳香成分能消除口臭。

▶图说
茶水能杀死口腔中的细菌,防止口腔炎症。

732 为什么喝茶能预防龋齿?

茶叶中含有矿物质元素氟,氟离子与牙齿的钙质结合,能形成一种较难溶于酸的"氟磷灰石",使得牙齿变得坚固,有效地提高牙齿的抗龋能力。氟还能抑制口腔内的细菌产生,减少蛀牙,饭后饮茶或以茶漱口,还能清洁口腔。不仅如此,茶叶的氟还能增强人体骨质的坚韧度,这是因为牙齿组织成分主要是氢氧磷灰石,与氟接触后,变成氟磷灰石,具有较强的抗酸能力,而且能减弱牙质内神经纤维束的传导性,所以,对牙本质过敏症有良好的疗效。

古代人经常在饭后用茶汤漱口,能够去除口中油腻,对脾胃也能起到清洁作用,有效地清除口腔,对牙齿也有保护作用。调查发现,常喝乌龙茶的人,龋齿发生率下降60%左右。

733 为什么喝茶能抗辐射?

茶中的维生素B₂对眼睑和眼结膜有保护作用。

维生素C补充晶状体营养。

茶叶中的很多成分都能起到抗辐射的作用,有关医疗部门曾用茶叶提取物对患者进行治疗,有效率达到90%以上。茶叶中的脂多糖抗辐射效果非常好,对于经常受电脑辐射的人群来说,经常饮用热茶能起到很好的防辐射作用。

维生素D减轻视觉疲劳。

▲图说
茶多酚中的儿茶素能够减轻电脑屏幕对眼睛的辐射。

375

734 为什么喝茶能延缓衰老?

中医认为,茶叶有益于身体健康,有抗衰延老的作用,《杂录》也曾记载"苦茶轻身换骨"。经科学研究发现,茶叶含有的茶多酚类物质,能清除氧自由基,具有很强的抗氧化性和生理活性,有效地清除体内的活性酶。茶叶中茶多酚的抗衰老效果要比维生素E强18倍以上。

茶叶中有一种茶单宁物质,能够维持人体内细胞的正常代谢,抑制细胞突变和癌细胞分化;茶叶中的脂多糖能防辐射损害,改善造血功能和保护血管,增强微血管韧性,防止破裂,降低血脂,防止动脉粥样硬化。

茶中的维生素E能对抗自由基的破坏,促进人体细胞的再生与活力。

735 为什么忌空腹喝茶?

茶叶大多属于寒性,空腹喝茶,会使脾胃感觉凉,产生肠胃痉挛,而且茶叶中的咖啡碱会刺激心脏,如果空腹喝茶,对心脏的刺激作用更大。特别是心脏病患者,不要空腹喝茶。我国自古就有"不饮空心茶"之说,喝茶是为了吸收茶叶中的营养元素,但是空腹喝茶会对身体机能造成损伤,这样喝茶就会失去了应有的健康意义,因此尽量不要空腹喝茶。

▶图说

空腹饮茶时,浓茶中的氟过量摄入会对人体造成损害,饭后才是饮茶的最佳时机。

736 为什么忌喝过烫茶?

茶叶作为一种健康饮料,已被越来越多的人所喜爱,现在很多人都有喝茶的习惯,尤其是有一些人喜欢喝刚泡好的过烫的茶。古人云:"烫茶伤五内。"这说明,烫茶对人的健康有害。太烫的茶水对人的喉咙、食道和胃刺激较强,长期喝烫茶容易导致这些器官的组织增生,产生病变,甚至诱发食管癌等恶性疾病。所以,喜欢喝过烫的茶对健康有害,不能饮用过烫的茶水。

▶图说

泡茶用水的温度应以80℃左右为佳。

737 为什么茶叶忌冲泡的次数过多?

一般来说,茶叶中可溶性物质将近40%,其总量与茶自身的品质成正比。随着茶冲泡次数的增加,可浸出的营养物质会大幅度降低,所以茶水冲泡的次数越多,越没有喝茶的价值。此外,茶叶中还含有少量的有害物质,一般会在浸泡茶叶的最后浸出,如果冲泡的次数过多的话,这些有害物质就会进入茶水中被喝入体内。这样喝茶不仅不能达到保健的效果,反而对身体不利。所以,茶叶一般来说冲泡三次为宜。

随着冲泡次数的增加,汤色变淡,营养物质逐渐降低。

茶叶中营养成分浸出量研究				
冲泡次数	第一次	第二次	第三次	第四次
浸出量	50%	30%	10%	1% ~ 3%

738 为什么忌过量喝茶?

过量喝茶,茶叶中的咖啡碱等物质在体内堆积过多,超过卫生标准,就会中毒,损害神经系统,还会对心脏等造成过大的负担,会引发心血管疾病,动脉粥样硬化。喝茶过多,茶叶中含有的利尿成分也会对肾脏器官造成很大的压力,影响肾功能。喝茶过量,咖啡碱等兴奋剂处于高度亢奋状态,会使人精神过度膨胀,影响睡眠。

一般来说,健康的成年人,平时有饮茶的习惯,一日饮茶6~10克之间,分二、三次冲泡较适宜。吃油腻食物较多、烟酒量大的人,也可适当增加茶叶用量。孕妇和儿童饮茶量应适当减少。

图说
过量喝茶严重者会造成脑力衰退,降低思维能力。

739 为什么忌喝劣质茶?

劣质茶中含有大量的残留农药以及未经处理过的有害物质,如果喝劣质茶过多,茶叶中的有害物质就会在体内存积,这样就会影响到整个身体的机能。长期喝劣质茶,一些垃圾水中所含的有毒物质,可能会引发血液中毒、肝肾等脏器中毒,使这些器官的功能下降,还会造成神经系统损伤,引发植物神经紊乱等。

740 为什么忌喝隔夜茶？

从营养的角度来看，隔夜茶因为时间过久，茶中的维生素C已丧失，茶多酚也已经氧化减少；从卫生的角度来看，茶汤暴露在空气中，易被微生物污染，且含有较多的有害物质，放久了易滋生腐败性微生物，使茶汤发馊变质。

而从前人们认为隔夜茶喝不得，喝了容易得癌症，理由是认为隔夜茶含有二级胺，其实在很多食品中都存在有二级氨，这并不会造成癌症。尽管隔夜茶没有太大的害处，一般情况下人们还是随泡随饮的好。

放置时间过长，茶多酚发生氧化就会色泽泛黄。

新鲜的茶汤清绿典雅，茶香浓郁。

741 为什么忌用茶水喝药？

茶叶中含有咖啡碱，刺激中枢神经系统以致兴奋，因此在服用镇静、安眠药物时会与药效发生冲突，降低药效。

茶叶中多酚类容易与酶结合，在服用酶制药剂时，茶水会降低酶的活性，尤其是硫酸亚铁、碳酸亚铁、枸橼酸、铁胺等含铁剂和氢氧化铝等含铝剂的西药，遇到茶汤中茶多酚类物质与金属离子结合而沉淀，会降低或失去药效。所以，切忌用茶水喝药，并且在服药后两小时内也要停止饮茶。

742 为什么忌酒后喝茶？

茶水会刺激胃酸分泌，使酒精更容易对胃黏膜造成伤害；酒中的乙醇和茶叶中的咖啡碱都同时刺激心脏，多饮也会造成心血管疾病。

饮酒后酒中含有的乙醇成分通过胃肠道进入血液，在肝脏中转化成为乙醛，再转化成醋酸，由醋酸分解成二氧化碳和水而排出。但是如果酒后喝茶，茶叶中的茶碱迅速地对肾发挥利尿作用，这样尚未分解的乙醛就会过早地进入肾脏，对肾脏造成强烈的刺激，影响到肾功能，因而经常酒后喝浓茶的人易发生肾病。

酒中的乙醇会刺激胃黏膜引发后者强烈收缩、扩张，故有饮酒伤胃之说。

743 为什么忌睡前喝茶？

因为茶叶中含有大量的咖啡碱，它是一种兴奋剂，能对人的中枢神经系统起到兴奋作用，使人处于高度亢奋状态。在睡觉前喝茶，特别是浓茶，咖啡碱含量很多，刺激作用大，很容易导致失眠或者睡眠不充分，影响到第二天的精神状态。

茶叶有利尿的作用，在晚上睡觉前喝茶，必然会使夜尿频繁，这样也对休息造成影响，所以在睡觉前最好不要喝茶。

▲图说
睡前喝浓茶易致使大脑处于亢奋状态而长时间难以入睡。

744 为什么儿童喝茶要清淡？

浓茶中含有大量的茶碱、咖啡因，会对人体产生强烈的刺激，严重时还易引起头痛、失眠。儿童适量饮一些淡茶，通过饮茶，可以补充一些维生素和钾、锌等矿物质营养成分。通过饮茶还可以加强胃肠的蠕动，帮助消化；饮茶又有清热、降火的功效，可以有效地避免儿童大便干结，造成肛裂。另外，茶叶还有利尿、杀菌、消炎等多种作用，因此儿童可以适当饮茶，只是不宜饮浓茶。

▲图说
茶叶的氟含量较高，饮茶或用茶水漱口还可以预防龋齿。

745 为什么不能喝新炒的茶？

新茶指摘下不足一月的茶，这种茶形、色、味上乘，品饮起来确实是一种享受。但新茶不宜常饮，因新茶存放时间短，多酚类、醇类、醛类含量较多，人经常饮会出现腹痛、腹胀等现象。且新茶中含有活性较强的鞣酸、咖啡因等，人饮后容易神经系统高度兴奋，产生四肢无力、冷汗淋漓和失眠等"茶醉"现象，因此新茶也不宜久饮。

新炒制的茶口感较差，刺激性较强。

出现"茶醉"后立即吃甜食即能逐渐缓解。

746 女性喝茶有哪五忌？

虽然饮茶有多种保健作用，但并非任何情况下饮茶对身体都有好处，女性朋友尤其应注意。对女人来说，下列几种情况不宜饮茶：

1. 行经期 女性经期期间大量失血，应在经期或经期后补充些含铁丰富的食品。而茶叶中含有30%以上的鞣酸，它在肠道中较易同食物中的铁结合，产生沉淀，阻碍了肠黏膜对铁的吸收和利用，起不到补血的作用。

▲图说

乳汁中的咖啡因进入婴儿体内，易致使婴儿发生肠痉挛，出现无故啼哭的情况。

2. 怀孕期 茶叶中的咖啡碱，会加剧孕妇的心跳速度，增加孕妇的心、肾负担，增加排尿，而诱发妊娠中毒，更不利于胎儿的健康发育。

3. 临产期 临产期饮茶，其中的咖啡因会引起孕妇心悸、失眠，导致体质下降，严重时导致分娩产妇精疲力竭、阵缩无力，造成难产。

4. 哺乳期 茶中的鞣酸会被胃黏膜吸收后进入血液循环，从而产生收敛作用，抑制产妇乳腺的分泌。另外，由于咖啡因的兴奋作用，母亲睡眠不充分，影响母乳效果，也会造成奶汁分泌不足。

5. 更年期 更年期妇女头晕、乏力，会出现心动过速，易感情冲动，还会睡眠不定或失眠、月经功能紊乱。常饮茶，会加重这些症状，不利于妇女顺利度过更年期，从而有害身心健康。

临产期：茶水漱口，可增强食欲，旺盛精力，提高睡眠质量。

哺乳期：茶水漱口，可预防牙龈出血，杀灭口腔细菌，保持口腔清洁。

更年期：茶水漱口，可杀灭厌氧菌，防治牙周炎。

怀孕期：茶水漱口，可补钙、预防龋齿。

行经期：茶水漱口，可清洁口腔、消除口臭。

▲图说

女性在不同生理时期巧妙地运用茶叶，也能获得意想不到的快乐时光。

45岁

55岁

29岁

25岁

12.5岁

出生

0

死亡

第十二章

茶与食疗

从采茶咀嚼生食至煮作羹饮熟制，人对茶疗的认识与发展经历了一个质的飞跃过程。被古人当作"万病之药"的茶能缓解病痛、治病祛疾，与中医药学有着千丝万缕的联系，很早即被收录在古药书之中。抑菌消炎的绿茶、养胃利尿的红茶、消脂减肥的乌龙茶、理气解郁的花茶……本章将带你速览药茶的基础知识，辨证施治，合理配比，每个人都可以找到最适合自己的食疗茶饮。

747 中国古代人怎样用茶来治病？

　　中国饮茶历史非常悠久，中华民族认识茶的历史有这么几句话，叫："茶之为饮，发乎神农氏，闻乎鲁周公，"还有说茶是"万病之药"。

　　古代文献对茶有非常丰富的记载，最早的记载有"神农尝百草，日遇七十二毒，得茶而解之。"这个记载说明古人在很早的时候就认识到，茶具有保健功能和解毒功能，人类应用茶的历史也非常悠久。古人最早是把采摘来的茶叶，用来咀嚼，发现咀嚼以后就可以治病，此后进一步发展到了"煮作羹饮"，用茶来做汤做饭，来达到预防和治疗疾病的作用。后来才逐步有了各种专门制茶的人。

《史记》中有着关于古人以茶治病的最正式的记载。

"神农以赭鞭鞭草木，尝百草，始有医药。"
　　　　　　　　——出自《史记·补三皇本记》

748 怎样从茶叶中选择适合治病的茶叶？

　　茶树的叶片吸收了来自根部和大气中的各种养分，最主要的是太阳能，经过十分复杂的生化过程，加工合成了特有的生化成分如茶多酚，也富集了矿物质。不同品种、不同地区、不同季节的茶树叶片主要内含成分的量和结构不尽相同，茶树叶子经采摘、加工后其生化成分也有所变化，不同的加工方式制成了不同类茶，冲泡后溶入茶汤内的生化成分也就各不相同。

根据人的不同体质与病症辨证选茶

品种	功用
绿茶	抑菌消炎、降血脂、抑制心血管疾病、防辐射、抗癌
红茶	清热解毒、养胃利尿、提神解疲、抗衰老
乌龙茶	消脂减肥、防癌、抗衰老
普洱茶	解油去腻、消脂减肥、降压、防癌、醒酒
花茶	平肝润肺、理气解郁、养颜排毒

749 药茶的制作方法是什么？

　　广义的药茶是指由中药材与食物制成的汤、乳、汁、露、汁、浆、水等具有药用疗效的饮料。一般来说，制药茶有冲泡法和煎煮法两种方法。冲泡法是将药茶放入杯中直接加沸水冲泡，一般要浸泡5～30分钟之后服用；煎煮法是将药茶放入锅中，像煎饮中药一样煎煮，然后饮用。

▶图说
　　药茶是指由食物和药物经冲泡、煎煮、压榨及蒸馏等各种方法制作而成的茶及代茶饮用品。

750 怎样加工药茶?

药茶分为茶剂、汤饮、鲜汁、露剂和乳剂,其加工方法各不相同。

1.茶剂 将茶叶和食物、药物混合制作而成的饮料。将茶叶等都放入杯中,冲入沸水,浸泡半小时左右饮用。也可将其置于锅中煎煮,去渣取汁,煎煮两三次,将药汁合并。

2.汤饮 将食物或药材以沸水冲泡或煎煮的方式取汁,制取的方式选择上需注意质地轻薄而有易挥发成分的食物或药材只要简单冲泡即可,多数都是代替茶来饮用,但其中不一定含有茶叶。

3.鲜汁 是将一种或几种有一定药用食疗价值的新鲜蔬果或花草以压榨的形式取其汁液,再适量加入清水,稀释后并入药汁中饮用。

4.露剂 与鲜汁相似,是将新鲜的蔬果或花草放在备好的容器中以蒸馏加工的方式制成可饮用的液体饮料。

5.乳剂 顾名思义,即是以乳制品为主要原料制成的可饮用的液体饮料。

材料选择需优质、新鲜。

可根据情况适当添加糖类调味。

食材、药材一般要加工切碎,以利于药物有效成分析出。

---

751 怎样服用药茶?

药茶的饮用方法有多种,根据不同的病理,选择合适的服用方法才能更好地发挥药效。

冲泡法。一般花茶类都可直接冲泡饮用。提取花类,切成薄片,捣碎,或制成粗末的茶方,或袋泡茶、块茶,取适量放置茶杯中,将煮沸的开水沏入,再用盖子盖好,闷15~30分钟,即可以饮用,以味淡为度。

煎煮法。有一部分复方药茶,因药味多,茶杯内泡不下,而且有一部分厚味药、滋补药的药味不易泡出,所以,需要将复方药茶共制成粗末,用砂锅煎药汁,加水煎2~3次,合并煎液后过滤,即可代茶饮用。

图说 药茶的服用多以温热为宜。

调服法。若茶药方为药粉,可加入少量的白开水调成糊状服用,如八仙茶等。

含服法。将药茶汁含在口中片刻,再慢慢咽下,或含在口中漱口片刻,再咽下。此法对口腔癌等合并咽喉炎、牙周炎者尤为适宜。

药茶除可以口服外,还可通过外涂、外搽、外洗、热熏等方式使用。

752 服用药茶有哪些禁忌?

药茶是一种传统的治疗方法,服用药茶要注意一些禁忌。

(1)霉变的茶叶和药材制作药茶时要忌用。茶叶和多数中药材均容易受潮变霉,饮用后不仅不能达到治疗作用,还会对健康有害,并有致癌的危险。

> 异味包括材料劣质或变质的异味,容器不洁的异味。

▲图说 避免饮用有异味的药茶。

▲图说

绝对忌用已经开始出现霉变的茶叶或食材。

(2)盛装茶叶和药材的容器也应清洗干净,不能有异味。茶叶和某些花类、叶类的药材极易吸收樟脑等物的异味,有异味的茶叶和药材不能用于制作药茶。

(3)要辨证使用药茶方。例如感冒有寒热之分,还有春夏秋冬之分;一般风寒感冒,宜辛温解表,应使用桑菊茶、甘露茶等。只有辨证准确,才能提高药茶的疗效。

(4)隔夜药茶不能服用。隔夜药茶被微生物细菌感染,容易变馊。所以,药茶应随泡随饮,随煎随饮,当天饮完,忌饮隔夜药茶。

(5)含有茶叶的药茶不宜冲泡或煎煮时间过久,因为挥发过多会造成茶叶中的维生素等营养成分受破坏,这样就不能达到治疗的作用。

(6)药茶不宜过多服用。饮用剂量过大、过浓,茶叶中的咖啡碱可兴奋神经,导致胃肠不适,加重消化道病情,增加肾脏负担。所以,一般每天服用1剂,或冲泡或煎煮的药茶量可分2~3次饮用。

(7)注意服药的"忌口"。如服解表药,宜禁生冷、酸食,服止咳平喘药,宜禁食鱼虾之类食品;服清热解毒药宜禁食油腻辛辣、腥臭食品;服理气消胀药,宜禁豆类、白薯等。另外,饮药茶,还需弄清"茶忌":烫茶伤人,冷茶滞寒聚痰,温度合适才可以。胃寒者、冠心病患者、哺乳妇女不要饮浓茶,服用阿司匹林不能喝茶。

药茶每次冲泡约15分钟,煎煮不超过15分钟。

753 肥胖病的茶疗方法有哪些?

肥胖症是指由于遗传或其他因素而造成的人体体内脂肪过度堆积,从而引发体重异常增加的常见病症。饮茶能促进肠胃功能,有利于通便排尿,对减肥很有效。

1.乌龙茶 半发酵茶,富含丰富的氨基酸及纤维素,能有效促进脂肪分解,促进新陈代谢。

2.沱茶 能有效地促进脂肪分解,茶叶中的咖啡碱等物质还可促进排毒,这样将有害物质排出体外,达到减肥的目的。

3.桑叶茶 桑叶可以促进排尿,使积在细胞中的多余水分排走,还可以将血液中过剩的中性脂肪和胆固醇排清,可消除体内脂肪,有利于减肥。

4.黑茶 由黑曲菌发酵制成,对抑制腹部脂肪的增加有明显的效果。想用黑茶来减肥,最好是喝刚刚泡好的浓茶。另外,应保持一天喝1.5升,在饭前饭后各饮一杯,长期坚持下去。

桑
甘、苦、寒,归肺、肝经。
功效:桑叶可以消除多余的脂肪,有利于减肥。
制法:沸水直接冲泡。

754 高血脂症的茶疗方法有哪些?

高血脂症是动脉粥样硬化、高血压、冠心病、糖尿病的危险潜藏因素,严重威胁着人类身体健康。高血脂症是一种顽固性疾病,通过茶疗可以减轻一些症状。

1.酸溜根茶 用山楂、茶树根、玉米须茶放在一起煮后而成。饭后喝上一杯,可以抑制血压升高,从而预防高血脂症的病发率。

2.橘皮茶 取橘皮、茶叶各一半,焙干,研为细末,放入杯内,倒入沸水加盖闷泡10分钟,每日1剂,分2次冲泡,饭后服。可健脾消食,止咳化痰,对高血脂症有很好的疗效。

3.荷叶茶 绿茶、荷叶各10克,沸水冲泡饮用,治疗高血脂症。

荷叶
甘、涩、平。归脾、肾、心经。
功效:荷叶有清血脂的作用,可以减轻肥胖症状。
制法:与绿茶一起以沸水冲泡饮用。

755 动脉粥样硬化的茶疗方法有哪些?

　　茶叶中的茶多酚通过升高高密度脂蛋白胆固醇（HDL-C）的含量来清除动脉血管壁上胆固醇的蓄积，同时抑制细胞对低密度脂蛋白胆固醇的摄取，从而实现降低血脂，预防和缓解动脉粥样硬化目的。

　　1.菊花茶　甘菊味甜，每次用3克左右泡茶饮用，每日3次；对动脉硬化患者有显著疗效。

　　2.山楂茶　山楂所含的成分可以助消化、扩张血管、降低血糖、降低血压。同时经常饮用山楂茶，对于治疗高血压具有明显的辅助疗效。其饮用方法为，每天数次用鲜嫩山楂果1~2枚泡茶饮用。

　　3.返老还童茶　槐角18克，何首乌30克，冬瓜皮18克，山楂肉15克，乌龙茶3克。前四味药用清水煎好去除渣，乌龙茶以药汁蒸服，作茶饮，有清热、化瘀、益血脉的作用，可增强血管弹性，降低血中胆固醇含量，防治动脉硬化。

山楂
- 酸、甘，性温，归脾、胃、肝经。
- 功效：山楂有行气化瘀的功效，对治疗动脉粥样硬化有一定的辅助作用。
- 制法：每天取鲜嫩山楂果泡茶饮用。

756 冠心病的茶疗方法有哪些?

　　茶叶能有效地预防冠心病，冠心病的加剧，与冠状动脉供血不足及血栓形成有关。茶多酚中的儿茶素以及茶多酚在煎煮过程中不断氧化形成的茶色素，对预防血栓很有效。

灵芝
可滋补强壮、补肺益肾、健脾安神。

　　1.红茶、绿茶　将红茶或绿茶五克，加入清水二百毫升，用中火煮沸后，再小火煮五分钟，然后沉淀去渣，空腹一次饮下，每日一次，坚持三个月。对冠心病的防治很有效。

　　2.灵芝茶　灵芝能有效地扩张冠状动脉，增加冠脉血流量，改善心肌微循环，增强心肌氧和能量的供给，可广泛用于冠心病、心绞痛等的治疗和预防。直接冲泡润湿后即可饮用。

　　3.乳香茶　茶末120克，炼乳香30克，共研末，用醋和兔血调和制大丸，温醋送服，每日1丸，治疗冠心病、心绞痛。

　　4.三根汤　老茶根30克，榆树根30克，茜草根15克，水煎服，治疗冠心病、高血压。

　　5.山楂根茶　茶树根、山楂根、玉米须和荸荠花各50克，水煎饮用，治疗冠心病。

丹参
味苦性微寒，能活血通络、益气养血。
- 制法：丹参9克研末，加绿茶3克，以沸水冲泡饮用。

757 高血压的茶疗方法有哪些?

一般来说,饮茶能兴奋神经,升高血压,高血压患者尽量不要饮茶。有关专家指出,有的茶具有降血压的作用,适合高血压患者饮用。

1.荷叶茶 荷叶有扩张血管、清热解暑、降血压的作用。患有高血压的患者,可以将荷叶洗净切碎,加适量水煎,放凉后代茶饮。

2.菊花茶 菊花茶也有很好的降血压作用,直接泡用即可。

3.枸杞茶 枸杞不但具有补肝益肾、润燥明目的作用,还能降低血压和胆固醇。一般每日用9克枸杞泡水服用即可。

> **枸杞**
> 甘、平,归肝、肾经。
> 功效:枸杞具有平肝的作用,对高血压患者有帮助。
> 制法:每天用9克枸杞泡水喝。

758 有关提神的茶疗方法有哪些?

茶叶中所含有的咖啡碱能刺激人体的中枢神经系统,起到兴奋神经、醒脑明目的作用,从而达到提神的效果。绿茶能清凉降火,快速提神;茉莉花茶,花香浓郁,入口清爽;普洱茶中的咖啡碱能迅速地作用于中枢神经,使人处于兴奋状态。

虾米茶 干虾米十几粒,茶3克。用沸水冲泡,温后送服虾仁,可以提神,滋补,增加营养,维持身体正常机能,提高抗病力。

759 有关镇静安神的茶疗方法有哪些?

花茶的镇静安神效果最好,花茶不像一般的茶叶那样含有太多的咖啡碱,因而不会使神经处于过度亢奋的状态。

1.龙眼百合茶 龙眼肉加上百合,在午后饮用,有安神、镇定神经的作用。

2.莲藕茶 藕粉一碗,水一碗入锅中不断地搅匀再加入适量的冰糖即可,当茶喝,有养心安神的作用。

3.玫瑰花茶 不仅可美容强身,还具有很好的清香解郁作用。

4.薰衣草茶 安抚紧张情绪,具有镇静安神的作用。

> **薰衣草**
> 香味芬芳浓郁,滋味甘中微苦。
> 功效:净化心灵、安抚紧张情绪,具有镇静安神的作用。
> 制法:沸水冲泡,闷泡5 10分钟,将茶叶滤出即可饮用。

760 有关消食的茶疗方法有哪些?

茶叶可促进肠胃的蠕动改善消化系统，对消食很有利。一般的茶叶都具有消食的功能。

1.**山楂消食茶**　开胃消食，对肠胃有改善作用，对小儿积滞，因停滞不化出现食欲不振有很好的疗效。

2.**大麦茶**　用开水冲泡即可饮用。能起到暖胃的作用，促进消化系统的运行。

3.**铁观音**　乌龙茶中的极品好茶，不仅可预防多种疾病，还可消食解腻。

> **☕ 大麦**
> 甘咸，凉。归脾经。
> 📖 **功效：** 大麦具有暖胃的作用，促进消化系统的运行。
> 📋 **制法：** 沸水冲泡饮用。

761 有关解酒的茶疗方法有哪些?

茶能醒酒是众所周知的事实。明代理学家王阳明就有"正如酷醉后，醒酒却须茶"的名句。酒的成分主要是酒精，一杯酒中含有10%～70%的酒精，而铁观音茶多酚能和乙醇相互抵消。

1.**醋茶**　将茶冲泡好后，加入适量的醋，调匀，可以解酒醉。

2.**解酒茶**　葛花、葛根、山楂、薄荷叶、金莲花等放在一起煮泡，酒后饮用，可醒酒。对酒后引起的肠胃不适很有效，尤其是酒后头痛、头晕、呕吐等人群。山楂有消除油腻的作用；加上具有传统醒酒功效的葛花；疏风清热的薄荷；调理肠胃、帮助消化的金莲花，喝酒前饮用，还有一定的预防醉酒作用。

762 痢疾的茶疗方法有哪些?

茶叶有止泻的功能。茶叶中的茶多酚能够起到排毒的功效，具体的茶疗方法有：

1.**醋茶**　将茶泡好后，将茶叶去掉，按5：2的比例将茶水和醋调匀配制。每日饮用2～3次，可治暑天腹泻、痢疾。

2.**菊花茶**　将茶叶用开水冲泡，待泡开后即可饮用。帮助治疗痢疾。

3.**天然草茶**　猫薄荷、洋甘菊、治痢草根、金印草根、茴香、胡卢巴、薄荷茶、木瓜、欧薄荷均是很好的药草。勿长期使用治痢草根。

> **☕ 薄荷**
> 辛、凉，归肺、肝经。
> 📖 **功效：** 薄荷对痢疾杆菌有一定的抑菌作用。
> 📋 **制法：** 沸水冲泡，可与金银花等同时用。

763 慢性肝炎与肝硬化的茶疗方法有哪些?

茶叶中的营养物质对治疗慢性肝炎和肝硬化有很大的帮助,而且有资料表明,经常喝茶的人患病率很低。

李

果肉味甘、酸、性寒。

功效:鲜李子肉具有清热祛湿,柔肝化结的功效。

制法:去核取肉,与茶叶一起用沸水冲泡饮用。

1.鲜李茶 将50克新鲜李子洗净,去核取肉,切成小块,与1克茶叶一起放入保温杯内,倒入沸水加盖闷泡2分钟,待温热时调入蜂蜜即可。每日1剂,分3次饮服。可清热祛湿,柔肝化结,适用于肝硬化、肝腹水等症。

2.甘蔗茶 将250克甘蔗切片,煎沸15分钟后,去渣取汁,趁热加入1克绿茶拌匀即成。

764 感冒的茶疗方法有哪些?

1.荆芥防风茶 荆芥15克,防风15克,水煎后代茶饮。适合风寒型的感冒,除了表现为鼻塞、喷嚏、咳嗽、头痛等一般症状外,还有畏寒、低热、无汗、头痛身痛、流清涕等偏于寒证的表现。

2.金银花连翘茶 金银花20克、连翘15克,水煎后代茶饮。这道茶适合风热型的感冒,既有鼻塞、流涕、咳嗽、头痛外,还有痰黄、舌苔黄厚等症状。

连翘

苦、微寒。归肺、心、小肠经。

功效:连翘具有解毒,疏散风热的功效。

制法:与金银花一起用沸水冲泡饮用。

765 咳喘的茶疗方法有哪些?

1.柿茶 柿饼6个,冰糖15克,共煮烂后,将5克茶叶冲泡出的茶汁和入,饮食用,每日1剂,治疗肺虚咳嗽、痰多等症。

2.久喘桃肉茶 胡桃肉30克、雨前茶15克共煮取汁并加入炼蜜5茶匙,每日1剂,不拘时温服,治疗久喘口干。

3.川贝茶叶散 川贝母3克,茶叶3克,米糖9克共研末,温开水送下,治疗感冒、支气管炎咳嗽。

贝母

苦、甘、微寒,归肺、心经。

功效:川贝具有清热化痰、润肺止咳的功效。

制法:与茶叶、冰糖一起沸水冲泡饮用。

766 肺痈的茶疗方法有哪些?

1.**柿茶** 柿饼适量煮烂,加入冰糖,茶叶适量,再煮沸,配成茶水饮之,有理气化痰、益肠健胃的功效,它最适于肺结核患者饮用。

2.**茶根酒汤** 老茶根30克,水煎取汁,加黄酒调匀,睡前服,治疗肺痈病。

3.**车前草茶** 茶树根、车前草各30克,连翘15克,水煎服,治疗肺痈病。

> 🌿 **车前**
> 甘、酸,性寒。归肝、肾、肺、小肠经。
> 🍵 **功效**:车前具有清肺祛痰的功效。
> 📖 **制法**:与茶树根、连翘一起水煎服。

767 咽喉炎的茶疗方法有哪些?

1.**橄榄茶** 将橄榄连核切成两半,与绿茶同放入杯中,冲入开水,加盖闷5分钟后饮用。适用于慢性咽炎,咽部异物感者。

2.**大海生地茶** 将胖大海和生地加冰糖用沸水冲泡。代替茶来饮。每日2~3剂。可以清肺利咽、滋阴生津,用于慢性咽喉炎。尤其是用于治疗声音嘶哑,兼有肺阴不足、虚火夹实的慢性咽喉炎效果最佳。

> 🌿 **橄榄**
> 苦、辛,温。归胃、大肠经。
> 🍵 **功效**:橄榄具有治疗慢性咽喉炎、咽喉不适的功效。
> 📖 **制法**:连核切成两半,沸水闷泡后饮用。

768 鼻炎的茶疗方法有哪些?

1.**菊花栀子茶** 菊花10克,栀子花10克,薄荷3克,葱白3克,蜂蜜适量。将上述药物用沸水冲泡,取汁加蜂蜜调匀,代茶频饮,每日1剂,连用3~5日,可以有效治疗急性鼻炎。

2.**辛黄花茶** 辛黄花子2克、苏叶6克。选用春季末开辛黄花蕾,晒至半干,堆起,内部发热后晒至全干,苏叶切碎,1日1剂,开水泡饮。散寒祛湿,通窍。主治急、慢性鼻窦炎,过敏性鼻炎。

> 🌿 **菊花**
> 苦、辛,微寒,归肝、心经。
> 🍵 **功效**:菊花对治疗急、慢性鼻炎有辅助治疗的功效。
> 📖 **制法**:与栀子、薄荷、葱白、蜂蜜一起用沸水冲泡饮用。

769 茶多酚治肾疾方法有哪些?

茶多酚是治疗肾脏疾病的重要药材,医学上,常从茶叶中提取茶多酚,对肾脏疾病进行辅助治疗。茶叶中含有大量的茶多酚,在日常的饮用中,就能摄取大量的茶多酚,茶多酚能够加快排出肾脏中的废弃物,有利于排尿,茶叶中的咖啡碱等还对消化系统有利,促进体内血液循环,调节身体机能。

茶多酚是茶叶中酚类物质及其衍生物的总称,并不是一种物质,因此常称为多酚类,占干物质总量的20%～35%。过去茶多酚又称作茶鞣质、茶单宁。茶多酚,在医学上已经被认为是治疗肾脏疾病的主要药物,所以经常饮茶对预防和治疗肾疾病很有帮助。

770 妇产科疾病的茶疗方法有哪些?

喝茶有利于妇女的健康,对子宫肌瘤等多种妇科常见病症都有很好的预防作用。

1.糖茶 茶叶2克、红糖10克,用开水冲泡5分钟,饭后饮。对妇女小腹冷痛、痛经等有很好的疗效。

2.仙鹤草茶 仙鹤草60克,荠菜50克,茶叶6克。上3味同煎,每日1剂,随时饮用。适用于崩漏及月经过多。

3.止血葡萄茶 红茶2克,葡萄干30克,蜜枣25克,加水400毫升共煎,煮沸3分钟,分3次服,每日1剂。化瘀止血,用于功能性子宫出血及血瘀型月经过多。

4.黑木耳红枣茶 黑木耳30克,红枣20枚,茶叶10克。煎汤代茶频饮。每日1剂,连服7日。功能补中益气、养血调经,适用于气不摄血之月经过多。

5.益母草茶 益母草花5克、蜂蜜25克、绿茶1克。混合后加水煎沸5分钟即成。每日一剂,分3次饭后温服(孕妇忌服),可以祛瘀,调经,和血。对赤白带下,乳痈,胆囊炎也有辅助治疗作用。

6.二鲜汤茶 鲜藕120克切片、鲜茅根120克切碎,用水煮汁当茶饮,可以滋阴凉血,祛瘀止血。适宜月经量多,血热淤阻型。

7.山慈姑茶 山慈姑、大麦芽各10克,茶叶适量,研为末,用浓茶水敷患处,可以防治乳腺炎。

玫瑰花

味甘微苦、性温,能疏肝解郁、理气活血。

制法: 玫瑰花5克、蜂蜜25克、绿茶1克,混合后加水煎沸5分钟即成。

备注: 每日一剂,分3次饭后温服。

771 眼科疾病的茶疗方法有哪些?

茶叶中胡萝卜素的含量比一般食品高,在植物性食物中仅次于辣椒和苜蓿,而胡萝卜素对于预防或治疗眼科病有着非同一般的意义。

1.石斛菊花茶 将菊花茶、决明子、石斛各少许配起来代茶饮,清热凉血、清肝明目,特别适合长时间坐在空调房中使用电脑的职员。

2.决明子茶 绿茶1~5克、决明子10克、冰糖25克。先将决明子炒至鼓起备用。沸水冲泡约300毫升,分3次饭后服,每日1剂,用于夜盲症。

3.绿茶明目方 沸水冲泡饮用,每日2杯。常用能预防白内障,控制白内障病情发展。

> **决明**
> 甘、苦、咸、微寒。归肝、大肠经。
> 功效:决明具有清热明目,润肠通便的作用。
> 制法:与绿茶、冰糖一起沸水冲泡饮用。

772 龋齿的茶疗方法有哪些?

1.绿茶 绿茶含有的大量氟与牙齿中的磷灰石结合,具有抗酸防蛀牙的效果;同时可除去难闻口气。

2.橄榄茶 咸橄榄4枚,芦根30克,水煎服。有清热生津,解毒降火的作用。对上火引起的牙龈疼痛有显著的疗效。

3.普洱茶 6~10克,用开水冲泡饮用。可以防止龋齿。

4.荷叶茶 干荷叶15克,水煎服,或干荷叶研末,每服10克,可预防龋齿,治牙痛。

5.醋茶 茶叶3克,用开水冲泡5分钟,取茶汁加入食醋10克,每日含漱2~3次,也可以预防龋齿。

773 糖尿病的茶疗方法有哪些?

糖尿病人经常感到口渴,尤其是炎炎夏日,更觉口渴难耐。一般饮茶治疗后,口渴症状减轻,深夜排尿次数减少,尿糖减少或消失。饮茶可以治疗糖尿病的重要原因是茶叶中含有多酚类物质。

1.麦冬茶 取麦冬、党参、北沙参、玉竹、天花粉各9克,知母、乌梅、甘草各6克,研成粗末,加绿茶末50克,煎茶水1000毫升,冷却后当茶喝。

2.降糖茶 取淮山药9克,天花粉9克共同研碎,连同10克枸杞一起放入陶瓷器皿中,加水文火煮10分钟左右,代茶连续温饮。

> **麦冬**
> 甘、微苦、微寒。归胃、肺、心经。
> 功效:与绿茶同饮对治疗糖尿病有辅助作用。
> 制法:与明党参、北沙参、玉竹、天花粉、知母、乌梅、甘草、绿茶煮沸冷却后饮用。

774 有关解暑止渴的茶疗方法有哪些?

1.**苦瓜茶** 苦瓜去瓤装入绿茶,挂通风处阴干,用时切碎取10克沸水冲泡饮用,能解暑利尿。

2.**藿香花茶** 茉莉花3克,青茶3克,藿香6克,荷叶6克,沸水浸泡后饮用,治疗夏季暑湿、发热头胀、胸闷。

3.**薄荷珠兰茶** 茶叶6克、珠兰3克、薄荷3克,沸水冲泡饮用,治疗夏季暑湿,头胀烦闷。

4.**三叶青蒿茶** 青竹叶一把,鲜藿香叶30克,青蒿15克,水煎取汁冲泡10克茶叶,饮服,治疗中暑、高热、胸闷恶心等症。

> 🍈 **苦瓜**
> 苦,寒。归脾、胃、心、肝经。
> 📖 **功效:** 苦瓜具有清热消暑、养血益气的功效。
> 📋 **制法:** 苦瓜去瓤装入绿茶,挂通风处阴干,用时切碎取10克沸水冲泡饮用。

775 有关抑菌消炎的茶疗方法有哪些?

1.**橘红茶** 橘红3～6克,绿茶5克。用开水冲泡后再放入锅内隔水蒸20分钟服用,每日1剂随时饮用。此茶有润肺清痰、理气止咳之功,适用于秋令咳嗽痰多、黏而咳痰不爽之症。此茶中橘红可宣肺理气,消痰止咳;而茶叶有一定抗菌消炎作用,以此二味合用对咳嗽痰多、黏而难以咯出者疗效较好。

2.**蒲公英甘草茶** 绿茶1克,蒲公英15克,甘草3克,蜂蜜15克。当中两味加水500毫升,煮沸10分钟,去渣,加入绿茶、蜂蜜即可,分3次温服,可以防止细菌感染导致化脓。

> 🌼 **蒲公英**
> 甘、苦,寒。归胃、肝经。
> 📖 **功效:** 蒲公英具有防止细菌感染的功效。
> 📋 **制法:** 与绿茶、甘草、蜂蜜煮沸10分钟后过滤饮用。

776 有关解毒的茶疗方法有哪些?

1.**菊花茶** 茶叶、杭菊各2克,以沸水冲泡。具有清肝明目、清热解毒功效。

2.**猕猴桃茶** 猕猴桃100克,红枣10枚,红茶3克。先将猕猴桃洗净,切碎,与红枣一起水煎沸15分钟,以沸煎水冲泡红茶即可。每日1剂,当茶饮用,可解毒,还可抗癌。

3.**藤黄茶** 红茶30克,藤黄30克。用红茶煎汁磨藤黄,涂患处,可以治丹毒。

777 有关益气疗饥的茶疗方法有哪些?

1.救饥茶 将茶嫩叶或冬生叶洗净,煮作羹食,可以救饥。

2.疗饥茶 将茶叶去苦味二、三次,淘净,用油盐酱醋调食,可以疗饥。

3.益气 将石斛、西洋参、玉竹、麦冬、枸杞子、玄参、砂仁、佛手放在水里煮开即可。益气养阴,生津止渴,可改善口渴喜饮,多食易饥。

4.桂圆茶 白兰地9毫升,红枣4个,龙眼干100克,茶叶2克。先煮龙眼干,再加入红枣和白兰地,调成桂圆茶,冲入茶器即可饮用。益心脾,补气血,提精神,治虚劳羸弱。

桂圆

甘、温。归心、脾经。

功效:桂圆具有益心脾、补气血、提精神的功效。

制法:桂圆肉沸水煮开后加入红枣和白兰地,同服。

778 有关抗衰老的茶疗方法有哪些?

茶叶中的茶多糖可增强以血清凝集素为指标的体液免疫,促进单核巨噬细胞系统吞噬功能。茶多酚有很强的清除自由基和抗氧化作用,有助于抗衰老。抗衰老的茶疗方有:

1.抗衰茶 粳米、黄粟米、黄豆、赤小豆、绿豆各750克,细茶500克,净芝麻375克,净花椒75克,净小茴香150克,泡干白姜和炒白盐各30克。将前五味炒香,然后把以上各原料研为细末,混合均匀,外加麦面,炒黄熟,与前等分拌匀,并任意加胡桃仁、南枣、松子仁、白糖等。瓷罐贮放,每次3匙,白开水冲泡代茶饮,可以健身清热去脂。长期饮用,可抗衰老。

2.菊花茶 茶叶、杭菊各2克,以沸水冲泡。具有清肝明目、清热解毒功效,久服聪耳明目,抗衰老。

3.大黄绿茶 绿茶6克,大黄2克。沸水冲泡,随渴随饮。不仅清热,泻火,通便,消积,去脂,常饮此茶,还可延缓衰老。

4.加味绿茶 绿茶1小包、葡萄10粒、凤梨2片、蜂蜜1小匙、柠檬2片。取绿茶包放在杯中,加入开水浸泡7~8分钟;将凤梨片与葡萄粒榨成汁;果汁、蜂蜜、柠檬和绿茶同时倒入玻璃杯中拌匀即可。温和、安全地促进肌肤新陈代谢、血液循环、更新老化角质层、分解表皮层的黑色素,让肌肤变得更加均匀、光滑、白皙。

 茶

有温凉之分。归心、肺、胃经。

功效:茶叶中的茶多酚有很强的清除自由基和抗氧化作用,有助于抗衰老。

制法:单独饮用茶水,或与其他中草药煮沸后饮用。

779 有关抗辐射的茶疗方法有哪些?

茶叶之所以能抗辐射性伤害,主要是因为茶叶中含有脂多糖、儿茶素、维生素C、氨基酸中的半胱氨酸、维生素E以及咖啡碱等。这些化学成分的综合性疗效,可以减轻和解除辐射损伤所引起的各种生理功能障碍。茶叶的这种特有功能,是茶叶保健作用的特点之一,茶叶用作防治辐射损伤的药剂,既没有毒性,又没有副作用。多饮茶可减轻或消除X射线对身体的危害。

1.绿茶 平时多喝绿茶可起到一定的抗辐射作用。绿茶中含有的维生素C、维生素E,还有茶多酚,具有很强的抗氧化活性,可清除人体内的自由基,达到抗辐射、增强机体免疫力的作用。

2.鱼腥草茶 将干品鱼腥草适量,直接放入杯中用沸水冲泡即可,注意多泡一会儿效果好。

> **绿茶**
> 🍵 **功效:** 绿茶不仅能延缓衰老,还有抗辐射的功效。
> 📖 **制法:** 沸水冲泡后饮用。

780 有关补血升白的茶疗方法有哪些?

1.白术甘草茶 绿茶3克,白术15克,甘草3克。将白术、甘草加水600毫升,煮沸10分钟,放入绿茶即可,分3次温饮,再泡再服,日服1剂。可以健脾补肾,益气生血,还可治白细胞减少。

2.桂圆肉茶 绿茶1克,桂圆肉20克。将桂圆肉加盖蒸1小时,备用。将绿茶与桂圆肉置于大的茶杯里,加开水400毫升,分3次温饮。日服1剂,或隔日1剂。可以补气养血,滋养肝肾。用于贫血。

3.丹参黄精茶 茶叶5克,丹参10克,黄精10克。将药共研粗末,用沸水冲泡,加盖闷10分钟后饮用,每日1剂。可以活血补血,治贫血症及白细胞减少。

> **黄精**
> 甘、平。归脾、肺、肾经。
> 🍵 **功效:** 黄精有补气养阴,益气生血的功效。
> 📖 **制法:** 与茶叶、丹参沸水冲泡,加盖闷10分钟后服。

781 治疗唇癌的茶方有哪些?

1.**金银花茶** 金银花30克,蜂蜜20克。将金银花拣净,洗净后晒干或烘干,放入杯中,用沸水冲泡,加盖,闷15分钟即可饮用。饮服时可加蜂蜜,一般可冲泡3~5次。有消痈清热,散毒抗癌的疗效。

2.**生姜茶** 将鲜生姜洗净,在冷开水中浸泡30分钟,取出切片,压榨取汁,用纱布过滤,装瓶贮存于冰箱备用;每次在泡茶时,滴加3滴生姜汁,搅匀即可饮用。有解毒散寒,止呕防癌的功效。

782 治疗肝癌的茶方有哪些?

1.**郁金抗癌茶** 绿茶2克,醋制郁金粉5~10克,炙甘草5克,蜂蜜25克。加水煮沸,滤去渣滓,取汁即可饮用。此茶有抗癌疗效。对肝癌的治疗很有帮助。

2.**葵秆心绿茶** 向日葵秆心30克,绿茶10克。剥去向日葵秆的外皮,取秆心切碎,与绿茶一起放入砂锅内,加水适量,浓煎2次,每次30分钟左右,合并2次煎汁即可服用。分早晚两次服用,有消积抗癌的功效。

783 治疗食道癌的茶方有哪些?

1.**猪苓甘草茶** 猪苓25克,茶叶2克,甘草5克。将三种原料捣碎煮沸,加绿茶,再次煮沸,即可饮用。解毒抗癌,治疗食道癌很有帮助。

2.**猕猴桃茶** 猕猴桃100克,红茶3克,红枣25克。先将猕猴桃和红枣放在锅里煮沸,然后加红茶再次煮沸。待温后即可与猕猴桃与枣并食。解毒抗癌,使用于治食道癌等,也适用于艾滋病的治疗。

> 维生素C能防止癌症发生。

▲图说
猕猴桃含有丰富的维生素C,被誉为"维C之王"。

❀ 猕猴桃茶

性寒凉,味酸甘,可调中理气,解热除烦。

制法:猕猴桃2枚,蜂蜜30克。将鲜猕猴桃洗净、剥开,取其果肉,切碎,成细糊状,加冷开水调汁,加入蜂蜜混合即成。

784 治疗胃癌的茶方有哪些?

1.**银花抗癌茶** 金银花25克，绿茶2克，甘草5克。放在水里煎沸，10分钟，加绿茶再次煮沸，稍晾半分钟即可温饮。此茶可以抗癌，主要适用于胃癌的治疗。

2.**甘菊桑叶茶** 甘菊10克，桑叶10克，青果、荸荠竹茹、黄梨各适量，放入锅内，加水煎汤，滤去渣滓，即可代茶饮用，对治疗胃癌有辅助作用。

乌梅，性味酸，微温，有敛肺止咳、生津止渴、涩肠止泻等功效。

山楂，味甘酸，能健益脾胃、化瘀消脂。

乌梅山楂茶

制法	乌梅10枚，生山楂15克，绿茶10克。将乌梅、生山楂、绿茶放入砂锅内，加水煎煮20分钟，滤渣取汁即可代茶饮用
备注	当日煎熬当日服用完，体质寒凉的人不宜经常饮用

785 治疗肠癌的茶方有哪些?

1.**绿茶** 绿茶中的茶多酚能够有效地控制患肠癌的几率。

2.**橄榄茶** 橄榄茶10克，川朴花1.5克，羚羊角1.5克，研成粗末，加水煎汤，每日一剂，代茶饮用，对于防治肠癌有很好的作用。

无花果

性味甘平，可消肿解毒、润肠通便、健胃清肠。

制法：无花果2枚，绿茶10克。将无花果洗净，与绿茶一起放入砂锅内，加水煎煮15分钟，取汁即可当茶饮。

786 治疗鼻咽癌的茶方有哪些?

海藻，性寒味咸，可轻坚散结，消痰利水。

1.**防癌茶** 乌龙茶或同质量的其他好茶适量。经常饮用，就能起到有效的防癌作用。

2.**青果乌龙茶** 青果10克，乌龙茶5克。将青果洗净，拍碎，与乌龙茶一起放入砂锅内，煎煮20分钟，取汁皆可代茶饮用，当日服完。有生津利咽，解毒抗癌之功效。

海藻茶

制法	用冷开水轻轻漂洗海藻，洗净后放入砂锅内，加水浓煎2次，每次30分钟，合并2次的煎汁，当茶饮用
备注	每日2次，每次150毫升煎液，用温开水冲淡，频频饮用

787 治疗乳腺癌的茶方有哪些?

1.冬贝茶 天门冬30克, 土贝母10克, 绿茶3克, 蜂蜜适量。用水煎服取汁泡茶, 饮用时还可以加蜂蜜。此茶方可消肿抗癌, 特别对治乳腺癌肿有显著疗效。

2.木瓜桑叶茶 木瓜30克, 桑叶15克, 红枣10枚。先将红枣洗净, 去核晒干, 与木瓜、桑叶共切成细末, 放入杯内, 用沸水冲泡, 加盖, 闷15分钟, 即可当茶饮服, 一般可冲泡3~5次。不仅美肤, 还有止痛抗癌的功效。

 木瓜

甘, 微寒。归肝、脾经。

🔲 功效: 木瓜独有的番木瓜碱具有抗肿瘤功效, 能阻止人体致癌物质亚硝胺的合成。

🔲 制法: 沸水冲泡后饮用。

788 治疗肺癌的茶方有哪些?

1.瓜姜抗癌茶 瓜蒌5克, 绿茶2克, 甘草3克。将三种原料放在锅里加水煮沸, 即可取汁饮服, 一日二次, 可以有效地预防肺癌的发生, 在治疗中也有辅助作用。

2.鱼腥黄芩茶 鱼腥草30克, 金银花9克, 黄芩9克, 绿茶3克, 蜂蜜1匙。将鱼腥草、金银花和黄芩加水煎沸, 再加茶叶煮, 即可取汁, 加上蜂蜜饮服。对于肺癌的治疗有显著的效果。

789 治疗子宫颈癌的茶方有哪些?

1.菱角抗癌茶 菱角60克, 生薏仁30克, 绿茶3克。加水煮沸取汁即可饮用, 可以治疗宫颈癌。

2.制川乌抗癌茶 制川乌20克, 艾叶20克, 蜂蜜30克, 元胡20克。先将艾叶、制川乌和元胡拣杂晒干, 切成片, 同放入砂锅, 加水浸泡片刻, 大火煮沸, 取汁放入容器, 待其温热时, 兑入蜂蜜, 拌和均匀, 早晚2次分服。可以治疗宫颈癌疼痛, 对寒性宫颈癌疼痛尤为适宜。

🔲 **菱角**

生者甘、凉、无毒; 熟者甘、平、无毒。入胃、肠经。

🔲 功效: 菱角利尿通乳的功效, 对治疗妇科疾病有一定的辅助功效。

🔲 制法: 与生薏仁、绿茶一起煮沸后饮用。

790 治疗白血病的茶方有哪些?

1.草莓蜜茶 新鲜草莓50克,蜂蜜30克。将采摘的新鲜草莓除去柄托,放入冷开水中浸泡片刻,洗净后绞成糊状,盛入碗中,调入蜂蜜,拌和,加冷开水冲泡,当茶饮用,补虚养血,解毒抗癌。特别对白血病的治疗有很好的辅助作用。

2.洛神花茶 洛神花放入沸水中冲泡即可饮用,洛神花茶中含有的花青素能促进血癌细胞的灭亡。

> **草莓**
>
> 性凉,味酸甘。归肺、脾经。
>
> 功效:草莓具有补虚养血、解毒抗癌的功效。
>
> 制法:草莓绞成糊状,与蜂蜜用冷开水拌后饮用。

791 双花祛痘茶有什么功效?

双花祛痘茶由金银花和菊花搭配连翘煎制而成,金银花性寒味甘,可清热解毒、抗菌消炎;菊花味微甘,性微寒,有抗癌解毒、消炎利尿、降压安神、明目醒脑等作用,为人所称颂。注意体质虚寒的热人不宜饮用此茶。

但此茶的祛痘效果甚好,对于那些内火太热而引起的小痘痘有很好的攻克疗效。适宜一些喜欢吃辣、口味比较重、容易热气,长痘痘、生痱子、多痤疮的人饮用,经常饮用,对皮肤有改善作用。

> **食疗功效**
>
> 双花祛痘茶有清热解毒、防暑降压、抗菌消炎、降压安神、明目醒脑的功效,对于因内火过盛而引起的小痘痘有着不错的治疗效果。

菊花味微甘,性微寒,有抗癌解毒、消炎利尿、降压安神、明目醒脑等作用。

792 枸杞红枣丽颜茶有什么功效?

枸杞红枣丽颜茶,由枸杞和红枣煎煮而成,饮用时加入适量的冰糖,可达到美容养颜的功效。一日食三枣,即可滋养神气,红枣营养补中益气,养血安神,健胃养脾;枸杞补肾益精,补血安神,是日常保养的佳品。此茶是爱美女性的美颜茶,对那些经常加班、睡眠不足、电脑辐射而导致的面色晦暗、皮肤粗糙有很好的帮助。此茶可提升气血,使面色看起来要好一些,再加一些玫瑰花,还可达到美肤的效果。

⊡红枣营养丰富,能补中益气,养血安神,健胃养脾。

⊡枸杞有着补肾益精,补血安神的功效。

📷 食疗功效

枸杞红枣丽颜茶有补中益气、补血安神、健胃养脾、补肾益精的功效,对于爱美的女性来说,是日常补养、美肤的佳品。

793 洛神花玉肤茶有什么功效?

洛神花含有丰富的蛋白质、有机酸、维生素C、多种氨基酸及多种对人体有益的矿物质,是天然的药材之一。洛神花味甘,具有清热、消烦与促进食欲、生津止渴的作用。洛神花中含有的果酸、果胶及大量维生素C,可美白肌肤,防衰老。对于油性皮肤的人来说还可在洗脸时加入一些洛神花,能达到抑制油腻的作用,是美容的佳品,经常饮用,皮肤会细嫩润滑。

此茶还能改善睡眠质量,洛神花中的提取物对调节血压也能起到一定得作用,另外,还能促进胃癌细胞的死亡。

📷 食疗功效

洛神花玉肤茶有清热除烦、改善肤质、抗衰老、生津开胃、安神助眠的功效,是穿梭在都市丛林中"杜拉拉"们的闺房益友。

⊡可根据情况,适量氨搭配茶或蜂蜜饮用。

794 益母草活力亮发茶有什么功效?

益母草性味辛甘、苦，无毒，可活血祛瘀、调经利水，为妇科名药，故名"益母"。研究表明，益母草具有兴奋子宫，改善微循环障碍，改善血液流动性，抗血栓形成，调经活血，散瘀止痛，利水消肿等作用。

益母草活力亮发茶是由益母草、淮山、红枣、当归、何首乌等材料一起煎煮而成的。滤渣后取汁即可饮用。淮山供给人体大量的黏液蛋白，富含精氨酸、淀粉酶、碘、钙、磷、及维生素C等，有健脾补肺、固肾益精之功。何首乌能补充头发营养，促进大脑部位血液循环。此茶能健脾补肺、固肾益精、养血安神，起到黑发、乌发、养颜、抗衰老的作用。

食疗功效

益母草活力亮发茶有活血调经、健脾补肺、固肾益精、养血安神的功效，不仅能达到乌发的效果，更有美颜、抗衰老的作用。

◙益母草性味辛甘、苦，可活血祛瘀、调经利水。

◙淮山有健脾补肺、固肾益精之功，是健脑、明目的佳品。

◙何首乌能补充头发营养，促进大脑部位血液循环。

795 去黑眼圈美目茶有什么功效?

去黑眼圈美目茶，用赤小豆10克、丹参3克煎煮而成，加入红糖适量即可饮用。此茶中赤小豆性平，味甘酸，能利水消肿、解毒排汗、加快毛细血管循环，适用于睡眠不足造成的黑眼圈，对早起脸浮肿也有明显的改善作用。

这道茶适合于那些常常加班熬夜忙工作的女性白领。经常睡眠不足使眼睛疲劳，加速眼周围肌肤的衰老而产生黑眼圈。赤小豆的利水消肿和丹参的滋补作用，有效地促进微血管循环，改善"黑眼圈"，是用眼族和电脑族必不可缺的饮品。

食疗功效

去黑眼圈美目茶有利水消肿、解毒排汗、促进眼部毛细血管微循环的功效，对熬夜造成的脸部浮肿、黑眼圈有着一定的改善效果。

796 普洱山楂纤体茶有什么功效?

纤体可谓是现在所有女性朋友追求的"事业",普洱茶是近年来的瘦身明星,都知道它有化油腻、降血脂、减肥的作用,加上山楂促进消化的效果,简直是完美搭档。

取山楂5克,洛神花2克,普洱茶1匙,用开水冲泡,放入适量冰糖,待茶叶浓香时,放入5朵菊花即可。这道茶除了瘦身外,还具有明亮眼睛、润泽肌肤的功效,可谓是美颜瘦身一举两得。洛神花性凉味酸,甘而涩,入肝、胃二经,具有降脂降压、开胃健脾、纤体瘦身、抗疲助睡的作用。

食疗功效

普洱山楂纤体茶有解油去腻、开胃健脾、降脂减肥、明目润肤、降压助睡的功效,是女性朋友达成成功瘦身的必备佳品。

◙ 普洱茶去油解腻,降脂减肥。

◙ 山楂可促进消化。

797 柠檬清香美白茶有什么功效?

柠檬,有一股清凉的风味,闻之入鼻清香怡人,用柠檬泡茶饮用可以帮助消化,故常被当作餐后茶使用。柠檬中含有柠檬酸、苹果酸、丰富的维生素C、维生素B_1、维生素B_2以及香豆精类、谷甾醇类、挥发油等营养物质。柠檬所含的成分除提供营养素外,还可促进胃中蛋白质分解酶的分泌,增加胃肠蠕动,有助消化吸收。柠檬汁有很强的杀菌作用和抑制子宫收缩的功能,并能降低血脂。柠檬的美容功效也十分显著,能防止和消除皮肤色素沉淀,使肌肤光洁白嫩。

食疗功效

柠檬清香美白茶有美白嫩肤、开胃消食、提神解乏、降血脂的功效,能对抗和消除皮肤色素沉淀,清新的气息让人欲罢不能。

◙ 柠檬能防止和消除皮肤色素沉淀,使肌肤光洁白嫩。

798 参须黄芪抗斑茶有什么功效？

参须、黄芪搭配枸杞、当归和红枣放入清水中煮沸，去渣即可当茶饮用。参须性平凉，味微苦，滋阴清火，可以增强肌肤的抵抗力；黄芪素有"小人参"之称，可以行气活血，使血液循环通畅。

大多数女人在三十八岁后，脸上就会有黄褐斑等出现。多发于面部的颧骨、额头及嘴唇周围，这可能是由妇科病引起身体微循环功能的混乱，气血流通不畅而导致色素沉淀而形成黄褐斑。参须黄芪抗斑茶能够从内部调节，促进皮肤的新陈代谢，常饮此茶能够有效地阻止脸部皮肤黑色素沉积，可以收到洁肤除斑的功效。

食疗功效

参须黄芪抗斑茶有行气活血、滋阴清火、洁肤除斑的功效，能促进皮肤的新陈代谢，改善女性体内气血微循环，抑制黑色素沉积。

▣黄芪素有"小人参"之称，可以行气活血，使血液循环通畅。

▣参须性较平凉，味微苦，滋阴清火，可以增强肌肤的抵抗力。

799 咖啡乌龙小脸茶有什么功效？

用开水冲泡乌龙茶，再加入咖啡适量，稍冷却后即可饮用。此茶中，乌龙茶是半发酵茶，几乎不含维生素C，但富含铁、钙等矿物质，也有促进消化酶和分解脂肪的成分。饭前、饭后喝一杯乌龙茶，能促进脂肪的分解，脂肪因此可以不被身体吸收就直接排出体外，阻止了因脂肪摄取过多而引发的肥胖。而咖啡的主要成分是咖啡因和可可碱，有提神醒脑、利尿强心、促进消化的功效。两者搭配在一起喝，能收到很好的瘦脸效果。

食疗功效

咖啡乌龙小脸茶有助消去脂、利尿强心、提神醒脑的功效，能通过促进消化、分解脂肪来达到阻止人体内脂肪的过度堆积。

▣乌龙茶可促进消化和脂肪分解。

800 黑芝麻乌发茶有什么功效?

黑芝麻500克,核桃仁200克,白糖200克,茶适量。黑芝麻、核桃仁拍碎,糖10克,用茶冲服。

此茶中的黑芝麻含有大量的脂肪和蛋白质,还有糖类、维生素A、维生素E、卵磷脂、钙、铁、铬等营养成分,有乌须发、益脑活髓的功效。核桃仁是难得的补脑坚果,能促进头部血液循环,还能增强大脑记忆力。此茶有乌发美容的功效,常饮此茶可保持头发光滑、滋润、不会变白。

■黑芝麻有乌须发、益脑活髓的功效。

食疗功效

黑芝麻乌发茶有乌须发、健脑活髓的功效,能促进人体脑部的血液循环,强化记忆力,保持头发的光泽滋润、乌黑亮丽。

---

801 丰胸通草汤有什么功效?

此茶是将通草、丝瓜络和对虾放入锅中熬烫而成,加入盐调味即可当茶饮用。通草性较寒,味甘淡,有利尿、清热的功效,是天然的通乳药材,能缓解乳房肿胀带来的不适;丝瓜络味甘性寒,可治经络不通等症状,补血滋阴;对虾含蛋白质高。此茶将三种材料配成汤,可通调乳房气血,令胸部丰满。此汤利尿通淋,可主治湿热淋痛,小便不利以及产后乳汁不下等症。

食疗功效

丰胸通草汤有清热利尿、滋阴通络的功效,可促进乳房气血恢复通畅,在缓解乳房肿胀不适的同时,更具有一定的丰胸效果。

■对虾含有丰富的优质蛋白。

■通草性较寒,味甘淡,有利尿、清热的功效,能缓解乳房肿胀带来的不适。

■丝瓜络味甘性寒,可治经络不通等症状,补血滋阴。

802 迷迭香瘦腿茶有什么功效?

此茶以迷迭香与荷叶放在一起冲泡即成,此茶中,迷迭香既可消毒、驱虫、调味,也可增强脑部功能、刺激神经系统、改善胃胀气;荷叶有清脂降压减肥的功效,并有效排出体内毒气,帮助消化,促进新陈代谢。搭配在一起饮用,减肥效果更佳,特别是对腿部的效果十分明显,能够使腿看起来纤细润滑,更加迷人。

◙ 迷迭香既可消毒、驱虫、调味,也可增强脑部功能、刺激神经系统、改善胃胀气。

食疗功效

迷迭香瘦腿茶有排毒助消、清脂减肥、调理胃气的功效,能促进机体的新陈代谢以达到瘦身的效果,使腿部肌肉格外纤细润滑。

---

803 益母玫瑰丰胸茶有什么功效?

此茶是将益母草、当归、玫瑰花加入清水中,用小火煎煮约10分钟后,即可去渣饮用。益母草性味辛甘、苦,无毒,能活血祛瘀,调经利水;当归味甘、性苦,内含精油、多糖类成分,有丰乳的功效;玫瑰能增加皮肤的弹性,养阴润肺。此茶中都是温和配方,对妇女身体有很好的补养效果,特别是对胸部发育不良者有良效,可达到塑造美胸的效果。

◙ 玫瑰能增强皮肤弹性,养阴润肺。

◙ 当归味甘、性苦,内含精油、多糖类成分,有丰乳的功效。

食疗功效

益母玫瑰丰胸茶有养阴润肺、活血祛瘀、调经利水的功效,以温和的配方达到女性丰乳美胸、补养机体的效果,更可强化肌肤弹性。

◙ 益母草性味辛甘、苦,能活血祛瘀,调经利水。

804 丹参泽泻瘦腰茶有什么功效?

丹参泽泻瘦腰茶是用丹参、绿茶、何首乌和泽泻煎制而成的，去渣即可饮用。此茶中的泽泻味甘性寒，含三萜类化合物、挥发油、生物碱、天门冬素树脂等，能增加尿素和氯化物的排泄，排出身体多余的水分；丹参是天然的滋补品，补充身体所需的各种营养元素。两者放在一起煎煮而成的茶，能加速脂肪的溶解，阻止脂肪在腰部的囤积。

此茶适合一些经常坐着工作的上班族饮用，因经常坐着不运动，脂肪容易在腰部聚集，腰部很快变得肥胖，常饮此茶能有效地抑制腰部脂肪的堆积，保持腰部的曲线。

◘丹参可补充身体所需的各种营养元素。

食疗功效

丹参泽泻瘦腰茶有益气滋补、润肠解毒、利水消脂的功效，能促进人体内多余水分的排出，抑制腰部脂肪的堆积，塑造完美曲线。

◘何首乌性温，味苦、甘、涩，具解毒、润肠、通便之功能。

805 淮山丰胸美肤茶有什么功效?

淮山即山药，将淮山、蒲公英、当归放入清水中煮沸即成，去渣当茶饮用。淮山是神仙食品，不但营养丰富，还能帮助强化女性荷尔蒙，达到丰胸的效果。另外，淮山还经常用于补脾胃及治疗妇科疾病；当归味甘、性苦，内含精油、多糖类成分，有丰乳的功效；蒲公英能帮助通乳腺，清热解毒。

此茶有美艳肌肤与丰胸的双重功效，经常饮用，不仅能使皮肤富有弹性、光滑细嫩，而且能让胸部高耸丰满。

◘淮山可帮助强化女性荷尔蒙，达到丰胸的效果。

食疗功效

淮山丰胸美肤茶有滋阴通络、清热解毒、补益脾胃的功效，通过强化女性荷尔蒙以达到丰胸的效果，促进肤质细嫩、光泽。

806 去水肿薏仁豆奶茶有什么功效？

该茶用薏仁和豆浆调制而成。薏仁性味甘淡微寒，属利水渗湿药，能清热解毒，加速水分的排出，改善轻度水肿，消除虚胖。豆浆味甘性平，富含丰富的营养物质，能够调节人体内分泌，促进血液循环和水分的新陈代谢。常饮此茶能够迅速排出体内的水分，消除水肿。

另外，薏仁豆奶茶还有健脾去湿、舒筋除痹、清热排脓，滋润肌肤等功效，有较好的美容效果。经常饮用可以保持人体皮肤光泽细腻，减少皱纹，祛除色斑。并能治疗褐斑、雀斑、面疱，使斑点消失并滋润肌肤。

食疗功效

去水肿薏仁豆奶茶有清热解毒、健脾去湿的功效，可通过加速人体内水分代谢来改善水肿，消除虚胖状态，恢复肌肤润泽。

◙豆浆味甘性平，富含丰富的营养物质，能够调节人体内分泌，促进血液循环和水分的新陈代谢。

◙薏仁性味甘淡微寒，属利水渗湿药，能清热解毒，加速水分的排出，改善轻度水肿，消除虚胖。

807 大黄强效瘦身绿茶有什么功效？

此茶用大黄和绿茶一起冲泡饮用，有减肥消脂的功效。绿茶中的茶碱及咖啡因，可以经由作用活化蛋白质激酶及三酸甘油酯解脂酶，减少体内脂肪细胞堆积，从而达到减肥效果；而大黄，则可泻热通肠，凉血解毒，逐瘀通经，是女性朋友的良药。两者合服，能收到意想不到的减肥效果，特别是对腰部的瘦身效果十分明显。想要苗条瘦身的朋友可以尝试饮用。需要注意的是，妇女经期慎用绿茶，以免阻碍人体对铁的吸收。

◙大黄可泻热通肠，凉血解毒，逐瘀通经。

食疗功效

大黄强效瘦身绿茶有消脂瘦身、凉血解毒、泻热通肠的功效，能有效降低脂肪细胞在人体内的长期堆积，重塑迷人身材。

808 番泻叶急瘦去脂红茶有什么功效?

红茶属于全发酵茶,在发酵过程中,大量茶多酚被氧化掉,生成茶黄素和茶红素。茶黄素是一种有效的自由基清除剂和抗氧化剂,具有抗癌、抗突变、抑菌抗病毒的作用,对改善和治疗心脑血管疾病、治疗糖尿病等也有很好的疗效。

此外,红茶中的儿茶素保健功能强大丰富,对防止血管硬化、抗辐射性物质伤害、消炎杀菌、收敛止血、解毒、延缓老化、抗癌、降血脂、降血糖、降血压等也有很好的功效。

食疗功效

番泻叶急瘦去脂红茶有温胃散寒、开胃消食、通便利水的功效,可加强胃肠蠕动,清除体内自由基,快速打造苗条身材。

809 汉宫飞燕纤腰茶有什么功效?

汉宫飞燕纤腰茶用决明子、山楂、陈皮、车前子搭配乌梅、甘草加入水中煎熬而成。决明子性寒味甘,无毒,可明目通便;车前子含黏液质、桃叶珊瑚苷、车前子酸、胆碱、腺嘌呤、琥珀酸、树脂等,能清热利尿,有助通便;乌梅、山楂等可促进消化吸收。经常饮用这道茶,能收到消脂减肥的功效,特别是对腰部有显著的效果,让你腰变得更纤细。

食疗功效

汉宫飞燕纤腰茶有消食利尿、清热通便的功效,促进食物的消化与吸收,消除脂肪堆积,为爱美女性强力塑造"小蛮腰"。

◙ 车前子能清热利尿,有助通便。

◙ 决明子性寒味甘,无毒,可明目通便。

◙ 乌梅可促进消化吸收。

810 芒果清齿绿茶有什么功效?

此茶的做法是将芒果去核，加入开水中煮3分钟；然后用芒果水冲泡绿茶，加入白糖调匀即成。芒果性凉，味甘酸，维生素C含量很高，用芒果水冲泡绿茶，能抗炎症，防止牙龈出血。

绿茶是不发酵茶叶，富含维生素C、维生素K等成分，具有抗血小板凝集、促进膳食纤维溶解、降血压、降血脂的作用，对防治心血管疾病十分有利。绿茶中含有的氟、茶多酚等成分，能防龋固齿，大多数牙膏都引进了绿茶成分，达到口气清爽，坚固牙齿的目的。

食疗功效

芒果清齿绿茶有抗炎降压、防龋固齿、提神醒脑的功效，能有效对抗牙龈出血，消除疲劳状态，令口气保持长久清新。

811 双花清亮茶有什么功效?

这里的双花是指槐花和菊花。将槐花、菊花与绿茶一同用热水冲泡，过滤即可饮用。槐花能降血压，对肝火血热、青光眼、视力模糊、眼底出血、动脉硬化等症状有缓解的功效；菊花能清肝明目，对眼睛劳损、头痛、高血压等均有一定作用。将这两种花与绿茶同饮，能减轻视力模糊不清、眼睛干涩流泪、眼红肿等症状，每天午餐后，连续饮用3个月即可见效。此茶还能用于治疗高血压头痛、头胀、眩晕等病症。

食疗功效

双花清亮茶有清热凉血、清肝明目的功效，可减轻由于疲劳等因素引起的眼睛干涩、红肿、视力模糊，快速恢复身体舒畅。

▣ 菊花有清肝明目之效。

▣ 槐花味苦性微寒，可清肝泻火，清热凉血，对肝火血热、青光眼、视力模糊有缓解的功效。

812 黄柏通鼻龙井茶有什么功效?

将黄柏与龙井放在一起冲泡，香味扑鼻，能够改善鼻腔内部环境，有效地预防鼻腔内细菌的滋生，防止炎症发生。

黄柏味苦，有清热解湿、泻火解毒、抗细菌等功效。

龙井茶所含氨基酸、儿茶素、维生素C等成分，均比其他茶叶多，营养丰富，有生津止渴、提神益思、消食化腻、消炎解毒之功效。另外龙井茶还能提神、生津止渴、降低血液中的中性脂肪和胆固醇，具抗氧化、抗突然异变、抗肿瘤、降低血液中胆固醇及低密度脂蛋白含量、抑制血压上升、抑制血小板凝集、抗菌、抗产物过敏等功效。

食疗功效

黄柏通鼻龙井茶有清热解毒、抗菌消炎、解湿提神的功效，有效改善鼻腔的内环境，不给致病细菌留有可乘之机。

813 黄柏苍耳消炎茶有什么功效?

黄柏味苦，有抗菌消炎的功效，用黄柏泡茶喝，可泻火解毒，能够有效地预防炎症的发生。苍耳性寒味苦，有通络止痛的功效。将两者合在一起配合绿茶冲泡服用，能有效地预防中耳炎等疾病。绿茶性寒，可降火清心，且含有多种营养元素。常喝此茶可预防听力退化，对耳膜炎等有很好的预防作用。

需要注意的是，苍耳是有毒的，冲泡时要适量，才能避免中毒，并起到治疗疾病的作用。

黄柏味苦，有抗菌消炎的功效，用黄柏泡茶喝，可泻火解毒，能够有效地预防炎症的发生。

食疗功效

黄柏苍耳消炎茶有抗菌消炎、通窍解毒、清热燥湿的功效，能够预防炎症的发生，远离耳膜炎，还给耳朵一个清晰的世界。

苍耳性寒味苦，有通络止痛的功效。

814 苹香养血绿茶有什么功效?

苹香养血绿茶是将绿茶泡入热开水中，将苹果切片加入，再加入果粒茶，然后加入果糖，搅匀，滤出茶汁即可饮用。苹果富含维生素B₁、维生素C，可以治疗便秘和贫血，并且能润肤养颜。而绿茶能降脂减肥，降火清心，可凝聚血小板，促进血液循环。在绿茶中加入苹果，能显著地改善贫血带来的头晕乏力、面色苍白、畏寒怕冷等症状。

经常饮用此茶，可改善贫血状况，常用于辅助治疗营养不良而造成的缺铁性贫血。此茶适合女性饮用，但是经期是不可饮用的，因绿茶影响铁的吸收。

食疗功效

苹香养血绿茶有清心降火、润肺开胃、润肤养颜的功效，能促进人体内的血液循环，益脾降脂，可有效改善女性的贫血状态。

815 花生衣红枣补血茶有什么功效?

花生营养丰富，其壳、叶有很高的药用价值。将花生皮洗净煎汤浓缩当茶饮用，对治疗冠心病、动脉硬化、高血压和降低血清胆固醇都有良好效果；红枣，性温味甜，含有丰富的蛋白质、脂肪、糖类、有机酸、维生素及微量钙，有补中益气、养血安神的功效。花生衣红枣茶可补血生白。

另外，经常饮用此茶可以提高人体免疫力，抑制癌细胞，对防治骨质疏松也有很好的效果，特别对女性非常有益，有很好的滋阴补血功能。

食疗功效

花生衣红枣补血茶有补中益气、养血安神、散瘀消肿的功效，提高人体机体的抗病能力，是女性健康生活的滋阴佳品。

◙ 红枣，性温味甜，有补中益气、养血安神的功效。

◙ 花生皮（红衣），性味甘、涩、平，有养血止血、散瘀消肿之功。

816 菊槐降压绿茶有什么功效?

将菊花与槐花同绿茶一起用开水冲泡,滤渣即可饮用。槐花有"凉血要药"之称,能降血压,对肝火血热,动脉硬化等症状有缓解的功效;菊花能清肝明目,对头痛、高血压等有一定治疗作用。此茶能够有效地降血压、降血脂、清热散风、凉血止血,预防中风,可以用于治疗由血压高而引起的各种肢体偏瘫、心力衰竭、脑梗塞、脑溢血等症。

绿茶中的儿茶素含量丰富,能降低血浆中的胆固醇、游离胆固醇、低密度脂蛋白胆固醇以及三酸甘油酯,同时可以增加高密度脂蛋白胆固醇,有抑制血小板凝集、降低动脉硬化发生率的功效。绿茶含有黄酮醇类,有抗氧化作用,亦可防止血液凝块及血小板成团,降低心血管疾病的发生。

食疗功效

菊槐降压绿茶有清肝明目、清热降压、凉血止血的功效,不仅能控制人体血压趋于健康状态,更能降低心血管疾病的发生。

817 地黄山药明目茶有什么功效?

将熟地黄、生地黄、山药添加一些泽泻、山萸肉、牡丹皮、柴胡、茯神、当归等加水用大火煮沸,稍凉即可饮用。

地黄具有清热生津、养阴凉血、明目益睛的作用,为护眼常用的药材。山药又名薯蓣,含淀粉酶、胆碱、黏液质、精氨酸、蛋白质、脂肪、维生素、矿物质等成分,都是生命运动必需的成分。山药性平、味甘,滋补性强,有健脾、补肝肾、理虚弱、消渴、补中益气之功效。此茶常饮,健脾补肺,固肾益精,对糖尿病的治疗也大有裨益。

食疗功效

地黄山药明目茶有清热明目、补中益气、固肾益精的功效,养眼、护眼,调理虚弱体质,特别适合视力障碍的老年人日常补养。

◙ 地黄具有清热生津、养阴凉血、明目益睛的作用。

818 杜仲护心绿茶有什么功效？

将杜仲叶洗净后和绿茶同置于茶杯内，以开水冲泡，加盖5分钟后即可饮用。杜仲性味平和，不含茶碱及咖啡因等物质，含丰富的蛋白质、氨基酸、有机酸、维生素C及微量生物碱，能稳定或降低血压，促进血液循环，降低胆固醇和中性脂肪，冠心病患者长服此茶能收到意想不到的疗效。

杜仲所含成分还可加速新陈代谢，促进热量消耗，使体重下降，想减肥的人也可以试用。除此之外杜仲的防衰老功效也很好，长期坚持喝杜仲茶就会达到效果。

食疗功效

杜仲护心绿茶有补益肝肾、降压护心、强健筋骨的功效，能促进人体血液循环和新陈代谢，是降压或稳定血压的良品。

819 玉竹秦艽养心茶有什么功效？

玉竹秦艽养心茶用玉竹、秦艽搭配当归、甘草冲泡而成，加适量冰糖就可以代茶饮用。玉竹有滋阴生津、润肺养胃的功效，还可作利尿、强心之用。秦艽辛、苦，能祛风湿，止痹痛，常饮可以预防风湿性心脏病。

玉竹秦艽养心茶在医学临床上将其应用于治疗冠心病、心绞痛、风湿性心脏病等症。平常代茶饮用，每日1剂，分早晚两次服用，特别对患风湿的病人很有益处。另外，此茶还可治疗小儿发热等症状。

食疗功效

玉竹秦艽养心茶有滋阴活血、祛湿止痹、利尿强心的功效，临床医学上多用于辅助治疗冠心病、心绞痛、风湿性心脏病等症。

▣秦艽辛、苦，能祛风湿，止痹痛。

▣玉竹有滋阴生津、润肺养胃、利尿强心的功效。

820 天花粉冬瓜茶有什么功效?

将天花粉50克与冬瓜100克放入砂锅内加水煎熬成汤，过滤去渣，即可取汁代茶饮用。《神农本草经》记载，冬瓜"味甘、微寒，主治小腹水肿，利小便、止渴"，可清心火，泻脾火，利湿祛风、消肿止渴，解暑化热。冬瓜中不含脂肪，可促进新陈代谢，使得体瘦轻健，有助于减肥。冬瓜含钠量低，有利肾脏病、高血压、浮肿病患者康复。天花粉性寒味酸，有清热生津、除烦止渴的作用。

将冬瓜和天花粉一起煎制成茶，可以润肺清胃，生津止渴，可做糖尿病的辅助治疗，改善肺胃燥热、烦渴多饮、饮不解渴、善饥形瘦等症。

食疗功效

天花粉冬瓜茶有润肺清热、消肿止渴、利湿祛风的功效，能促进人体的新陈代谢，轻身健体，是糖尿病患者日常选用的佳品。

821 绿豆清毒茶有什么功效?

将绿豆洗净，加入适量水煮20分钟，再加入绿茶、红糖，闷10分钟即可代茶饮用。绿豆性寒味甘，含丰富的蛋白质、脂肪、磷脂、糖类、胡萝卜素及维生素B_1、维生素B_2等，有清热解毒、解暑生津的功效。绿茶有一定促进消化的功能，快速排出体内毒素，清毒效果非常好。

绿豆清毒茶可以用来辅助治疗下肢胀满、小便不利、口干、消渴等症。另外，此茶还有调节内分泌的功能，能够美白肌肤、抗衰老。在皮肤病的治疗上可以提取绿豆、绿茶中的有效物质进行治疗，可改善问题皮肤。

食疗功效

绿豆清毒茶有清热解毒、解暑排毒的功效，能改善人体的消化功能，快速排出体内堆积的毒素，美白肌肤，延缓机体老化。

绿豆性寒味甘，含有丰富的营养元素，有清热解毒、解暑生津的功效。

822 紫罗兰止咳散瘀茶有什么功效？

将紫罗兰、芙蓉花、玫瑰花放入锅中，加开水煮，还可以加入一些玫瑰，稍凉即可代茶饮用。此茶中的主要材料紫罗兰，不仅色泽好看，泡茶味道也十分温润，喝紫罗兰茶可帮助呼吸道疾病的治疗，舒缓感冒引起的咳嗽、喉咙痛等症状，对支气管炎也有调理之效。气管不好者可以时常饮用，当作预防保健。

搭配芙蓉花、玫瑰花一起冲泡，还有清热凉血、消肿排脓的功效，可用于热疖、疮痈、乳痈及肺热咳嗽、肺痈等病症。玫瑰花可以理气活血，对散瘀的效果非常好。另外，此茶还有排毒养颜、美白肌肤的功效，经常饮用，可使容颜焕发。

食疗功效

紫罗兰解咳散瘀茶有清热凉血、排毒养颜、美白肌肤的功效，色泽艳丽，滋味温润，是白领女性日常补养、调剂身心的必备。

823 乌梅山楂去脂茶有什么功效？

乌梅味酸，性微温，含有糖类、苹果酸、枸橼酸、维生素C等成分，有敛肺止咳、生津止渴、涩肠止泻等功效，对菌痢、肠炎、久泻、久咳、虚热烦渴均有治疗功效。常喝乌梅茶有养阴止渴之功，可缓解糖尿病患者口干口渴症候。

山楂味甘酸，能化瘀消脂，久服有降低胆固醇和三酸甘油酯的作用。山楂不仅能入脾胃消积滞，散宿血，对于水痢及产妇腹中块痛也可以治愈，还能促进消化，健脾胃，消瘀血，适宜儿童消化不良的治疗。

将乌梅与山楂同饮，对于气滞血瘀的肥胖者有很好的去脂减肥效果。但是，体质寒凉的人不宜经常饮用。

食疗功效

乌梅山楂去脂茶有养阴止渴、消食健胃、化瘀消脂的功效，能有效促进人体的消化功能，是肥胖者消脂减肥的福音。

824 甘枣顺心茶有什么功效?

　　将生甘草与大枣用沸水闷泡15分钟后即可饮用,此茶的主要功效在于能解烦安神,可用于血压偏低而引起的视力障碍、睡眠不好等症。

　　甘草性平味甘,有解毒、祛痰、止痛、解痉、抗癌等药效,在中医上还有补脾益气、滋咳润肺、调和药材烈性的功效,可用于治疗咽喉肿痛,痛疽疮疡,胃肠道溃疡以及解药毒、食物中毒等。但是甘草也不宜久服,会引起水肿,用时需注意剂量。大枣性味温甘,能补中益气,养血安神,有健胃养脾、生津安眠、增强心肌收缩能力等功用,还可益气补肾,用于治脾胃虚热、血虚脏燥等症。

📷 食疗功效

　　甘枣顺心茶有益气补脾、除烦安神、补中健胃的功效,可释放和减轻人体身心共存的压力,缓解睡眠不稳的症状。

825 橄竹乌梅亮嗓茶有什么功效?

　　将咸橄榄、竹叶、乌梅和绿茶都捣碎成末,用沸水冲泡即可代茶饮用。此茶味酸甘,有清肺解毒、利咽润喉的功效,对于久咳或咽喉疲劳过度而引起的声音嘶哑以及急慢性咽喉炎而致的咽喉燥痒不适、干咳少痰、咽痛声嘶,甚至失音等有辅助治疗的作用。

　　橄榄,能清热解毒,化痰、利咽、润喉,是治疗咽喉肿痛的常用之品。竹叶,能清心除烦,疏散风热。乌梅酸平,能敛肺而治久咳,生津而润咽喉。绿茶清热降火,消痰利咽,白糖配橄榄、乌梅,酸甘化阴,可生津止渴、涩肠止泻。

📷 食疗功效

　　橄竹乌梅亮嗓茶有清肺解毒、利咽润喉、疏散风热的功效,有着较强的化痰止咳作用,是日常家庭缓解咽喉肿痛与不适的常见之品。

🔶乌梅酸平,能敛肺而治久咳,生津而润咽喉。

826 参味苏梗治咳茶有什么功效？

此茶将人参切成薄片，苏梗切碎，与五味子共置保温杯中，用沸水适量冲泡，盖闷15分钟，代茶频饮；同时可以将参片细嚼咽下，每日1剂。此茶益气敛肺、止咳平喘、理气疏肝，对顽固不愈的咳嗽痰多，口干舌燥等症有独到的效果。

紫苏梗有散寒气、清肺气、宽中气、安胎气、下诸气、化痰气的作用，能理气宽中，对治疗风寒咳嗽、脾胃气滞有明显的作用；五味子有很好的治咳作用，日本称之为"嗽神"。加上人参的营养成分，此茶的止咳效果甚佳。

◙ 紫苏性味温辛，能理气宽中、发汗解表。

食疗功效

参味苏梗治咳茶有益气敛肺、止咳平喘、理气疏肝的功效，可有效应对咳嗽痰多、口干舌燥的症状，止咳效果尤为突出。

827 银杏麻黄平喘茶有什么功效？

银杏麻黄平喘茶即是将银杏、麻黄和茶叶加清水适量煎煮，取汁即可，饮用时候加入冰糖，在睡前服用。此茶止咳平喘，改善过敏体质，帮助免疫系统恢复正常。常用于气管炎、哮喘、肺结核等症的治疗。

银杏叶性味甘苦涩平，具有定喘、益心敛肺、化湿止泻等功效，含有的银杏酸、白果酚、五碳多糖等，以及丰富蛋白质、维生素和矿物质还能改善心血管及周围血管循环功能，起促进记忆力、改善脑功能的作用。麻黄性温微苦，可作发汗散表、宣肺平喘、利水消肿之用，用于风寒感冒，胸闷喘咳，风水浮肿及支气管哮喘。另外麻黄还有镇咳、祛痰、利尿、抗炎、抗过敏等作用。

食疗功效

银杏麻黄平喘茶有宣肺平喘、镇咳祛痰、益心敛肺、利水消炎的功效，能改善过敏体质，促使人体免疫系统恢复正常。

828 雪梨止咳茶有什么功效？

将雪梨洗净去皮后捣碎取汁，加入蜂蜜和水，烧开后冷却即可饮用。此茶可滋阴润肺，对于阴虚火旺、咽喉干痒、肺热燥咳有缓解之功效。尤其对感冒引起的痰多、咳嗽有良效。

雪梨味甘性寒，含丰富的苹果酸、柠檬酸、维生素B_1、维生素B_2、维生素C、胡萝卜素等，具生津润燥、清热化痰之功效，特别适合秋天食用。对急性气管炎和上呼吸道感染的患者出现的咽喉干、痒、痛、音哑、痰稠、便秘、尿赤均有良效。梨还能降低血压，所以高血压、肝炎、肝硬化病人常吃梨也是有好处的。梨可以生吃，还可以做成汤和羹，但梨性寒，不宜多吃。尤其脾胃虚寒、腹部冷痛和血虚者，不可以多吃。

食疗功效

雪梨止咳茶有滋阴润肺、清热化痰、润燥止咳的功效，可缓解阴虚火旺、咽喉干痒、肺热燥咳，适宜秋冬饮用。

◙ 蜂蜜味甘性平，可润肺止咳、调补脾胃。

829 夏枯草降脂茶有什么功效？

夏枯草、连翘加入水中，用大火煮沸，改小火煮，去渣取汁；放一些冰糖熬化，即可当茶饮用，常饮此茶有减肥降脂的功效。

夏枯草性寒，味苦辛，能帮助化解体内毒素，溶解脂肪，是清热泻火的常用药；连翘味苦，性微寒，能清热解毒、消肿散结。对想减肥的人来说，长期饮用此茶可以达到很好效果。另外，此茶的清热解毒功效也很好，可排出体内的毒素，调节内分泌，对身体内循环系统有利，还可起到美容的作用。

食疗功效

夏枯草降脂茶有清热解毒、减肥降脂、消肿散结的功效，能溶解体内过多的脂肪，化解和排出体内毒素，有着一定的美容塑身效果。

◙ 连翘味苦，性微寒，能清热解毒、消肿散结。

830 香蜂花草消胀茶有什么功效?

将薰衣草、香蜂草折成小段,放入花茶壶中,倒入热开水闷泡,可添加少许冰糖饮用。此茶能有效缓解腹胀、腹痛等症状。

薰衣草有安神消疲之效,入茶后有迷人的香气,使人愉悦,并具有镇静、松弛消化道痉挛、消除肠胃胀气、助消化、预防恶心晕眩、缓和焦虑及神经性偏头痛、预防感冒等众多益处,沙哑失声时饮用也有助于恢复。香蜂草能放松心情、健胃助消化,饭后饮用可消除油腻,缓和腹胀。腹胀、腹痛是消化系统功能紊乱常见的症状,饭后或者入睡前饮用此茶,可以消除胃胀,帮助入睡。

食疗功效

香蜂花草消胀茶有除油去腻、健胃消食、解疲除胀的功效,对于饮食不规律或不节制的人们来说,可缓解消化功能紊乱的症状。

■薰衣草有安神消疲之效,入茶后有迷人的香气,并具有镇静、松弛消化道痉挛、消除肠胃胀气等功效。

831 茴香薄荷消胀茶有什么功效?

将茴香、薄荷和洋甘菊放入壶中,加入适量热开水冲泡,逸出香味即可饮用。此茶能消除因胃肠道疾病、低血钾、肝胆与胰腺疾病、腹膜疾病和手术后胃肠功能紊乱等原因引起的腹胀症状。

茴香性温味辛,长于理气散寒,有消胀、止痛之效;其内所含的茴香油,能刺激胃肠神经血管,促进消化分泌,增加胃肠蠕动,排出积存的气体,所以有健胃、行气的功效;薄荷可以刺激食物在消化道内的运动,帮助消化,适合肠胃不适或是吃了太过油腻的食物后饮用,可消除疲劳,缓解压力,提神醒脑;甘菊有清热解毒的功效。

食疗功效

茴香薄荷消胀茶有健胃行气、消胀止痛、消食解油的功效,能促进胃肠消化,适宜人们在肠胃不适或饮食过油后饮用。

832 莲子冰糖止泻茶有什么功效?

将莲子用温水浸泡数小时后加冰糖炖烂，然后将茶叶用沸水冲泡取汁后备用，再将炖好的莲子倒入茶汁拌匀，即可饮用，每日1～2次。此茶止泻杀菌，养心安神，能调治受凉或饮食不当引起的腹泻。

莲子性平味甘，含淀粉、蛋白质、脂肪、糖类、钙、磷、铁等，为收涩药，有补脾止泻、益肾固精，养心安神的功效。冰糖是众多糖中最纯正、滋补的一种，能润肺和补中气，快速补回腹泻所丧失的元气。

这道茶饮具有清心定热、活血止血、去湿清心的功效，对面部色斑、心火旺盛、心烦、口渴等症具有良效。但体质虚寒者不宜过多服用。

食疗功效

莲子冰糖止泻茶有补脾止泻、益肾固精、养心安神的功效，特别适宜夏日受凉或者饮食不当而引起腹泻时饮用。

833 番茄蜂蜜生津茶有什么功效?

将番茄洗净，开水烫洗后捣烂再将番茄与绿茶一起放入杯中，加开水冲泡，服用时还可加入适量蜂蜜。此茶可以生津止渴，健胃消食。

番茄性凉，味甘、酸。含丰富维生素C，容易被人体吸收，并发挥开胃消食的作用。番茄汁可降血压，平滑肌兴奋，清热止渴，养阴，凉血，番茄中含有的番茄碱具有抗真菌作用。所以经常食用番茄对高血压病人是有益的。番茄搭配绿茶，能有效地发挥生津止渴的作用，对改善糖尿病人的口渴症状有好处。番茄的助消化功能，还可以帮助减肥。

食疗功效

番茄蜂蜜生津茶有健胃消食、生津止渴的功效，对改善糖尿病症患者的口渴症状大有裨益，此外番茄固有的助消化功能也有助于减肥。

番茄性凉，味甘、酸，具有开胃消食、清热止渴的功效。

834 山楂陈皮理胃茶有什么功效?

此茶是用炒好的山楂和陈皮丝用沸水冲泡而成的,代茶频饮可以调理脾胃,促进消化,并能清热泻火,排毒降脂,还能治疗高血脂症。

山楂味酸,性平,能消食健胃,行气散瘀,其中所含的有机酸成分可有效抑制细菌生长,能健脾消食、理气和胃。陈皮中含有大量维生素C,将橘皮晾干保存,经常泡水代茶饮,既可获得维生素C,还可以治疗胸腹胀满及咳嗽痰多。将橘皮、生姜、冰糖泡水喝,还能治疗风寒感冒咳嗽。将此二味调制成茶,能有效地调理脾胃,预防各种肠胃疾病的发生。经常饮用,还能达到消脂减肥、美颜焕肤的功效。

食疗功效

山楂陈皮理胃茶有调理脾胃、健脾消食、清热理气的功效,具有一定的排毒美颜、消脂减肥的作用,常受到年轻女性的欢迎。

835 荷叶山楂清香消化茶有什么功效?

此茶的做法是将荷叶与山楂用水煎煮,可适量加入一些桂圆肉和冰糖,煮开即可代茶饮用。荷叶茶具有清热、解暑,通气宽胸、止渴的功效,对治疗中暑和由中暑引起的头昏、胸闷、腹泻也有较好的疗效;还可扩张血管,降低血中胆固醇,身体肥胖的人长期饮用还有减肥的效果。

山楂含有大量的山楂酸、柠檬酸和苹果酸等成分,能开胃消食、化滞消积、活血散瘀、化痰行气,对进食过多而导致的消化不良有良效。常用于治疗小儿积滞,停滞不化出现的食欲不振,或泣吐酸馊,脘腹痞胀,大便溏薄酸臭,或小便如米泔等症状。

食疗功效

荷叶山楂清香消化茶有清热解暑、消食化滞、清脂降压、利水消肿的功效,对于中暑或因其引起的头昏、胸闷、腹泻等症有着不错的疗效。

836 茉莉银花舒胃止吐茶有什么功效?

茉莉银花舒胃止吐茶是将绿茶、银花、茉莉花同加沸水冲泡，泡出茶味即可饮用。此茶能和中理气，有效缓解恶心呕吐的不适感。

茉莉花，清热解毒、芳香除秽、和中降逆、止呕止吐，并能快速除掉呕吐后口中的异味。饮之使人心旷神怡，有提神功效，可安定情绪及舒解郁闷，并能理气、开郁、辟秽、和中；银花性寒，味甘、微苦，有清热解毒，疏风通络之功效。常用于温病发热，疮痈肿毒，热毒血痢，风湿热痹。将两种花茶与绿茶同饮，能泻火清热，促进肠胃蠕动，并减少胃内容物和胃压程度，可减少胃酸分泌过多而致的恶心呕吐等症状。

食疗功效

茉莉银花舒胃止吐茶有理气和中、开郁辟秽、降逆止吐的功效，能缓和恶心呕吐所带来的不适，更可安定情绪、疏解郁闷。

▣茉莉花能清热解毒、芳香除秽、和中降逆、止呕止吐。

837 焦米党参护胃茶有什么功效?

焦米党参护胃茶是将炒焦黄的大米和党参，加水共煮而成的，稍凉即可服用，此茶的主要功效在于调养胃。

党参味甘性平，具有健脾补肺，益气养血生津的功效，可以用来治疗脾胃虚弱，食少便溏，倦怠乏力，肺虚喘咳，气短懒言，自汗，血虚萎黄，口渴等病症。经过炒制后的大米，因含少量的细小炭粒，所以可吸收过多的胃酸、胃气及毒素等，对胃有较好的保护和调养作用。将两者调制成茶，经常饮用，对胃功能十分有利。

党参不仅具有调节胃肠运动、抗溃疡、抑制胃酸分泌、降低胃蛋白酶活性的作用，还能降低血压，抑制肾上腺素的升压。

食疗功效

焦米党参护胃茶有益气生津、调养脾胃、养血降压的功效，能有效吸收过多的胃酸、胃气及毒素，进而保护和调养胃部功能。

838 苍术厚朴平胃茶有什么功效？

将苍术、厚朴捣碎后，加一些陈皮、甘草，用纱布包起来，放入保温杯中，再放些生姜和大枣，用开水冲泡，即可代茶饮用。此茶有保养脾胃的功效。

苍术性温苦燥，最善除湿运脾，能调整胃肠的运动功能，对胃平滑肌有轻度的兴奋作用，可抑制胃液分泌，并对抗皮质激素对胃酸分泌的刺激作用，还能增强胃黏膜的保护作用。厚朴性温味苦，行气化湿，消除胀满。主要用于治疗脾胃虚损，腹前胀满等症。苍术、厚朴合用有增加肠蠕动作用，治疗脘腹胀满效果较好。厚朴还能对抗过敏性皮肤。将苍术和厚朴放在一起制茶，常饮能行气和胃，调整胃功能，有效预防胃下垂。

食疗功效

苍术厚朴平胃茶有行气和胃、化湿运脾、消除胀满的功效，可调整人体的胃肠功能恢复正常，缓解脾胃虚损状态。

◙厚朴性温味苦，行气化湿，消除胀满。

◙苍术性温苦燥，最善除湿运脾，能调整胃肠的运动功能。

839 木瓜养胃茶有什么功效？

木瓜养胃茶是将木瓜干加水煎煮，然后用煎开的水冲泡绿茶来饮用。每日饭后饮用，可以防止食物在胃内停留太长时间，促进胃液大量分泌，久而久之形成的胃溃疡疾病的发生。

木瓜性平味甘，其气香能醒脾和胃，味酸能生津，有催乳、消食、驱虫的效用，可用于脾胃虚弱、食欲不振、消化不良，能防治胃溃疡。常用于治疗胃失和降的呕吐、疼痛、泄泻。绿茶是不发酵茶，绿茶沏出的茶色是色绿汤清、香气清幽、滋味鲜爽。绿茶性寒、抗癌，属于保健饮料，用煮木瓜的汁液冲泡绿茶，可以中和绿茶的寒性，达到养胃的功效。

食疗功效

木瓜养胃茶有醒脾和胃、生津消食的功效，人们经常在饭后饮用可促进食物的消化与吸收，远离胃溃疡疾病的发生。

840 郁金甘草养胃解郁茶有什么功效?

　　将郁金、甘草和香附放在砂锅内，加水煎服，取汁即可代茶饮用，每日分两次饮用，可以行气解郁，防止一般胃病继续恶化而形成胃溃疡。适用于虚寒性胃痛、慢性胃炎及胃溃疡等症。

　　郁金的主要成分为姜黄烯、倍半萜烯醇、樟脑、莰烯，尚含姜黄素、脱甲氨基姜黄素、姜黄酮等，能行气解郁、凉血破瘀，对腹胀及胃溃疡有良效。甘草性平味甘，有解毒、祛痰、止痛、解痉、抗癌等药效，在中医上还有补脾益气、滋咳润肺、调和药材烈性的功效，可用于治疗咽喉肿痛、痈疽疮疡、胃肠道溃疡以及解药毒、食物中毒等。但是甘草也不宜久服，会引起水肿，用时需注意剂量。

食疗功效

　　郁金甘草养胃解郁茶有解毒润肺、行气解郁、凉血破瘀的功效，每日饮用两次能缓解腹胀，防止一般胃病继续恶化而形成胃溃疡。

841 柠檬食盐抗炎茶有什么功效?

　　将柠檬煮熟，去皮，晒干后用盐腌制，贮藏备用，取出用开水冲泡，代茶饮用。此茶可以抗炎消菌，对肠炎引起的腹泻、食欲不振、体重骤减有很好的疗效。长期不间断地饮用效果更佳。

　　柠檬，富含维生素C、柠檬酸、苹果酸、高量钾元素和低量钠元素等，对人体十分有益。可理气和胃，止呕止泻，此外，还有预防感冒、刺激造血和抗癌等作用。柠檬还是美颜焕肤的佳品。内服可以促进胃蛋白酶的分泌，从而增加胃肠蠕动，帮助消化吸收；柠檬汁中的柠檬酸还有抗肠炎菌、沙门氏菌等功效。

食疗功效

　　柠檬食盐抗炎茶有抗菌消炎、理气和胃、消食止泻的功效，经常饮用对肠炎引起的腹泻、食欲不振有着不错的疗效。

842 茵陈车前护肝利胆茶有什么功效？

茵陈车前护肝利胆茶是将茵陈和车前子放在一起，加水煎煮而成的，去渣取汁后即可代茶饮用。此茶的主要功效在于保护肝胆，清热除湿，利胆退黄，清热利尿，渗湿止泻。适用于急性黄疸型肝炎。

茵陈性微寒，味辛、苦，是治疗黄疸的主药，可以利湿热，有护肝利胆的作用。常用于黄疸尿少、湿疮瘙痒、传染性黄疸型肝炎的治疗。而车前子性味甘寒，含多量黏液质、桃叶珊瑚苷，并含车前子酸、胆碱、腺嘌呤、琥珀酸、树脂等，有利水、清热、明目、祛痰的功效。在医学上可用于治疗小便不通，淋浊，带下，尿血，暑湿泻痢，咳嗽多痰，湿痹等症。

食疗功效

茵陈车前护肝利胆茶有护肝利胆、清热除湿、渗湿止泻的功效，对于频繁参加应酬、突患急性黄疸型肝炎的人们来说是不错的选择。

843 龙胆平肝清热茶有什么功效？

将龙胆草、醋柴胡、川芎、甘菊、生地捣成粗末，用水煎服，每日1剂，代茶频饮。此茶有护胆利肝的功效，有效预防肝炎、胆囊炎的发生，另外对急性眼结膜炎、慢性胃炎以及早期高血压病也有治疗作用。

龙胆性寒味苦，主要含龙眼苦苷成分，可清热燥湿、泻肝定惊。对小便淋痛、阴肿阴痒、湿热带下、肝胆实火之头胀头痛、目赤肿痛、耳聋耳肿、胁痛口苦等症有很好的治疗效果。龙胆外用还可治疗皮肤与黏膜的创伤感染及溃疡、小的烫伤、口唇疱疹、溃疡性咽喉炎、鹅口疮、霉菌性阴道炎、外阴炎等。

此茶性凉，脾胃虚弱者要忌服，且不能大量服用。龙胆服用太多会妨碍消化，时有头痛，颜面潮红，陷于昏眩等症状发生。

食疗功效

龙胆平肝清热茶有疏肝解热、活血行气、清热燥湿的功效，能有效预防肝炎、胆囊炎的发生，是人们护肝利胆的保护神。

844 夏枯草丝瓜保肝茶有什么功效?

夏枯草、丝瓜络加入水中，用大火煮沸，改小火煮，去渣取汁；放一些冰糖熬化，即可当茶饮用。每日分早晚两次。

夏枯草性寒，味苦辛，能清肝火、降血压、散郁结，能促进肝部毒素的排出，并能改善高血脂所引起的晕眩等症；丝瓜络性凉味甘，能活血通络，清热护肝、凉血解毒。此茶能有效地预防由糖尿病等引起的脂肪肝疾病，常饮此茶，能够保肝护肝。

◙ 丝瓜络性凉味甘，能活血通络，清热护肝、凉血解毒。

📷 **食疗功效**

夏枯草丝瓜保肝茶有清热凉血、活血通络、护肝解毒的功效，可促进人体肝部毒素的排出，有效预防由糖尿病等引起的脂肪肝疾病。

845 柴胡丹参消脂茶有什么功效?

将柴胡、丹参研为粗末，与铁观音茶叶混匀，用开水冲泡，还可以加入北山楂、白芍，每日饮用。此茶具消脂溶脂的作用，防止肝部脂肪堆积，维持肝脏正常的代谢。

铁观音属半发酵茶，由于发酵期短仍偏寒性，消脂促消化功能突出。柴胡、白芍可疏肝理气，抑制脂肪增长，北山楂健脾和胃，促进消化循环系统，有消脂功效，再辅以丹参，可以共同达到疏肝健脾、理气化瘀、扶正的效果，不仅能消脂减肥，还对脂肪肝患者有很好的养护作用。

📷 **食疗功效**

柴胡丹参消脂茶有疏肝理气、健脾和胃、消脂减肥的功效，可促进消化系统的健康运作，防止肝部脂肪堆积，维持肝脏正常代谢。

◙ 柴胡可疏肝理气，抑制脂肪增长。

◙ 北山楂性微温，味甘酸，可健脾和胃，消食减肥。

846 白菊花利尿龙井茶有什么功效?

将龙井茶、白菊花放入杯内,用开水冲泡,泡出茶香即可饮用。此茶清热解毒、利尿保肝,能增强毛细血管抵抗力,对营养单一过剩引起的脂肪肝有很好的调理作用。

白菊花为辛凉解表药,喝起来略有芳香,具有祛暑热,清热解毒,清肝明目,降血压等功效;龙井茶含氨基酸、儿茶素、叶绿素、维生素C等成分均比其他茶叶多,营养丰富,有生津止渴,提神益思,消食利尿,除烦去腻,消炎解毒等功效。两者合起来冲泡,利尿护肝效果更佳,另外此茶还能对近视起到一定的改善作用,对于那些经常用眼的办公室一族经常在电脑前工作,也可以经常饮用,保护视力。

食疗功效

白菊花利尿龙井茶有清热解毒、利尿保肝、明目益思的功效,对于那些经常用眼的办公室一族常饮更可保护视力。

847 玫香薄荷通便茶有什么功效?

将玫瑰、薄荷和茴香放在杯中,用沸水冲泡,泡出茶香即可饮用,每日代茶频饮,能促进胃肠蠕动,利尿通便,有利于体内毒素的排出。

茴香性温味辛,主要成分是蛋白质、脂肪、膳食纤维、茴香脑、小茴香酮、茴香醛等,其香气主要来自茴香脑、茴香醛等香味物质。用来泡茶,可以温肝肾,暖胃气,散塞结,散寒止痛,理气和胃。医学上经常用于治疗寒疝腹痛,睾丸偏坠,妇女痛经,少腹冷痛,脘腹胀痛,食少吐泻等症。另外,小茴香还有抗溃疡、镇痛、性激素样作用。长期饮用,对脾胃虚寒者和患有肠绞痛等病症的人来说非常有益。

食疗功效

玫香薄荷消便茶有理气和胃、消食健胃、利尿通便的功效,能促进人体胃肠蠕动,帮助消化,有利于体内毒素的排出。

848 川芎乌龙活血止痛茶有什么功效?

将川芎和乌龙茶放在杯中,加沸水冲泡,泡出茶香即可饮用,此茶可用于日常调养身体,有活血止痛的功效。对女性来说是一杯好茶,不仅能改善痛经的症状,还能调节内分泌系统,达到改善皮肤的目的。

川芎性平味辛,可活血行气,祛风止痛。用于安抚神经,正头风头痛,癥瘕腹痛,胸胁刺痛,跌扑肿痛,头痛,风湿痹痛。对于月经不调、经闭痛经也有很好的治疗效果。将川芎与乌龙茶一同冲泡还能预防心血管疾病。但是月经过多,口干舌燥者不适宜多饮用。

▣川芎性平味辛,可活血行气,祛风止痛。

🔲 **食疗功效**

川芎乌龙活血止痛茶有行气活血、祛风止痛的功效,日常饮用对于女性来说,不仅能改善痛经的症状,也有助于调节内分泌系统。

849 二花调经茶有什么功效?

将玫瑰花、月季花与红茶研为粗末,放在杯中,用沸水冲泡,泡出茶香即可饮用,此茶能活血祛瘀,理气止痛。对经前小腹及乳房胀痛,经行量少,色暗红或夹瘀块有很好的疗效。

玫瑰花香气浓,能凉血、养颜,理气开郁,调理血气,促进血液循环,且有消除疲劳、愈合伤口、保护肝脏胃肠之功能,长期饮用还有助促进新陈代谢,起到减肥消脂的作用。月季花性温味甘,有活血调经、消肿解毒的功效,祛瘀止痛作用明显,常用于治疗月经不调、痛经等症,是妇科的良药。月季与玫瑰花合用,更是治疗气血不和引起月经病的良方,气血双调,对月经不调、胸腹疼痛、食欲不振有很好的疗效。此外,这道茶还有助于改善干枯皮肤,恢复润泽。

🔲 **食疗功效**

二花调经茶有活血祛瘀、理气止痛的功效,可用来应对女性月经不调、痛经等症,也可改善肤质,是难得的气血双调良方。

850 美蓉莲蓬护血茶有什么功效?

美蓉莲蓬护血茶是将木芙蓉花和莲蓬放在砂锅内,加水煎汤而成的,去渣取汁,可加入冰糖,代茶饮用。此茶能调理月经,改善月经量多而导致的气虚体乏、面色苍白等症。

木芙蓉性平味辛,有清热、凉血、解毒、消肿、排毒之功;莲蓬性温,味苦、涩,具消炎、止血、调经祛湿的功效。二者合饮能明显减少经量,缓解不适,并能改善月经量多而引起的体乏、面色苍白等症。

❂莲蓬性温,味苦、涩,具消炎止血、调经祛湿的功效。

食疗功效

美蓉莲蓬护血茶有清热凉血、调经祛湿的功效,能调理月经,缓解不适,改善女性月经量多而导致的气虚体乏、面色苍白等症。

851 当归调经茶有什么功效?

将当归与红茶同用沸水冲泡,泡出茶香即可饮用,此茶能够调理由于工作压力而致的月经紊乱。

当归性温味甘,能补气活血,调经止痛,润肠通便,经常用于治疗妇科疾病,可治疗血虚萎黄,眩晕心悸,月经不调,经闭痛经,虚寒腹痛,肠燥便秘,风湿痹痛,跌打损伤,痈疽疮疡等症。当归还能帮助调节内分泌,可用于治疗青春痘等症状,当归在中医上被广泛地用于治疗各种妇科疾病。需要注意的是,血虚的人不适合饮用当归。

❂当归性温味甘,能补气活血,调经止痛。

食疗功效

当归调经茶有补气活血、调经止痛的功效,妇科良药当归在其中发挥着至关重要的作用,此茶可调理因工作压力而致的月经紊乱。

852 蜂蜜润肠茶有什么功效?

在茶叶中加入少许蜂蜜，用沸水冲泡，每日在饭后饮用，能缓解胃的负担，加快肠胃的蠕动，促进消化，能利尿通便，常用于治疗由于肠胃蠕动缓慢而引起的腹胀、食欲不振等症。

蜂蜜有润肠的功能，每日早上饮一杯蜂蜜水，就能缓解肠胃的干涩，滋润肠胃，促进排便。而茶叶中也含有能够促进肠胃蠕动的成分，两者合用，对缓解肠胃干涩有很好的疗效。

此外，经常饮用蜂蜜润肠茶还能缓解压力，对改善皮肤有好处，也能起到消脂减肥的作用。

📷 **食疗功效**

蜂蜜润肠茶有滋润肠胃、消食利导的功效，每日饭后饮用能缓解胃部负担，促进肠胃蠕动，由此减轻人体腹胀、食欲不振等症。

◪蜂蜜能缓解肠胃的干涩，滋润肠胃，促进排便。

◪绿茶可生津除燥、消食利导。

853 蜂蜜芦荟畅便茶有什么功效?

蜂蜜芦荟茶是将芦荟用沸水浸泡，然后加入蜂蜜，搅拌均匀，即可饮用，此茶的主要功效在于改善通便不畅的问题，并且能够达到滋润肠胃的作用。

芦荟性寒味苦，能有效增强肠胃的蠕动能力，促进食物消化，有利于通便排便，常用于治疗消化不良、食欲不振、便秘等症；且芦荟中含有的粗纤维可吸收大量的有害物质，从而增加每天的排便次数，有效地缓解便秘症状。蜂蜜能够滋润肠胃，促进肠胃的蠕动，能够有效地预防肠干涩以及便秘等症状的发生。经常饮用此茶，还能达到消脂减肥、改善劣质皮肤的功效。芦荟还有抗菌消炎的作用，能够预防粉刺、青春痘等病症。

📷 **食疗功效**

蜂蜜芦荟畅便茶有滋润肠胃、消食利导、消脂减肥的功效，促进肠胃消化，改善通便不畅的困扰，更能预防粉刺与青春痘等问题。

854 枇杷炙百合平恶茶有什么功效?

枇杷炙百合平恶茶是将枇杷叶、麦冬各10克，炙百合20克，甘草5克混合，用沸水冲泡，加适量冰糖，代茶频饮。此茶可以缓解妊娠恶阻、呕吐不食。

枇杷叶，性味苦，微寒，有清肺止咳、降逆止呕的作用；麦冬性微寒，有养阴润肺、益胃生津、清心除烦等多重滋阴功效；炙百合有润肺止咳、清心安神的作用。怀孕初期，会出现食欲异常、挑食、喜酸味和厌油腻的现象，此茶能帮助孕妇缓解这些不适，使饮食均衡，保证小宝宝的健康成长。

🔲枇杷叶味苦，性微寒，有清肺止咳、降逆止呕的作用。

食疗功效

枇杷炙百合平恶茶有滋阴润肺、益胃生津、降逆止呕的功效，能缓解孕妇妊娠恶阻、呕吐不食等不适症状，减轻身心压力。

🔲麦冬性微寒，有养阴润肺、益胃生津、清心除烦等多重滋阴功效。

855 山楂益母缓痛茶有什么功效?

山楂益母缓痛茶，是由山楂、益母和当归调制而成的，此茶的主要功效在于缓解疼痛，有活血散瘀、安宫止痛的作用，常用于产后腹痛、恶露不尽等症的治疗。

山楂中含有大量的山楂酸、柠檬酸和苹果酸等成分，能开胃消食、化滞消积、活血散瘀、化痰行气。益母草性味辛甘、苦，无毒，能活血祛瘀、调经利水，为妇科名药，具有兴奋子宫，改善微循环障碍，改善血液流动性，抗血栓形成，调经活血，散瘀止痛，利水消肿等作用。两者均有活血散瘀的功效。此茶又加上可以补血活血的当归，对于产后的阴血气虚等症有很好的缓解作用。

食疗功效

山楂益母缓痛茶有活血散瘀、安宫止痛、调经利水的功效，适当饮用可缓解孕妇产后腹痛、恶露不尽、阴血气虚等症。

856 参夏姜枣去恶茶有什么功效？

参夏姜枣去恶茶是用太子参、制半夏，搭配生姜和大枣煎制而成的，此茶的功效在于缓和恶心感、食欲不振等症状，对于孕期的妇女十分有利。

太子参性平味甘、微苦，含有多种氨基酸及微量元素，有补气益脾，养阴生津等功效，常用于治疗脾气虚弱，胃阴不足，食少体倦，口渴舌干；肺虚燥咳，咽干痰黏；气阴不足，心悸失眠等症；制半夏性平味辛，能去湿健脾养胃，可止呕化痰，多用于治疗胃气上逆而引起的恶心呕吐等症。此茶将两者合泡，又加入生姜、大枣，对去恶止呕有很好的功效。

需要注意的是一些体质偏热、口干舌燥者不能常饮此茶。

食疗功效

参夏姜枣去恶茶有补气益脾、养阴生津、去恶止呕的功效，可有效缓解孕期妇女恶心、食欲不振等症，但体质偏热、口干舌燥者不宜常饮。

857 红花通经止痛茶有什么功效？

红花通经止痛茶用红花、生卷柏、泽兰、当归和桂枝等研成粗末，加入沸水冲泡而成，此茶的功效在于通经止痛，行气活血，主要用于治疗闭经等症状。

红花性温味辛，有活血通经、散瘀止痛的功效，常用于治疗经闭、痛经、恶露不行、症瘕痞块、跌打损伤等症，另外还具有降血压、降血脂、改善机体微循环的功能。卷柏为多年生草本卷柏科植物，生用性微寒，力能破血通经；熟用性辛温，功能止血，可用于治疗闭经等症。桂枝味辛甘性温，有温经通脉的功能，在活血调经药方中使用，有走经窜脉、增强血运的效果；此茶集能通经化瘀的三味，又辅之以活血行气的当归和泽兰，治疗闭经疗效显著。

食疗功效

红花通经止痛茶有通经止痛、行气活血的功效，能改善人体微循环，温经通脉，多用以治疗女性闭经、痛经、恶露不行等症。

858 益母草红糖调经茶有什么功效?

益母草红糖调经茶是将益母草与红糖一起用开水冲泡，搅拌均匀即可代茶饮用。功效在于活血散瘀，对调节月经很有帮助。

益母草性味辛甘、苦，无毒，能活血祛瘀、调经利水，为妇科名药，故名"益母"，具有兴奋子宫，改善微循环障碍，改善血液流动性，抗血栓形成，调经活血，散瘀止痛，利水消肿等作用；红糖性温味甘，能补血益气，和血行瘀。多用于治疗脾胃虚弱，腹痛呕泻以及妇女产后恶露不尽等症。将益母草与红糖同饮，有效地调节月经量，并可以缓解腹痛等症，改善全身乏力，腰酸疼痛等症。另外，此茶还可用于治疗急性肾小球肾炎、眼睑浮肿等疾病。

📷 **食疗功效**

益母草红糖调经茶有活血祛瘀、补血益气、调经利水的功效，可有效调节女性月经量，并缓解腹痛、全身乏力等症。

⚙益母草性味辛甘、苦，能活血祛瘀、调经利水。

859 莲子益肾茶有什么功效?

莲子益肾茶是用煮烂后的莲子兑入茶叶汁，加入红糖搅拌均匀，代茶饮用。此茶的功效在于能消除水肿，减轻肾脏负担，对保护肾脏有很好的功效。

莲子性平味甘，含淀粉、蛋白质、脂肪、糖类、钙、磷、铁等，是收涩药，有补脾止泻、益肾固精、养心安神的功效。将莲子与茶叶同饮，茶叶中的茶多酚是治疗肾脏疾病的重要药材，茶多酚能够加快排出肾脏中的废弃物，有利于排尿，茶叶中的咖啡碱等还对消化系统有利，促进体内血液循环，调节身体机能。经常饮用此茶，就能缓解肾脏压力，改善肾功能。

📷 **食疗功效**

莲子益肾茶有补脾止泻、益肾固精的功效，促进肾脏中废弃物的排出，消除水肿，缓解肾脏压力，改善肾功能，保护肾脏的健康。

860 莲花甘草清腺茶有什么功效?

　　莲花甘草清腺茶是将莲花、甘草和绿茶加水共煎煮而成的,稍凉即可饮用,每日饮用,能抗菌消炎,对排尿不适、尿频、尿急、尿痛等症状有良效,可预防前列腺炎的发生。

　　莲花性平味苦,能够调理肠胃,促进肠胃蠕动,帮助消化;甘草性平味甘,有解毒、祛痰、止痛、解痉、抗癌等药效,在中医上还有补脾益气、滋咳润肺、调和药材烈性的功效,可用于治疗咽喉肿痛,痈疽疮疡,胃肠道溃疡以及解药毒、食物中毒等。但是甘草也不宜久服,会引起水肿,用时需注意剂量。

　　莲花与甘草同饮,能够有效地预防各种炎症及病菌等的生存。对男性前列腺炎有很好的预防作用。

食疗功效

　　莲花甘草清腺茶有调理肠胃、消食解毒、补脾益气的功效,能抗菌消炎,对排尿不适、尿频、尿急、尿痛等症状有良效。

861 五子衍宗茶有什么功效?

　　五子衍宗茶是用五子即枸杞子、菟丝子、覆盆子、炒车前子、五味子,研成细末,用沸水冲泡而成的,代茶饮用,其功效在于补肾益精,可用于治疗肾虚阳痿等症,适合男性饮用。

　　此茶中的枸杞子味甘性平,有滋肝补肾,润燥明目的作用,还能降低血压和胆固醇;菟丝子性平味辛,可以补肝肾,益精髓,且富含多种维生素;覆盆子性平味酸,主要含有机酸,具有雌激素样作用,也能补肝肾,可以锁阳固精;五味子则性温味酸,含有脂肪油和强壮剂,可改善体乏无力的症状;车前子性寒味甘,能兴奋机体中枢神经,提高人的智力活动。

食疗功效

　　五子衍宗茶有补肾滋肝、锁阳益精、润燥明目的功效,可降低血压和胆固醇,改善体乏无力,用于治疗肾虚阳痿等症,适合男性饮用。

862 金银花栀子清热茶有什么功效?

金银花栀子清热茶是将金银花、栀子、山楂和甘草一同用水煎制而成，晾凉后即可代茶饮用。此茶能够清热、去火、消暑、爽身，对夏季的暑热起到很好的缓解作用。

栀子性寒味苦，有泻火除烦、清热利湿、凉血解毒，除热效果极佳。金银花性寒味甘，可清热解毒、疏利咽喉，可治疗病毒性感冒、急慢性扁桃体炎、牙周炎等病。在炎热的夏季，将这两味一起泡茶饮用，能够起到消暑的作用，不仅可以带走皮肤表面热度，还能促进汗腺排汗，降低体内温度。此外，饮用这道茶还可加快身体循环系统，调节内分泌，达到排毒养颜的功效。

食疗功效

金银花栀子清热茶有清热去火、消暑利湿、凉血解毒的功效，调解内分泌，加快体内循环与汗腺排泄，对暑热有很好的缓解作用。

863 多味健脾茶有什么功效?

多味健脾茶是由西洋参、干葛、川莲、白芍、乌梅、茯苓、扁豆、麦冬、木瓜一并煎煮而成的，取汁饮用，每日分早晚两次服用，可以调节小儿消化不良的症状。

西洋参性凉味甘，可以补气养阴，清热生津，常用于咳喘痰血、咽干口渴等病症的治疗；干葛性平味甘，可治疗伤寒、头痛，有消渴解烦的作用；川莲可以清热去火，主要对脾胃进行调节，可治疗因食滞引起的胃火；白芍性平味苦，可以治疗腹痛，有益气功效；乌梅性味酸，微温，含有糖类、苹果酸、枸橼酸、维生素C等成分，有敛肺止咳、生津止渴、涩肠止泻等功效，对菌痢、肠炎、久泻、久咳、虚热烦渴均有治疗功效；扁豆性平味甘，与脾性最和，可调理脾胃。此茶也适合成人饮用，对脾胃有益。

食疗功效

多味健脾茶有调解脾胃、补气养阴、敛肺止咳、生津止渴的功效，常用以调节小儿消化不良、咽干口渴、腹痛等症，成人也较为适用。

864 米醋止泻茶有什么功效?

米醋止泻茶是将茶叶加水煎成浓汁后，加入少许米醋搅拌均匀，代茶饮用。此茶的主要功效在于抗菌消炎，可以清热利湿、通利肺气、生津止渴，治疗小儿腹泻或是水泻有较好的效果。

醋性平，味酸、甘，可消食开胃，收敛止泻，具有很强的抑菌、杀菌能力。醋有很强的抑制细菌的能力，短时间内即可杀死化脓性葡萄球菌等，对伤寒、痢疾等肠道传染病有预防作用。米醋与茶合用，能有效地治疗小儿腹泻，具有良好清热利湿、涩肠止泻作用。另外，此茶的抗菌消炎效果显著，适合慢性肠胃炎的泄泻患者服用，对治疗肠胃疾病有辅助治疗作用。

食疗功效

米醋止泻茶有抗菌消炎、清热利湿、通利肺气、生津止渴的功效，利用醋的强抑菌消炎作用，用以治疗小儿腹泻或是水泻有较好的效果。

865 竹叶灯芯定惊茶有什么功效?

竹叶灯芯定惊茶是取绿茶1克，竹叶3克，灯芯草1小撮和蝉衣2克加水1碗煎至半碗，每日下午当茶服饮。灯芯草味甘、淡，性微寒，有清心除烦，抗菌消炎的功效，竹叶性味甘淡，寒，能清心除烦，疏散风热，但虚寒体质及腹泻者不宜饮用。

此茶能清心除烦，对小儿夜啼、小儿惊厥、烦躁不安等症有很好的预防和治疗作用。惊厥是小儿时期常见的急症，表现为突然发作的全身性或局部性肌肉抽搐，多数伴有意识障碍。小儿惊厥发病率为成人的10倍，尤以婴幼儿多见。

■竹叶性味甘淡，寒，能清心除烦，疏散风热。

食疗功效

竹叶灯芯定惊茶有清心除烦、疏散风热、抗菌消炎的功效，多用以应对小儿夜啼、小儿惊厥、烦躁不安等症，虚寒体质及腹泻者不宜饮用。

866 竹叶清火茶有什么功效?

竹叶清火茶是将60克竹叶菜和30克淡竹叶用沸水冲泡,加盖闷10多分钟,代茶饮用。竹叶清火茶能改善因脾胃积热、虚火上升几种情况所引起的小儿口疮。风寒型感冒,恶寒明显者,不宜饮用。

食疗功效

竹叶清火茶有清热解毒、利尿除湿、生津止渴的功效。

867 乌药缩尿茶有什么功效?

乌药是乌药植物的根,切片后,用盐水浸泡,再用沸水冲泡代茶饮,具有温肾缩尿之功。气虚、内热者忌服。乌药性味温辛,可行气止痛,温肾散寒。

食疗功效

乌药缩尿茶有行气止痛、温肾补虚的功效,能温肾化气以助缩尿之功,可辅助治疗虚寒体质的小儿遗尿。

868 川贝杏仁缓咳茶有什么功效?

取川贝10克、杏仁6克和粉光参6克,加清水一碗,煮沸后转小火再煮30分钟,凉后即可喝。此茶有活血行气,顺畅呼吸系统的功效,多次服用可消除喉咙痒或气喘症状。

食疗功效

川贝杏仁缓咳茶有活血行气、润肺止咳、化痰平喘的功效,多次服用可消除喉咙痒或气喘症状,感冒期间不能饮用。

869 大蒜冰糖止咳茶有什么功效？

大蒜性温味辛，可消炎杀菌、止咳解毒、温中消食。取大蒜十几瓣，捣成泥状放入杯中，加冰糖适量，用开水冲泡，稍凉后当茶饮，每日1次，咳嗽严重者每日2次，此方具有快速止咳化痰的特效，但胃病患者忌用。

食疗功效

大蒜冰糖止咳茶有止咳化痰、和胃润肺、温中消食的功效。

870 紫罗兰畅气茶有什么功效？

取紫罗兰干花泡茶饮用，有助于呼吸器官疾病治疗，使气路通畅。紫罗兰花能清热解毒、祛痰止咳、润肺消炎；还可以清火养颜，滋润皮肤，给皮肤增加水分，增强光泽，防紫外线照射；还可缓解因伤风、感冒及咳嗽引起的喉咙不适。

食疗功效

紫罗兰畅气茶有清热解毒、祛痰止咳、润肺消炎的功效。

871 六味地黄滋肝茶有什么功效？

六味地黄滋肝茶滋肝益肾，适用于免疫力低下、易疲劳、睡眠不佳等多种症状以及糖尿病等多种慢性消耗性疾病患者。先把材料用清水泡半小时，再用大火煮沸后转小火煎半小时即可关火，待茶凉后饮用。

食疗功效

六味地黄滋肝茶有滋肝益肾、养阴凉血、清热生津的功效。

872 莲心苦丁更年清心茶有什么功效?

取苦丁茶3克,莲心1克,菊花3克,枸杞子10克放入茶杯中,以沸水冲泡,加盖闷10分钟即成。代茶频饮,可加入适量蜂蜜。最多可反复冲泡5次,第二天要换新茶再泡。

常饮此茶能清心火、安心神,对隐性更年期的心情烦躁、面色萎黄、性欲低下等有明显的改善作用。

食疗功效

莲心苦丁更年清心茶有清心安神、健脾消积、活血降脂的功效。

873 莲子冰糖益精茶有什么功效?

将莲子放入清水中浸泡几小时后,放入锅中,再加入适量冰糖,煮至莲子软烂。以沸水冲泡茶叶,将茶叶汁加入莲子汤中混合即可饮用。此莲子冰糖茶,有利于稳定情绪,振奋精神。

食疗功效

莲子冰糖益精茶有益肾固精、养心安神、润肺补中的功效。

874 橄榄润咽绿茶有什么功效?

将橄榄放入清水中煮片刻,然后冲泡胖大海及绿茶,加盖闷几分钟即可。橄榄能清热解毒,化痰、利咽、润喉;胖大海性味甘寒,有着清热润肺、利咽解毒的功效。

食疗功效

橄榄润咽绿茶有清热解毒、利咽润喉、化痰润肺的功效。

875 银花青果润喉茶有什么功效?

取适量金银花和绿茶，再将一枚橄榄切开，共同放入杯中，冲入开水，加盖闷5分钟后饮用。适用于慢性咽炎、咽部异物感者。

青果即橄榄，与金银花两者共用，对属阴虚燥热引起的喉咙不适有良好作用。

食疗功效

银花青果润喉茶有清热解毒、利咽润喉、凉散风热的功效。

876 杏仁润喉止咳绿茶有什么功效?

杏仁性温味苦，具有祛痰止咳、平喘、润肠、下气开痹等功效。蜂蜜味甘性平，可润肺止咳、补益脾胃。绿茶性寒，能降脂减肥，降火清心。将杏仁加入绿茶以沸水冲泡，放入蜂蜜调匀，可经常饮用。

食疗功效

杏仁润喉止咳绿茶有清咽利喉、润肺平喘、祛痰止咳的功效。

877 白芍甘草排毒茶有什么功效?

白芍性平味苦，具有清热润燥之效，可缓中止痛，舒经降气，补脾养肝。甘草性平、味甘，具有补脾益气、清热解毒的作用。将生白芍和甘草加两碗水，大火烧开后转小火煮至一碗水关火，即可。

食疗功效

白芍甘草排毒茶有清热润燥、缓中止痛、补脾养肝的功效。

878 泽泻乌龙护肝消脂茶有什么功效?

脂肪肝是人体代谢紊乱的早期征兆,同时也预示着肝脏损伤和一些潜在疾病。泽泻为泽泻科多年生沼泽植物泽泻的块茎,性寒,味甘淡,含有萜类化合物,能促进脂肪分解,使合成胆固醇的原料减少,因而具有降血脂,防治动脉粥样硬化和脂肪肝的功效。

取泽泻15克加水适量煮沸25分钟,取药汁冲泡乌龙茶3克,代茶频饮,可加水续泡。此茶从调理肝脏入手,恢复人体正常代谢,护肝消脂,利湿减肥。严重腹泻患者忌用。

◙ 泽泻性寒,味甘淡,能促进脂肪分解。

食疗功效

泽泻乌龙护肝消脂茶有理肝护肝、消脂减肥、去油解腻的功效,能促进人体内部的脂肪分解,恢复正常代谢循环,但严重腹泻患者忌用。

879 玫瑰调经茶有什么功效?

将适量玫瑰花和益母草放入锅中煮大约10分钟倒入杯中饮用,或加开水冲泡也行。此茶具有活血顺气、调节经血的功效,但饮用不宜过量,益母草每日不能超过5克,孕妇禁用。

益母草,性微寒,味苦辛,可去瘀生新,活血调经,利尿消肿,治月经不调,胎漏难产,胞衣不下,产后血晕,瘀血腹痛,崩中漏下,尿血,泻血,痈肿疮疡,是历代医家用来治疗妇科疾病之要药。玫瑰花含丰富的维生素A、B族维生素、维生素C等,以及单宁酸,能改善内分泌失调,对消除疲劳和伤口愈合也有帮助,调理女性生理问题,促进血液循环,调经,利尿,缓和肠胃神经。两者共同的作用,是调经益血,养颜美容,抗衰防老,是女性生理病的首选药茶。

食疗功效

玫瑰调经茶有活血顺气、调节经血、养颜美容的功效,能较好地调理女性生理问题,恢复健康活力,但饮用不宜过量,孕妇禁用。

◙ 益母草,性微寒,味苦辛,可去瘀生新,活血调经,利尿消肿。

880 杷叶回乳茶有什么功效?

一般宝宝到一周岁左右,年轻的妈妈或因工作问题,或为了保持苗条的身材,就要给宝宝断奶,此时就需要做好回乳的准备,可饮用这款杷叶回乳茶。

将5片鲜枇杷叶剪碎,加入10克捣碎的土牛膝,放入锅中,加适量沸水泡闷15分钟后,频频饮用,每日1剂。枇杷叶,性味苦,微寒,有清肺止咳、降逆止呕的作用;土牛膝味微苦,性寒,可活血化瘀,解毒利尿。此茶可逐渐减少乳汁分泌,消除乳房肿胀,并能恢复乳房良好线形,不下垂、不萎缩。但胃寒呕吐或风寒咳嗽者忌用。

■ 枇杷叶,味苦,性微寒,有清肺止咳、降逆止呕的作用。

📷 **食疗功效**

杷叶回乳茶有活血化瘀的功效,年轻妈妈在宝宝一周岁左右饮用此茶可逐渐减少乳汁分泌,消除乳房肿胀,恢复乳房良好线形。

881 大黄公英护乳消炎茶有什么功效?

哺乳期的妈妈都有积奶或急性乳腺炎的经历,痛苦不堪,吃药打针又怕西药的成分影响到宝宝发育,用传统的方法如热毛巾敷乳房、用木梳梳,虽然安全,效果却很慢。其实,你可以试试中药,这款大黄公英茶经常饮用,就可消除积奶的烦恼。

将大黄和蒲公英用开水泡闷半小时,或放入清水锅内煮开后,关火闷几分钟即可饮用。大黄具有泻热通肠,凉血解毒,逐瘀通经的功效;蒲公英甘寒清解,苦以开泄,功专解毒消肿,为治乳痈要药,兼有利湿之功。《本草纲目》记载:"蒲公英主治妇人乳痈肿,水煮汁饮及封之立消。解食毒,散滞气,清热毒,化食毒,消恶肿、结核、疔肿。"

📷 **食疗功效**

大黄公英护乳消炎茶有消肿散结、逐瘀通经、泻热利湿的功效,可缓解哺乳期妈妈积奶或急性乳腺炎的烦恼,不再顾虑重重。

882 山楂益母缓痛茶有什么功效?

取山楂、益母草各10克，当归6克，切碎，加一碗沸水，盖闷泡15分钟后，倒出药汁加入红糖适量后，温饮。药渣可第二天再加水浸泡服用一次。此茶具有活血散瘀，安宫止痛的功效，主治产后腹痛，恶露不尽或胞衣不下。

山楂、益母草均有活血散瘀之功，古代常用来治产后恶露不下等疾病。益母加山楂，既取其活血散瘀之力，又用其健胃消食之能，对产后腹痛，谷食不消者，一举而两得。当归补血活血，产后用之能帮助血气早日恢复。

📷 **食疗功效**

山楂益母缓痛茶有活血散瘀、健胃消食、安宫止痛的功效，对缓解女性产后腹痛、谷食不消、恶露不尽等症效果明显。

◼ 益母草性味辛甘、苦，能活血祛瘀，调经利水。

883 灵芝沙参缓咳茶有什么功效?

将10克灵芝先用温水浸泡半小时，再加10克百合和南、北沙参各6克煎沸，置保温瓶中，分3次温饮。此茶对慢性支气管炎有良效。

灵芝是传统的真菌药物和健康食品，滋阴，补肺止咳，临床研究亦表明其有显著的镇咳祛痰及平喘作用，对于缓解咳痰、气喘等症状有显著效果，其免疫促进作用，又可有效防止感冒复发。沙参和百合，均有养阴清肺化痰功效。

📷 **食疗功效**

灵芝沙参缓咳茶有滋阴清肺、祛痰止咳、平喘的功效，能有效应对慢性支气管炎，促进人体的免疫系统并防止感冒复发。

◼ 灵芝有滋补强壮、补肺益肾、健脾安神的作用。

884 柿叶清肺茶有什么功效？

秋天吃柿子，不到秋天的时候，可以吃柿子叶。可不是让你真的拿着叶子吃，而是制成柿叶茶喝。摘下6～8月的柿子嫩叶，用水洗净，如果很脏，可以用纱布边擦边洗。将洗净的叶子放在蒸锅中蒸2～3分钟，冷却后将叶子切成丝。晒干之后，就可以放入容器，像平时喝普通茶一样取出泡制即可。

柿叶茶的主要特点是，含维生素C很多，经常饮用，能提高机体免疫功能，软化血管，调整血压，降低血脂，防止脑动脉硬化、冠心病等。但柿子叶中含鞣质较多，有收敛作用，会减少消化液的分泌，加速肠道对水分的吸收，造成大便硬结。因此，便秘患者应少服。

食疗功效

柿叶清肺茶有清热润肺、止咳化痰、抗菌消炎、活血降压的功效，可提高机体免疫功能，但其收敛性致使便秘患者应少服。

885 桑葚红花活经茶有什么功效？

取桑葚15克，红花15克，玫瑰花10克，加水煮泡后，倒出温服。此茶活血养颜，适用于闭经、痛经症状，孕妇不能饮用。

桑葚中含有丰富的活性蛋白、维生素、氨基酸、胡萝卜素、矿物质等成分，营养是苹果的5倍、葡萄的4倍，具有多种功效，被医学界誉为"21世纪的最佳保健果品"。中医认为桑葚味甘质，性微寒，入心、肝、肾经，为滋补强壮、养心益智佳果，具有补血滋阴，生津止渴，润肠燥，补肝益肾等功效，主治阴血不足而致的头晕目眩，耳鸣心悸，烦躁失眠，腰膝酸软，须发早白，消渴口干，大便干结等。

红花产于西藏，中医认为红花有活血通经、消肿止痛、美容祛斑等功效，适用于血寒性闭经、痛经及各种瘀血性疼痛，包括无月经、月经过多、冠心病所致胸痛等。

食疗功效

桑葚红花活经茶有滋阴活血、补肝益肾、通经止痛、美容养颜的功效，可用以调理女性闭经、痛经等症状，但孕妇不能饮用。

886 苏梗安胎茶有什么功效？

刚刚怀孕时，还没有充分体验到即将当妈妈的喜悦，妊娠反应就会接踵而至，让你措手不及。不用烦，这款苏梗安胎茶，保证能够缓解恶心呕吐、头晕、厌食或食入即吐等常见的妊娠反应。

取苏梗6克，陈皮3克，生姜2片切碎，与1克红茶一起放入茶壶，加开水，闷泡10分钟后即可饮用。可反复泡饮，茶味渐淡为止。

苏梗味辛、甘，性微温，适用于胸腹气滞的症状，还有宣肺、理气宽中、止痛、安胎之功效；陈皮及生姜可理气和胃。但气虚或表虚者忌用。

食疗功效

苏梗安胎茶有宣肺宽中、止痛安胎、理气和胃的功效，多用以缓解女性刚刚怀孕时恶心呕吐、头晕厌食等常见的妊娠反应。

887 肉桂养颜开胃奶茶有什么功效？

将锅中放入300毫升鲜奶，大火煮至微开，加入5克奶精粉，搅拌至完全溶解后转小火，放入15克红茶叶，一分钟即可关火，滤出茶汁，倒入杯中。用2支肉桂棒搅动茶汁，约五秒钟，使肉桂香气进入到茶汁里即可拿出。此时奶香浓郁，入口爽滑，有浓烈的香料芳香。这款奶茶不适宜添加糖分，以品味原味为最佳。

肉桂，又称玉桂，以越南肉桂为最佳，具有浓烈而独特的香气，味甜辛辣，性温；可散寒止痛，补火助阳，暖脾胃，通血脉，杀虫止痢。阴虚火旺，里有实热，血热妄行者忌服，孕妇不宜服用。在寒冷的冬天，来一杯肉桂奶茶，一扫寒冷感觉，那"浓浓的香气"更会使你倍感温暖与舒适。饱餐后也可帮助消化，有开胃之功效。

食疗功效

肉桂养牛开胃奶茶有养胃消炎、暖脾胃、助消化的功效，给人温暖、舒适之感，阴虚火旺，里有实热，血热妄行者忌服，孕妇不宜服用。

888 桂花清怡减压茶有什么功效?

将干桂花和茶叶放入杯中,沸水冲泡5分钟,即可饮用。早晚各饮1杯,有温补阳气、强肌滋肤、活血润喉的功效,适用于阳气虚弱型高血压病,及内火引起的皮肤干燥、声音沙哑、牙痛等症。

桂花香气宜人,具有镇静止痛、通气健胃的作用。桂花除富于寓意和用作观赏以外,还是窨制花茶,提炼芳香油和制造糖果、糕点的上等原料。茶叶用鲜桂花窨制后,既不失茶的香味,又带浓郁桂花香气,饮后有通气和胃的作用,很适合胃功能较弱的老年人饮用。广西桂林的桂花烘青、福建安溪的桂花乌龙、四川北碚的桂花红茶均以桂花的馥郁芬芳衬托茶的醇厚滋味而别具一格,成为茶中之珍品,深受国内外消费者的青睐。

食疗功效

桂花清怡减压茶有温补阳气、强肌滋肤、活血润喉的功效,较适宜阳气虚弱型高血压和内火引起的皮肤干燥、声音沙哑等患者饮用。

889 玫瑰参花舒活茶有什么功效?

玫瑰参花舒活茶是将10克玫瑰花和1克人参花用开水浸泡5分钟,即可饮用。此茶具有消除疲劳,活血养颜的功效。

玫瑰花是常见的美容茶,性质温和、男女皆宜,可缓和情绪、平衡内分泌、补血气、美颜护肤、对肝及胃有调理的作用、并可消除疲劳、改善体质,玫瑰花茶的味道清香幽雅,能令人缓和情绪、疏解抑郁,能改善内分泌失调,解除腰酸背痛,有消除疲劳和伤口愈合,滋润养颜,护肤美容,活血,保护肝脏,和胃养肝,消除疲劳,促进血液循环之功能。

人参花是人参所放的花蕾,为人参最精华所在。其主要作用是:延缓衰老,消除疲劳,改善失眠;改善记忆力和性功能等。

食疗功效

玫瑰参花舒活茶有舒缓情绪、解除疲劳、活血养颜的功效,改善人体内分泌,延缓衰老,是中年女性调节身心、补益健康的佳品。

890 茉莉荷叶清凉茶有什么功效？

将茉莉花和荷叶放在一起冲泡，即成茉莉荷叶茶，具有清凉解毒的功效。

荷叶茶能令人神清气爽，还有改善面色、减肥的作用。经常喝荷花茶，会变得不爱吃油腻食物，也有助于减肥。

《中药大辞典》中记载：茉莉花有"理气开郁、辟秽和中"的功效，并对痢疾、腹痛、结膜炎及疮毒等具有很好的消炎解毒的作用。常饮茉莉花，有清肝明目、生津止渴、祛痰治痢、通便利水、祛风解表、疗瘘、坚齿、益气力、降血压、强心、防龋防辐射损伤、抗癌、抗衰老之功效，使人延年益寿、身心健康。

食疗功效

茉莉荷叶清凉茶有清凉解毒、清肝明目、利水消肿的功效，常饮可使人神清气爽、益寿延年，可能改善面色、有助减肥。

891 洋甘菊舒缓减压茶有什么功效？

德黑兰大学医学院研究发现，洋甘菊茶有抗焦虑的效果，且没有副作用。上班族遇到紧张的工作，可以提前或工作中，泡饮一杯洋甘菊茶，有助于缓解紧张情绪。洋甘菊的安抚效果绝佳，可舒解焦虑、紧张、愤怒与恐惧，使人放松有耐性，感觉祥和。减轻忧虑，让心灵平静，对失眠很有帮助。

另外，洋甘菊还有止痛的功能，可缓和肌肉疼痛，尤其是因神经紧张引起的疼痛，对下背部疼痛也很有帮助，同样的作用还能镇定头痛、神经痛、牙痛及耳痛；使胃部舒适，减轻胃炎、腹泻、结肠炎、胃溃疡、呕吐、胀气、肠炎，及各种不舒服的肠疾。据说对肝的问题也有帮助，改善黄疸及生殖泌尿管道之异常；可改善持续的感染，因为洋甘菊能刺激白血球的制造，进而抵御细菌，增强免疫系统，对抗贫血也颇见效。

食疗功效

洋甘菊舒缓减压茶有舒解情绪、安神静气、缓和压力的功效，增强人体免疫系统，对抗失眠，是上班族缓解紧张情绪与压力的佳饮。

892 莲子心金盏茶有什么功效?

莲子心金盏茶是取玫瑰花3朵,莲子心、金盏花和紫罗兰各1撮(拇指和示指),另加薄荷2枝,用开水冲洗干净,再放入壶中加开水浸泡3分钟即可,饮用时可加适量蜂蜜。此茶具有清火安神之功效。

金盏花可以清爽提神,解热下火,稳定情绪,最适合因经常熬夜而致的肥胖族;莲子心清心火,平肝炎,降肺火,消暑除烦,治疗心烦、口渴、目赤肿痛症状。

■莲子心清心火,平肝炎,降肺火,消暑除烦。

食疗功效

莲子心金盏茶有清火安神、平肝降气、消暑除烦的功效,其金盏花独具的清爽提神、解热下火作用非常适宜熬夜加班者饮用。

893 葛花解酒茶有什么功效?

取葛花10克,用水煎服,酒前20分钟饮用可提升酒量,酒后饮用则可促使酒精快速分解和排泄,从而迅速醒酒,减轻肝脏压力。

葛花性凉味甘、辛,可入脾经和胃经,有和胃解酒、生津止渴之功,适用于饮酒过度、头痛、头晕、烦渴、胸膈饱胀、不思饮食、呕吐酸水等病症。同时具有养肝、护胃、补肾、清除毒素、延缓衰老的作用。葛花是中国的传统药物,长期以来被用于缓解酒后呕吐等症状。在对人体细胞的实验中,人们发现其中的一种皂角苷有强大的保肝功效,而异黄酮则有较强的消除活性氧的作用。科学家认为,葛花中含有的皂角苷和异黄酮分别在免疫系统和内分泌系统中发挥着协调作用,可以改善酒精对人体造成的新陈代谢异常,从而起到解酒醒酒的作用。

食疗功效

葛花解酒茶有和胃解酒、养肝护胃、补肾清毒的功效,人们酒前20分钟饮用可提升酒量,酒后饮用则可促使酒精快速分解和排泄。

894 薰衣草舒眠茶有什么功效?

泡薰衣草茶时，如果您喜欢淡雅清香的口味，一小杯开水只需8粒薰衣草；如果您喜欢花香浓郁的口味，一小杯开水加薰衣草量约大拇指与示指抓一小撮。此茶具有舒缓紧张情绪、镇定心神的作用，睡前饮用有助睡眠。

薰衣草可以净化心绪，舒解压力、松弛神经、帮助入眠；可治疗初期感冒咳嗽，逐渐改善头痛，安定消化系统，是治疗偏头痛的理想花茶。可以饮用，也可以沐浴时使用，还可放置于衣橱内代替樟脑丸。但应注意的是避免服用高剂量薰衣草，特别是孕妇要避免使用过多剂量。

食疗功效

薰衣草舒眠茶有舒缓情绪、松弛神经、安神助眠的功效，更可逐渐改善头痛，但需避免服用剂量过高，特别是孕妇更应格外注意。

895 薄荷清凉解暑茶有什么功效?

用一杯开水即可冲泡出薄荷茶，冷热皆宜。冲泡薄荷茶，还可掺进其他的花草，茶味道更为特别，最简单的方法是用一包红茶加适量的薄荷，即可冲出滋味十足的薄荷红茶，再加点儿蜂蜜更显清冷。

在烈日炎炎的夏日，喝杯冰冻薄荷茶，那清凉的感觉真是爽快，不仅令人暑气全消，更能令人提振精神，冰凉解毒，刺激食欲，最适合于午饭后饮用。而热的薄荷茶对于治疗感冒、祛除风寒亦有很好的疗效。

薄荷有很多品种，绿薄荷口感清凉，有提神醒脑的作用；胡椒薄荷则可助消化，减轻胀气。餐宴后饮薄荷茶，可以使口气清新、帮助消化，对于提神醒脑也极具功效。薄荷叶与甘菊一起冲泡，可止咳、化痰、提神。

食疗功效

薄荷清凉解暑茶有提神醒脑、解暑助消、清新口气的功效，炎炎夏日饮用不仅使人清凉爽快，更能刺激食欲，适合午饭后饮用。

▲绿薄荷口感清凉，有提神醒脑的作用。

896 葱白银杏缓痛茶有什么功效?

将一根葱的葱茎洗净后,从根部取葱白3厘米,加银杏叶用开水泡闷15分钟后,即可趁热饮用,可缓解风寒感冒时的头疼及腰酸背痛。

葱根部上的茎,称为葱白,其气味辛辣,性温,有发汗解热、散寒通阳的功效。现代药理研究表明,葱白有发汗解热的功效,可健胃、利尿、祛痰,对痢疾杆菌、葡萄球菌及皮肤真菌也有一定的抑制作用。

银杏叶性味甘、苦、涩、平,归心肺经,功能敛肺、平喘、活血化瘀、止痛,用于肺虚咳喘、冠心病、心绞痛、高血脂。现代科学研究证明银杏叶含有200多种药用成分,其中有黄酮类活性物质35种,微量元素25种,氨基酸8种。

食疗功效

葱白银杏缓痛茶有散寒通阳、活血化瘀、发汗止痛的功效,趁热饮用可有效缓解人体风寒感冒时的头疼及腰酸背痛。

897 茯苓枣仁宁心茶有什么功效?

取茯苓、炒酸枣仁各50克压成末,加入1克朱砂,用纱布包好,放入保温杯中,冲入适量沸水,盖上闷20分钟,即可饮用,在一日内饮尽。失眠者可在睡前半小时冲泡饮服。此茶对心神不宁、心气不足导致的虚汗不眠、惊悸怔忡、失眠健忘等症有特效。

茯苓补脾,利水渗湿;炒酸枣仁养心安神,敛汗;朱砂镇惊安神,清热解毒。此茶由表及里调理人体内分泌补气养血,宁心安神,定惊。但朱砂剂量不可过大,且不宜久服。

食疗功效

茯苓枣仁宁心茶有养心安神、补脾定惊的功效,可缓解心神不宁、心气不足导致的虚汗不眠、惊悸怔忡、失眠健忘等症状。

◙茯苓性味甘淡平,可补脾,利水渗湿。

898 银耳太子参宁神茶有什么功效?

人们在精神高度紧绷,铆足了劲,准备大干一场时,却事倍功半、事与愿违。如果你是用脑一族,肯定遇到过这种情况,这是神经衰弱的症状,神经衰弱是指神经活动机能失调,需要好好调理。平时让大脑有松有弛,经常饮用银耳太子参茶,神经衰弱就可以得到改善。

将银耳15克用温水泡1个小时,加入太子参25克与银耳同煮煎至熟烂,再加入冰糖熬稠,这款银耳太子参宁神茶就做好了。

太子参又称孩儿参,中医认为其性平,味甘微苦,能补肺健脾、益气、养阴、安神,是一味很好的滋补品;含果糖、氨基酸、维生素等,能提高机体的免疫功能,对神经衰弱引起的失眠、健忘、记忆力减退等都有很好的改善作用。

食疗功效

银耳太子参宁神茶有滋阴润肺、养气和血、补脑安神的功效,能提高机体的免疫功能,改善失眠、健忘等神经衰弱症状。

▣太子参性平,味甘微苦,能补肺健脾、益气、养阴、安神。

899 骨碎补活肌茶有什么功效?

繁忙的白领们由于缺少锻炼,肌肉力量差,腰部经络气血运行不畅,就很容易导致腰肌劳损、疼痛,这时可以饮用骨碎补活肌茶改善体质。

将骨碎补50克和桂枝15克加水煎煮30分钟,取药汁代茶饮。骨碎补对骨关节软骨有刺激细胞代偿性增生作用,配合桂枝能疏通经脉,活血定痛。不过,饮茶是一方面,还要适当休息,定时改变姿势,做一些简单的腰部运动。

食疗功效

骨碎补活肌茶有补肾强骨、温经通脉、活血定痛的功效,专门应对日常缺少锻炼的白领一族,改善体质,预防腰肌劳损、腰部气血不畅。

▣骨碎补味苦性温,可补肾强骨。

900 菊花抗晕乌龙茶有什么功效?

每天接触电子污染的办公室一族,体内积存着有害的化学和放射性物质,长久以往,就会积劳成疾,引起职业病。由菊花和乌龙茶泡制成的菊花乌龙茶,具有排毒的作用,可抵抗身外的辐射,排出体内积存的有害物质。

《本草纲目》中记载菊花"性甘、味寒,具有散风热、平肝明目之功效"。现代药理分析表明,菊花里含有丰富的维生素A,是维护眼睛健康的重要物质。菊花茶能让人头脑清醒、双目明亮,特别对肝火旺、用眼过度导致的双眼干涩有较好的疗效,经常觉得眼睛干涩的人,尤其是常使用电脑的人,应多喝菊花茶。

食疗功效

菊花抗晕乌龙茶有平肝明目、溶脂排毒、抗衰老的功效,能够有效缓解眼部干涩、抵抗电脑辐射,减轻体内有害物质的堆积。

901 桑菊银花清热茶有什么功效?

取桑叶4克,菊花6克,金银花8克,放保温杯中,用沸水适量泡15分钟当茶饮。一般可冲泡2次。不宜久泡,以免破坏有效成分。此茶来自民间的古老配方,选取天然的清凉药材。菊花、金银花清热解毒、凉散风热,对感冒引起的发热、头晕、头痛都有很好的舒缓作用。

桑叶性寒,味甘苦,含丰富的氨基酸、纤维素、维生素、矿物质及多种生理活性物质,有疏散风热、清肝明目的功效,对风热感冒、肺热燥咳、头痛头晕、目赤昏花有良效;金银花清热解毒、凉散风热,可用于外感风热之发热、头晕、头痛。

食疗功效

桑菊银花清热茶有清热解毒、凉散风热、清肝明目的功效,对目赤昏花以及感冒引起的发热、头晕、头痛都有很好的舒缓作用。

桑叶性寒,味甘苦,有疏散风热、清肝明目的功效。

902 莲心甘草舒眠茶有什么功效?

如果躺在床上了还烦躁不安,那第二天的情绪和身体肯定不好,接着便是第二天晚上更加心烦,如此恶性循环肯定将身体拖垮。如果心烦时泡一杯莲心甘草茶,保证你能舒舒服服地酣睡一夜。

将少量的莲子心和甘草用沸水冲泡,代茶频饮。莲心性寒味苦,含莲心碱、异莲心碱等多中生物碱,能清心安神、交通心肾、涩精止血,对心烦少眠、心肾不交、失眠遗精症有很好的改善作用。故饮此茶可清心火、除烦躁,睡前喝一杯,能起到助眠的效果,充足的睡眠让你心情雀跃地迎接新的一天!

食疗功效

莲心甘草舒眠茶有清心安神、补脾益气、交通心肾的功效,对心烦少眠、失眠遗精有着不错的疗效,睡前饮用可有助睡眠。

❀甘草性平、味甘,具有补脾益气、清热解毒、祛痰止咳、缓急止痛、调和诸药之功。

❀莲心性寒味苦,能清心安神、交通心肾、涩精止血。

903 莲子百合甜梦茶有什么功效?

我们祝愿朋友晚安时,通常会加上"做个好梦"。但是如果夜夜都做好梦,那可不是好兆头。不管好梦噩梦,总是噩梦,说明睡得浅,是睡眠不好的表现。要想睡个好觉可以试试这款莲子百合甜梦茶。

取桂圆、百合、莲子各50克,柏子仁20克,酸枣仁15克加水煎服,经常代茶饮。桂圆肉同龙眼肉,含葡萄糖、蔗糖、维生素A、B族维生素、酒石酸等成分,能补益心脾,养血安神;百合含多种生物碱,如秋水仙碱等,养阴润肺,清心安神。常饮此茶养阴润肺、清心安神,适用于虚烦惊悸、失眠多梦,能有效对抗失眠。

食疗功效

莲子百合甜梦茶有养心安神、滋阴润肺、益肾固精的功效,适用于虚烦惊悸、失眠多梦等症状,能有效对抗失眠,一觉到天亮。

904 二子延年健骨茶有什么功效?

女性到了更年期以后,体内雌激素水平降低,首先引起维生素D的生成与活性降低,从而干扰肠道内的钙吸收,而致使破骨细胞的活性增强,引起老年骨质疏松症。这道二子延年健骨茶专为此症设计。

将枸杞子、五味子捣烂,加入绿茶和白糖,用开水冲泡,日常代茶饮,可长期饮用,无任何副作用。此茶补虚滋阴,调整内分泌,保养卵巢,稳定激素水平,减少体内钙质的流失,预防老年骨质疏松。

食疗功效

二子延年健骨茶有补虚滋阴、补血安神、益气强肝的功效,日常代茶饮用,能调整内分泌,减少体内钙质的流失,预防老年骨质疏松。

❀五味子性温味甘酸,可益气强肝,养阴固精。

905 杜仲肉桂舒肩茶有什么功效?

取少量杜仲和两茶匙的干肉桂加入一杯热开水中,浸泡约10分钟后,放凉,加适量蜂蜜即可饮用。此茶可促进新陈代谢和热量消耗,降低中性脂肪,因此具有减肥的效果,还具有预防衰老、强身健体的功效。

杜仲是中医传统中药材,中国古代著名的医药学家李时珍所著《本草纲目》载:"杜仲,能入肝补肾,补中益精气,坚筋骨,强志,治肾虚腰痛,久服,轻身耐老。"杜仲列为中药上品已有2000多年的历史。肉桂可以散寒止痛,补火助阳,暖脾胃,通血脉,杀虫止痢。但阴虚火旺,里有实热,血热妄行者不宜饮用此茶。

食疗功效

杜仲肉桂舒肩茶有补益肝肾、强健筋骨、散寒通脉的功效,可促进人体新陈代谢,但阴虚火旺,里有实热,血热妄行者不宜饮用。

906 参须枸杞缓压茶有什么功效?

将20克参须加入热水中煮开，再加入10克枸杞用小火煮约1分钟即可。常饮此茶，可增强体质，神清气爽。

人参须可防止衰老，补充元气，增加身体的抵抗力，增强抗癌细胞的活性，并能补脾益肺、生津、安神；枸杞是传统的名贵中药和营养滋补品，现代医学研究证明，枸杞有免疫调节、抗氧化、抗衰老、抗肿瘤、抗疲劳、降血脂、降血糖、降血压、补肾、保肝、明目、养颜、健脑、排毒、保护生殖系统、抗辐射损伤十六项功能。

食疗功效

参须枸杞缓压茶有滋阴清火、滋肝补肾、养血安神的功效，常饮可增强体质、降压、降胆固醇，令人倍感神清气爽。

■ 枸杞子味甘性平，可滋肝补肾，补血安神，降压降胆固醇。

---

907 葱芷去痛茶有什么功效?

风寒感冒时，会引起头痛，以前额及太阳穴区为主，常牵连颈项有拘紧感，遇风寒即加重，可能伴有咳嗽、喷嚏、鼻塞或流清涕等，重者伴有发热、全身酸痛，治疗应以散风止痛为主。

取茶叶10克，白芷6克，葱白3段加水煎服，趁热饮用。由于白芷能祛风、燥湿、消肿、止痛、赤白带下、痈疽疮疡、皮肤燥氧等，配合葱白的杀菌消炎作用，饮用此茶，即可有效缓解头痛症状。

■葱白，其气味辛辣，性温，有发汗解热、散寒通阳、杀菌消炎的功效。

食疗功效

葱芷去痛茶有祛风解热、散寒通阳、杀菌消炎的功效，饮用此茶可有效缓解头痛，特别是风寒感冒所引起的头痛、发热等症状。

908 黄芪三宝护颈茶有什么功效?

长时间操作电脑,重复着单调的工作,或者长时间开车,难免腰酸背痛、脖子发硬,颈椎在不知不觉中就出现了毛病。如果没时间做专业按摩,就常饮用黄芪三宝茶,配合简单的颈椎运动来缓解颈椎的不适。

黄芪三宝茶是将黄芪、菊花、罗汉果各10克配以普洱茶5克,研磨成粉,用沸水冲泡饮用。罗汉果含丰富的维生素E及钠、钾、钙、铁等矿物质,可爽喉利咽,改善血液循环;黄芪可以补气通气,气行则血行,气血通畅,缓解疲劳。因此,饮用此茶可以有效缓解长时间工作带来的腰颈部不适,能减轻疼痛,改善头昏目眩、四肢乏力等症状,有效预防颈椎病。

食疗功效

黄芪三宝护颈茶有通畅气血、补气通气、缓解疲劳的功效,可有效缓解长时间工作带来的腰颈部不适,减轻疼痛,预防颈椎病。

909 桑瓜大枣祛湿茶有什么功效?

都市人难免有各种应酬餐,于是,喝酒吃肉成了常事。而动物脂肪中含有大量容易引起关节发炎的物质,所以,大量进食富含动物脂肪的食物就会加重风湿病患者的病情。如果吃完大鱼大肉之后,饮用一杯桑瓜大枣茶,不仅能消除油腻,还可祛湿,一举两得,何乐而不为呢?

取木瓜2片,桑叶7片,大枣3枚,加少量茶叶用沸水冲泡10分钟,即可饮用。

食疗功效

桑瓜大枣祛湿茶有补中益气、疏散风热、健脾消食的功效,人们日常应酬之后饮用,可消除油腻、祛湿消食,打造健康生活。

◙大枣性味温甘,可补中益气、养血安神。

◙桑叶性寒,味甘苦,可疏散风热、清肝明目。

910 人参玫瑰益寿茶有什么功效?

将少量的人参片和适量的玫瑰花、红枣,用热水冲泡后,即成人参玫瑰益寿茶,趁热饮用,具有益气补血的功效,可有效保持肌肤光滑细嫩,最适合中老年女性。每日以开水冲茶喝,可以去火、保持精力充沛、增加活力,长期饮用还能使皮肤白里透红,有养颜美容的功效。

人参被誉为大补元气的药王之王,可提振精神、延缓老化;红枣补气养血;玫瑰能安神,还有消脂减肥美容的功效。故常饮此茶可以活络气血,延年益寿。但腹胀脾虚及有发炎症状者不宜饮用此茶。

❀玫瑰花能理气开郁,调理血气,促进血液循环,消除疲劳。

📷 **食疗功效**

人参玫瑰益寿茶有益气补血、养颜美容、补脾益肺、理气开郁的功效,趁热饮用可消除疲劳、增长活力,最适合中老年女性。

911 百里香驻蘸延年茶有什么功效?

将红枣、龙眼干、葡萄干加入水中煮沸后,转小火再煮5分钟关火,加入百里香和香茅,浸泡5分钟后,加入适量冰糖即成百里香驻蘸延年茶。可不要小看这杯香浓的茶哦,它可是藏有保健、养生、驻颜益寿的功效。

百里香含麝香酚,有保护呼吸道、芳香健胃的作用,还可促进消化、缓和肠胃不适、消疲安神;龙眼干含维生素、粗蛋白以及无机盐类等人体所必需的营养物质,能补气养血;中医认为葡萄干具有"补血强智利筋骨,健胃生津除烦渴,益气逐水利小便,滋肾益肝好脸色"的功效,可滋肾益肝,补益气血,健胃生津,缓解手脚冰冷、腰痛、贫血等现象,提高免疫力。

📷 **食疗功效**

百里香驻蘸延年茶有健胃消食、补气养血、滋肾益肝的功效,能缓解人体肠胃不适,消疲安神,是驻颜益寿、养生保健的佳品。

912 豆麦增忆茶有什么功效？

将黑豆、浮小麦、莲子与黑枣共同煮汁，滤渣，加入少许冰糖调味，待冰糖溶化后代茶饮，具有益智安神的功效。

黑豆性平味甘，可消肿下气，润肺祛燥，活血利水，祛风除痹，补血安神，补肾强身，解毒润肤；浮小麦性味甘凉，可固表止汗，退热除烦；莲子可宁心安神、健脑益智、消除疲劳；黑枣可清热止咳，有助消化。该茶适用于中老年心肾不交者，症见痴呆健忘、虚烦不眠、夜寐盗汗、神疲乏力等症状。

◘黑豆性平味甘，可润肺祛燥，活血利水，补血安神，补肾强身。

◘莲子可宁心安神，健脑益智，消除疲劳。

食疗功效

豆麦增忆茶有益智安神、补肾强身、消除疲劳的功效，主要适用于中老年人心肾不交者，虚烦不眠、夜寐盗汗、神疲乏力等症状。

---

913 山楂迷迭香茶有什么功效？

在办公室上班的白领们，长时间坐着不动，脂肪在腿上慢慢堆积，渐成"象腿"。喝一杯带着清新香气的山楂迷迭香茶，能有效减掉腿部多余水分和脂肪，并能减缓静脉曲张，净化肠胃。

将迷迭香与山楂放入锅内加热水煮沸，放入适量的冰糖，用调匙充分搅拌至冰糖溶化。倒入壶内，加入柠檬皮丝即可。

迷迭香对促进血液循环、去水肿、减肥、助生发等具有明显功效，在很早以前就被意大利人、土著人用于保存食物及减肥助消化；山楂可以消食化积、活血散瘀，能加速肉类消化。因此，这道茶具有提神、增强记忆力、促进消化、瘦腿美腿等功效。

食疗功效

山楂迷迭香茶有提神益智、消食化积、活血散瘀的功效，可促进人体血液循环，防止久坐不动者脂肪在腿部的堆积，减缓静脉曲张。

第十三章

茶食

在人们的生活中，茶食不仅包括含有一定茶成分的食物，也涵盖着与茶相配的炒货、鲜果、蜜饯、甜食、点心等副食，它们或香脆可口，或清雅淡爽，或鲜嫩油润，既满足了人们的口腹之欲，更为茶饮生活平添了几分情趣。本章从家庭茶饮生活的常见食材出发，逐步深入介绍茶食的标准、选配、分类以及具体的传统茶食制作。对照演练后你会发现，原来茶饮生活也可以如此惬意、简单……

914 什么是茶食?

茶食是一个泛指,不仅包括含有茶叶成分的各种食品,如茶饮料、茶糖果、茶饼干、茶菜肴等,还包括与茶适宜搭配的各类副食和点心,如各种炒货、蜜饯、糕点、小吃、点心等,这些我们通常把它们称为茶食或茶点。品茗搭配茶食可以增添茶文化的精彩,增加茶艺的情趣。

有的人认为必须掺有茶成分的食品才是真正的茶食。其实,茶食、茶点中掺不掺茶并不是至关重要的,因为一杯清茶可以涤去肠胃的污浊、醒脑提神,而几种茶食,既满足了口腹之欲,又使饮茶平添了几分情趣,从而使清淡与浓香、湿润与干燥有机地结合。茶水在口舌上流淌,使疲劳的味觉重新得以振奋,点心之味在茶水的配合下,被人更好地享用。所以,只要在饮茶时,不管是什么茶食、茶点,只要搭配合理,使忙碌复杂的心情得到放松才是最重要的。

915 茶与茶食怎样进行搭配?

茶食的种类繁多,因各人的喜好、体质而有所取舍。在与茶食的搭配上,"甜配绿,酸配红,瓜子配乌龙"是总的原则,也就是说品绿茶时,配以甜的茶食,如芝麻糖、蛋黄酥、豆沙包等;品红茶时,配以酸甘类的茶食,如话梅、甜橙、金橘饼等;品乌龙茶时配咸碱类的茶食,如五香瓜子、开口蚕豆、玫瑰茶杏仁等。

酸甘类的甜橙适宜搭配红茶。

916 茶食的视觉与味觉有什么要求?

闲暇之时,人们对品茶的质量与技艺有着较高的要求,而与其相配的茶食更是不得马虎半点。其中在味觉上,要求质地要酥软适口,并且要考虑到取食的方便,要求不粘手,不掉屑;包装也要美观精致,外形小巧玲珑,色彩自然悦目。

味觉:质地酥软适口(兼顾取食方便)。

视觉:外观精致,色彩自然悦目。

917 怎样选择茶食的器皿?

　　将削好的苹果一切两半，一半放在塑料袋上，一半放在盘子里，你会去拿哪一半呢? 肯定是盘子里的，让人看了就有食欲。可见，盛放食物的器物对人们的心理作用影响有多大。茶食作为中华传统文化的见证者，更应该讲究。好茶配佳点，除了茶食本身的质量要好，还要用洁净、素雅、别致的盛器来衬托茶食的可口、精美。

素雅的花纹

别致的造型

洁净的杯体

▶图说

　　适宜的器皿不仅洁净卫生，平添人取食的欲望，更能烘托出饮食的格调与品质。

918 茶食与节令有什么关系?

　　节令是几千年来，人们根据季节气候与植物的生长过程总结的节气名称。人的体质会因节气时令而有所调整，"春困秋乏"就是例子，而茶的实质也会随着地域和季节的不同有所变化，因此从茶的内质和人的体质来说，在准备茶食时，要依节令的不同而有所不同。

　　春天的茶食要多一些花色或艳丽; 夏天要准备味道较清淡的茶食; 秋天的茶食宜以素雅为主; 冬天的茶食就得准备味道较重的。另外，不管在什么节令，茶食的颜色、种类、数量、宜少不宜多，适可而止。

冬天的茶食得准备味道较重的。

秋天的茶食宜以素雅为主。

冬

春

秋

不同的节令应该选择不同种类的茶食

夏

春天的茶食要多一些花色或艳丽。

夏天要准备味道较清淡的茶食。

919 炒货类茶食有哪些?

炒货系列可称得上是茶食品系列的一绝。炒货类按制作方法,可分为炒制、烧煮、油氽等种类,能与茶搭配的常见炒货有:五香、奶油、椒盐等各味花生和茶叶、玫瑰、话梅、五香、椒盐等各色瓜子,还有香榧、榛子、松子、杏仁、开心果、腰果、葵花子、西瓜子、兰花豆等。

炒花生口感清脆,能健脾和胃、滋阴调气。

炒腰果甘甜清脆,唇齿留香,可润肠通便,润肤美容。

920 鲜果类茶食有哪些?

鲜果类主要是指四时鲜果,也就是时令水果,常见品种有苹果、橘子、葡萄、西瓜、哈密瓜、香蕉、李子、杏子、桃、荔枝、甘蔗、杨梅等。

我国幅员辽阔,地跨寒、温、热三个气候带,自然条件优越,瓜果栽培遍及各地,品种资源非常丰富。新鲜水果的营养丰富,多吃一些水果固然好,但南方人不要多吃北方水果,北方人也不要多吃南方水果,因为"一方水土养育一方人",吃跨地域的水果多会造成水土不服。

苹果,性情温和,酸甜可口。

葡萄营养丰富,糖多性温。

921 蜜饯类茶食有哪些?

蜜饯类茶食分为果脯和蜜饯两类。果脯多出自北方,是以鲜果直接用糖浸煮后再经干燥的果制品,特点是果身干燥,保持原色,质地透明;蜜饯多出自南方,是用鲜果或晒干的果坯作原料,经糖渍浸煮后加工成半干的制品,特点是果形丰润,甜香俱浓,风味多样。

常用的蜜饯有葡萄干、苹果脯、桃脯、山楂糕、话梅、脆青梅、盐金枣、果丹皮、蜜枣、糖冬瓜、金橘饼、芒果干、九制陈皮、糖杨梅、加应子等。

果形丰润,甜香俱浓,风味多样。

图说

蜜饯以鲜果或晒干的果坯经糖渍浸煮后加工而成。

922 甜食类茶食有哪些?

　　甜食类又称茶糖类,在饮茶过程中起调节口味的作用。在日本,人们饮抹茶时,先要尝些甜食,其理就在于此。甜食类可以称得上是茶食品健康的标志之一。在日常生活中,特别是老人和小孩比较忌讳高脂肪、高糖分、高热量的食品,而茶糖系列恰恰相反,采用的是优级白砂糖、精制麦芽糖浆为主要原料,辅以高档绿茶精制而成,没有添加任何化学成分,是低脂、低糖、低热量的纯天然绿色食品,自然备受消费者的喜欢。

　　目前在茶艺馆或家庭待客时,选用的茶糖主要有芝麻糖、花生糖、挂霜腰果、可可桃仁、糖粘杏仁、白糖松子、桂花糖、琥珀核桃等。此外,还有掺绿茶、红茶、乌龙茶等的各种奶糖和茶胶姆糖。

> 所含茶提取液浓度以及其色香味品质决定了茶糖的品质。

▲图说
茶糖即是带有一定茶味、茶香的糖食。

923 点心类茶食有哪些?

　　点心类的茶食种类很多,一是原料广泛,山珍海味、飞禽走兽、瓜果蔬菜都可作原料;二是质感讲究,口感多样;三是成熟方法多样,炸、煎、蒸、煮、烤、烘、汆等使茶点品种更加丰富。

　　常见的茶点品种根据成熟的方法有很多样,蒸煮类有粽子、汤圆、馄饨、水饺、馒头、包子、米糕、花色面条、糖藕、八宝饭、烧麦、水果羹、银耳羹、赤豆羹;煎炸类有春卷、煎饺、锅贴、麻球、馓子等;烘烤类有金钱饼、月饼、宫廷桃酥、夹心饼干、家常饼、蛋糕等;茶菜类有香干、鹌鹑蛋、火腿片等。

　　另外,每一种点心又可采用多种配料和不同的做法,形成更多的花色品种。如包子,既可制作叉烧小包、奶黄馅包、香菇素菜包、鲜肉包,又可制作豆沙包、雪菜冬笋包、牛肉小汤包、南翔小笼包等;还有饺子,除了煮水饺之外,还可以做成蒸饺、煎饺等。

茶点特色	取材广泛 →	山珍海味、瓜果蔬菜均可
	工艺精湛 →	质感讲究,口感多样
	熟制多样 →	炸、煎、蒸、煮、烤等

924 怎样制作挂霜腰果?

原料

腰果400克、白砂糖150克、植物油适量。

制作

（1）炒锅置于中火上，注入花生油，冷油放入腰果仁，文油低温炸3 5分钟，腰果颜色略变，立即捞出；

（2）锅里放少许清水加入白糖，小火慢慢熬至糖浆由大泡转为细密小泡时，放入腰果，拌均匀使糖液均匀地粘在腰果表面，冷却后入盘即可。

特色

色泽洁白，香酥脆甜。

> **制作要诀**
> 腰果富含脂肪，要冷油入锅，炸制时间不宜过长。

❖腰果味甘性平，可补肾健脾，润肠通便，延缓衰老，增进性欲。

❖白砂糖味甘性平，可和中益肺，疏肝养阴，调味。

925 怎样制作五香花生米?

原料

花生米500克、精盐50克、花椒、大料、豆蔻、姜适量。

制作

（1）将花生米洗净，用温开水泡在盆内约两小时；

（2）锅内加水上火，放入盐、花椒、大料、豆蔻、姜，加入花生米煮熟；

（3）如果当时吃不完，要连汤倒入盆内，吃时捞出盛盘即成。

特色

五香味浓，宜下酒饭。

❖花生性味甘平，能健脾和胃、润肺化痰、滋阴调气。

926 怎样制作香酥核桃仁?

原料

核桃仁500克,食盐50克,糖少许。

制作

(1)将核桃仁放入淡盐水中浸泡12个小时;

(2)将捞起的核桃仁用冷水冲洗干净,晾晒至表皮干燥;

(3)在盛器中放少量清水和糖,然后将核桃仁倒入,再撒上食盐,搅拌均匀后再次晾干;

(4)将晾干的核桃仁置于烘箱内烘干,取出冷却后即成。

> **制作要诀**
> 食盐水要用开水配制,不能用铁制品存放。

特色

甜、咸、香、酥,风味独特。

927 怎样制作玫瑰瓜子?

原料

南瓜子1000克,食盐50克,糖精1克,五香粉30克,丁香粉10克,玫瑰香精3滴,食用红色素少许。

制作

(1)将南瓜的白瓜子洗净;

(2)将盐、糖精、五香粉、丁香粉以及食用红色素放入碗中,注入沸水500克,冷却后放下瓜子,再滴上玫瑰香精,加盖放置24小时;

(3)将瓜子捞出后,放入锅中焙炒至瓜子皮上呈现芝麻黑点,水分完全焙干,再用小火炒10分钟即成。

特色

咸甜、味美、可口。

◙ 南瓜子性味甘平,可补脾益气,润燥消肿,驱虫。

◙ 丁香性味甘辛、大热,可温肾健胃,止痛抗菌,气味芳香浓烈,常用以调味。

928 怎样制作椒盐瓜子？

椒盐瓜子有两种，一种是椒盐葵瓜子，一种是椒盐白瓜子。

椒盐葵瓜子的做法：

原料

葵瓜子500克，食盐50克，大料、桂皮、花椒、茴香各适量。

制作

（1）将葵瓜子洗净，然后放入锅内，加入清水煮沸；

（2）水开后，把大料、桂皮、花椒、茴香用纱布包好放入锅内，大火煮；

（3）半小时后，捞出几粒瓜子，用手按挤，如瓜子口露出水珠，即可放入食盐，改文火继续煮2小时即成。

椒盐白瓜子的炒法：

原料

白瓜子1000克，食盐100克，花椒50克。

制作

（1）在开水中放入食盐、花椒，再将南瓜子浸渍2小时，捞出晾干；

葵瓜子性味甘平，可安神，抗衰老，降低血脂，增强记忆力。

（2）锅中放入白沙，用旺火炒热，再倒入南瓜子慢慢翻炒；

（3）待瓜子壳发出爆裂声时，再炒5分钟，筛去白沙即成。

特色

咸香适口。

---

929 怎样制作五香瓜子？

原料

葵瓜子1000克，花椒50克，食盐、茴香、大蒜适量。

制作

（1）将大蒜去皮拍碎，与花椒、茴香放入纱布袋内，扎紧；

（2）先把瓜子洗净，同香料袋和盐一起放到锅里，先浸泡24小时；

（3）开火，将调料水与瓜子煮沸半分钟，继续浸泡一个小时；

（4）捞出瓜子沥干水分，晾晒两天至干；

（5）将晾干的瓜子放到锅里翻炒至香熟。

特色

咸香味浓，味美怡人。

花椒性辛温，能促进唾液分泌，有助于消化和杀菌，起到开胃健脾的作用。

930 怎样制作奶油五香豆？

原料

蚕豆500克，白糖100克，盐25克，桂皮、茴香、奶油适量。

制作

（1）先将蚕豆去杂、洗净；放在清水中以旺火煮30分钟后捞出；

（2）锅中水倒掉，把蚕豆重新放入锅中，加清水淹住蚕豆为准，加入盐、糖、桂皮、茴香等辅料，用文火煮至水干；

（3）将铁锅烧热，倒入煮好的蚕豆，用小火焙炒，不断翻动，直至水分焙干；

（4）锅离火，放入少量奶油，搅拌均匀，冷却后即成奶油五香豆。

特色

色呈淡棕色，蚕豆硬韧而富有芳香之味，美味可口。

蚕豆性味甘平，补中益气，健脾益胃，利湿止血，补脑。

931 怎样制作芝麻糖？

原料

芝麻500克，白糖400克，饴糖（或蜂蜜）200克。

制作

（1）将芝麻放入铁锅，用文火翻炒5分钟；

（2）将炒熟的芝麻平摊在台板上；

（3）在锅内加一点清水，将白糖、饴糖入锅熬煮至黏稠，倒在芝麻上；

（4）在擀面杖上涂些油将糖擀平，并使芝麻与糖黏结；

（5）芝麻饼未完全冷却时，依个人习惯，用刀将其切成片或块。

特色

香、脆、甜。

蜂蜜味甘性平，可润肺止咳、调补脾胃。

芝麻味甘性平，可开胃健脾，助消化、化积滞、降血压。

932 怎样制作桂花核桃糖？

📷 原料

核桃仁250克，白砂糖250克，糖桂花5克，蜂蜜60克，猪油少量，植物油适量。

🍴 制作

（1）用开水将核桃仁焯1分钟左右，沥干水分捞出；

（2）放入温油中氽5分钟左右，桃仁色略转黄，即可捞出冷却；

（3）锅中加入少量水，将白糖熬煮溶化后，再加入蜂蜜煮沸，并加入少量猪油，改用文火，在此过程中需要不断地搅拌，熬至用筷挑起糖液能拉丝时，关火；

（4）将核桃仁和糖桂花倒入锅中，拌均匀后，迅速将核桃仁一颗颗拣出，即成。

🍵 特色

色泽浅黄，松脆香甜。

🔲 桂花气味芬芳，能化痰止咳、缓急止痛。

🔲 核桃仁是难得的补脑坚果，能促进头部血液循环，还能增强大脑记忆力。

> **🔲 制作要诀**
> 核桃仁最好选用成瓣的、较完整的、大小均匀的。

---

933 怎样制作糖膏茶？

📷 原料

白糖500克，红茶50克。

🍴 制作

（1）将红茶加水煎熬，每20分钟提取一次茶汁，再加水，取三四次，至茶汁变淡无茶味；

（2）将所取茶水用文火烧煮至茶汁浓厚，加入白糖调匀；

（3）继续用文火熬，至用筷子挑起糖液有黏丝而不粘手时关火；

（4）在瓷盘上抹匀色拉油，将热糖液倒在上面；

（5）待糖液稍冷，根据个人喜好，用刀将糖切成菱形、长方形或三角形即成。

🍵 特色

消食舒胃，甜而不腻。有消食之功效，可治饮食积滞，胸闷饱胀，胃痛不适等症。

🔲 红茶可清热解毒、养胃利尿、提神解疲、抗衰老。

🔲 白糖味甘性平，有着润肺生津、补中缓急的功效。

934 怎样制作桂花赤豆糕?

原料

白糖200克，赤豆100克，桂花茶叶20克，琼脂适量。

制作

（1）用600毫升热开水冲泡茶叶5分钟，取茶汁备用；

（2）用600毫升清水将赤豆煮酥后，加入糖搅拌；

（3）将茶汤与赤豆汤倒在一起，加入琼脂后煮至琼脂完全熔化；

（4）将此浓液倒入模型杯中，加入少许赤豆，冷却后放入冰箱冷冻室。食用时，倒扣在盘中即可。

特色

色彩悦目，入口香甜。

▲图说

用赤豆做成的桂花赤豆糕色彩悦目、入口香甜，是一道味美可口的茶食。

935 怎样制作抹茶甜糕?

原料

糯米粉100克，白糖100克，精制油、抹茶少许。

制作

（1）将糯米粉、白砂糖和抹茶混合均匀，慢慢倒入清水用筷子搅拌成稀糊状；

（2）在方形容器内涂抹色拉油，将米糊倒入其中，蒙上保鲜膜；

（3）放入微波炉内加热6分钟，出炉冷却；

（4）待抹茶甜糕冷后，倒置砧板上，切成方块或三角形，即可。

936 怎样制作茶香水饺?

原料

饺子皮、绿茶、瘦猪肉、白菜、调味品。

制作

（1）将白菜剁好挤出水分备用；

（2）茶叶泡开后切碎，茶汁备用；

（3）将白菜、茶叶放入猪肉馅中拌匀，加入盐和调味品；

（4）在调好的馅里加少许茶汁，再次搅拌均匀；

（5）将馅包进饺子皮里，入锅煮熟即成。

▲图说 茶香水饺的特点是风味别致、清香宜人。

937 怎样制作绿茶冷面?

原料

高筋面粉600克,绿茶25克,盐少许。

制作

(1)用一杯开水将绿茶冲泡几分钟,取茶汁冷却备用;

(2)在面粉里放少许盐,加茶汁揉匀后,醒面10分钟,再揉一次,直至面团光滑发亮;

(3)将面团擀成薄片,切成细面条;

(4)把面条煮熟后捞出放入凉开水中浸泡,待冷却后捞起,食用时依个人口味加入调味料。

▲图说

绿茶冷面的特点是清香可口、风味怡人。

938 怎样制作茶奶冻?

原料

牛奶150毫升,鲜奶油60克,白砂糖60克,抹茶、琼脂粉少许。

制作

(1)将抹茶放入少许热开水中熔化;

(2)将琼脂放入碗中加少许水浸涨,放入微波炉加热30秒;

(3)将牛奶和糖放入碗中,放入微波炉中加热2分钟;

(4)将上面三者混合后,冷却至糊状,加入鲜奶油并搅拌起泡;

(5)在盘中抹少许色拉油,将茶奶糊倒入盘中,放入冰箱冷冻,待凝固后切成块即可。

939 怎样制作抹茶豆沙冻?

原料

白豆沙馅200克,白糖300克,抹茶8克,琼脂15克,麦芽糖30毫升。

制作

(1)将琼脂放入碗中,加50毫升水静置2小时使之充分吸水;

(2)将白糖放进200毫升水中溶化后,进微波炉加热90秒;

(3)糖水碗内加入浸泡的琼脂,加盖加热2分钟,快速搅拌,使之溶解;

(4)再放入白豆沙馅和麦芽糖,加热1分钟,取出搅拌均匀,再加热1分钟;

(5)取出倒入盘中,待冷却凝固后切成方块,装盘即食。

特色

色泽墨绿,滋润光亮,茶香味浓,入口酥化。

940 怎样制作红茶甜橙冻?

原料

甜橙3个,红茶3克,琼脂15克,蜂蜜、白糖少许。

制作

(1)将红茶以600毫升清水泡开,取茶汤备用;

(2)甜橙切成两半,将肉取出,压出橙汁备用;

(3)用清水将琼脂浸涨;

(4)将茶汤煮沸,放入浸涨的琼脂;

(5)琼脂溶化后加入蜂蜜、白糖、橙汁拌匀,放凉后,将红茶琼脂橙汁倒回半个甜橙皮中,放入冰箱冷冻。取出即可食用。

▣甜橙性温味甘酸,可生津止渴、开胃消食、补充体力,特别适合夏季食用。

特色

酸甜可口,别致出众。

941 怎样制作绿茶银耳羹?

原料

绿茶10克,银耳6克,白糖50克,蜂蜜、淀粉适量。

制作

(1)将银耳用温水泡发1小时,然后放入500毫升水中煮至熟烂;

(2)将绿茶放入200毫升开水中泡开,取茶汁备用;

(3)将茶汁和白糖倒进银耳锅中,加入少许水淀粉煮沸即可,食用时可依个人口味加适量的蜂蜜。

图说

银耳可补气和血、强精补肾、润肠益胃,绿茶银耳羹的特点是清甜适口、美容养颜。

942 怎样制作绿茶莲子羹?

原料

绿茶15克,通心莲50克,湿淀粉、白糖适量。

制作

(1)将莲子置锅中加300毫升水煮烂;

(2)用200毫升开水将绿茶泡开,取汁备用;

(3)将茶汁和白砂糖加入莲子汤中,加入少许水淀粉煮沸,装碗即可。

▣通心莲即是去掉莲心的莲子,以其制成的绿茶莲子羹有清心顺气之效。

特色

酥软顺滑。

943 怎样制作百合西米糯米羹?

原料

百合150克,西米100克,糯米100克,绿豆50克,红枣50克,白糖100克,湿生粉100克,薄荷叶少许。

制作

(1)取洁白的百合瓣洗干净备用,绿豆、红枣洗干净,西米用水涨发;

(2)糯米淘洗干净,用清水煮沸3小时,上笼蒸成米饭;

(3)将绿豆、红枣加清水煮沸,用文火焖10分钟,加百合再煮沸,焖至熟烂加白糖、西米,搅拌后,淋入湿生粉;

(4)将薄荷叶切成细丝,用清水洗一下,放入锅中,搅匀后盛入碗中即可。

特色

清凉爽口,清甜酥糯。

百合性平味甘,能补中益气、养阴润肺、止咳平喘。

944 怎样制作瓜片莲子汤?

这里的瓜片是六安瓜片茶叶,并不是冬瓜、南瓜之类的瓜,六安瓜片茶叶产自安徽六安市,唐陆羽《茶经》中有寿州茶区的记载,历史名茶有六安瓜片、霍山黄芽、舒城兰花、舒城珍眉等。其中六安瓜片为全国十大名茶之一,始源元朝,贡于明朝,明代徐光启《家政全书》中记载:六安州之瓜片,为茶之极品。

原料

六安瓜片茶5克,莲子40克,冰糖20克。

制作

(1)在锅中加400毫升水,将莲子煮熟;

(2)将六安瓜片茶和冰糖放在大碗中加水,待冰糖溶化后,倒入莲子汤中加盖闷3分钟,不需再放火上煮,盛出即可食用。

特色

茶香宜人,清甜适口。

六安瓜片茶香高味醇,有清心目、消疲劳、通七窍之效。

945 怎样制作绿茶粥？

绿茶粥其实很简单，和平时煮白米粥差不多，就是在煮粥时加入茶汁，使粥有淡淡的绿茶香味。绿茶的品种依个人爱好取用。

原料

绿茶5克，粳米100克。

制作

（1）将茶叶用沸水分3次冲泡，取得茶汁500毫升备用；

（2）粳米淘洗净，用茶汁煮粳米，文火熬成粥，食用时可添加适量调味品。

特色

和胃消食，抗疲劳。

◨绿茶粥的特点是和胃消食、对抗疲劳，且简单易学、操作方便。

---

946 怎样制作红茶糯米粥？

红茶品性温和，味道醇厚,可以帮助胃肠消化、促进食欲，可利尿、消除水肿，并强壮心脏功能。因此，除了每天饮用红茶外，还可以将红茶做成茶食来用，这款红茶糯米粥保健性强，具有降血糖作用，适合糖尿病人食用。

原料

红茶20克，糯米80克。

制作

在锅中加入800毫升水，煮沸后倒入淘净的糯米，文火将粥煮熟后关火，加入红茶闷10分钟即可。

◨糯米性温味甘，可补中益气，健脾暖胃。

---

947 怎样制作抹茶芝麻糊？

黑芝麻有补血、润肠、通乳、养发等功效，经常食用能使皮肤光滑、皱纹减少，肤色红润白净。如果再加入茶叶，可达到滋肝补肾，养血润肺之功效。

原料

茶叶10克，黑芝麻20克，糯米粉20克，白糖50克。

制作

（1）将茶叶研末，黑芝麻炒熟后捣成碎屑，糯米粉加水调湿；

（2）将黑芝麻屑和白糖置锅中，加水600毫升用中火加热，煮沸后加入茶末，熄火，加盖闷5分钟。

（3）倒入糯米糊，边加热边用筷子调匀，待再次煮沸成糊状即可。

▲图说

抹茶芝麻糊具有滋肝补肾、养血润肺的作用。

948 怎样制作血糯八宝饭?

原料

血糯米150克,细豆沙50克,白糖50克,熟猪油、猪板油、桂圆肉、糖莲子、蜜枣、葡萄干、青梅、杏脯、瓜子仁、熟松仁各适量。

制作

(1)将糯米用清水淘净,浸泡6个小时以上,放入笼内蒸熟;

(2)熟糯米内加入白糖和熟猪油搅拌匀;

(3)将猪板油切成小丁,莲子隔水蒸酥,蜜枣去核与其他果料一起切成碎片;

(4)在大碗的碗壁上涂匀熟猪油,将板油丁放入碗中间,果料碎片铺入碗内,可摆成各种图案。

(5)加入半碗糯米饭,揿成凹形,加细豆沙,豆沙上面再加入另一半糯米饭刮平,放入笼屉内,蒸1小时左右取出,倒扣至盘子上,即成。

血糯米因其色殷红如血而得名,可滋补气血,养颜护肤。

特色

色鲜味美,甜中带香,油润香甜。

949 怎样制作祁门茶干?

原料

祁门红茶6克,宁波香干300克,生姜、青葱、食盐少许。

制作

将红茶用纱布包好,生姜拍松,青葱打结。在清水锅中放入香干、茶叶包及所有调料,旺火烧沸后,转小火煮15分钟,关火浸泡4小时后即成。

图说 祁门茶干色泽酱红,芳香适口。

950 怎样制作五香豆腐干?

原料

豆腐干500克,红茶末、桂皮、茴香、八角、红酱油适量。

制作

(1)将豆腐干洗净,用清水将豆腐干煮熟,倒去热水,以去除豆腥气;

(2)锅内加清水,放入红茶末、桂皮、八角、茴香、红酱油,急火烧沸,改文火煮半小时即成。

制作要诀

视咸淡程度可增减红酱油量,也可加些食盐、味精等。

特色 色泽酱红,浓香四溢。

951 怎样制作茶香花生米?

原料

花生米500克,绿茶15克,盐25克,五香粉、味精、八角、葱段5克、姜适量。

制作

将花生米洗净,放入锅中加水适量,投入其他作料,先用大火烧开,然后转用小火焖熟至酥烂即成。

图说 茶香花生米的特点是入口潮润,味厚醇香。

---

952 怎样制作红茶鹌鹑蛋?

原料

鹌鹑蛋20个,红茶2克,猪油30克,盐、酱油、姜片适量,桂皮、大茴香、小茴香各少许。

制作

(1)将鹌鹑蛋洗净后放清水中,开火煮沸后再煮3分钟,然后捞出浸泡在冷水中至凉;

(2)将蛋壳轻轻捏出裂痕后再放入锅中,加入红茶、猪油、酱油、盐、姜片、桂皮、大茴香、小茴香,以水淹过蛋为准;

(3)用大火煮沸,再改用小火煮至香味四溢时即成。

鹌鹑蛋有补益气血、强身健脑、丰肌泽肤等功效。

特色

补虚健脑,香气飘逸。

---

953 怎样制作鲜肉粽?

原料

糯米500克,五花肉400克,黄酒少许,酱油、白糖、精盐、味精各适量,粽叶、棉线适量。

制作

(1)将粽叶洗净,放在开水锅内煮5分钟,捞起整理整齐,沥干水;

(2)将糯米淘干净,泡20分钟后沥干水,倒入盆内,加入白糖、精盐、酱油拌匀;

(3)将五花肉切成长方形小块,加入白糖、精盐、味精、黄酒入味;

(4)包好粽子,将生粽放在开水锅内,水要浸没粽子,烧煮四小时左右关火闷五六个小时即成。

图说 鲜肉粽的特点是肥而不腻,肉嫩香鲜。

954 怎样制作苏式糖藕?

原料

鲜藕500克,糯米120克,白糖适量,碱少许。

制作

(1)将鲜藕表面的泥洗净,去掉两头老的和嫩的一段,用斜刀削除藕节表面根须,使两端平滑;

(2)在较小的一端距藕节约3厘米处切断,保留切下的一段做盖用,将藕倒置,将藕内的水控干;

(3)将糯米淘净,灌入藕孔。灌满后,将原来切下的一段合好,为了使藕盖不脱落,可以用竹签从盖正中直戳藕内;

图说

苏式糖藕的特点是藕红米白、荷香宜人,是品茶论道时的上等佳品。

(4)将藕置锅中加水,水量要超过鲜藕,加入碱,用旺火煮沸后改用小火焖煮5小时,至藕呈紫黑色。

(5)趁热轻轻地将紫黑色的藕皮刮去,使藕肉呈淡红色,取出盛于大盘内。食用时,摘去两端藕节后,切成藕片,入盘撒上适量白糖即可。

955 怎样制作豆沙麻球?

原料

水磨糯米粉500克,面粉100克,红豆馅、白芝麻适量,小苏打少许,食油500克。

制作

(1)将糯米粉和面粉搅拌均匀,用冷水和成软面团;

(2)每个面团包入适量豆沙,收紧口,放在白芝麻中滚沾上芝麻成生坯;

(3)锅内放油,五成热时将锅离火,放入麻团,边炸边用筷子翻动麻球,等外表起壳时捞出,装盘即成。

特色 色泽金黄,壳脆心甜。

956 怎样制作生煎馒头?

制作要诀

洒水时不要来回翻动包子,生煎包子的馅可根据自己爱好调配。

原料

面粉250克,五花肉250克,葱花50克,酵母粉10克,芝麻油、姜末、黄酒、胡椒粉、黑芝麻各适量。

制作

(1)拌肉馅。将五花肉剁泥,放入精盐及适量清水,加入调料,拌匀成馅心;

(2)做生肉包。将面粉和好,包成褶花纹的肉包生坯;

(3)煎肉包。平锅烧热,刷上油,煎成底部呈金黄色,往锅内洒开水,盖上锅盖,用旺火蒸3分钟,撒上葱花、黑芝麻,盖上锅盖至水分收干。

特色 底部金黄香脆,面部洁白柔软,馅心鲜嫩多汁。

茶肴 与 茶膳

丰富的物产资源、历史文化与风土民俗造就了中式饮食形式多变、口味万千的特色与风格取向。人们耳熟能详的浙、苏、川、湘、粤、闽、鲁、徽"八大菜系"更是厚积薄发、各展所能，将极具国人含蓄、灵动性情的茶肴与茶膳推向了一个崭新的高度。本章着重介绍了华夏传统茶肴与茶膳创制的核心思路、选料配比、制作工艺以及特色菜式。还等什么？自己动手享受DIY的乐趣吧！

957 什么是茶肴?

中华美食历史悠久,品种繁多,风味独特。茶肴是我国八大菜系中的一枝奇葩,是用茶或茶水与烹饪原料一起烹制而成的菜肴。茶肴的特点在于利用茶特有的清香调味除腻,还可以通过茶中丰富的营养物质,增强菜肴的营养价值和药用功能。

历代名厨巧妙地将茶品与菜肴完美交融,既改良了菜肴本身的不足,又使菜肴通过茶的渗透达到去油腻、去腥、去异味的作用,清雅爽口、味美芳香,色、香、味更具特色。

中华饮食 → 讲究色、香、味、形、质、声、器、意合为一

茶的加入 → 菜肴 → 茶肴 → 增香、调味、去腥、除腻 → 附加新的营养价值与药用功能

▲图说

洁白如玉的虾仁与碧绿柔嫩的茶芽交相辉映,给人以视觉之美。

958 为什么把茶应用到食品上?

传统的茶,只作饮用。但茶叶作为一种广受欢迎的天然饮料,不仅具有丰富的营养,而且具有一定的保健功能。因此,随着人们对茶的科学认识,茶在食品领域的应用逐渐广阔。

(1)饮茶吸收茶的营养不充分,如果将茶叶直接添加到食品中去,就可充分利用茶叶所含有的所有营养物质。

(2)泡茶多为高中档茶,中低档茶可以磨粉或制汁提取有效成分添加到食品中。

(3)有一些人不爱饮茶,但又想利用茶叶所具有的多种保健功能。因此,将茶叶添加到食品中去制成各种保健食品已成为一种需要。

为不宜冲泡的中低档茶提供了新的用途。

改善了茶饮中营养物质难以被充分利用的局面。

为不爱饮茶的人提供更多途径获取茶的保健功能。

丰富了新的健康膳食品种。

茶食

959 以茶入菜有什么讲究?

（1）根据茶性选择入菜。

绿茶是非发酵制成，色碧绿，味清香，适合烹制清新淡雅的菜肴，如碧螺春炒银鱼、香炸云雾、金钩春色等；红茶是全发酵制成，因茶味有点苦涩，故做菜只取汤，适合用于口味浓重的菜肴，如红烧肉、红鸡丁、红牛肉等；花茶是成品绿茶之一，属浓香型，汤汁黄绿，适合用于烹调海鲜类原料，如茉莉花蒸鱼、花鱼卷、花海鲜羹等；乌龙茶是半发酵茶，其香气浓烈持久，汤色金黄，适合用于油腻味浓的菜肴，如乌龙蒸猪肘、铁观音炖鸡等。黑茶属于后发酵茶，叶粗老，色暗褐，如做卤水汁，适合制作普洱茶香肉、普洱茶东山羊、普洱茶豉油鸡等。

（2）宜选用新、嫩的茶叶入菜。

因为新、嫩的茶叶中含丰富的蛋白质、有机酸、生物碱及水溶性果胶，各种成分的组成比例也较协调，滋味浓醇，香气清鲜，以其入肴可增加菜肴的鲜香味。

（3）存放时间太长，带有霉味的茶叶不能用于烹制菜肴。

图说

绿茶色碧绿澄清，味清香，适合烹制清新淡雅的菜肴。

图说

红茶因茶味有点苦涩，故做菜只取汤，适合用于口味浓重的菜肴。

图说

花茶是成品绿茶之一，属浓香型，汤汁黄绿，适合用于烹调海鲜类原料。

图说

乌龙茶是半发酵茶，其香气浓烈持久，汤色金黄，适合用于油腻味浓的菜肴。

图说

黑茶属于后发酵茶，叶粗老，色暗褐，适合做卤水汁。

960 茶入肴有几种加工方法?

第一种，将新鲜茶叶直接入肴。通常会选用鲜嫩的茶叶，可以作主料，如炸雀舌是用谷雨时节采摘的树嫩芽，油炸碧螺春是将碧螺春泡发后油炸，还可以作辅料，如香炸云雾、碧螺春炒银鱼。

第二种，将茶汤入肴。以汤入肴的形式很多，可把泡好的茶连同汤一起倒入锅中与主料合炒，如乌龙肉丝、汁鱼片；还可按一定比例和原料一起放锅内加水直接煮，如煮鸡、铁观音炖鸡、煮牛肉丸等；还可用水腌浸鸡鸭鱼肉，待水浸入肉内时，再制成各种菜，成菜不见茶但味浓郁，如童子敬观音、红牛肉；还有"红火锅"，这种火锅和传统火锅的做法基本相同，煮烫出来的菜肴，滋味略苦、香，食之不腻。

第三种，将茶叶磨成粉入肴。碾成粉末，融于菜中，既为取之色，又为取香之雅，代表菜例有绿沙拉、香蟹、味鸡粥、香腰果等。

第四种，用茶叶的香气熏制食品。用焙燃产生的烟雾熏制菜肴，重在取茶的香味。如著名的徽菜毛峰熏鱼。

▲图说
鲜嫩的茶叶可作为主料或辅料直接入肴，以借助茶的香气与口感

▲图说
以茶汤直接入肴，运用炒、煮、炖、腌渍等方式增其味道与香气。

▲图说
将茶叶碾磨成粉入肴，取茶的色香之雅。

▲图说
以茶叶焙燃产生的烟雾熏制而成的菜肴，重在取茶的香味。

961 所有的茶叶都可以用来做菜吗?

小部分茶叶不宜做菜
特征：粗老、味淡、茶梗多、存放时间长、叶上有虫眼等。

多数茶叶适宜做菜
特征：色鲜、味香、口感好。

从理论上来说，所有的茶叶都可以做菜，就像所有的青菜都可以吃，但是老青菜、有虫眼的青菜、有怪味的青菜肯定不会吃。茶叶也一样，做菜时，要从色鲜、味香、口感好三方面考虑，因此，香味淡、存放时间长、茶梗多、叶上有虫眼的茶叶就不能用来做菜，从茶味的效果来说，红茶、绿茶、普洱茶、乌龙茶的效果相对好一些，花茶就要差一些。

962 做菜时茶叶要完全泡开吗?

茶叶愈嫩绿,所需冲泡水温愈低。

茶叶要泡开,这样香味才能溢出来。不过泡茶也有一定的讲究,从做菜方面来讲,绿茶一般用80℃的水浸泡两分钟即可。泡茶的水以刚煮沸为宜,如果水沸腾过久,即古人所称之"水老",不宜泡茶,要将沸水冷却至80℃以后再用。叶愈嫩绿,冲泡水温愈低,这样茶汤才鲜活明亮,滋味爽口,维生素C也较少破坏。在高温下,茶汤颜色较深,维生素C大量破坏,茶中咖啡碱浸出后茶水会发苦,茶本身的香味会损失,做出的菜肴香味也就没有那么浓郁了。

在高温下的茶汤颜色较深,滋味偏苦,香味也会损失。

---

963 茶叶和水的配比为多少做出的菜效果最好?

说到茶叶和水的比例,不得不提到古人对泡茶的讲究。传说唐代智积和尚十分懂得品茶,以至于非陆羽煎的茶不饮。当时代宗皇帝便召智积和尚进宫,试一试是否如人们传说的那样。代宗先让擅长煮茶的人煮了一杯茶给智积和尚,谁知他略一沾唇就放下了。皇帝又让陆羽进宫,智积和尚喝到陆羽煮的茶,十分欣喜,一边品茶,一边赞叹说:"这碗茶真是陆羽亲手做的!"皇帝这才信服。

入菜的茶水与饮茶的茶水比例是不同的,茶多水少,味浓;茶少水多,味淡。茶中多酚类物质会有苦涩味,烹制茶肴时,用量应当适度,因为量多了会带来苦涩味,量少了又体现不出茶肴的风味。一般来说,如果茶叶可以保证质量的话,每10克茶叶,放入600毫升水浸泡效果最佳。但是,还要针对不同的菜肴,增减水量。

水多则味淡。

茶多则过浓。

▲图说

一般来说,每10克茶叶,放入600毫升水浸泡出的茶入菜效果最佳。

964 做不同的茶肴怎样选取茶叶?

茶与菜配,应视菜的主材料来定。海鲜腥味重,烹调海、河鲜类原料,如花茶鱿鱼卷、茉莉花茶蒸鱼、花茶海鲜羹等,选择香味浓的花茶效果最好。口味重、色泽重的菜肴,可以用红茶去腥解腻,还具有一定的养胃作用,如红茶蒸鳜鱼、红茶烧肉、红茶鸡丁、红茶牛肉等。口味较清淡的菜肴适合用绿茶,比如龙井茶香味清淡。普洱茶的茶汤色泽红亮,用于焖、烧效果最好。铁观音茶叶大而且香味比较浓郁,可以将其泡开经炸制后配菜,如铁观音肉片汤、乌龙蒸猪肘、铁观音炖鸡等,还可以泡出茶汤做饺子。

另外,灼虾、蒸鱼适宜用绿茶汤;普洱茶适合做卤水汁;碧螺春适合女士美容饮用,如一款太极碧螺春菜式,它先以矿泉水泡出茶味,然后再将茶叶捣碎混合一起做羹汤等。

▲图说
烹调海、河鲜类菜肴适宜选取清香馥郁的花茶。

▲图说
烹调肥腻厚味的焖烧类菜肴可选解腻消食的普洱茶。

▲图说
烹调口味清淡的菜肴适宜选取香味淡的绿茶。

烹调口味重、色泽重的菜肴适宜选取养胃解腻的红茶。

965 所有的烹饪原料都可以用来制作茶肴吗?

做茶肴时,需要根据菜的主料来选择茶的类别,相应地,茶也有选择菜的权利,并不是所有的菜都适合配合茶来制作茶肴。从烹饪效果来看,海鲜、肉类都可以当茶肴的材料,蔬菜中比较脆的梗类原料可以制作茶叶菜,选用的茶叶以香味浓的红茶为优,大多用来制作凉菜。蔬菜中的一些叶类菜由于烹饪后质地软烂,所以不宜用茶叶来烹制。

海鲜、肉类都适宜做茶肴的材料。

梗类蔬菜适宜与红茶搭配。

叶类蔬菜不宜用茶叶搭配烹制。

966 烹饪时的香料是否会影响茶叶的香味？

在烹饪美食时，常用到葱、姜、蒜、红辣椒、五香粉等香辛料，为了给菜提鲜，在菜炒熟之后还会加入鸡精和味精。但是在做茶肴时，大葱具有辛辣芳香之气，易将茶的自然香气掩盖；生姜含有一定的辛辣芳香成分，易对茶固有的气味造成干扰；大蒜辛香浓烈，与茶的清香淡雅之气截然相反；辣椒含有大量辛辣成分辣椒素，易对人的味觉产生过烈刺激。

因而，就要尽量少用或不用这些调味品，这样才能体现出茶的本性，突出茶肴的清淡鲜香、香味浓等特点。

大蒜辛香浓烈，与茶的清香淡雅之气截然相反。

辣椒含有大量辛辣成分辣椒素，易对人的味觉产生过烈刺激。

生姜含有辛辣芳香成分，易对茶清淡气味造成干扰。

大葱具有辛辣芳香之气，易将茶的自然香气掩盖。

967 哪些调料不适合烹饪茶肴？

茶肴的本性是突出清淡的茶香，保证食物的无腥不腻。在平时的菜肴中，我们经常用香辛料来处理腥腻之物，但在茶肴中，这种方法并不适用，因此除了辣椒、香辛调料、蒜之外，花生油、猪油、奶油、芥辣、黄油也尽量不要用，因为它们的香味过于浓郁，如果掌握不好用量，就会遮盖茶香，因此，初做茶肴时，尽量少用或不用这些辅料。

辣椒粉，香辣刺激，气味浓烈。

八角，芳香浓郁，味辛而甜。

五香粉，芳香馥郁，配料多变而致使气味复杂。

968 所有人都可以食用茶肴吗？

茶有诸多保健功效，常食茶水或茶肴可以起到防病治病的目的，这也是将茶添加到菜肴中的初衷。但是，"是药三分毒"，茶肴既然有药用价值，食用时就要有讲究，并不是所有的人都可以随便吃，比如茶叶中含有大量的儿茶素，容易造成胃部溃疡，所以有胃病的人就要少吃。茶中的咖啡因虽然和咖啡中的咖啡因状态不同，但也能够起到提神的作用，而且持续时间较长，因此，神经衰弱的人不适合吃茶制成的茶肴。

▲图说

茶叶中含有大量的儿茶素，容易造成胃部溃疡，有胃病的人要注意少吃。

▲图说

茶叶中的咖啡因有提神之效，且持续时间较长，神经衰弱的人不宜食用茶肴。

969 什么是茶膳？

对于茶，过去人们一直习惯饮用传统的花茶、绿茶、红茶、乌龙茶等，而随着生活水平的提高，人们在吃好的同时也开始注重喝好，于是保健茶应运而生。保健茶之后，又从"饮茶"到"吃茶"，其方法是将乌龙茶、红茶或绿茶的茶末、茶粉加入到食品中，从而创出全新的食品，如山西的茶心面包，杭州的茶可乐、茶汽水，台湾的李白茶酒，北京的茶冰淇淋，四川的蒙顶贡茶酒，贵州的眉窖茶酒等。但"吃茶"在某种程度上只是将茶叶加入作为个体的单个食品或某一类食品中，而"茶膳"则是在"吃茶"的基础上，有意识地将茶作为菜肴和饭食的烹制与食用方法，形成茶饭、茶菜、茶食品、茶饮料的全面配套的特色餐。现在，茶膳正逐渐成为一种大众化的茶叶消费方式进入到人们的生活中。

▲图说

古老的茶食、茶膳多数源自有着悠久种茶传统的少数民族手中。

茶的加入

传统饮茶

以各类茶叶的冲泡饮用为主

茶饮阶段

保健茶

茶保健功能的发现与应用

吃茶

将茶添入独特的个体食物中

茶食阶段

茶膳

茶食制作与取用的逐步系统化、规范化

970 茶膳的起源和现状是什么情况?

中国是茶的发祥地,吃茶并不是从现代的某一天开始的,而是从公元前的周朝初期就开始吃茶叶了。东汉壶居士写的《食忌》说:"苦茶久食为化,与韭同食,令人体重。"《晏子春秋》记述:"婴相齐景公时,食脱粟之饭,炙三文五卵,茗菜而已。"唐代储光羲曾专门写过《吃茗粥作》一诗。清代乾隆皇帝十分钟爱杭州的龙井虾仁,慈禧太后则喜欢用樟茶鸭宴请大臣。今天,我国许多地方仍保留着吃茶叶的习惯,如云南基诺族有吃凉茶的习俗,傣族有竹筒茶等。

🔺图说

《诗经》中"采茶薪樗,食我农夫"即描述了旧时农民采茶取薪的困苦生活。

20世纪90年代以来,随着生产和茶文化事业的发展,茶膳开始进入了新的发展阶段。目前,最有代表性的茶膳有:北京的特色茶宴,有玉露凝雪、茗缘贡菜等;上海的碧螺腰果、红茶凤爪、旗枪琼脂、太极碧螺羹等;台湾的茶宴全席、茶果冻、茶水羹、得意茶叶蛋、乌龙茶烧鸡、泡沫红茶、李白茶酒等;香港的武夷岩茶扣鲍鱼角、茉莉香片清炒海米等;杭州的狮峰野鸭、龙井虾仁、双龙抢珠等。

971 茶膳的特点是什么?

茶膳在普通中餐的基础上,采用优质茶叶烹制茶肴和主食,具有以下特点:

(1)以精为贵,以清淡为要。茶膳讲求精巧,菜的色、形及容器都更讲究观赏性。茶膳口味清淡而不油腻,多酥脆型、滑爽型、清淡型,每道菜都加以点饰。

(2)将美味饮食和文化品位融为一体。茶膳从饭菜的色、香、味、形、器、名称、环境、服务都表现出与茶文化相结合的气息。如播放专门编配的茶曲,使食客既饱口福,又饱眼福,将餐饮消费上升到文化消费的层次。

(3)茶膳有益健康,茶膳多以春茶入菜,春茶不施化肥,又富含多种维生素,还有杀菌解毒的作用。

(4)雅俗共赏,老少咸宜。茶膳顺应人们日益增强的返璞归真、注重保健、崇尚文化品位等消费新需求,适应更广泛的消费群体。

周边环境也会倾向于营造一种清新、素雅、富有文化底蕴之感。

茶品取材多以健康的春茶为主。

菜色精致典雅,口味清淡而不油腻。

972 茶膳有哪些种类?

茶膳的种类很多,保健作用的有绿茶蜂蜜饮、红茶甜乳饮、红茶黄豆饮、红茶大枣饮等;抗癌和抗辐射的有绿茶大蒜饮、绿茶薏仁饮、绿茶圆肉饮、红茶猕猴桃饮等;止咳祛痰的有绿茶枇杷饮、绿茶芒果饮、绿茶柑果饮等;清热解表的有绿茶葡萄饮、绿茶薄荷饮等;健脾胃助消化的有绿茶莲子饮、红茶糯米饮、红茶荔枝饮、绿茶香蕉饮等;预防心血管和血液病的有绿茶柿饼饮、绿茶山楂饮等。

▶图说

不同的选料取材与口味搭配让茶膳的品种众多,且都具有不同的营养保健功能。

973 茶膳有哪些形式?

茶膳形式,按消费方式可分为三种:家庭茶膳、旅行休闲茶膳和餐厅茶膳。

餐厅茶膳的内容比较多,分为五种类别:一是茶膳早茶,如绿茶、乌龙茶、花茶、红茶、茶粥、皮蛋粥、八宝粥、茶饺、虾饺、炸元宵、炸春卷等;二是茶膳套餐,如茶饺、茶面配一碗汤,或一杯茶,一听茶饮料;三是茶膳自助餐,如各种茶菜、茶饭、茶点、热茶、茶饮料、茶冰淇淋,还可自制香茶沙拉、茶酒等;四是家常茶菜茶饭,如茶笋、炸雀舌、茶香排骨、松针枣、怡红快绿、白玉拥翠、春芽龙须、茶粥、龙须茶面、茶鸡玉屑等;五是特色茶宴,如婚礼茶宴、生辰茶宴、庆功茶宴、春茶宴等。

简单的膳食以提供能量为主。

茶饮多倾向于生津开胃的功能。

```
茶膳的形式
├── 家庭茶膳
├── 餐厅茶膳
│   ├── 茶膳早茶
│   ├── 茶膳套餐
│   ├── 茶膳自助餐
│   ├── 家常茶菜茶饭
│   └── 特色茶宴
└── 旅行休闲茶膳
```

▶图说

茶膳自助餐的形式多样、内容丰富,不同的菜式与口味给予人更多的选择方向。

974 如何做好茶膳?

茶膳既然消费群体广泛，发展空间就更大，而且茶膳原材料资源十分丰富，成本相对较低，具有广泛的开发价值和商业前景。我国的茶膳还处于发展的初级阶段，需要在实践的基础上，逐渐丰富改进。为了更好地做好茶膳事业，需要做好以下三个方面：

（1）着重在特色与茶膳体系建设上下工夫。突出口味清淡，制作精巧和富有文化内涵、富有人情味等特点的菜品，使茶膳真正成为特色中餐。

（2）积极宣传引导消费。采用多种消费中喜闻乐见的方式宣传，"茶膳有益健康"，"茶膳是高品位的消费"，"发展茶膳，利国利家"等。

（3）使茶膳进入家庭并走向国际。饭店是茶膳发展的根据地。但是，茶膳仅在饭店中是发展不起来的，必须进入家庭，成为家常菜的一种，才能发展得更稳，走得更远。

口味淡雅

制作精巧

▲图说

茶膳的特色及文化内涵突出，不断充实并富有成效地宣传推广是茶膳发展的重中之重。

---

975 怎样制作茶月饼?

茶月饼又称新茶道月饼，以新绿茶为主馅料，口感清淡微香。有一种茶蓉月饼是以乌龙茶汁拌和莲蓉，较有新鲜感。这些月饼还有另外一种特色，就是"低糖"，平时不能吃糖的人也能中秋吃月饼。

原料

面粉500克，糖浆200克，绿茶粉50克，色拉油150克，凤梨馅适量，模子1个，刮刀1把。

制作

（1）将面粉、绿茶粉混到一起，加入糖浆、色拉油和水，顺同一方向将所有原料和匀，抓搓成面团；

（2）分成剂子面块，擀成圆饼，将凤梨馅包进饼皮，将口捏紧；

（3）模子里面刷点油，放进带馅面团，将四周压密实，厚度需与饼模水平，以免倒扣时月饼塌陷；

（4）倒扣出来，放进烤箱200℃烤10分钟即成。

绿茶清香淡雅，滋味爽净。

制作要诀

做月饼的面饼可以根据个人爱好，在面粉里加鸡蛋或者黄油、糖、果汁、菜汁等做成各种口味和颜色的月饼。月饼的馅料也可以做各种尝试，比如将花生芝麻等炒熟了捣碎做果仁馅，剁五香大肉馅等。

976 怎样制作茶叶面条?

原料

茶叶20克,热水1000毫升,面粉、配料各适量。

制作

(1)茶叶用洁净的纱布包好,开水冷却到60℃左右时,将茶包放入,加锅盖浸泡10分钟,若茶叶较粗老,用水量可略多些;

(2)用茶汁进行和面,再按制作面条的程序,擀片、切条,制出茶汁面条;

(3)面条入开水锅内煮熟,捞出加入喜欢吃的配料即可。

特色

色、香、味俱全,既含有茶叶的营养功能,又有清新爽口的口感,风味独特,能增进食欲。

■图说

茶叶面条色、香、味俱全,既含有茶叶的营养功能,又有清新爽口的口感。

■茶叶包能滤过茶渣,使茶汁浸泡更充分、纯净。

977 怎样制作茶粥?

经常饮茶,有清心神、益肝胆、除烦止渴、醒脑增志的作用。《神农本草经》中云:"久服,令人有力悦志。"《本草纲目》曰:"茶苦而寒,最能降火。火为百病,火降则上清矣。"以茶叶煮粥食用,能适应急慢性痢疾、肠炎、急性肠胃炎、阿米巴痢疾、心脏病水肿、肺心病和过于疲劳等症,《保生集要》说:"茗粥,化痰消食,浓煎入粥。"

原料

绿茶10克,粳米50克,白糖适量。

制作

将绿茶煮成浓茶汁,粳米洗净,加入茶汁和水,文火熬成稠粥,食用时可依个人口味添加适量白糖。

■粳米颗粒粗而短,均匀且晶莹透明,可补中益气、健脾胃。

■ 制作要诀

茶粥作为药物的辅助治疗时,每天两次食用。如果精神亢奋,不易入眠者,晚餐不要食用。

978 怎样制作茶叶馒头?

原料

新茶、面粉、发酵粉各适量。

制作

（1）将新茶加适量的水泡制成浓茶汁放凉至35℃，将发酵粉放入茶汁中化开。

（2）用发酵水和面，到软硬适度不粘手。揉匀后，用湿布盖好醒面发酵。

（3）将发好的面再揉匀，醒一会儿，使面团更光滑。

（4）这个步骤视个人爱好而定，揉透揉匀后搓成长条后，可以切成方块，或揪成剂子揉成圆馍，或做花卷、糖三角，还可以包成各种馅的包子。

（5）在锅内加清水，将生馍摆在笼屉上，用中火蒸20分钟，取出即可。

特色

色泽洁白，香酥脆甜。

图说

茶叶馒头的特点是色如秋梨，味道清香。

制作要诀

发酵粉溶于温水中，水温不能超过40℃。最后一道工序，一定要用冷水上屉，放入馒头后，再加热升温，可使馒头均匀受热，松软可口，如果像平常那样大火开水，出来的绝对是死面团。

979 怎样制作茶叶米饭?

原料

大米500克，客家肉丸6个，鸡蛋1个，辣椒1个，龙井茶少许，蒜、盐、酱油、鸡精适量。

制作

（1）将米饭煲熟，煲的米是用来炒米用，所以加水时要比平时煲饭水少一点；

（2）将客家肉丸切成丁，龙井茶叶泡开后捞出晾一下，切成末，蒜和辣椒切成碎片；

（3）在锅内放少许油，烧热后下蒜、茶叶末和辣椒爆香，之后放肉丸一起翻炒，放少许盐和酱油，跟着放熟米饭，不断翻炒至干透，打散鸡蛋，最后再撒点鸡精，快速翻炒匀出锅即可。

（4）泡过的茶叶水加上蜂蜜，吃完炒饭之后饮之一是热气，二是有解热之功效。

图说

茶叶米饭中的配料可根据个人口味选定，不同的茶叶会赋予米饭不同的香气，但茶叶宜少不宜多。

980 怎样制作茶叶薄饼？

原料

面粉300克，奶油150克，白糖105克，抹茶粉10克，杏仁粉45克，鸡蛋1个。

制作

（1）将奶油软化，加入白糖一起打至松发变白；

（2）加入鸡蛋搅拌均匀，再加入低筋面粉、抹茶粉和杏仁粉，混合搅拌打成面团；

（3）面团放置30分钟后，以擀面杖将面团擀成厚度为1厘米左右的面片，用心形模具在绿茶面皮上压模后，取出心形的绿茶面皮备用；

（4）将绿茶面皮放置于烤盘上，于表面刷上蛋汁后，放进180℃的烤箱中，烤约20分钟即可。

🔲 鸡蛋能健脑利智、护肝抗衰，蛋汁刷在面饼上可令其口感松软、味道鲜香。

981 怎样制作茶叶水饺？

原料

嫩茶叶、肉馅适量，姜、葱、味精、生抽、油、盐、白糖少许。

制作

（1）用开水泡茶叶，倒出茶汁，留茶叶备用；

（2）将调味品和泡好的茶叶拌入肉馅中，在肉馅中再加适量的茶汁，使肉馅中有水分；

（3）和一般饺子做法一样，和面，擀皮包饺子，煮熟即可。

🔲 制作要诀

用新鲜的茶叶，最好是春茶。茶叶不必放太多，如果嫌油腻，可适当加点别的蔬菜。

982 怎样制作八宝茶香饭？

原料

大米适量，茉莉茶5克，干香菇1朵，时蔬适量，白胡椒粉少许、油1／2大匙。

制作

（1）将米饭煲熟，煲的米是用来炒米用，所以加水时要比平时煲饭水少一点；

（2）将茉莉茶用热水泡几分钟即可捞起，并沥去水分；

（3）将干香菇泡软，除去蒂头切成丁，时蔬如胡萝卜、黄瓜、青椒等切成丁；

（4）锅中加油，用小火将香菇和茶叶炒香；

（5）加蔬菜丁、冷白饭及其他配料，改用大火炒松软，撒调料拌匀后起锅即可食用。

983 怎样制作红茶香蕉蛋糕?

香蕉含有大量糖类物质及其他营养成分，可充饥、补充营养及能量；润肠通便，可治疗热病烦渴等症；能缓和胃酸的刺激，保护胃黏膜；可以抑制血压的升高；香蕉中的甲醇提取物对细菌、真菌有抑制作用，可消炎解毒；还可以防癌抗癌。但不适合脾胃虚寒、便溏腹泻者和急慢性肾炎及肾功能不全者食用。下面介绍一款红茶香蕉蛋糕的做法。

◨ 香蕉味甘性凉，有清热解毒、养阴润燥的功效。

原料

蛋糕粉5杯，鸡蛋2个，香蕉5个，白糖2杯，牛奶1杯，食用油1杯，水半杯，苏打粉、绿茶粉少许。

制作

（1）将苏打粉与面粉混合均匀；

（2）将香蕉搅拌成泥，加入白糖和适量的绿茶粉；

（3）在一个碗中打散鸡蛋，加入牛奶和油，与香蕉糊加半杯水混合均匀；

（4）将烤盘抹上一层油，调到220℃预热；

（5）将蛋糕糊倒入烤盘中，送入已预热好的烤箱；

（6）用牙签插入试一试，没有东西粘在上面即可取出食用。

984 怎样制作茶瓜子?

茶瓜子，主要有茶叶绿瓜子和玫瑰花瓜子两种。绿茶瓜子颜色呈浅绿色，每粒瓜子都端庄饱满，还没送到嘴就已闻到一股浓郁的茶香，迫不及待地拿起一颗往嘴里啃，"剥"的一声，皮薄肉厚，香脆可口，那股浓郁的茶香，在嘴里久久还香着。玫瑰花瓜子也一样，它主要是由南瓜子和玫瑰花茶制成，爽脆可口，而且营养丰富，还有养颜的功效，最受女士的青睐。下面介绍一款玫瑰花茶瓜子。

原料

玫瑰花茶、南瓜子、盐、糖、玫瑰香精适量。

制作

在清水中加入南瓜子与茶叶共同煮制，之后加入调味料，使香味渗入到瓜子仁后，去除茶叶，并沥去多余的水分再经炒制即成。

特色

止干渴、去烦躁、舒筋骨、除疲劳、清口腔、助消化、振精神、防治前列腺疾病等多方面具有独特的功效。

◨ 南瓜子性味甘平，可补脾益气，润燥消肿。

985 怎样制作绿茶蜜酥?

原料

中筋面粉120克,猪油40克,糖20克,温水40克。低筋面粉100克,绿茶粉10克,猪油45克。红豆沙、绿豆沙、芝麻五仁等。

制作

(1)将面粉加适量温水混合均匀,揉成表面光滑细致的面团;

(2)将油皮与油酥分别揉成长条,切成10个大小一致的小面块;将油皮稍揉圆用手压扁包入油酥,收口朝上擀成牛舌状;

(3)将擀好的面皮由上至下圈成圆筒,用10分钟醒面;将卷好的圆筒稍稍擀开;

(4)把油酥皮擀开,包入适量的馅料,收紧口,用手轻轻搓圆包好馅料的油酥,收口朝下置于烤盘上;

(5)烤箱预热200℃,烤20分钟后,开始观察,油酥点心稍微变色,酥皮层次显现出来即成。

图说 绿茶蜜酥色泽金黄,口感酥软、甜润,茶香清爽。

绿豆味甘性寒,有清热解毒、利尿消暑、降脂平肝的作用。

986 怎样制作绿茶蛋糕?

原料

面粉100克,干酵粉5克,砂糖30克,黄油45克,牛奶1大勺,奶油香精少许,绿茶粉10克,鸡蛋4个。

制作

(1)把鸡蛋和砂糖混合,用打蛋器用力打出泡沫,觉得有厚重感了就可以了;

(2)将黄油用微波炉加热融化;

(3)将面粉、黄油、发酵粉、牛奶、奶油香精和绿茶粉一起放进蛋液,用力搅拌均匀;

(4)在制作蛋糕的容器上抹点食用油,把搅拌好的面糊倒入容器,表面抹平,然后轻轻地用保鲜膜盖住,放入微波炉加热;

(5)用竹签刺入,如果竹签上不沾液体,就可以出炉食用了。

鸡蛋是制作蛋糕的重要角色,占其总成本的1/3～1/2。

987 怎样制作桂花核桃糖？

原料

核桃仁250克，白砂糖250克，糖桂花5克，蜂蜜60克，猪油、植物油适量，清水50毫升。

制作

（1）核桃仁用开水余一下，捞出沥干，用温热的油炸熟。

（2）把白糖加清水熬化，加入蜂蜜煮沸，并加入猪油。

（3）糖温达到140℃时，端锅起火，把核桃仁和糖桂花放入，搅拌均匀即可。

988 怎样制作茶叶果冻？

原料

琼脂15克，茶叶5克，糖、果汁适量。

制作

（1）茶叶冲泡后去渣取茶汤两大碗，倒入锅中；

（2）在茶汤中放入琼脂，煮至溶化，关火，根据个人口味加糖或果汁；

（3）倒入模型杯中，如果准备添加水果，在即将凝固前加水果丁，放置于冰箱冷冻室中，凝固后即可。

> **制作要诀**
>
> 如果将茶冻切成小块，加上各种水果切块、浇上糖浆，即成美味可口的茶冻甜点。假如在茶冻尚未凝固时加入茶菊，即可制成菊花茶冻。

989 怎样制作茶叶冰激凌？

在过滤后的茶汁中加入鸡蛋、奶粉、稳定剂和砂糖，经巴氏灭菌、冷却、老化，再经凝冻成型、硬化而成茶叶冰激凌。不仅可消暑解渴，而且色泽翠绿，感觉清鲜，并具丰富营养和保健功能。

990 怎样制作茶叶酸奶？

原料

鲜奶、绿茶粉适量。

制作

（1）在杯子里倒入牛奶，七分满即可，放入微波炉加热，以手摸杯壁不烫为准。如果是塑料袋装的牛奶，最好煮开后晾成温的；

（2）在温牛奶中加入酸奶，用勺子搅拌均匀；

（3）电饭煲加水烧开后，将水倒出断电。将奶杯放入电饭煲，盖好电饭锅盖，利用锅中余热进行发酵；

（4）10小时后，低糖酸奶就做好了。但自制酸奶只可以在冰箱里存放两天。

（5）250克酸奶，加入3克绿茶粉搅拌均匀就可以了。

991 怎样制作茶叶啤酒?

　　说到茶叶啤酒，人们的脑海中第一时间想起的可能就是啤儿茶爽的广告。"上课还喝啤酒?""你out了!""开车还喝啤酒?""你out了!"

　　就是这款啤儿茶爽，引起了喝茶叶啤酒的热潮。它以天然的新鲜绿茶和芳香乌龙茶，融合了优质的香浓麦芽，以其颠覆性的炫酷外表，新鲜爽滑的酷爽口感，赢得了广泛的消费群体。其实，只要有绿茶和啤酒，随时都可以喝到这样的茶叶啤酒。

　　制作方法方法很简单，就是将喜欢喝的绿茶或花茶用开水泡一下冷却，在饮啤酒时，以3业1的比例兑入冷茶汁，茶香浓郁，味醇至极，微苦中蕴含舒爽。

☑乌龙茶的芳香。

☑绿茶的鲜爽。

☑麦芽的柔醇舒爽。

▶图说

茶叶啤酒茶香浓郁，味醇至极。

992 怎样制作白毫猴头扣肉?

🍵 原料

白毫乌龙茶5克，素火腿300克，猴头菇2朵，干梅菜、酱油、盐、糖、姜末、辣油、豆瓣酱、水淀粉少许。

🍴 制作

（1）将白毫乌龙茶叶用开水泡开，取茶汤备用;

（2）将素火腿、猴头菇分别煎至香味溢出，然后将素火腿排放在碗中央，猴头菇排两旁;

（3）将梅菜洗净、切碎、炒香，加入泡好的茶汤和酱油、糖、姜末，炒至入味，倒入碗中，上笼蒸40分钟，取出扣入盘中;

（4）用炒锅把辣油、豆瓣酱炒香，加入剩下的茶汤和盐、白醋、糖、淀粉，勾兑成芡汁淋在盘中。如果想要好看，可以将新鲜的青菜心用水烫一下，取出摆在盘子的四周。

☑猴头菇，鲜美嫩滑，有健胃补虚、益精抗衰的功效。

993 怎样制作绿茶豆腐？

珍贵的龙井茶，泡过一两趟水的茶叶如果倒掉，实在有点可惜了。如果将龙井和豆腐搭配起来做成菜肴，不但营养丰富，吃起来还鲜嫩可口，清淡养胃。这两种原料可以做成凉拌和清炒两种。

第一种凉拌的：

原料

水豆腐、茶叶、盐、香油。

制作

（1）锅中加水，把水豆腐炖上5分钟后捞出待用；

（2）给豆腐拌上精盐、香油；

（3）放入冲泡过两次开水的茶叶，搅拌之后即可食用。

第二种清炒的：

原料

老豆腐、茶叶、鸡蛋、盐、香油、葱。

制作

（1）将一块豆腐洗净，鸡蛋一只打入碗加少许盐搅匀；

图说

冻顶焖豆腐油润爽滑，滋味鲜香，色香味俱佳。

豆腐是黄豆制品，人们通过把黄豆加水发胀、磨浆去渣，煮熟后加入盐卤或石膏，使豆浆中的蛋白质凝固而成。

（2）锅内放少量食用油烧热，加豆腐用勺捣碎，边炒边煎至水分收干后，加绿茶、鸡蛋、盐，边拌边淋上香油，再加葱花翻炒至熟即可出锅。

994 怎样制作冻顶焖豆腐？

原料

老豆腐500克，冻顶乌龙茶50克，花生米150克，食用油、盐、酱油各适量。

制作

（1）将老豆腐洗净，入清水中滚煮约10分钟去其豆腥味；

（2）换清水，放入豆腐与冻顶乌龙茶，加少许酱油置旺火上煮沸后，转小火焖至豆腐呈金黄色时，捞起冷却，切片装盘即可。

图说

老豆腐白嫩清香，有补中益气、生津润燥的功效。

（3）锅内放入食用油，五成热时放入花生米，转小火至花生皮微变色香味溢出即可捞出滤油，入盘后趁热加入适量细盐拌匀冷却，与豆腐片同食别有一番风味。

995 怎样制作红烧龙井大排？

原料

猪排1000克，龙井茶叶25克，花生油适量，葱末50克，姜汁15克，醪糟汁30克，料酒、蚝油、花生酱、美极鲜酱油、五香粉各少许。

制作

（1）将排骨剁成10厘米长的段，放入葱末、姜汁、醪糟汁、料酒、蚝油、花生酱、美极鲜酱油、五香粉腌30分钟；

（2）龙井茶叶泡开，捞出茶叶，控干水分；

（3）锅内加油，烧至五六成热时，放入龙井茶叶，炸至香酥时捞出备用。

（4）油温至四成热，放入腌好的猪排，炸至金黄色捞出，再将油温升至六成热，入大排复炸至熟，捞出控油；

（5）锅留底油，待油温至三成热时，放入猪排、龙井茶叶，轻轻翻匀即可出锅。

图说

红烧龙井大排色泽金红，骨肉酥软，香气浓醇。

龙井茶滋味清雅、香醇，可起到提香、消食化腻的功效。

996 怎样制作茶香牛肉？

原料

牛肉1000克，绿茶20克，食用油、葱段、姜片适量，料酒、酱油、白糖、红枣、桂皮、茴香各少许。

制作

（1）牛肉切成小块，冷水下锅，煮至将沸时，撇去浮沫，改用小火再煮30分钟，捞出洗净；

（2）炒锅烧热，放入植物油、下葱段、姜片和牛肉翻炒一下；

（3）加入绿茶和各种调味品，加清水，用大火烧沸后改用小火焖约1小时半，待牛肉熟酥，茶香扑鼻时，再改用大火收汁即成。

图说

茶香牛肉口感酥软，茶香浓郁。

牛肉有补中益气、滋养脾胃的作用。

997 怎样制作红茶牛肉?

"红茶牛肉"是用红茶汁先将牛肉块煨好,再配以其他作料烧制,一则是去其腥味,二则是使牛肉变得鲜嫩,不会嵌入牙缝,牛肉入口慢嚼,一股浓浓的红茶与牛肉香味溢满口中。

原料

牛肉1000克,红茶10克,红枣2个,葱、姜、花椒、八角、红辣椒、盐、糖、油各适量。

制作

(1)将红茶泡入开水中待2分钟后,除去茶渣,茶汁备用;

(2)将牛肉用开水洗净,切小块,放入锅内加红茶汁文火炖熟,捞出;

(3)锅内倒油,油八成热时,放入葱花、姜、花椒、八角炒香,倒入煮熟的牛肉,加盐、糖、红枣炖20分钟即可。

图说

红茶牛肉口感酥软鲜嫩,滋味甘醇,香气悠长。

红茶滋味甘鲜醇厚,可起到去除腥膻、增其香味的作用。

998 怎样制作太和蘸鸡?

用嫩仔鸡为主料制作而成,是湖北太和地区的传统佳肴。

原料

嫩仔鸡1只,太和茶10克,白糖100克,盐、料酒、姜、葱各适量,味精、胡椒粉各少许。

制作

(1)将收拾净的鸡膛内放入葱段、姜片,鸡膛内外均匀地涂上盐;

(2)锅中放入汤汁烧沸,放入鸡煮熟,捞出,淋上料酒;

(3)将白糖炒成黄色涂抹在鸡身上,将鸡放入香油中炸成黄色捞出;

(4)取出鸡膛内葱姜,剔去鸡骨切成大块码在盘内,随泡好的太和茶及调好的作料一同上桌,拿起鸡块蘸着食用,别具风味。

图说

太和蘸鸡色泽金黄,鸡肉外焦脆而内酥软,清香扑鼻。

太和茶色泽嫩绿清亮,香幽持久,滋味鲜爽。

999 怎样制作毛峰鸡?

原料

母鸡1只,毛峰茶叶20克,大米30克,白糖35克,葱末、姜末、酱油、蒜泥、盐、味精、芝麻油各适量。

制作

(1)将母鸡洗净,剁去鸡爪,放入汤锅里煮至五成熟时,取出鸡抹上酱油晾干;

(2)将葱末、姜末、蒜泥、酱油、白糖、精盐、味精与鸡汤、芝麻油对成卤汁;

(3)炒锅内放入毛峰、大米、白糖,放箅子,再将鸡放在箅子上,盖上锅盖,放在中火上烧至锅冒浓烟时,转用小火,并放点清水,再转中火熏,反复两三次。至鸡皮呈枣红色时取出,淋上麻油,剁成块状,再整齐地码成原形,放在盘中,浇上卤汁即可。

图说
毛峰鸡的特点是皮脆肉酥、茶香清雅。

毛峰茶滋味鲜浓、醇厚,回味甘甜,清香高长。

1000 怎样制作茶味熏鸡?

原料

童子鸡1只,小米锅巴100克,茶叶15克,姜、盐、小葱、红糖、酱油、黄酒、香油、花椒各适量。

制作

(1)少许葱和花椒、盐一起制成细末,拌成葱椒盐,再切几根葱段备用。

(2)将鸡内脏取出,鸡身洗净,用葱椒盐均匀撒在鸡身上,腌半小时。

(3)将鸡身扒开,皮向下放在碗里,肚内放葱段、姜片,抹匀酱油、黄酒,上笼蒸至八成熟,取出,除去葱姜。

(4)锅巴掰碎放入炒锅里,撒上茶叶、红糖,上面摆入箅子。

(5)将鸡皮向上放在箅子上,盖严锅盖,先用中火熏出茶叶味,改旺火熏至浓烟四起时关火,焖5分钟后,掀开锅盖,取鸡刷上香油即可。

图说
茶味熏鸡色泽金灿,皮酥肉嫩,茶香浓郁。

鸡肉具有温中益气、补精填髓、益五脏、补虚损的功效。

附录 古时茶业纵览

古时茶业纵览 之 锄地

　　高山地势下多云雾，大量漫射光线中的蓝紫光利于茶产生多种氨基酸，以提高自身香气；空气湿度大，利于茶叶成长的持嫩性。人们开垦、深耕来获取最适宜的土地结构：表层土松软肥沃，中层土保水蓄肥，底层土排水性佳。

　　◉ 较大的空气湿度利于茶叶成长的持嫩性，以提高品质。

　　◉ 高山环境多云雾，大量漫射光线中的蓝紫光利于茶产生多种氨基酸，以提高茶叶的香气。

　　◉ 土地开垦、深耕以获得适宜的土地结构：表层土松软肥沃，中层土保水蓄肥，底层土排水性佳。

　　◉ 酸性土壤（pH值为4.0~5.5）中充足的铝元素与适量的钙元素是茶树健壮成长的基础。

古时茶业纵览 之 播种

春季播种时间通常在三月份之前，播种茶子前，人们要在土地上画线定行，控制行距以利于茶树生长和田间耕作。然后在开垦、深耕、平整后的土地上开挖一个个直径、深度各尺许的坑，培以基肥，播种四粒，以"穴播丛植法"栽种茶树。

⚫ 播种茶子之前，要画线定行，在等高、平行的基础上，控制行距以利于茶树生长和田间耕作。

⚫ 春季播种时间通常在三月份之前，沉寂了一冬的树木开始吐露新芽。

⚫ 开挖一个直径、深度各尺许的坑，培以基肥，并覆土3~5厘米，以免烧根。

⚫ 以"穴播丛植法"播种4~5粒后，再覆土3厘米左右。

古时茶业纵览 之 施肥

茶树种植区域通常设在村庄的附近，以便于肥料的收集与运送，并在耕地之间开挖水渠，以便在干旱季节辅助灌溉，在多雨季节利于排水。土地需要充足的肥力，浇水、施肥时要注意浇水淋透，从而保持土壤湿润以及充足的有机质和养分。

◎ 充足的水肥决定了茶株生长发育的旺盛。

◎ 村庄附近便于肥料的收集与运送。

◎ 浇水、施肥时要注意浇水淋透。

◎ 开挖的水渠，干旱时可辅助灌溉，雨季能利于排水。

◎ 充足的肥力可保持土壤湿润以及充足的有机质和养分。

古时茶业纵览 之 采茶

虽然采茶时间根据气候条件与地理位置各有不同，但通常为清明之后，谷雨之前，草木返青，气温逐渐转高之时，此时茶叶的芽叶壮硕饱满，色泽润绿，茶味鲜浓甘醇。人们多在晴天采茶，采茶时人工去除茶株"顶端优势"以提高产量。

💿 虽然采茶时间根据气候条件与地理位置各有不同，但通常为清明之后，谷雨之前，草木返青，气温逐渐转高时。

💿 此时芽叶壮硕饱满，色泽润绿，茶味鲜浓甘醇。

💿 茶树性耐阴，种植地附近可适当栽种遮阴树来调节日照强度。

💿 人们多选择晴天采茶，以帽遮挡阳光。采茶时，摘除掉了顶芽会人为抑制其过快生长，间接地提升侧芽的活跃性，从而提升单株茶树的产量。

古时茶业纵览 之 拣茶

采摘回的茶叶嫩芽需要迅速集中加工处理，人们在阴凉通风的室内进行初步的芽叶挑拣，茶叶品种的不同，其初步挑拣、取舍的标准也各有不同。在除去黄叶、杂物以及茶梗后，挑拣出的茶芽尖细如枪，叶展如旗，然后摊放备晒。

⬇ 采摘回的茶叶嫩芽要迅速集中加工处理。

⬇ 茶叶嫩芽的初步挑拣、加工通常在室内进行。

⬆ 茶芽在挑拣除去黄叶、杂物及茶梗后，摊放备晒。

⬆ 茶芽尖细如枪，叶展如旗。茶叶品种的不同，其初步挑拣、取舍的标准也各有不同。

古时茶业纵览 *之* 晒茶

　　人们将挑拣出的鲜嫩茶叶以竹筐匀铺，置于阳光下晒青，利用日光的凋萎作用散失掉茶中的部分水分，茶叶质地柔软、干湿得当，叶色由鲜绿转为暗绿色时，即可判定晒青合格。待茶叶青色渐收后，集中放置在密室中发酵，准备炒焙。

● 将茶叶以竹筐匀铺，置于阳光下凋萎以散失部分水分，称之为"晒青"。

● 待茶叶青色渐收后，集中放置发酵准备炒焙。

● 经过挑拣后的鲜嫩茶叶。

● 茶叶质地柔软、干湿得当，叶色由鲜绿转为暗绿色，即可判定晒青合格。

古时茶业纵览 之 炒茶

炒茶之前，人们需要对茶叶进行简单的去湿加工或特种茶深度加工。炒茶的基本动作有翻、抖、压等，抛闷结合的杀青技术能在快速破坏酶的活性同时获得优异的茶香。温度控制在80℃以上，锅温略低可适当运用焖炒技术产生高温蒸汽来让茶叶快速升温。

◉ 抛闷结合的杀青技术在快速破坏酶的活性同时能获得优异的茶香。

◉ 锅温略低时，适当的焖炒技术所产生的高温蒸汽可令茶叶快速升温。

◉ 炒茶前需进行简单的去湿加工或特种茶深度加工。

◉ 炒茶的基本动作有翻、抖、压等。

◉ 温度应控制在80℃以上。

古时茶业纵览 之 揉茶与筛茶

炒焙后的茶叶在揉捻前需适当摊晾，以利于茶汤保持鲜嫩明亮的色泽。人们运用适度的揉捻来挤出茶叶内部的汁液，使其条索收卷紧实，以手工挑拣来去除杂叶，最后用平端筛子来回往复晃动的方式，筛除茶叶中过粗的茶叶或窨制花朵。

● 炒焙后的茶叶

● 手工挑拣以确保茶叶的品质。

● 适度的揉捻可促使茶叶内汁液的挤出，条索收卷紧实。

● 炒焙好的细嫩茶叶在揉捻前需摊晾，以利其茶汤保持鲜嫩明亮的色泽。

● 以筛子来回往复平行晃动，筛除茶叶中过粗的茶叶或窨制花朵。

古时茶业纵览 之 春茶

　　人们将筛选出的茶叶按粗老细嫩的不同分类舂压成精细的茶片，以备制成不同需求的独特茶品。捣碎、榨出的茶片和茶汁要运用手工方式捏合制形，然后在日光下晾晒、风干，而干燥完成的茶叶才能准备包装储存。

◉ 将捣碎、榨出的茶片和茶汁捏合制形。

◉ 制形后的茶叶需适当晾晒、风干。

◉ 将筛选出的茶叶按粗老细嫩分类舂压成精细的茶片，以备制成某些独特茶品。

◉ 干燥完成的茶叶则准备进入包装程序。

古时茶业纵览 之 装桶

箬竹，叶宽而大，清香而性凉，具有一定的隔湿效果，作为储茶之用能够较好地隔绝外部的湿气与异味，保留茶叶自身原有的香气。人们将茶叶灌入编制密实的竹篓中，以外力压实，以挤压空气、释放空间，灌装完毕的茶叶集中存放。

以斗筲将茶叶灌装入密实的竹篓中。

灌装完毕的茶叶集中存放，待运输工具到位后运至他处。

不断用外力将灌入的茶叶压实，以挤压空气、释放空间。

竹篓编制到收口阶段。

将众多竹篾彼此串连、编结成紧密的外壁。

把干净的竹子加工、抛光成精薄、坚韧的竹片。

古时茶业纵览 之 水陆运输

各地的茶农将所制茶叶运送到最近的贸易集散地集中储存、销售，易受空气、光线、水分等因素影响的茶叶，在储藏时要注意密封、隔光、隔潮。茶商将收购上来的茶叶或借助商队分批穿越欧亚大陆运往欧洲，或取道广州由海路运往欧洲。

🍵 茶树的生长、采收季节分明，各有不同。

🍵 茶叶易受空气、光线、水分等因素的影响，因而储存时要注意密封、隔光、隔潮。

🍵 茶叶的水路运输多取道广州由海路直接运往欧洲。

🍵 茶叶的陆路运输多借助商队分批穿越欧亚大陆运往欧洲。

🍵 茶农将所制茶叶运送到各地贸易集散地集中储存、销售。